空间建模与可视分析丛书

Environmental Applications of Digital Terrain Modeling

数字地形建模
理论方法及环境应用

［美］John P. Wilson 著

张 欣 张锦明 张威巍 郭彩峰 徐连瑞 译

电子工业出版社
Publishing House of Electronics Industry
北京·BEIJING

内 容 简 介

地形在地球表面的大气、水文和生态等环境动态系统过程中发挥着基础性调节作用，地形与系统过程之间的关联程度有强有弱，在景观上可见或不可见。地形本质上代表了不同系统之间相互作用的结果，对地表进行定量化描述，并将其分割成基本空间单元，对于研究各类环境系统自身演变规律及系统间相互影响规律具有重要意义。在过去的四五十年中，得益于高程数据获取技术、数字地形新方法、地貌和地物提取技术、误差和不确定性理论及计算机软件开发技术等因素的有力推动，数字地形分析和建模技术蓬勃发展。本书首先分析了 DEM 和尺度在地形分析与建模中的作用，为后续研究奠定了基础；然后深入讨论了高程数据获取方法，重点阐述了各种主要地表参数和次生地表参数的计算与应用，并探讨了 DEM 网格中误差的传播方式及其造成的影响，介绍了多个可用的数字地形建模软件和服务，展望了数字地形建模的未来发展趋势。

本书可以作为地图学与地理信息工程（系统）、环境科学与工程、地理学、地质学、气象学、水文学、作战环境学等地球科学领域的研究生或本科生的辅助教材，也可以作为高等院校测绘科学与技术、遥感科学、地理信息科学等相关领域研究人员的科研参考书。

Environmental applications of digital terrain modeling, 9781118936207, John P. Wilson
Copyright©2018 by John Wiley & Sons Ltd.
All Rights Reserved. Authorised translation from the English language edition published by John Wiley & Sons Limited. Responsibility for the accuracy of the translation rests solely with Publishing House of Electronics Industry and is not the responsibility of John Wiley & Sons Limited. No part of this book may be reproduced in any form without the written permission of the original copyright holder, John Wiley & Sons Limited.

本书简体中文字版专有翻译出版权由英国 John Wiley & Sons Ltd. 授予电子工业出版社。
未经许可，不得以任何手段和形式复制或抄袭本书内容。
版权贸易合同登记号　图字：01-2018-7264

图书在版编目（CIP）数据

数字地形建模理论方法及环境应用 /（美）约翰 P. 威尔逊（John P. Wilson）著；张欣等译. —北京：电子工业出版社，2021.8
（空间建模与可视分析丛书）
书名原文：Environmental Applications of Digital Terrain Modeling
ISBN 978-7-121-37963-5

Ⅰ. ①数… Ⅱ. ①约… ②张… Ⅲ. ①数字地形模型 Ⅳ. ①P287

中国版本图书馆 CIP 数据核字（2019）第 255758 号

责任编辑：李　敏　　文字编辑：李筱雅
印　　刷：天津画中画印刷有限公司
装　　订：天津画中画印刷有限公司
出版发行：电子工业出版社
　　　　　北京市海淀区万寿路 173 信箱　　邮编　100036
开　　本：720×1 000　1/16　印张：22.5　字数：386 千字
版　　次：2021 年 8 月第 1 版
印　　次：2021 年 8 月第 1 次印刷
定　　价：149.00 元

凡所购买电子工业出版社图书有缺损问题，请向购买书店调换。若书店售缺，请与本社发行部联系，联系及邮购电话：（010）88254888，88258888。
质量投诉请发邮件至 zlts@phei.com.cn，盗版侵权举报请发邮件至 dbqq@phei.com.cn。
本书咨询联系方式：010-88254753 或 limin@phei.com.cn。

译者序

2018年4月，看到南加州大学洛杉矶分校的教授John P. Wilson的新著 *Environmental Applications of Digital Terrain Modeling*，我们为之一振。这本书以发展的视角、翔实的案例、审慎的分析，系统研究了数字地形分析与建模的发展和演变，以及背后推动因素的主要创新与成就，是对全球范围内各时期研究成果的一次全面的、系统的总结。同时，作者兼顾了科学性与实践性，对数字地形建模的未来需求和发展机遇进行了展望，呼吁各领域专家持续合作，以获得切实可行的科学成果，为解决威胁人类福祉和环境可持续发展的相关问题而努力。

可以看出，John P. Wilson教授不仅拥有严谨的科学精神，而且饱含运用科学与技术造福人类的伟大情怀。在当下的科研环境中，部分研究人员以发表论文为己任，而忽略了科学研究的根本任务在于有效解决人类社会可持续发展过程中出现的人口、资源、环境等现实问题，也就缺乏了John P. Wilson教授所体现出的科学家情怀。也正是这一点，促使我们下定决心翻译本书。

在过去70多年中，生物地理学、气候学、生态学、地质学、地貌学、水文学、土壤学等多个领域，均广泛采纳并使用了地形分析和建模方法，极大地促进了各领域的研究工作。与此同时，地形分析和建模方法在各领域广泛而深入的应用，反过来促进了该方法自身的发展和完善，加之对地观测技术、计算机科学与技术、地理信息技术等技术的快速发展，使地形分析和建模方法（尤其是数字地形分析和建模方法）发生了巨大变化。现在，人们已经能够从全球尺度、中尺度、地形尺度、微观尺度乃至纳米尺度等多个计算尺度上，研究环境系统中的各种动态过程，为环境知识发现和环境问题解决提供全尺度的理论与方法支撑。

需要注意的是，地形分析和建模领域的早期研究成果，基于当时可用的数据源和计算方法，能够（在一定程度上）有效地解决当时条件下所面临的环境问题。但在使用早期地形分析和建模的一些结论来直接指导当下乃至未来的环境实践工作时，可能会出现一些预料之外的问题，研究人员对此必须十分谨慎。

因此，在明确数字地形分析与建模工作中 DEM 和尺度作用的基础上，梳理高程数据源的转变过程及其对地形建模工作流程的影响，深入研究主要地表参数和次生地表参数的产生背景，以及各种计算方法的优劣性，阐明地貌分类和地物提取方法的最新进展，系统分析数字地形建模中的误差和不确定性问题，对比分析各类地表参数计算和地貌分类及地物提取的软件平台，对于专业和非专业的地形分析与建模研究人员都具有十分重要的参考作用。

本书正是从以上各个方面出发，系统地研究了数字地形分析和建模在过去几十年中取得的巨大成就，并辅以典型应用案例展现了当前该领域的最新研究进展。因此，严谨的研究方法和深切的科学情怀相结合，构成了本书的价值体系。

本书翻译工作分工如下：张欣负责前言、第 1 章、第 2 章、第 3 章的翻译工作及全书统稿工作，张锦明负责第 4 章、第 5 章及索引表的翻译工作，张威巍负责第 6 章和第 7 章的翻译工作，郭彩峰负责校订工作，徐连瑞负责全书插图、表格及格式整理工作。

本书的翻译工作得到了多位老师和朋友的殷切指导与无私帮助，也得到了家人的支持和谅解。感谢原著作者 John P. Wilson 教授，正是他的辛勤劳动和科学家情怀，才使得我们有幸看到这样一部科学性与实践性兼具的优秀作品。感谢 4 位合作译者：张锦明老师、张威巍老师、郭彩峰老师和徐连瑞，没有他们的通力支持，这项翻译工作根本无法完成。尤其要感谢张锦明老师，正是他严谨的工作态度和无私的帮助指导，才让本书的翻译工作得以完成。

本书内容专业性较强，涉及许多领域的专业词汇和学术用语。在翻译过程中，尽管我们试图通过各种途径保证翻译内容的准确性和规范性，但是由于专业知识水平的限制，仍然不可避免地存在不足甚至错漏之处。希望读者以宽容的心态阅读本书，如有对译著的任何有益的意见和建议，欢迎发送邮件至 zsd200803@126.com，以帮助我们成长和进步。在此致以深深的感谢！

张欣

2021 年 5 月

原著前言

本书从 2015 年 1 月开始撰写，写作过程既令人振奋，又让人谦卑。从始至终，我的主要目标就是写一本书，它能够描述典型的数字地形建模工作流程，从数据获取，到数据预处理和 DEM 生成，再到地表参数和对象计算。

本书共 7 章。第 1 章介绍了数字高程模型、尺度的作用及其过去 30~40 年数量不断增多和复杂程度不断加大的应用案例，以及本书用以描述核心概念和结果的研究地点。第 2 章描述了包含 LiDAR 和雷达遥感技术在内的一些方法，这些方法改变了高程数据的来源和获取方法。接下来讨论了目前 DEM 预处理的需求及各种方法，以及解决相关问题所面临的一些挑战。第 3 章是本书的重中之重，内容也最丰富，描述了计算主要地表参数（无须额外输入而直接来源于 DEM）所涉及的细节，以及通常用于模拟能量和热状态的两组次生地表参数，一组用于模拟地表与大气之间的相互作用，另一组用于模拟水流与土壤湿度再分布。第 4 章研究了如何利用主要地表参数和次生地表参数，从数字高程数据中提取和划分地貌及其他类型的地表对象。误差的影响以各种形式出现在第 2 章、第 3 章、第 4 章中，从而促成了第 5 章，该章探讨了 DEM 中嵌入的各种误差，在计算地表参数和对象时这些误差如何传播与累积，以及这种状况对现代地形分析造成的影响。第 6 章介绍了可用于实施和执行前 5 章所述的数字地形建模工作流程的软件与服务。第 7 章回顾了数字地形分析的起源、发展现状，以及数字地形建模的未来发展趋势。

自从我发表了第 1 篇关于通用土壤流失方程中地形因子的期刊文章（Wilson，1986），并在 2000 年参与编写且与 Gallant 合作编辑了地形分析专著（Wilson and Gallant, 2000a）之后，我的想法在这期间发生了巨大变化，因而撰写本书对我来说成为一个令人兴奋且充满激情的工作。随着地形研究者和从业者的人数与类别不断增多，相关的方法和数据也发生了巨大变化，如果将现在的状况与 20 世纪 80 年代的状况做比较（当时我还是加拿大多伦多大学的博士生），结果已经远远超过我当时最疯狂的想象。我耗费了两年时间才写就本书，因为我同时还在努力让自己熟悉迄今所取得的技术成果，这使得写作旅程充满了快乐，同时也让我深感谦卑。

基于此，如果不感谢那些分享了他们的知识并在过去 40 年里给我指明前进方向的学者们，我会深感遗憾。有些人是我亲身结识的，因为我获得了与他们直接合作的机会和乐趣，包括 John Gallant、Michael Hutchinson、Ian Moore 和 Tian-Xiang Yue 等，但还有更多人的工作我只能间接地了解和欣赏。我在本书结尾列出了 25 本著作，你将会在表 7.1 中看到其中一些人的著作，正是这些著作引导和启发了这本书的内容与布局。

在写作过程中，我得到了许多机构和人员的帮助。我要感谢南加州大学空间科学研究所和中国科学院地理科学与资源研究所的有关人员，他们给予我充分的时间和自由，使我能够投入几个月时间致力于本书的写作。特别要感谢 3 个人：第 1 个是 Petter Pilesjo，他慷慨地分享了 TFM 算法，我才能用来构建图 3.24；第 2 个是 Beau MacDonald，他帮我准备了整本书中的许多图和图表，还从头到尾审阅了手稿，帮助我发现了大量的遗漏和错误；第 3 个是我的合伙人和知己 Ha Nguyen，没有他的帮助，就没有我现在取得的成果。

可以这样说，希望读者在阅读这本书时能够找到一些有价值的东西。另外，限于科学技术的发展和个人知识水平，书中错漏之处请读者谅解。

John P. Wilson

2017.10.1

目 录

1 引言 ··· 001
1.1 DEM 的作用 ·· 004
1.2 尺度的作用 ·· 007
1.3 应用调查 ·· 013
1.4 研究地点和软件工具 ··· 017
1.5 本书结构 ·· 021

2 数字高程模型构建 ··· 025
2.1 高程数据网 ·· 027
2.2 高程数据源 ·· 032
2.3 适用性 ·· 046
2.4 数据预处理与 DEM 构建 ······································ 046
2.5 美国国家高程数据集 ·· 053

3 地表参数计算 ··· 057
3.1 主要地表参数 ·· 058
3.2 次生地表参数 ·· 123
3.3 结论 ··· 155

4 地表对象与地貌描述 ··· 157
4.1 特定地貌要素的提取和分类 ······································ 159
4.2 基于流变量的地表对象提取与分类 ······························ 166
4.3 特定（模糊）地貌的提取和分类 ································· 173
4.4 重复地貌类型的提取和分类 ······································ 176
4.5 离散地貌计量学：多尺度模式分析和对象描述的耦合 ········ 183

5 误差和不确定性测量 ··· 189
5.1 误差和不确定性的识别与处理 ···································· 190
5.2 验证方法 ·· 209
5.3 多尺度分析和跨尺度推理 ·· 223
5.4 美国国家水模型 ··· 231

6 地形建模软件与服务 ··· 237
6.1 数据获取与处理系统的演变 ······································ 239
6.2 Esri 的 ArcGIS 生态系统 ·· 244
6.3 第三方 Esri 附加组件 ·· 255
6.4 其他软件选项 ··· 259
6.5 未来趋势 ·· 270

7 结论 ·· 273
7.1 当前技术水平 ··· 276
7.2 未来的需求和机遇 ·· 282
7.3 行动呼吁 ·· 291

专业名词中英文对照 ··· 293

参考文献 ··· 303

1 引言

摘要

地表在调节地球若干动态系统的过程中发挥着基础性作用，其中包括大气、地质、地貌、水文和生态等大量过程。地貌或地表形状约束了地表过程的运行尺度，同时也影响了气候和构造活动（Molnar and England, 1990; Bishop et al., 2010; Koons, Upton and Barker, 2012）。受到地形历史和复杂性的影响，地表形态和过程之间的关联强度有弱有强，在景观上可见或不可见。尽管如此，已有观测显示它们之间存在由中度到强度的联系，因此，对地表特征的认识就可以形成对上述过程性质和规模的深刻见解（Zhu et al., 1997; Hutchinson and Gallant, 2000; Bishop et al., 2012b）。因为地形本质上代表了不同系统之间相互作用的结果，并记录了（在不同但通常是有限时间内）景观动态活动的印记，所以，越来越多的研究开始关注如何对地表进行定量化描述，以及如何将地形分割成基本空间单元。

据此开发的应用程序，通常使用数字高程模型（Digital Elevation Model, DEM）表示地表，并运用持续扩展和日渐复杂的技术进行地形分析、建模与可视化。许多此类创新都伴随着地理信息技术的迅速发展，其为描绘地球表面提供了新的数据、算法及分析和建模技术。这些技术及相应的数字化数据代表了地貌计量学领域的演变，从广泛意义上说，地貌计量学是指对地表特征进行定量描述（Pike, 1995, 2000）或从事数字地形建模的科学。有关地貌计量学的历史、定义和术语的更多细节，请参见文献 Wilson 和 Gallant（2000a），Li、Zhu 和 Gold（2005），Peckham 和 Jordan（2007），Zhou、Lees 和 Tang（2008），Hengl 和 Reuter（2009），Wilson（2012），以及 Wilson 和 Bishop（2013）。

现代地貌计量学侧重于从数字地形中提取地表参数，以及将景观分割成空间实体或特征（地物）。这种表征方法依赖 Evans（1972）首次定义的地貌分析的一般模式和特定模式。其中，一般模式用于描述连续地表特征，而特定模式用于描述离散地表特征（地貌）。Pike、Evans 和 Hengl（2009）对这些定义进行了更新，使地表参数成为地表形态的描述性度量（如坡度、坡度方位或坡向、曲率），并使地物成为离散地表特征（如流域、冰斗、冲积扇、河流或排水网络）。尽管该定义有所改进，但这种区分略显主观，而已有研究实例也表明这两种模式彼此紧密关联（Gallant and Dowling, 2003; Hengl, Gruber and Shrestha, 2003; Fisher, Wood and Cheng, 2004; Deng and Wilson, 2008），这预示着这些联系在未来的应用中很可能会变得越来越重要。

地貌计量学是一个发展快速且极其复杂的领域，这部分归因于其多学科性质，以及过去 30 年间地理信息技术和遥感技术的迅速发展。与地理信息科学领域类似，它从许多相关学科中汲取核心概念和思想，同时也为它们提供各种输入和见解。地貌计量学不仅试图解决涉及表征和时空变化的理论问题，包括数据收集和分析、数值建模的问题，还利用其他领域的知识来解决自身的概念和实际问题（Wilson and Bishop, 2013）。技术进步提供了越来越多的数字遥感数据源，同时也改变了用于计算所选地形属性的计算平台。然而，从这些新兴的及传统的数据源创建 DEM 涉及许多细节，重要的是要认识到多种形式的空间分析和建模的本质及其对各种方法的假设和有效性的影响（Goodchild, 2011; Bishop et al., 2012b）。

然而，对于地貌计量学的研究仍然存在许多问题，科学家和从业者都必须了解各种表征与数据结构、度量和指标、空间建模方法，以及它们在科学研究中的相关作用。此外，研究人员还必须熟悉尺度的作用和地貌分析的数学基础，以便充分地利用信息和解释结果（Wilson and Burrough, 1999; Bishop and Shroder, 2004; Yue et al., 2007; Minar and Evans, 2008; Bishop et al., 2012a,b; Florinsky, 2012; Evans, 2013）。

这些细节反映了一系列核心问题，其中最普遍和最本质的问题如下。

（1）地表如何描述？

（2）首选尺度是什么？为什么？

（3）哪些高程数据源可用？哪种最适用于当前的情况和/或问题？

（4）生成可用的 DEM 需要哪些预处理过程？

（5）DEM 误差将如何传播？在后续分析中如何处理这种不确定性？

（6）哪种方法最适合计算特定的地表参数？

（7）哪种方法最适合划定特定的地物？

（8）是否需要开发新的地表参数和对象来解决特定的问题？

（9）哪些方法和指标或索引最适合特定的地图应用程序？这些方法是否存在？

（10）针对目前的情况和/或问题，是否存在合适的模型，或者是否需要为其开发或修改模型？

其中许多问题可以归因于处理 DEM 和提取描述性度量（参数）及地表特征（对象）的参数和算法数量的稳步增长。这些参数的值和/或对象的特征会随各种因素发生变化，包括参数化方案、数据测量尺度、所用数学模型、搜索窗口大小及网格分辨率。

接下来本章将讨论两个问题：DEM 及尺度在地形分析、建模及可视化中的作用，这两个问题的概念化和处理方式将会影响后续的所有工作。

1.1 DEM 的作用

顾名思义，DEM 有 3 个组成部分（Liu, Hu and Hu, 2015）。"D（Digital）"代表数字，是指用于表示地形表面的数字数据类型，如数字线划图（Digital Line Graphs, DLG）、不规则三角网（Triangulated Irregular Network, TIN）、栅格及激光探测和测距（Light Detection and Ranging, LiDAR）点云。类似地，"E（Elevation）"一般是指除去植被、非自然特征的裸地高程及水体表面高程，但该术语还可能包括上述地表特征和/或水体的深度测量法。在第 2 章中将对这两个部分进行更详细的讨论。

相比之下，DEM 中的"M（Model）"却则很少受到关注。Liu 等（2015）认为 DEM 可被用于以下场景：①作为地形的示意性描述；②说明地形已知或推断出的数值属性；③加深人们对地形特征的理解。第 1 个应用场景很明确，因为每个 DEM 都是由有限的点组成的，而地形本身包含无限的点。因此，所面临的挑战就是构建能够解释地表已知和/或推断属性的 DEM。

棘手的是，迄今为止的大部分工作都只关注了 DEM 本身，而忽略了地形特征。在此，有两个例外值得注意，即 Hutchinson 等（Hutchinson, 1989；

Hutchinson and Gallant, 2000; Hutchinson et al., 2013) 和 Liu 等 (Hu, Liu and Hu, 2009a, 2009b; Liu et al., 2012, 2015) 的研究工作。这些工作着重研究地形属性及其在 DEM 构建中的作用。一方面，Hutchinson 等长期以来一直强调地表形态和排水结构在评估 DEM 时的重要性；另一方面，Liu 等 (2015) 最近描述了为什么 DEM 必须考虑以下 3 个已知或推断特性：①每个地形点都有一个单一固定的高程；②地形点是有序的且其顺序由高程决定；③地形骨架能够提供地表的示意性描述。他们的观点相互补充，因为上述 3 个属性能够描述地形形状和排水结构。下面对 Liu 等 (2015) 所提出的 3 种地形特性进行更详细的探讨。

第 1 个特性是，每个地形点都有 1 个单一固定但可能未知的高程，这对生成 DEM 而言有两层含义。第 1 层含义需要 DEM 生成函数生成 1 个高程预测值，并确保预测值与实际高程值之间存在一一对应关系。Liu 等 (2015) 将这种生成函数称为双射函数或双射，并在先前的研究中展示了一阶插值器 (如一维线性插值、TINs 和矩形中双线性插值) 是如何自动满足这种双射要求的 (Hu et al., 2009a)。然而，一些高阶、零散的多边形插值方法 (Kidner, 2003; Li, Taylor and Kidne, 2005; Shi and Tian, 2006) 会将地形曲面划分为连续且不重叠的小块，进行逐块插值，但无法保证这种对应在任何地方都成立，因此未能进行测试。第 2 层含义涉及用于评估和确保垂直误差可接受的垂直精度与方法。美国空间数据精度国家标准 (FGDC, 1998) 使用的均方根误差 (Root Mean Square Error, RMSE) 之所以饱受批评，是由于它只有在垂直误差是随机、独立且分布一致的情况下才有效，而这种情况在现实世界中很少发生 (Fisher and Tate, 2006; Shortridge, 2006; Höhle and Höhle, 2009; Liu et al., 2012)。

Hu 等 (2009b) 展示了如何利用逼近理论来评估垂直精度。该方法首先判断整个地形上某点的最大误差是否可以被接受，如果可以，就假定其他任何点上的误差都可以被接受。Liu 等 (2012) 展示了如何使用该方法产生的误差带 (Error Bands) 来评估线性插值创建的 DEM 的垂直精度，从而控制其质量。他们认为逼近理论不仅可以用来评估总体精度，还可以标识那些未达到用户期望精度的区域，并且可能需要花费更多精力来收集额外的参考数据，以进一步减少这些误差。

根据地形点的高程对其进行排序而生成的序列构成了地形的第 2 个重要特

性（Liu et al.，2015）。该特性与集合论中的同构概念有关，意味着对一个数据集（地形真值）成立的任何属性对另一个数据集（DEM）也成立。该特性与地表形状有关，例如，如果 DEM 表明流向是从 A 点到 B 点的，那么在理论上，该点一定是在实地上的。但是，实现该结果的能力可能受限于所用的流向算法和/或景观的离散化程度（O'Neil and Shortridge，2013），这将在第 2 章对其进行解释。

Hu 等（2009a）描述了创建同构 DEM 必须满足的两个条件。第 1 个条件是要把地形划分为一系列连续、单调且没有"隆起"或"凹陷"的斑块，使每个值都可以被合理地模拟为 1 个平滑面。第 2 个条件是 DEM 函数为双射函数（Liu et al.，2015）。

第 3 个特性基于这样一个事实：描述地表的各个点在描述地形关键特征时，所发挥的作用是不同的（Liu et al.，2015）。山峰、凹坑、山口、山脊和河道构成了地形的基本结构，在生成 DEM 时必须保持高保真度，以支持 1.3 节及后续章节所强调的地貌、水文和生态应用。

Liu 等（2015）将实现这一结果的挑战描述为抽样任务或泛化任务。现代卫星遥感数据采集系统提供了基于网格的数据值，使得上述两项任务脱颖而出。目前已有多种提取地形特征的算法被提出，其难点在于如何对高程值进行排序和置换，以保持其高程序列和顺序。例如，Liu 等（2015）基于地形点的信息内容将其分为 3 组：①临界点，如山峰、凹坑和鞍部；②位于山脊或山谷中的特殊点；③普通点。该问题在 1.2 节中会再次讨论，并在第 2 章描述可用于构建 DEM 的方法和源数据时对其进行全面描述。

这 3 个特性对于如何构建和使用越来越流行的、由 LiDAR 衍生的 DEM 具有重要意义。LiDAR 提供了大量高密度点，如果处理得当，就可以提供垂直精度较高的裸地地形模型，并保留地形结构（形状）。Liu 等（2015）认为，对于由此或其他来源创建的 DEM 来说，其效力的未来演化应着眼于满足双射、最小垂直误差、同构和泛化能力的要求。考虑到传统制图数据集的早期评估或多或少地侧重于水平分辨率（比例尺）和垂直精度，新的机载和航天遥感数据采集系统需要对其优缺点进行更为复杂的评估。

这些早期的评估也有许多涉及到了尺度的问题。1.2 节将讨论尺度在具体的地形分析和建模及广泛的地貌计量中的重要作用。

1.2 尺度的作用

使用地理信息和遥感技术研究地表与近地表时，会出现很多有关尺度的问题，这是当前地貌计量学的典型情况。Goodchild（2011）最近在回顾有关尺度的主要问题时，描述了"尺度"一词的 3 种常见用法。

第 1 种用法常见于制图学中，其中尺度通常是指将地球表面缩放到平面纸张时所用的数字比例尺。该比率传统上被用于定义地图的细节层次、内容及其潜在精度，尽管在平面纸张上表示地球曲面存在着不可避免的变形，Goodchild 早先认为比例尺对于数字化数据而言是不确定的（Goodchild and Proctor, 1997）。此外，在过去 50 年里，大多数地貌计量学文献和应用都倾向于使用尺度的第 2 种和/或第 3 种用法。

尺度的第 2 种和第 3 种用法都适用于数字化数据，是指研究区域的空间范围和分辨率或精细度（见图 1.1）。两者都主要指空间维度，有时也指时间维度，例如，研究目标是模拟多年耕种和/或几经生态演替的农田或草地上流经的水流。此时，两者都可以表示为线状度量或面状度量，Goodchild（2001）指出他们的无量纲比率，并称之为"大超小（Large Over Small, LOS）"比率，在众多数据源和应用中是恒定的（取值为 $10^3 \sim 10^4$）。即便如此，地形学和地貌计量学中的大部分文献仍都集中在尺度的"小"分辨率维度上。

选择用于数字地形分析和建模的分辨率，应以选定的过程和/或模式的空间分辨率为指导（见图 1.1），该分辨率通常受限于人们感知、获取和处理大量数据的能力。因此，用于模拟任何给定流程的数据，都必须包含精确模拟该流程所需的所有重要细节。

然而，很少有过程理论能明确空间分辨率，正如 Goodchild（2011）所指出的，"虽然所有模型都必须与现实完美吻合，但当研究者的模型未能如此时，他们不知道造成这种不相吻合的原因是空间分辨率的影响，还是模型自身缺陷的影响，或是两者兼有"。如果研究过程受到比数据空间分辨率更小细节的显著影响，那么分析和建模的结果就会明显产生误导。真正的挑战在于明确细节层次何时足以描述特定环境中运行的地表过程。

全球尺度　云层覆盖和二氧化碳水平控制着气候和天气模式的主要能量输入

中尺度　主要天气系统控制着长期平均天气状况；高程驱动的递减率控制着每月气候；而地质基质对土壤化学起控制作用

地形尺度　地表形态控制着流域水文；坡度、坡向、地平线和地形阴影控制地表隔离状态

微观尺度　植被冠层控制着下层植物得到的光、热和水；植被结构和植物地理控制营养物质的利用

纳米尺度　土壤微生物控制着养分循环

图 1.1　由各种生物物理过程支配的主要环境体系的计算尺度

来源：Mackey（1996）。经过加州大学圣塔芭芭拉分校美国国家地理信息分析中心（NCGIA）许可转载。

本书讨论的大部分物理现象，从地形、降水到土壤含水量及土地覆盖，通常使用 Evans（1972）一般模式中的连续场进行概念化，而不使用特定模式中的离散对象集合。这些连续场原则上与尺度无关，但在实践中其数字表示几乎总能在一定程度上体现尺度（Goodchild，2011）。在 DEM 常用的栅格（见第 2 章）中，分辨率用栅格单元的大小表示，在二维空间中多为正方形，所以当栅格覆盖在曲面上时会引起很多误差（如喜马拉雅山这样具有较大起伏的山地地区）。

由此可以得出这样一个结论：几乎所有的地貌计量工作都是针对特定尺度的。例如，排水路径和河流网络及斜坡长度都不能独立于尺度来定义或测量。大多数坡度的计算都使用 8 个相邻格，并根据它们距中心格的距离对 8 个邻近格进行加权，以获得斜坡 2 个分量的估计值（Horn，1981）。此外，根据 30m 分辨率（或其他任何分辨率）DEM 计算得到的坡度和坡向，将代表比原始

DEM 网格间距大 2～3 倍的网格分辨率（Hodgson，1995）。因此，所得到的估计值将取决于栅格单元的大小。例如，较大的栅格单元通常会产生较小的坡度估计值（Goodchild，2011）。另外，地表经常在斜坡处断裂，导致 1 个或多个地形属性或衍生属性无法确定。

Goodchild（2011）将这些问题部分归因于缺乏尺度理论，从而导致难以将其形式化。他回顾了 3 个框架：分形、地统计、谱分析或傅里叶分析，可能会有助于对尺度的形式化讨论。

关于分形，Goodchild（1980）早前就指出很多地理现象都表现出分形行为，这意味着信息随尺度变化而丢失或增加的速率是有序的，并可以通过被称为尺度定律的原则进行预测（Mandelbrot，1977）。在过去的 30 年里，有许多研究者记录了地表（Clarke and Schweizer，1991；Klinkenberg，1994）及河流网络（Tarboton, Bras and Rodriguez-Iturbe，1988；La Barbera and Rosso，1989；Liu，1992；Nikora, Sapozhnikov and Noever，1993）的分形特征。

另外，地统计学提出通过使用相关图或变异函数，对点测量值之间的空间自相关性进行建模，可能会将有限的观测数据转换为无限的数据，从而人为提高点数据集的空间分辨率（Goovaerts，1997）。上述两种方式能展示这些值之间的强相关距离，并使此类技术（通常被称为克里金）具有了理论的严谨性（Goodchild，2011）。

第 3 个框架由谱分析或傅里叶分析提供，它将所有场变量都分解为其谐波分量。例如，Clarke（1988）利用这些技术去除了地表中不必要的细节。此外，最近 Gallant 和 Hutchinson（1997）使用具有一维地形数据（剖面）的正小波形式来识别地形结构随尺度的变化。

尽管已取得了这些成果，但科学家仍时常面临两难局面，即当模型无法完美契合时，他们无法确定这种失败是由于模型本身造成的，还是由于数据的空间分辨率造成的，或者两者兼有（Goodchild，2011）。在过去 25 年里，许多研究检验了选定的地形属性对数据源、数据结构和/或网格分辨率（格元大小）的某些组合的敏感性。下面简要介绍这些研究的一些实例，并展示其中一些研究，以描述如何确定现有数字高程数据所支持的最佳分辨率，甚至是如何确定最佳网格分辨率来研究所处理的现象或问题的。

Panuska、Moore 和 Kramer（1991）及 Vieux 和 Needham（1993）开展了其中最早的两项研究，他们分析了数据结构和格元大小对农业非点源污染（Agricultural Non-Point Source Pollution, AGNPS）模型输入的影响，并展示了计算得到的径流长度和上坡汇流面积如何随格元大小而变化。Issacson 和 Ripple（1991）对比了美国地质调查局（US Geological Survey, USGS）3″（约 90m）DEM 和 7.5 分 USGS 30m DEM。Lagacherie 等（1993）研究了 DEM 数据源和采样模式对地形属性计算和基于地形的水文模型性能的影响。Vieux（1993）利用不同大小的窗口，研究了地表径流模型对格元大小的聚合作用和平滑作用的敏感性。Moore、Lewis 和 Gallant（1993c）在澳大利亚东南部 3 个中等规模的流域（约 100km^2），研究了坡度和稳态地形湿度指数（Topographic Wetness Index, TWI）在 22 种网格分辨率下的敏感性。Chairat 和 Delleur（1993）、Wolock 和 Price（1994），以及 Zhang 和 Montgomery（1994）研究了 DEM 格元间距对 TWI 和基于地形的水文模型（TOPography-based hydrology MODEL, TOPMODEL）流域模型预测性能的影响。

Garbrecht 和 Martz（1994）使用假设的排水配置和分辨率递增的 DEM，研究了 DEM 分辨率对俄克拉荷马州一处 84km^2 研究地点提取的排水网络的影响。他们推导出了各种量化关系，并得出结论：必须根据当前工作最重要的最小排水特征来选择网格分辨率。Gyasi-Agyai、Wilgoose 和 de Troch（1995）研究了 DEM 垂直精度和地图比例尺对水文学地形属性的影响，他们认为，对于任意给定的垂直分辨率，当每个格元平均坡降与垂直分辨率的比值大于 1 时，该比值可用于定义可靠河道网络所需的最小网格分辨率。Schoorl、Sonneveld 和 Veldkamp（2000）构建了 1 个简单的过程模型，并在一系列实验中使用了几个人造 DEM，以展示 DEM 分辨率和所选水流路径算法（包括最速下降算法和多流向算法）对模拟侵蚀与沉降速率的影响。

Wilson、Repetto 和 Snyder（2000），Tang 等（2002），Kienzle（2004），Wu、Li 和 Huang（2008），Vaze、Teng 和 Spencer（2010）研究了网格分辨率对计算的各种地形属性的影响。Deng、Wilson 和 Bauer（2007）研究了地形分析中尺度依赖性在一系列地形类型之间如何发生变化，这些地形类型都是通过无监督地形聚类过程以可重复的方式定义的。Nguyen 和 Wilson（2010）研究了准动态 TWI 对 DEM 分辨率、水流路径算法及土壤变异性表达方法的敏感性。Drăguţ 和 Eisank（2011）计算了给定地表参数或多个参数组合在多种尺度（网格分辨率）下的同质性，并提出使用该方法描述地形对象。Hasan、Pilesjö 和 Persson（2013b）研究了坡度、排水面积和 TWI 如何随 DEM 分辨率变化，研究中使用了瑞典泥炭地平坦地区的 6 个 DEM，其空间分辨率变化范围为 0.5～90m。Mukherjee 等（2013）利用喜马拉雅地区不同起伏度（粗糙度）的 4 个小型流域，研究了网格分辨率对 TWI 的影响，结果表明，随着网格间距的不断增加，TWI 曲面的平均值也逐渐增大，而标准差不断减小，而且这种效应在崎岖地形中更为显著。

上述研究提供了一些有益的发现，但没有将 DEM 网格分辨率与高程源数据的质量和/或地表上要研究的活动的尺度联系起来。近 20 年前，Bates、Anderson 和 Horrit（1998）研究了高频信息在网格分辨率逐渐增大时是如何丢失的，然而，反之并非总是如此。例如，分辨率更高的网格产生有价值水文信息的可能性，将取决于所研究的现象和研究地点的特征（Grayson et al., 1993；Wilson and Gallant, 2000b）。即便如此，在过去 10～15 年里仍发表了一些相关研究，把网格分辨率作为 1 个优化问题进行处理，还有一些研究试图将网格分辨率的选择，与多个特定景观中研究的现象联系起来。下面将依次讨论这两类研究中的几个例子。

在第 1 类研究中，Hengl（2006）提出了一系列实验和分析准则，基于输入数据的固有特性为输出映射选择合适的网格分辨率。在第 2 类研究中，Albani 等（2004）对加拿大不列颠哥伦比亚省的 DEM 进行了一系列数值模拟，展示了如何通过提高网格分辨率来减少所得地形变量中高程误差的传播，但是这样做会牺牲地形细节。他们随后提出了 1 种地形细节损失的定量评价方法和 1 个误差传播分析模型，用于选择从 DEM 中计算地形变量的尺度或尺度范围。

第 2 组的 4 项研究则更进一步，即在特定的景观中，尝试利用地形属性来确定支持特定景观环境（如土壤湿度控制植被覆盖的组成和活力）研究所需的细节层次。

在第 1 项研究中，Florinsky 和 Kuryakova（2000）提出了 1 种统计方法，用以确定适合其景观研究所用 DEM 的网格大小（w）。该方法包含 4 个步骤：

①使用一系列 w_i 导出 1 个 DEM 集合；②对利用各 w_i 估算得到的景观属性和地形属性数据进行相关性分析；③绘制获得的相关系数与 w 的关系；④确定图中平滑部分，以标识适当的 w 间隔。接下来，研究者采用这种方法研究了地形空间分辨率在微观尺度上对土壤湿度（M）的影响（使用网格分辨率为 1～7m 的 DEM）。具体来说，他们测定了 M 对 13 个 w_i 值的 4 个地形属性（坡度、水平曲率、垂直曲率和平均曲率）的依赖关系，并展示了该方法如何估计出足够的地形区域（边长为 2.25～3.25m 的正方形网格），用以度量俄罗斯普希诺市附近东欧平原上 1 处研究地点土壤湿度分布的地形控制。

由 Pain（2005）进行的第 2 项研究考察了澳大利亚新南威尔士州 Picton 附近斜坡的特征和尺度，并得出结论：只有原始的地面测量和较小范围内的网格分辨率为 25m 的 DEM 才能够描述出地表形状。网格分辨率为 50m 的 DEM 和网格分辨率为 100m 的 DEM 几乎无法描绘地表，既没有反映出原始的斜坡形态，也没有显示出坡度值和景观运行过程。结果表明，5m 的网格分辨率是足以描述地表过程的尺度的，因此也可以描述土壤属性等相关现象的变化。Pain（2005）还指出，在其他地区，所需的分辨率可以小到 1m，也可以大到 100m，这只能由地表形状和过程的地貌分析来确定，这意味着在大多数情况下都需要进行地貌分析，如果坡度值作为现实世界景观和过程的描述，其价值非常有限，除非数据分辨率等于或大于坡度或风化过程的尺度。

在第 3 项研究中，Martinez 等（2010）在澳大利亚新南威尔士州上猎人谷地区 1 个小型农业流域，分析了 DEM 网格分辨率对地表和排水网络描述精度的影响。他们使用 1 种分层标度法研究了 DEM 网格尺寸渐增对多个地貌和水文描述值的影响。结果表明，随着 DEM 网格尺寸的增加，平均坡度逐渐减小，排水网络也趋于简化。将野外长期的土壤水分数据与 DEM 派生的 TWI 数据进行比较，结果表明，对于该研究地点来说，要准确刻画流域的地貌和水文、模拟土壤水分的空间分布，需要 5m（或更高）分辨率的 DEM。

整体而言，Leempoel 等（2015）开展的第 4 项研究是第 2 组研究中最出色的。他们探讨了如何使用超高分辨率的 DEM 衍生变量，来描述瑞士阿尔卑斯山西部（包含亚高山—高山交错带）2km 长的高山山脊沿途的镶嵌栖息地。研究假定地形是气温、湿度及土壤湿度的主要驱动因素，因而也是植物分布的主要驱动因素。此外，该研究使用一系列模型连接了若干个 DEM 衍生变量（主要地表参数和次生地表参数）和野外测得的气候变量，其中衍生变量是基于 0.5m、1m、2m 和 4m 分辨率的 DEM 计算得到的，着重评估了这些模型的拟合优度和重要性。另外，使用高斯金字塔对原始 0.5m 的 LiDAR 源数据进行处理，得到空间分辨率为 1m、2m 和 4m 的 DEM 衍生变量，并利用多元广义线性模型（Generalized Linear Models, GLMs）和广义线性混合模型（Generalized Linear Mixed Models, GLMMs），评估了这些变量与当地气候因子及物种组成的生态指标之间的关联性。结果表明，坡度、坡向、曲率及不太常见的地形湿度和粗糙度指数，与实测的环境湿度和土壤湿度显著相关，DEM 衍生变量的空间分辨率对模型性能有显著影响，测定的相关系数随空间分辨率的降低而减小，并在约 2m 分辨率时达到局部最优，这具体取决于所研究的变量。Leempoel 等（2015）指出"大多数生态学研究都使用单一分辨率变量，而未考虑尺度的代表性"。该研究及类似研究（Lassueur, Joost and Randin, 2006；Kalbermatten et al., 2012；Cavazzi et al., 2013）的结果支持使用多尺度地形属性为重要气候变量提供替代值，并为局部尺度上进化生态学研究中的直接测量值提供合适的替代值。

大量研究已经分析了网格分辨率（尺度）对地形属性计算的影响，考虑到这些研究所取得的结果及其意义，加上对细节收益和成本关系的分析，过去 25 年见证了由技术创新推动的高分辨率高程数据可用性的显著提高（将在第 2 章进一步说明）。

以此为背景，接下来将重点回顾过去 50 年中使用地形建模发现环境知识和解决环境问题的一些方法。

1.3　应用调查

在过去 50 年中，本书所描述的地表参数和地表对象已被人们广泛接受，并用于多种类型的环境应用和环境类型中。本节要介绍的例子将会展示它们在一系列环境科学领域中应用的广度和深度（如构造学，气候学，土壤发生与制图，土地覆盖/土地利用，水流、排水及洪水，边坡灾害，非点源污染）。

在构造学中，地表参数被用来评估地表过程在多方面的作用，包括地形产生和山体演化（Burbank et al., 1996；Bishop, Shroder and Colby, 2003；Bishop and Shroder, 2004）、构造地貌特征的表征（Z. Lin et al., 2013）、活动断裂带的描述（Chan et al., 2007；Begg and Mouslopoulou, 2010）、火山活动后的地表扰动及地表对熔岩流的敏感性（Baldi et al., 2000, 2002；Csatho et al., 2008；Neri et al., 2008；Fornaciai et al., 2010；Kereszturi et al., 2012）、流变学和火山碎屑流（Jessop et al., 2012）、高山冰川的表征和监测，以及其在地表塑造方面的作用（Evans, Hengl and Gorsevski, 2009；Bishop et al., 2012a）。

将地表高程和形状，以及与气候学相关联的研究工作跨越多个尺度。一方面，大量研究工作利用现有的气象站及高程和坡向数据，对每月和每年的气象锋面及大面积异常情况进行插值，用以辅助科研和管理（Dubayah and van Katwijk, 1992；Hetrick et al., 1993a；Hetrick, Rich and Weiss, 1993b；Miklfinek, 1993；Dubayah and Rich, 1995；Hutchinson, 1995；Corbett and Carter, 1996；Hofierka, 1997；Kumar, Skidmore and Knowles, 1997；Thornton, Running and White 1997；Thornton and Running, 1999；Thornton, Hasenauer and White, 2000；Jarvis and Stuart, 2001；Daly et al., 2002；Fu and Rich, 2002；Šúri and Hofierka, 2004；Reuter, Kersebaum and Wendroth, 2005；Böhner and Antonid, 2009；Sheng, Wilson&Lee, 2009）；另一方面，越来越多的研究利用地表参数来预测和/或解释特定植物在极短距离内的存在或缺失，如山脊线或坡地林段（Coughlan and Running, 1996；Leempoel et al., 2015）。第 2 组研究的指数主要在地形尺度（如山坡和中小型流域），使用简单指数（Balice et al., 2000；McCune and Keon, 2002）或更复杂的地形辐射和温度指数（Wilson and Gallant, 2000c；Šúri and Hofierka, 2004），来描述地表能量和热状态的变化（Moore, Norton and Williams, 1993d；Davies, Bates and Miller, 2007；Davies et al., 2010；Austin, Gallant and Van Niel, 2013）。

接下来看土壤发生与制图，已有许多地表参数用于辅助驱动一系列自动的土壤景观建模工作流（Moore et al., 1993a；Gessler et al., 1995, 2000；Zhu et al., 1997, 2001；McKenzie et al., 2000；Thompson, Bell and Butler, 2001；Hengl, Gruber and Shrestha, 2004；Bishop and Minasny, 2005；Dobos and Hengl, 2009）、估计水和/或碳预算（Band, 1993；Bell, Grigal and Bates, 2000）及描述具体的土壤属性，如土层深度（Gessler, McKenzie and Hutchinson, 1996）和土壤有机质（Qin et al., 2012）。

土地覆盖/土地利用建模也采用了类似的策略。已有许多不同的地表参数用于预测景观结构（Austin, Cunningham and Fleming, 1984；Antonić, Pernar and Jelaska, 2003；Hoechstetter, Thinh and Walz, 2006；Hoechstetter et al., 2008）、特定环境中特定植物和植物群落的模式和性能（Tajchman and Lacey, 1986；Bolstad and Lilliesand, 1992；Moore et al., 1993b；Franklin, 1995；Burrough et al., 2001；Van Niel, Laffan and Lees, 2004；Persson, Pilesjö and Eklundh, 2005；Kopecký and Ćížková, 2010；Leempoel et al., 2015）、土壤—水—植被的动态变化（Coughlan and Running, 1996；Tang et al., 2014, 2015）和野火蔓延（Hernfindez Encinas et al., 2007）。

越来越多的工作利用地表参数来模拟水文过程和结果，包括土壤湿度、径流产生、河水流量和洪水。其中一些研究专注于土壤湿度、地表饱和区及河道起始和源头水流的地形控制（Burt and Butcher, 1985；Jones, 1986, 1987；O'Loughlin, 1986；Moore, Burch and MacKenzie, 1988a；Moore, O'Loughlin and Burch, 1988b；Montgomery and Dietrich, 1989, 1992；Phillips, 1990；Barling, Moore and Grayson, 1994；Pilesjö, Persson and Harrie, 2006；Sorensen, Zinko and Seibert, 2006；James, Watson and Hansen, 2007；Brooks and Colburn, 2011；Iencso and McGlynn, 2011）。还有很多其他研究关注水流路径、上游汇水区划分，以及山坡径流产生的规模和时间（Onstad and Brakensiek, 1968；Sivapalan, Beven and Wood, 1987；Ienson and Domingue, 1988；Martz and de Jong, 1988；Morris and Heerdegen, 1988；Fairfield and Leymarie, 1991；Freeman, 1991；Moore and Grayson, 1991；Rieger,1992；Montgomerv and Foufoula-Georgiou, 1993；Costa Cabral and Burges, 1994；Holmgren, 1994；Wolock and McGabe, 1995；Garbrecht and Martz, 1997；Tarboton, 1997；Wood, Sivapalan and Robinson, 1997；Pilesjö, Zhou and Harrie, 1998；Liang and Mackay, 2000；Endreny and Wood, 2003；Orlandini et al., 2003；Fisher and Welter, 2005；Bogaart and Troch, 2006；Hancock and Evans, 2006；Jones et al., 2007；Qin et al., 2007；Seibert and McGlynn, 2007；Pilesjö, 2008；Jencso et al., 2009；Orlandini and Moretti, 2009；Stanislawski, 2009；Gironfis et al., 2010；Stanislawski and Buttenfield, 2011；Zhou, Pilesjö and Chen, 2011；Buchanan et al., 2012；Persson et al., 2012；Peckham, 2013；

Shelef and Hilley, 2013; Pilesjö and Hasan, 2014; Wright, Moore and Leonard, 2014; Lindsay and Dhun, 2015)。

最后一组研究中最重要也最持久的一项成果是，开发了将地表径流和地下水流连通到河道网络的一系列方法。这些方法在如今使用的许多地形建模工作流程中发挥了关键作用，在第 3 章将进行更详细的讨论。

最后，还有一些水文研究使用 1 个或多个地表参数来研究河岸地区（Weller, Jordan and Correll, 1998; Weller, Baker and Jordan, 2011; Fried et al., 2000; McGlynn and Seifert, 2003; Baker, Weller and Jordan, 2006a, b, 2007; Hollenhorst, Host and Johnson, 2008）及河流网络（Smith, Zhan and Gao, 1990; Tarboton, Bras and Rodriguez-Iturbe, 1991; Soille and Gratin, 1994; Passalacqua et al., 2010; Pirotti and Tarolli, 2010）的位置、形态和功能，跨越多个时空尺度进行多形态水文建模（Beven and Kirkby,1979; Band, 1989; Quinn et al., 1991; Quinn, Beven and Lamb, 1995; Band, Vertessey and Lammers, 1995; Peckham, 1998; Olsson and Pilesjö, 2002; Lindsay and Evans, 2006; Notebaert et al., 2009; Marthews et al., 2015），研究河流系统的形态和流体动力学，以及洪水和河堤侵蚀的危害（Cobby, Mason and Davenport, 2001; Lohani and Mason, 2001; Thoma et al., 2005; Iones et al., 2007; Cavaili et al., 2008; Heritage and Milan, 2009; McKean et al., 2009; De Rose and Basher,2011; Legleiter, 2012）。为了展示目前可用的各类应用，在第 5 章介绍了 2016 年 4 月使用上述方法为美国创建并启动的 1 个实时国家水模型。

许多研究还利用地表参数和地表对象来评估 1 种或多种形态的边坡灾害发生的可能性。例如，Moore 和 Burch（1986a,1986b,1986c）、Moore 和 Wilson（1992, 1994）、Desmet 和 Govers（1996a）、Bishop 和 Shroder（2000）、Van Remortel 和 Hamilton 及 Hickey（2001）、Van Remortel 和 Maichle 及 Hickey（2004）、Lewis 和 Verstraeten 及 Zhu（2005），以及 H. Zhang 等（2013a, 2013b）提出并/或使用坡度和坡长的各种组合来评估面蚀速率。Mitášoá 等（1995）则更进一步，利用各种地表参数对造成土壤再分布的侵蚀和沉积过程进行建模。Moore 等（1988a）、Desmet 和 Govers（1996b）、Iames 等（2007）、Kheir 和 Wilson 及 Deng（2007），以及 Zakerinejad 和 Maerker（2015）利用各种地表参数评估地表对沟蚀的敏感性。Montgomery 和 Dietrich（1994）、Montgomery、Sullivan 和 Greenberg（1998），Duan 和 Grant

（2000），Guzzetti 等（2005），Glenn 等（2006），Ardizzone 等（2007），Verdin 等（2007），Gruber、Huggel 和 Pike（2009），Kasai 等（2009），Wieczorek 和 Snyder（2009），Burns 等（2010），Ventura 等（2011），Band 等（2012），Jaboyedoff 等（2012），Qin 等（2013b），以及 Tseng 等（2013）利用多种地表参数来评估地貌对滑坡的敏感性，并描述了滑坡活动后的地表变化。

最后，还有一些研究考察了养分动态（Gold et al., 2001）、磷素流失（Buchanan et al., 2013）、污染负荷及水质结果（Panuska et al., 1991；Saunders and Maidment, 1996；Velleux, England and Iulien, 2008；Chinh et al., 2013）的地形控制。

与前面提到的所有应用一样，最后这组应用也已发展了几十年，考虑到这一期间地形分析、建模和可视化技术及数据等方面都发生了巨大变化，因此必须对其进行详细的解释。第 2～6 章将通过大量实例来说明这些变化，第 7 章将详细论述对上述变化的广度与深度进行分析的重要意义。

1.4　研究地点和软件工具

本书使用 Cottonwood Creek 的河道北叉作为研究地点，对众多地形建模任务和产品进行描述，其位于麦迪逊河以西、蒙大拿州诺里斯市附近的蒙大拿州立大学 Red Bluff 研究农场处 287 号州高速公路东侧（见图 1.2）。选择该区域的原因在于它包含了平坦区域到中陡斜坡的良好组合。该流域形似梨状，南北长度是东西长度的两倍，面积约 $2.09km^2$。

该流域最低高程为出口处的 1628m，最高高程为分水岭东南角的 1977m（见图 1.3）。一系列小山峰有助于确定流域的南部、西部和北部边界，但向北移动海拔逐渐降低，海拔 1820m 的山峰标识了流域的北部边界。流域东部边界位于河道出口南侧，主要由 1 个突出的山脊构成。在大部分区域内，从河道到山脊的局部地形起伏范围为 75～145m（Aspie, 1989）。该流域包含中等至陡峭程度的各种坡向的斜坡。东南象限以朝北和朝西的陡坡为主，南北两端由始于流域西部边界、东西走向的高地分开。主河道是经年流淌的灌溉用河，两侧是小型的间歇性渗流，这些渗流从侧面将水注入这条河道及其他几个短河道中。主河道的大部分位置沿其流向被切割约 0.2~1.5m 深，并流经河谷坡脚的一系列小型冲击扇（Aspie，1989）。美国国家水文数据集—增强版（National Hydrography Dataset Enhanced，NHD-Plus）包含它的 3 个一级水系，但遗漏了其他几个水系（基于图 1.3 中流域各部分所示的轮廓形状）。

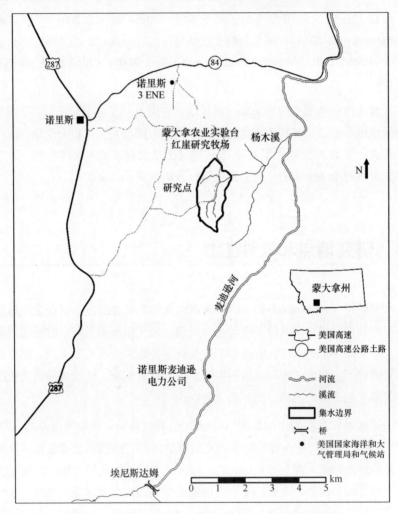

图 1.2　研究地点——蒙大拿州 Cottonwood Creek 的地图

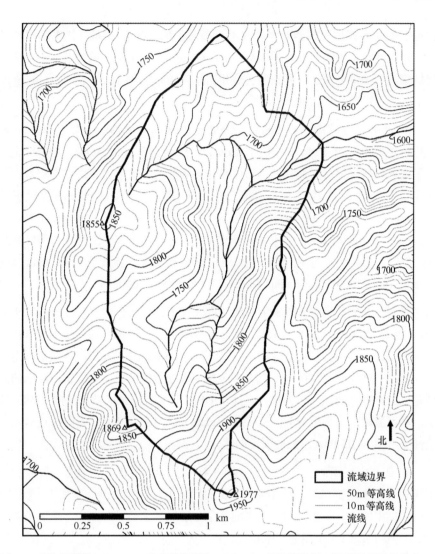

图 1.3 研究区域的 NED 10m 等高线数据和 NHD-Plus 的流线数据，流域边界覆盖其上

该地区土壤较深，排水性良好，形成于崩积物及片麻岩、片岩和花岗岩的衍生物。大部分土壤具有砾质壤土、壤质砂土或粗砂壤土的表面结构（Boast and Shelito, 1989）。气候凉爽（年平均气温 8.3℃），半干旱（年降雨量 25～70cm），植被与景观位置和坡向密切相关（Aspie, 1989；Jersey, 1993）。草地占据了朝南的斜坡和山脊，覆盖了约 60%的流域；枫树、白杨、柳树和雪果木

占据了朝北的斜坡及下游的溪流底部，覆盖了约 10%的流域；山艾树点缀着一片片针叶林，覆盖了流域的其余部分。Cottonwood Creek 的南北分支在研究流域东北几千米处交汇，并在蒙大拿州诺里斯市东南约 16km 处的 Beartrap 峡谷汇入麦迪逊河。

Hutchinson 和 Gallant（2000），Gallant 和 Wilson（2000），以及 Wilson 和 Gallant（2000a）第 2~4 章中的 Wilson 和 Gallant（2000b, 2000c）的研究也选择了这一流域，但针对所选的地形建模任务和产品，使用了不同的高程数据及地形分析与建模工具。本书的地形建模工作使用了美国国家高程数据集（National Elevation Dataset，NED）、NHD-Plus 和 ArcGIS 地形建模工具，而 Wilson 和 Gallant（2000a）书中的研究则使用了由 TAPES-G 地形分析工具从 USGS 的 1:24000 比例尺地形图中提取的 6m 等高线和流线数据（Gallant and Wilson, 1996, 2000；Wilson and Gallant, 1996, 2000b, 2000c）。

研究中首先使用 ArcGIS 的双线性重采样工具，将分辨率为 10m 的 NED DEM 数据投影到 NAD83（1983 北美大地基准）/UTM（通用横轴墨卡托）第 12N 区坐标系上。这一过程生成了分辨率为 8.68m 的 DEM，该网格被用作图 3.4~图 3.9 和图 3.20~图 3.22 中主要地表参数的基础。图 1.3 中显示的流域是以用户指定的倾点作为输入，结合 DEM 和 8 方向最大坡降流向（D8）算法，利用流域工具划分得到的（O'Callaghan and Mark, 1984）。图 1.3 还显示了从高分辨率 NHD-Plus 下载的河流网络。

3.1.2 节中展示的前 5 幅地图（图 3.4~图 3.9）描述了与坡度、坡向和曲率相关的几个地形参数，使用 ArcGIS 的标准工具计算得到。事实上，图 3.8 和图 3.9 中的正、负剖面曲率与平面曲率分别参考了凸、凹曲率。这属于常规做法，但与 ArcGIS 采用的规范相反。

3.1.3 节中的两对地图（图 3.12 和图 3.13，以及图 3.23 和图 3.24）分别展示了使用两种单流向算法和两种多流向算法计算得到的上坡汇流面积。图 3.12 和图 3.13 分别展示了利用 D8（O'Callaghan and Mark, 1984）算法和 D∞（Tarboton, 1997）算法计算得到的上坡汇流面积，图 3.23 和图 3.24 分别展示了利用 MD∞（Seibert and McGlynn, 2007）算法和 TFM（Pilesjö and Hasan, 2014）算法计算得到的上坡汇流面积。

3.1.4 节的 3 幅地图中的其中两幅，分别展示了平均高差（见图 3.26）和高程标准差（见图 3.28），使用 ArcGIS 中的焦点统计工具（Focal Statistics Tools）计算得到。第 2 幅图（见图 3.27）中展示的高程百分位值是利用 Whitebox 地理空间分析工具（Whitebox Geospatial Analysis Tools）计算得到的（Lindsay，2014，2016c），因为 ArcGIS 仍然不支持在用户指定邻域内进行"＜"和"＞"脚本运算。

第 3 章中展示的第 14 幅 Cottonwood Creek 地图描述了静态 TWI（见图 3.31），而在 4.2 节中展示的第 15 幅，也是最后一幅 Cottonwood Creek 地图则描述了 D8（O'Callaghan and Mark，1984）流向网格。作为生成前述 D8 上坡汇流面积图的中间产品，最后一幅地图原本应在图 3.12 中呈现，但却被纳入第 4 章，主要由于该图也可作为其他工作流程的中间产品，包括使用 1 个或多个上坡汇流面积阈值来修剪流向网格，用以预测 Cottonwood Creek 流域中存在的河道网络。

1.5　本书结构

本书探讨了过去 50 年中用来生成 DEM、计算地表参数和对象的方法及数据源，旨在描述典型的数字地形建模工作流程的最新进展，包括数据获取、数据预处理、DEM 生成，以及计算和利用 1 个或多个主要地表参数和次生地表参数，辅助地形分类及各类环境建模应用。本书的其余部分组织如下。

第 2 章描述了构建 DEM 前必须完成的 3 项任务：①选择 1 个或多个高程数据网；②地表采样；③根据采样高度创建模型。接着描述了构建高程数据网的 3 种主要方法的优缺点，3 种主要方法包括基于等高线的方法、基于网格的方法和基于不规则三角网的方法。在过去的几十年中，地面采样构建 DEM 的数据源和处理方法发展迅速，从地面测量和地形图转换到被动式遥感，又发展到最近利用 LiDAR 和雷达干涉测量的主动式遥感。接下来依次介绍了主要数据源的优缺点，包括地面测量、GPS 测量、地形图、摄影测量、机载激光扫描和合成孔径雷达干涉测量（Interferometric Synthetic Aperture Radar,

InSAR）。随后重点关注了 3 个全球数据集，包括航天飞机雷达地形测绘任务（Shuttle Radar Topographic Mission, SRTM）、高级星载热辐射热反射探测仪（Advanced Spaceborne Thermal Emission and Reflectance Radiometer, ASTER）和 World DEMs。同时还详细描述了使用高程数据构建 DEM 时所做决策的类型，以及完成这些任务最常用的方法。最后简要介绍了美国 NED 提供的不断演变的、多源多分辨率且无缝的高程数据产品，并简述了如何使用类似 National Map 的门户网站来组织和分发这些高程数据产品。

第 3 章描述了 9 组主要地表参数，它们都由 DEM 直接导出，而无须额外输入。此外，两组次生地表参数通常一方面用于模拟水流和土壤再分布，另一方面用于模拟地球表面运行的能量和热状态。作为全书最重要的一章，本章的前 2/3 的篇幅描述了 68 个主要地表参数的计算及其重要意义，该地表参数共分 9 组：①高程和面积；②坡度、坡向和曲率；③斜坡方向和宽度；④流量累积；⑤高程残差；⑥统计参数；⑦上坡参数；⑧下坡参数；⑨通视性与视觉暴露。此外，本章还介绍了 24 种不同的单流向算法和多流向算法的基本原理和指导原则，以及它们之间的异同。这一点很重要，因为在过去 15 年里提出了许多新算法，都需要流向算法来估计流量累积，而流量累积反过来也是许多基于水流的次生地表参数的关键输入。本章最后描述了次生地表参数，着重探讨了各种形态的 TWI、水流强度指数（Stream Power Index, SPI），以及各种泥沙输运、辐射和温度指数等。为了说明选定的地表参数，并为第 4 章对划定和描述地表对象和地貌的讨论奠定基础，我们使用了在 Cottonwood Creek 研究地点选定的一系列主要地表参数和次生地表参数的地图。

从第 4 章起，研究的重点从一般地貌计量转向特定地貌计量，其中，一般地貌计量描述连续地表（以及作为第 3 章主题的地表参数），特定地貌计量则描述一系列地表对象和地貌，如冲积扇、鼓丘、蛇形丘、山脉和山谷。结合一系列典型应用分别描述了特定地貌要素、基于流变量的地表对象、特定（模糊）地形（如山峰和山谷）及重复地貌类型的提取和分类方法，在 2016 年第四季度 Karagulle 等（2017）最终将这一系列应用形成了 1 个新的全球 Hammond 地形分类规范。本章还着重介绍了模糊概念和模糊分类方法在许多地表对象和地貌提取与分类中所发挥的关键作用。4.5 节讨论了重点研究耦合多尺度模式识别和对象描述的离散地貌计量学，以及它是否能为网格单元（一般地貌计量）与地形和地貌对象（特定地貌计量）提供鲁棒性更高的转换。

第 5 章讨论了 DEM 中嵌入的各种误差，以及这些误差如何随各种地表参数和对象的计算进行传递。首先回顾了研究人员在数字地形建模中识别和处理误差及不确定性的各种方法，定义了误差和不确定性的概念，并重点介绍了与两者相关的重要论文。围绕典型的地形建模工作流程（见图 2.1）对误差展开讨论：①与数据模型选择相关的误差；②空间离散化、高程源数据选择，以及所用插值和/或滤波方法；③为消除不需要的凹地、确定平地上的流向，以及为将 DEM 与从其他矢量格式水文源数据获得的流线进行融合，而对数据进行的预处理；④用于计算多个主要地表参数和次生地表参数的方法，包括基于水流的参数（这些参数必须按照正确的顺序进行处理）。对于不确定性的讨论，主要围绕描述关键方法和典型案例研究的一系列论文展开。随后两个小节也以讨论一系列典型研究为主，重点探讨误差和不确定性与适用性和尺度的交叉方式，这两个概念在第 5 章首次引入，几乎涉及所有的数字地形分析工作。最后还介绍了最近推出的美国国家水模型（US National Water Model），并说明了如何在存在误差和不确定性的情况下构建有用的产品和服务。

第 6 章描述了地形建模工具随时间的演变，包括过去 30 年中从专业独立软件向全面服务 GIS 的转变、目前数据采集和计算系统正在发生的深刻变化，以及这些变化对科学家和从业人员实施数字地形建模的工作方式产生的影响。随后讨论了目前 ArcGIS 生态系统中包含的地形建模工具，以及为拓展 ArcGIS 生态系统自身功能而开发的 3 个第三方附加组件的作用和特征，包括 ArcGIS Geomorphometry、Arc-Geomorphometry and Gradient Metrics，以及 ArcGeomorphometry 工具箱。接下来介绍了另外 9 种专用、免费、开源的地形分析建模产品的作用和特征，包括地理资源分析支持系统（Geographic Resources Analysis Support System, GRASS）、陆地水体信息集成系统（Integrated Land and Water Information System, ILWIS）、LandSerf、MicroDEM、Quantum GIS（QGIS）、RiverTools、地球科学自动分析系统（System for Automated Geoscientific Analyses, SAGA）、地形分析用数字高程模型（Terrain Analysis Using Digital Elevation Models, TauDEM）工具箱和 Whitebox 地理空间分析工具（Geospatial Analysis Tools, GAT）项目。虽然一些系统仍在开发中，但均已吸引了庞大的用户群体。在第 6 章最后进行预测，在未来 10～20 年里，大多数人都有可能会进行一些地形分析和建模工作。

  作为全书的总结，第 7 章概述了过去 10～15 年的主要成就和当前研究现状，描述了一些迫切的需求和面临的机遇，最后明确了未来所需的合作类型，呼吁研究者携手推动数字地形分析和建模的发展。

2
数字高程模型构建

摘要

构建 DEM 通常包含 4 个相互关联的任务：①选择 1 个或多个高程数据网或模型；②地表采样（收集测量或估算的高度）；③依据采样的高度创建地表模型；④纠正地表模型中的误差和走样（Hengl and Reuter, 2009）。DEM 构建过程的每个阶段对确定其效用，以及在分析、解释和可视化阶段的误差传递评估都至关重要。总体工作流程如图 2.1 所示，但解读时需要谨慎，由于为满足特定用途或应用需求，不同的任务可能会被重新排序并以不同的方式进行组合，从而产生一个相对特殊的工作流程（Vivoni et al., 2005）。该工作流程对那些使用现有 DEM 的人员也有影响，因为他们希望通过查看文档记录来了解在开发 DEM 过程中做出了怎样的选择和决策，进而确定该 DEM 是否适用于他们正在开展的工作。

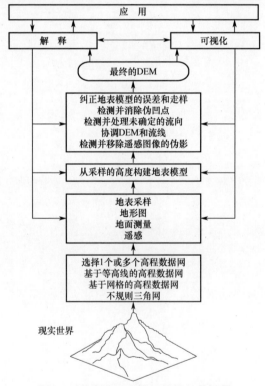

图 2.1　数字地形建模相关的主要任务

来源：Hutchinson 和 Gallant（2000, p. 30）。经 John Wiley 和 Sons, Inc.许可转载。

本章只考虑了上述 4 项任务中的前 3 项，而把第 4 项任务放到后续章节中来介绍，因为研究者通常只关注这些误差和走样会对分析产生何种影响，而忽略了高程数据本身。

2.1　高程数据网

第 1 项任务是选择 1 个地表表达模型，理想的结构可能会随当前应用目的及研究区域内可用高程数据源类型的变化而变化。

构建高程数据网的方法主要有 3 种：基于等高线网络的方法，基于方格网络的方法，基于不规则三角网（TIN）的方法，如图 2.2 所示。实际上，有许多研究实例综合使用了其中两三种方法。例如，Yang、Shi 和 Li（2005）提出在三维 GIS 中将 TIN 与基于方格网络的方法相结合，构建并渲染多分辨率数字地形模型；Pilesjö（2008）和 Zhou、Pilesjö 与 Chen（2011）提出在基于方格网络的 DEM 上构建 1 个三角形面网（Triangular Facet Network, TFN），以更准确地估算地表流径。

基于等高线的方法主要依靠 Onstad 和 Brakensiek（1968）首次提出的流径类比的概念，它由数字化等高线组成，这些等高线通常以 x、y 坐标的方式存储为数字线划图（Digital Line Graphs, DLGs），并被临近的等高线和流线所包围（Moore, Grayson and Ladson, 1991）。从视觉效果来看，等高线很有用，因为它提供了以多尺度解析地表的机会，同时还支持搜索具有特定特征（基于地图中不同区域等高线密度的陡坡或缓坡）和特定地表形态（基于代表圆心的等高线高程值，表示山顶或封闭凹地的一系列闭合的、几乎是圆形的等高线；见图 1.3）的区域。

基于方格网络的方法可以使用具有规则间隔的三角形、正方形或矩形网格，或规则角度网格，例如，SRTM 数据集使用的间隔为 1″ 和 3″。选择基于方格网络的方法主要是考虑选择区域的范围。数据可以以多种方式存储，但最常见的是以 z 坐标的方式存储，其对应于沿指定起始点和方格网络间距的剖面上的数据点。格元区域对应的是由三角形网格（或四边形网格）的 3 个（或 4 个）相邻网格点限定的单元格（Moore I.D. et al., 1991）。

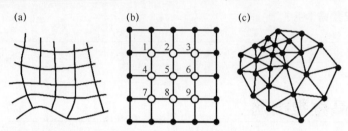

图 2.2　构建高程数据网的 3 种主要方法：（a）基于等高线网络；（b）基于方格网络；（c）基于不规则三角网（TIN）

来源：Moore I.D. et al.（1991, p.4）。经 John Wiley 和 Sons, Inc.许可转载。

由于使用简单且计算效率高，基于方格网络的方法成为其中应用最广泛的方法（Collins and Moon, 1981）。但是，它也存在以下缺点。

（1）使用地理坐标进行 DEM 重新插值，会在 DEM 中引入不必要的走样，占用不必要的处理时间和存储空间，包括 USGS NED（Gesch et al., 2002）、美国国家地理空间情报局的数字地形高程数据（National Geospatial-Intelligence Agency's Digital Terrain Elevation Data, NGA DTED；国家影像与制图局，2000）及 SRTM 数据集（Slater et al., 2006）。无论使用何种实现方法，重新插值都会改变高程，而不能生成更好的高程表面（Guth, 2010）。

（2）它们不能轻松地处理急剧或突然的高程变化，如有时发生在山地地形或悬崖、绝壁及滑坡处的变化。

（3）方格网络尺寸直接影响计算结果和运算效率（Panuska et al., 1991；Zhang and Montgomery, 1994；Wilson et al., 2000；Thompson et al., 2001；Albani et al., 2004；Kienzle, 2004；Hengl, 2006；Deng et al., 2007；Vaze et al., 2010）。

（4）尽管在过去 25 年里提出了许多新的流径算法，但得到的上坡径流往往是曲折的，因此有些不符合实际。参见 Wilson 等（2007, 2008）对其中几种模型的比较。

（5）尽管 Gallant 和 Hutchinson（2011）及 Hutchinson 等（2013）最近针对单位汇水面积定义精度不足的问题提出了一些解决方案，但这一情况仍然存在。

（6）如果将方格间距调整到能够适应最粗糙地形的精度，那么在地形较为平滑的区域将会存在大量的冗余（Peuker et al., 1978）。

另外，TIN 对地表特定点（如山峰、山脊和边坡断裂处）进行采样时，会形成 1 个点的不规则网络，这些点以 (x, y, z) 坐标串的形式与指向网络中邻近格元的指针一起存储（Mark, 1975；Peucker et al., 1978）。面片是连接 3 个相邻点的平面，在表示复杂地形表面时这些网格比规则网格结构更有效、更灵活。然而，在 2.2 节中描述的许多数字高程数据源都来自基于方格网络的结构，因此对于那些希望使用 TIN 的人而言，第 1 个挑战就是需要将基于方格网络的地表高程数据（这些数据可能会遗漏一些或所有重要的地表特征点）转换为 TIN。

尽管存在这些挑战，但近些年已经提出了许多基于方格网络的地表高程数据构建 TIN 的方法。Lee（1991）、Kumler（1994）、Heckbert 和 Garland（1997）、Zhou 和 Chen（2011）等对这些方法进行了回顾和分类，下面对 Zhou 和 Chen（2011, p.39）提出的 5 种方法进行说明。

（1）3D 精细生成法：该方法以 Douglas-Peucker 算法（Douglas and Peucker, 1973）为基础，以垂直距离为标准，寻找距离每条线段最远的点，从而沿曲线检测出临界点。更多细节参见 Fowler 和 Little（1979）、Saalfeld（1999），以及 Fei 和 He（2009）。

（2）滤波法：使用移动窗口，通过计算其邻域估计值来评估每个中心点的重要性。更多细节请参阅 Chen 和 Guevara（1987），以及 Weibel（1992）。

（3）递归生长法：从初始值最小的点开始，每次迭代时插入 1 个或多个点以形成新的 TIN，这些点相对于前面迭代中所选点生成的 TIN 表面具有最大变化量，直至达到预期的误差阈值水平。更多细节参见 de Floriani、Falcidieno 和 Penovi（1984）、DeHaemer 和 Zyda（1991）、Scarlatos 和 Pavlidis（1992），以及 Garland 和 Heckbert（1995）。

（4）凸闭包收缩法：与递归生长法相反，该方法从包含所有点的三角剖分开始，从中迭代删除点，直至达到特定的误差阈值要求。更多细节参见 Lee 和 Schachter（1980），以及 Hughes、Lastra 和 Saxe（1996）。

（5）特征点法：选择一系列重要的地形特征（如峰、坑、脊、谷、鞍部等），作为三角剖分的顶点集。更多细节参见 Southard（1991）、Zakšed 和 Podobnikar（2005），以及 Palomar-Vázquez 和 Pardo-Pascual（2008）。

基于方格网络的地表高程数据构建 TIN 的方法研究是 1 个较为活跃且不断发展的研究领域。例如，Vivoni 等（2004）建议应基于水文相似性构建 TIN，而 Vivoni 等（2005）则展示了如何使用 3 种不同的静态景观指数，生成能够反映当地重要生态景观过程空间变化的三角网格，这 3 种指数分别是：①地形湿度指数（Beven and Kirkby, 1979；O'Loughlin, 1986）；②泥沙侵蚀指数，类似于改良通用土壤流失方程（Revised Universal Soil Loss Equation, RUSLE, Renard et al., 1991）中的坡长—坡度（Length-Slope, LS）因子（适合于三维地形）（Moore and Wilson, 1992, 1994）；③临界稳态降雨量，应用时须假设边坡无限稳定和无黏性土壤。最近，Zhou 和 Chen（2011）还提出了 1 种综合方法，将前面提到的递归生长法和特征点法集成，从 DEM 中提取临界点，生成 1 种排水约束 TIN，能够实现 Vivoni 等（2004, 2005）的目标。

这些方法都比较新颖且各有微妙之处，但目前最重要的是，坡度、SCA、坡向、平面及剖面曲率等地形参数都可以从这 3 类高程数据网中计算得到。基于方格网络的方法是计算这些参数最有效的 1 种 DEM 结构（Moore I.D. et al., 1991）。基于等高线网络的方法则需要多 1 个数量级的存储空间，且不具备任何计算优势（Moore I.D. et al., 1991；Carara et al., 1997）。同基于方格网络的方法相比，TIN 的不规则性使得一些地表参数的计算更为简便（如坡度和坡向），而另一些则更加困难，主要因为难以确定 1 个或多个面片的上坡连接面片（Gruber and Peckham, 2009）。关于计算地表参数的更多细节请参阅第 3 章。

但是，对于动态水文建模及其他更为复杂的水文、地貌和生态应用而言，使用网格结构划分原始地形数据并不太合适（Mark, 1978；Olsson and Pilesjö, 2002）。例如，Moore I.D. 等（1991）展示了如何使用水文模型模拟地表水流，并指出 DEM 的基本区域应该满足这一要求。2.3 节中许多预处理工作都涉及 DEM 的各种处理方法，试图满足上述需求，并取得了不同程度的成功。Moore 和 Grayson（1991）指出基于等高线网络的方法在这一方面具有重要优势，因为其基本区域的结构正是基于地表水流的流线。多年来，研究者也尝试了使用基于 TIN 的水流路径算法来模拟水流的地面流动（Jones et al., 1990；Tachikawa, Shiba and Takasao, 1994；Tucker et al., 2001）。但是，许多基于 TIN 的算法都通过定义沿三角形边缘的河流路径来描述排水网络，因此很少用于河道形成之前的地表径流建模（Zhou et al., 2011）。

Pilesjö 等（Pilesjö, 2008；Zhou et al., 2011；Pilesjö and Hasan, 2014）最近提出 1 种方法，通过在方格的格元中心创建三角面来对格元进行进一步细分，然后将所有格元组合成 1 个 TFN，以消除三角面与邻近格元的裂缝。该方法意味着可以对来自每个小平面的矢量流线或地表径流进行独立追踪，并可以通过计算流经该区段的流线数量来估算任意给定轮廓线段处的汇水面积。Zhou 等（2011）的研究表明，与其他几种基于方格网络的水流路径算法相比，该方法具有更好的性能，但也指出它需要耗费大量的计算资源。因此，如果要将其用于较大规模的 DEM，就需要进一步优化计算，并对算法进行并行化处理。

尽管 DEM 越来越普及，但人们对地表概念化的方式也越来越重视（Hengl and Evans, 2009）。因为，使用粗糙 DEM 描述地表会丢失许多局部重要地形特征（如山脊线、河流底部），并导致许多描述符的尺度依赖性问题（Zhang and Montgomery 1994；Kienzle, 2004；Raaflaub and Collins, 2006）。此外，对于由遥感系统（如 InSAR 和 LiDAR 点云数据）生成的新的高精度 DEM，要从中过滤掉植被、建筑物和其他非自然结构，还需要有更好的算法，而构成地表的因素也变得更加不确定。事实上，河道也存在同样的模糊性，因为河道的起始位置及流线可能会因上游地区的暴雨而发生变化（Montgomery and Dietrich, 1988, 1989, 1992；Sheng et al., 2007）。与数字地表模型相比，"裸地"DEM 或数字地形模型（Digital Terrain Model, DTM）通常被视为首选结果，但对于一些应用来说却并非如此。例如，有些非点源污染应用要对污染物从源头经工程化景观流入海洋的路径进行持续追踪，而这些工程化景观大部分为大都市的城区和世界上最高产的农业区。

在首选高程数据网确定之后，2.2 节将开始介绍快速增长的高程数据源及其相关优缺点。

2.2 高程数据源

在过去的 20～30 年里，用于地表采样和 DEM 生成的数据源和处理方法发展迅速，从地面测量和地形图转换到被动遥感方法，最近又发展到 LiDAR 和雷达干涉测量等主动遥感方法。Nelson、Reuter 和 Gessler（2009）将 DEM 数据分为 3 种类型：①利用地面测量技术采集的数据，包括电子经纬仪、全站仪、电子测距仪（Electronic Distance Measurement, EDM）和全球定位系统（Global Positioning System, GPS）；②从现有地形图提取的数据（如等高线、河流、湖泊和独立点高度）；③通过遥感方法（包括机载和星载摄影测量/立体像对方法、机载激光系统、机载和星载雷达干涉测量）采集的数据。此外，他们还对这些高程数据源的关键特性进行了简要概括（见表 2.1）。

表 2.1 本节描述的高程数据源的关键特性列表

数据源	分辨率	精度	覆盖范围	后处理要求
地面测量	可变，但通常小于 5m	垂直和水平方向都较高	可变，但通常较小	低
GPS	可变，但通常小于 5m	垂直和水平方向中等	可变，但通常较小	低
地图数字化	随地图比例尺和源图等高线间距变化	垂直和水平方向中等	随地图范围变化	中
屏幕数字化	随地图比例尺和源图等高线间距变化	垂直和水平方向中等	随地图范围变化	中
扫描地形图	随地图比例尺和源图等高线间距变化	垂直和水平方向中等	随地图范围变化	高
正射影像	<1m	垂直和水平方向都较高	随采集方法变化	高
SPOT	30m	垂直 10m，水平 15m	72000km^2/景	中
LiDAR	1～3m	垂直 0.15～1m，水平 1m	30～50km^2/小时	高
InSAR/IfSAR	2.5～5m	垂直 1～2m，水平 2.5～10m	随采集方法变化	高
SRTM, Band C	30～90m	垂直 16m，水平 20m	60°N～58°S	高
SRTM, Band X	30m	垂直 16m，水平 6m	60°N～58°S	高

（续表）

数据源	分辨率	精度	覆盖范围	后处理要求
ASTER	30m	垂直 7～50m，水平 7～50m	3600km^2	中
WorldDEM	12～24m	垂直 2～4m，水平 2～10m	全球	高

来源：此报告的多个指标及资料取自 Nelson 等提供的类似表格（2009, pp. 83～84, 经 Elsevier 许可复制）。

尽管目前最先进的技术和可支持的应用范围仍然（往往）取决于覆盖和/或选定区域的地理范围，但在过去的 20 年里，大规模生产 DEM 的数据源快速增长，如 SRTM、ASTER 和 LiDAR 测量，也见证了 DEM 分辨率的显著提高。但是，二三十年前只能在小流域内进行的一些与 DEM 有关的工作，现在可以在全球地表范围内开展，例如，对比 Duan 和 Grant（2000）与 Verdin 等（2007）的滑坡评估。

这些新的 DEM 也意味着分工的转变。30 年前，前沿科学家和从业者可能自己构建 DEM，因此他们可以选择最适合当前任务和/或应用的高程数据网及预处理方法。对于今天的科学家和从业者而言，在处理几平方千米的小区域时他们仍然可以这么做（Podobnikar, 2005），但在需要处理较大区域或流域时，他们很可能会在一系列国家或全球高程数据集中进行选择，这样可以节省大量时间（2002 年 Gesch 等在科罗拉多河上游地区的项目就是一个极好的例子，展示了如何从 NED 中获取多源、多分辨率的高程数据），不过在确定首选数据集之前，他们还需要了解和分析每个候选数据集的优缺点。

下面将首先讨论通常由个人或小团队采集的（各种形式的地面测量，包括 GPS 测量）、覆盖几平方千米的高程数据集，然后讨论可以由 1 个或多个工作人员单独采集或由大型团队使用机载和星载测量方法（地形图、正射影像、激光扫描及合成孔径雷达测量或 SAR）获取的覆盖数千平方千米的数据集，最后列举 3 个使用 SAR 采集，并由多国科学家和工程师组成的大型团队处理得到的陆面或全球数据集（SRTM、ASTER 和 TanDEM-X）。在简要讨论 DEM 的预处理和适用性之后，2.5 节详细描述了美国的 NED，该多源、多尺度高程数据集及对应的地形属性是建立在非常精细的基础设施和工作流程之上的；随着 USGS 的 3D 高程项目（3D Elevation Program, 3DEP; Stoker, Harding and

Parrish, 2008; Snyder, 2012; Sugarbaker et al., 2014) 在未来十年内发展势头越来越强劲,该数据集本身也将进行大幅修订和改进。

▶ 2.2.1 地面测量

下面从地面测量开始对高程数据源进行描述,数千年里它以各种方式对特定的地表区域进行描述,其中 1 个著名的例子发生在公元 1 世纪,在欧洲南部构建重力式给水分配系统之前必须对地形进行评估。随着城市的出现,世界人口逐渐增长并不断迁移,为了满足多个地区不断增加的人口所带来的需求,就需要更多数量和类型的地面测量,包括小区域测绘项目、特定区域的详细地形测量、横向截面测量和纵向剖面测量,以及活跃沟谷系统的地层分析等。所有这些调查都结合了野外测量和插值,而且在过去的几十年里,随着电子经纬仪、全站仪及其他电子测距仪的快速发展和广泛应用,地面测量的易实施性和精确性都大大提高。

如今,可通过 3 种方式实施地面测量。第 1 种也是最常见的方式是利用地面测量为数平方千米的区域编制新的详细地表模型(见表 2.1)。第 2 种方式是利用重复性调查来描述地貌过程和特定的空间侵蚀和沉积速率。例如,James 等(2012)展示了如何利用 70 多年前完成的详细地形调查来构建 DEM 并计算差异地图,用以估算南卡罗莱纳州 Piedmont 河上游的 Cox 河谷、Shanghai Bend 的 Feather 河及尤巴河道下游(均在加利福尼亚州)的地形变化。这项特殊的研究使用现代 DEM 来估计当今的地形表面,而 Trimble (1983, 1999, 2009) 及其他人则使用各种重复性地面测量来获得类似的结果。第 3 种方式是收集和使用地形图及其他高程数据源的地面测量数据,来改进最终的 DEM (见 2.2.3 节中 Podobnikar 在 2005 年的典型应用案例)。

▶ 2.2.2 GPS 动态测量

GPS 动态测量可以相对快速地生成高分辨率 DEM(Baldi et al., 2000, 2002; Abd Aziz, 2008; Abd Aziz et al., 2009)。该方法也可用于验证其他方法生成的 DEM,如 LiDAR(Webster and Diaz, 2006)和 InSAR(Lee Chang and

Ge, 2005），后续将进行详细讨论。

举例来说，Nico 等（2005b）利用 GPS 动态测量生成了意大利巴斯利卡塔地区 Torre di Satriano 考古遗址的高分辨率 DTM，并认为 DTM 的精度取决于采集设备的运行精度和协议（此例中为 10cm）及 GPS 采样点的密度。研究人员使用 Delaunay 三角网和对应的 Voronoi 图来连接节点（GPS 采样点），这些节点与对应的 Voronoi 多边形共享一条边，然后使用简单的线性插值来描述地表起伏。结果表明，在采样密度低至一个采样点/$100m^2$ 的地区，其地表精度小于 1m，而在每 $10m^2$ 至少有一个采样点的地区，其精度约为 30cm。

上述应用说明了这些测量方法如何能够在数平方千米范围内快速而准确地描绘地表（见表 2.1），以及它们如何针对特定地区很好地生成 DEM，如考古遗址（Nico et al., 2005b）、火山和滑坡高发地区（Baldi et al., 2000, 2002）及小型农田（Abd Aziz, 2008；Abd Aziz et al., 2009）。

接下来将重点介绍可用并已在众多实例中使用过的数据源，用以生成比地面测量和 GPS 动态测量范围更大的相对高分辨率 DEM。

▶ 2.2.3 地形图

本节首先讨论已经出版的地形图，然后讨论 20 世纪下半叶用于制作大量地形图的各种正射影像，最后再回顾在过去二三十年里大量部署并用于生成地球上大区域高分辨率 DEM 的几种主动式和被动式机载与星载遥感系统。

在过去两个世纪里，世界各国的国家测绘机构发布了大量多种类型的地形图，即使没有合适的地面测量或遥感数据可用，这些地形图也可用于构建 DEM。例如，从 1884 年美国地形测绘项目起，至 2006 年发布的最后一张使用平板印刷技术的地形图，USGS 共发布了 190000 幅四边形地形图（Allord et al., 2014）。在 20 世纪八九十年代利用摄影测量和其他类型遥感影像大规模生产数字化 DEM 和水文数据集之前，许多 1∶24000 和 1∶100000 比例尺的地形图被数字化或扫描，并用于水文、地貌和生态系统分析。对于那些经费预算有限和当前已有这些数据的用户（Jobin, Prasannakumar and Vineetha, 2015），尤其是那些对水文、地貌和/或生态系统变化监测感兴趣的用户而言（Stein et al., 2007；James et al., 2012；Beattie, 2014），地形图目前仍有实用价值。

举例来说，延续了 150 多年的 USGS 的系列地形图为遥感数据源无法描绘的变化分析提供了机遇，因为地形图在时间上可以追溯到更久远的过去，并且它们能够描绘具有传统遥感方法无法穿透的冠层及被浓密植被覆盖的区域（James et al., 2012）。但是，在使用这些历史地形图时必须谨慎，因为随着时间的推移，构成地形图的原材料和处理方法已经发生了巨大变化（Hodgson and Alexander, 1990）。例如，20 世纪 40 年代之前美国生产的许多早期地形图都是基于少数野外观测和艺术绘制而成的，而最近的地形图在构建等高线时，则基于遥感方法进行了相对密集的观测（James et al., 2012）。美国在 20 世纪 40 年代制定了国家制图精度的标准，同期许多其他国家也采用了类似的标准（Marsden, 1960）。《美国国家地图精度标准》（*National Map Accuracy Standards*，NMAS）要求，所有地图的观测误差阈值都设置为 90%，这意味着在满足此标准的地图中，90%的测试点都位于真实位置的某个指定距离内（见表 2.2），而且 90%的测试点高程相差不超过等高线间距的一半（James et al., 2012）。水平阈值和垂直阈值都展现了地图精度标准如何随地图比例尺的变化而变化，以及解释了不同比例尺地图的组合制图为何会带来诸多挑战。

表 2.2 1947 年以来美国使用的国家地图精度标准

比例尺因子	图上 [a]			实地 [a]	
	(inch)	(inch)	(mm)	(m)	(feet)
>20000	1/50	0.0200	0.508	—	—
<20000	1/30	0.0333	0.847	—	—
示例					
250000	1/50	0.0200	0.508	127.0	417
100000	1/50	0.0200	0.508	50.8	167
62500	1/50	0.0200	0.508	31.8	104
24000	1/50	0.0200	0.508	12.2	40.0
12000	1/30	0.0333	0.847	10.2	33.3
5000	1/30	0.0333	0.847	4.23	13.9

[a] 不超过 10%的已知点可以超出这些误差限制。这些值可以被解释为 90%的置信度的限制，NMAS 并不假设具体的概率分布。

来源：James et al.（2012, p.186）；美国地质调查局（1999）。

使用已发布的地形图和/或这些地形图的衍生产品时，所遇到的挑战和/或潜在误差可能不止于此。例如，Walsh、Lightfoot 和 Butler（1987）及 Walsh（1989）将图中上述类型的误差称为"固有"误差，并解释了数字化或扫描地形图的处理方法所产生的各种"操作"误差是如何引起其他问题（误差）的。

这些操作误差可能是由数字化错误、坐标转换时的配准错误,以及从等高线或点数据插值引起的。

最近,Podobnikar(2005)描述了 1 个复杂的多步迭代过程,用于从各种数据源生成 DEM,并以斯洛文尼亚的 1 块区域为例,展示了其结果比最初使用的 1∶250000 地形图要好 50%~80%。最终的工作流程使用了大地测量网点、土地地籍界址点、建筑物信息模型、高程点、公路建设和水文网络测量数据,以及 1∶25000 地形图上的等高线数据。

最后,由 Walsh 等(1987)、Walsh(1989)和 Podobnikar(2005)完成的 3 项研究结果表明,在决定是否为特定目的和应用而使用地形图之前,需要仔细观察地形图的谱系,包括原材料、准备时间、发布日期、处理方法,以及各种制图策略。

▶ 2.2.4 摄影测量数据集

世界各地最近生产的许多 DEM 都采用了摄影测量方法。例如,USGS 的 NED 中许多最早期的 DEM(与 7.5 分的地形图四边形对应)都是用摄影测量方法生产的(Kelly, McConnell and Mildenberger, 1978)。这些 DEM 在首次发布时,许多都存在条带伪影(Striping Artifacts),为了减少或消除这些伪影,研究者们提出了各种方法对 DEM 进行滤波(Brown and Bara, 1994;Garbrecht and Starks, 1995;Oimoen, 2000)。"剖面平均值滤波"(Oimoen, 2000)已经被用于过滤高频伪影,并从饱受此类问题困扰的 USGS 的 DEM 中将其消除掉,Gesch 等(2002)展示了这种后期处理如何显著改善导出的高程衍生品,尽管其中许多伪影的幅度都很小(通常小于 1m)。

这些 DEM 展示了航空摄影立体解算方法是如何将高程数据精度提升到米级和亚米级(Lemmens, 1978)的。尽管这些影像的成功处理会随光照、云层和地表覆盖条件的变化而变化,但这些方法和数据源已经成功用于构建平面和垂直精度约为 1m 的 DEM(Toutin and Cheng, 2000)。相同的立体解算方法也被成功应用于 SPOT 卫星(Satellite Pour l'Observation de la Terre)和 IKONOS 卫星影像(Konecny et al., 1987;Day and Miller, 1988;Toutin and Cheng, 2000)。

未来 5~10 年,利用摄影测量方法构建 DEM 很可能会再次流行,主要有两点原因。第一，基于卫星的正射校正影像（Ortho-Rectified Image, ORI）的获取能力持续提升，这为重复制图（变化监测）提供了更多机会。例如，日本宇宙航空研究开发机构（Japan Aerospace Exploration Agency, JAXA）利用来自先进陆地观测卫星（Advanced Land Observing Satellite, ALOS）上全色遥感立体测绘仪的归档数据（该卫星收集了 2006—2010 年的数据），生成了全球 DEM/DSM 和 ORI。该任务以 25m 的空间分辨率收集了精确的高程测量数据和 300 万张立体影像，且云量低于 30%（Tadono et al., 2014）。初步结果表明，利用相同的数据可以构建空间分辨率为 5~30m、高程精度小于等于 5m（RMSE）的 DEM（Tadono et al., 2009）。第二，气球、风筝和无人驾驶飞行器（通常称为无人机）测绘工具包及开源的影像处理软件（例如，由开放技术和科学公共实验室发布的 MapKnitter 2.0），使得收集并处理自定义数据集成为可能。这些产品已经在世界各地的社区和学校项目中得到了广泛应用。

▶ 2.2.5 机载激光扫描数据集

机载激光扫描能够提供高分辨率地形数据（Wehr and Lohr, 1999；Wack and Wimmer, 2002）。LiDAR 测量迅速普及，现在这类数据源几乎主导了所有的地方性和区域性项目。例如，比利时和荷兰等国家在几年前就以 2~5m 的分辨率生产了全国 LiDAR 的 DSM，并在许多更小区域内生成了更高分辨率的 DEM（Nelson et al., 2009）。Stoker 等（2008）率先呼吁为美国编制全国 LiDAR 数据集，USGS 最近也启动了 3DEP 高程项目，以满足对高质量地形数据及其他国家自然和工程特征三维表征的不断增长的需求（Snyder, 2012）。3DEP 高程项目的主要目标是，2014—2022 年，在美国周边、夏威夷和美国本土以高质量 LiDAR 数据的形式系统地收集增强的高程数据，而在阿拉斯加地区则使用 InSAR 数据，限于该地区的云层及位置偏远，该地区大部分地方无法使用 LiDAR（Sugarbaker et al., 2014）。

用于处理和内插激光扫描数据的标准数据交换格式（LAS）的创建（Graham, 2005），以及最近启动的 USGS 3DEP 高程项目，说明在过去 25 年里 LiDAR 数据的质量和处理能力都取得了快速进步（Zhang et al., 2003；Sithole and Vosselman, 2004）。使用 LiDAR 有诸多优点，包括采样密度高、垂直精度高，以及能派生出 2 个或多个地表模型，因为有些激光扫描系统可以对植被冠层（首次反射）和地球表面（末次反射）进行建模。当然，这有助于在植被茂密地区（森林）和工程化环境（城市地区）进行地表建模。Tarolli（2014）描述了从机载和/或地面 LiDAR 获取的高分辨率地形数据如何为各种应用提供新的机遇，包括滑坡分析（Glenn et al., 2006；Ardizzone et al., 2007；Kasai et al., 2009；Burns et al., 2010；Ventura et al., 2011；Iaboyedoff et al., 2012；Tseng et al., 2013）、坡面与渠化过程（Cobby et al., 2001；Iones et al., 2007；Passalacqua et al., 2010；Pirotti and Tarolli, 2010；De Rose and Basher, 2011）、河流形态（Lohani and Mason, 2001；Thoma et al., 2005；Cavalli et al., 2008；Heritage and Milan, 2009；McKean et al., 2009；Notebaert et al., 2009；Legleiter, 2012）、活动构造（Chan et al., 2007；Begg and Mouslopoulou, 2010；Lin, Z. et al., 2013）、火山地貌（Csatho et al., 2008；Neri et al., 2008；Fornaciai et al., 2010；Iessop et al., 2012；Kereszturi et al., 2012），以及地表人造地物（Bailly et al., 2008；Lindsay and Dhun, 2015）。

然而，在高层建筑、茂密植被冠层和水面等区域，激光雷达光斑尺寸小，测量难度大，因此成本高昂。许多研究也注意到，在特定的水文背景和地貌背景下，LiDAR 高程数据的精度可能会有所不同（Raber et al., 2002, 2007；Hodgson et al., 2003, 2005；Hodgson and Bresnahan, 2004；Iames et al., 2007；Aguilar and Mills, 2008；Aguilar et al., 2010；Wheaton et al., 2010；Estomell et al., 2011）。简单地增加平均点的密度并不能保证这些应用中垂直精度能够得到显著提高，因为扫描仪无法穿透茂密的植被（或其他地表覆盖物），现在人们普遍认识到误差会随土地覆盖类型的变化而变化的事实（例如，森林覆盖区比无森林覆盖区的误差更大）。人们提出了各种滤波方法去除非地面测量值（Zhang et al., 2003；Sithole and Vosselman, 2004）。Lloyd 和 Atkinson（2006）研究了在移除地表覆盖物后，如何利用地理统计方法（如普通克里金法、带有趋势模型的克里金法）来"填充"区域（预测地表高程）。

总体而言，机载和地面 LiDAR 提供的高分辨率地形数据，为人们更好地理解地表运行的水文、地貌和生态过程等提供了良机，但人们在收集、分析和解释这些数据时仍要谨慎，以便将这些过程与显著地形特征成功地建立关联。

2.2.6 干涉合成孔径雷达（InSAR）数据集

InSAR（或 IfSAR）是另一种可用于构建中高分辨率 DEM 的主动式遥感源。这种测量方法利用从不同位置拍摄的 2 张或多张 SAR 影像所产生的立体效果，或利用返回到卫星或飞机的雷达波的相位差生成 DEM。目前，可用于收集和处理 SAR 影像的星载、机载或地面系统正在快速扩展。

星基 InSAR 的初步实验可追溯到 20 世纪 80 年代，但直到 20 世纪 90 年代，随着 ERS-1（1991）、JERS-l（1992）、RADARSAT-1 和 ERS-2（1995）卫星平台的发射才得以扩展。2000 年 2 月，NASA 执行的为期 11 天的 STS-99 任务，使用"奋进号"航天飞机上的 SAR 天线为 SRTM 产品收集了大量数据，2.2.7 节将对此进行详细讨论。在过去的 15 年里，新设备的发射一直在持续，欧洲航天局发射的"哨兵-1A"和"哨兵-1B"卫星，能够以 6 天的重复周期提供全球范围的 InSAR 覆盖。目前最新的平台已经扩展了可用的传感器，除了大多数早期卫星平台所使用的 C 波段，还包括 L 波段和 X 波段（可提供覆盖全球的高分辨率数据集）。

由 Fugro Geospatial、Intermap Technologie 及 Orbisat Indústria 等公司构建的机载数据采集系统，也能够提供更高分辨率和多波段的数据。现在也有一些地基测量技术，通常用于对斜坡、岩石陡坡、火山和山体滑坡等进行位移监测，并通常为数平方千米的地区提供米级空间精度和垂直精度的高分辨率影像（Nico et al., 2004, 2005a）。

2.2.7 航天飞机雷达地形测绘任务 DEM

1″和 3″ 的 SRTM DEM 说明了在过去 20 年里在全球范围内取得的巨大进展（Farr and Kobrick, 2000；Rabus et al., 2003；Farr et al., 2007）。3″ SRTM DEM（SRTM-3）覆盖了全球大部分地区（60°N～58°S），并迅速成为世界上最一致、最完整和最受欢迎的环境数据集之一（Nelson et al., 2009；Zandbergen, 2008）。3″（约 90m）的网格间距要优于全球 GTOPO30 DEM 的 1km 网格间距，利用 GPS 动态数据进行精度评估，表明该方法绝对高度准确性良好，90%的误差都小于 5m（Rodriguez, Morris and Belz, 2006）。发布的

1″SRTM DEM（SRTM-1）最初仅限在美国使用，它提供了 1 个标称 30m 的 DEM，垂直精度为 15m，离散化之后接近米级。2011 年澳大利亚发布了 1 个定制的 1″SRTM，2014 年美国发布了针对全球范围（60°N～58°S）的通用 1″SRTM 数据集。

SRTM-1 DEM 和 SRTM-3 DEM 都提供了空前的覆盖范围，但使用时仍需谨慎，原因如下。

（1）它们提供的是 DSM，而不是裸地 DEM 或 DTM。

（2）地表特征（山脉、地形粗糙度、是否存在沙子、水域接近度、是否存在植被覆盖层和/或植被覆盖密度）可能会对精度造成影响（Gallant and Read, 2016）。

（3）水陆交界处及其他地区经常存在空白区域。例如，SRTM 的成品级版本（也被称为第二版；Slater et al., 2006）仍然包含约 836000km^2 的数据空白区（Reuter, Nelson and Jarvis, 2007）。

（4）由于位移和阴影效应，沙漠和山区可能会出现问题（Rodriguez et al., 2005）。

（5）对于土壤、植被及类似现象的研究而言，这些 DEM 分辨率可能不够精细（Gessler et al., 2009）。

（6）最近的一系列研究表明，高程误差与树冠高度之间存在正相关关系（Carabajal and Harding, 2006；Hoflon et al., 2006；Shortridge, 2006；Berry, Garlick and Smith, 2007；Bhang, Schwartz and Braun, 2007；Gallant, Read and Dowling, 2012），其中一项研究特别表明，地势较低的河岸地区可能比周围的农业区高得多（导致倒地形模型；LaLonde, Shortridge and Messina, 2010），因而在为特定应用和/或研究区域部署这些数据集之前，需要对其进行适用性评估。

SRTM-1 DEM 和 SRTM-3 DEM 自最初发布以来就一直在持续改进，其最新版本可能已经解决或部分解决上述问题（Slater et al. 2006）。例如，国际农业研究嗟商组织地理空间信息协会（Consultative Group for International Agricultural Research Consortium for Geospatial Information, CGIAR-CSI）提供了最佳的全球分辨率（SRTM-3），并在过去十多年里发布了许多版本（见表 2.3）。例如，前面提到的空白区已经用一系列的插值算法结合其他高程数据源进行了填充。Reuter 等（2007）回顾了填充 SRTM 数据空白区的一系列插值算法，并根据 SRTM-3 数据的大小及周围地形类型，推荐了用于填充 SRTM-3 中 3339913 个空白区的最佳算法。

（1）对于相对平坦、低洼地区的中小型空白区，推荐使用克里金法或反距离加权插值法。

（2）对于高海拔和切割地形的中小型空白区，推荐使用样条插值法。

（3）对于非常平坦地区的大型空白区，推荐使用 TIN 和反距离加权法。

（4）对于其他地形环境中的大型空白区，推荐使用高级样条法（ANUDEM），2.4 节将对该方法进行详细描述。

这些推荐的算法后来被采纳并用于编制 CGIAR-CSI SRTM 4.1 版本的产品（见表 2.3）。

表 2.3　CGIAR-CSI 编制并发布的 SRTM-3 版本

版本 4 相对版本 3 的改进
・版本 4 使用了大量 Reuter 等（2007）描述的插值技术。
・版本 4 使用了一些额外的辅助 DEM 填充空白区，并利用 SRTM-1 填充大型空白区。
・不同于版本 3，版本 4 移位了半格像素，以消除早期移位引起的混乱。
版本 3 相对版本 2 的改进
・版本 3 包含"已完成"等级的 SRTM 数据。
・版本 3 使用 SRTM 水体数据（SRTM Water Body Data, SWBD）对海岸线进行编辑。
・版本 3 使用辅助 DEM 来填充空白区。
・与版本 2 相比，版本 3 有半格像素的移位。
版本 2 相对版本 1 的改进
・版本 2 包含澳大拉西亚（Australasia）地区及大西洋、印度洋和太平洋上小岛的 DEM 数据。
・版本 2 编辑了海岸线。
・版本 2 在瓦片连接处没有版本 1 在插值时因重叠度不足而造成的"悬崖"。
已知问题与未来改进
・CGIAR-CSI 计划在高分辨率辅助数据集可用时继续改进数据，计划使用高分辨率 ASTER 的 DEM，在特别难处理的地区（如撒哈拉沙漠）填补空白区。

来源：修改自 CGIAR-CSI 的网站

为了解决上述问题，研究者进行了很多尝试。例如，Selige、Böhner 和 Ringeler（2006）开发了 1 种相位数据预处理的新方法，而没有采用较普遍的对 DEM 自身进行滤波和平滑的方法，并据此为巴伐利亚州的兰茨胡特附近地区的地貌应用构建了显著改进的 SRTM DEM。另外，Gallant（2011）描述了消除随机噪声的自适应平滑技术及处理树冠问题的两种方法（Hansen et al., 2013；Chen et al., 2015），同时还利用与 ALOS PALSAR L 波段 SAR 数据集一起分发的 HH 偏振数据，消除了植被覆盖造成的误差（Gallant et al., 2012；Gallant and Read, 2016）。这些论文中的大量研究工作，通过比较新 DEM 与高程点、其他 DEM 及相关地理空间数据集，来评估 SRTM-1 或 SRTM-3 在 1 个或多个特定应用（如流域水文、洪水淹没、土壤及栖息地制图）中的适用性。

▶ 2.2.8 高级星载热辐射热反射探测仪 DEM

2009 年发布的高级星载热辐射热反射探测仪（Advanced Spaceborne Thermal Emission and Reflectance Radiometer, ASTER）全球数字高程模型（Global Digital Elevation Model, GDEM；Abrams et al., 2010），提供了另一个与上述 SRTM DEM 相对应的"全球"DEM。这个新的 ASTER 数据集是使用单通道立体相关性技术，由在电磁波谱的可见光和近红外（Visible and Near-Infrared, VNIR）部分拍摄的 130 万幅影像而创建的。这款新产品最初提供了更高的分辨率（从 1″ 提高到 1″，但自 2014 年 STRM-1 版本数据集发布后该优势就不存在了），更大的空间覆盖范围（从 83°N～83°S 扩大到 60°N～58°S），以及相当的垂直精度和水平精度（垂直精度 7～20m、水平精度 30m，分别对应 SRTM 的 16m 和 20m；Hirano, Welch and Lang, 2003；Eckert, Kellenberger and Itten, 2005；Nelson et al., 2009；Slater et al., 2009）。另外，得益于开放式采集计划，云层造成 SRTM 数据集丢失数据的问题也应该会更容易解决，但 30m 的分辨率可能还不足以支持某些景观中土壤、植被及类似现象的制图。随后，2011 年发布了第 2 个改进版本的 ASTER GDEM2（Krieger, Curtis and Haase, 2010；Gesch et al., 2011；Tachikawa et al., 2011a, 2011b）。

此外还公布了几项评估工作，将 ASTER GDEM 的质量与 SRTM DEM 及其他各种来源和形式的参考数据进行了对比。例如，Hirt、Filmer 和 Featherstone（2010）比较了两组数据集的质量，第 1 组是来自美国国家航空航天局（National Aeronautics and Space Administration, NASA）和日本经济产业省（Ministry of Economy, Trade, and Industry, METI）的 ASTER-GDEM 1 数据集，第 2 组是澳大利亚的另外两个公开可用的 DEM 数据集，澳大利亚地球科学局和澳大利亚国立大学的 9″ GEODATA DEM-9S 的 4.1 版本数据集和 CGIAR-CSI 的 1″ SRTM 的 4.1 版本数据集。结果表明：①ASTER 中存在大量与残留云图和条带效应相关的伪影；②基于澳大利亚西部的 1 组大地测量地面控制点（Ground Control Point, GCP），DEM-9S 的垂直精度约为 9m、SRTM 约为 6m，而 ASTER 约为 15m。对这些结果进行认真解读，例如，SRTM 产品的优越性可能部分归因于 GCP 位于植被稀疏区域（SRTM 是第 1 个返回式系统，在茂密植被区通常返回冠层高度），以及 DEM-9S 数据集相对粗糙的 9″ 分辨率意味着该产品在地势崎岖的地区将产生高达 100m 的巨大误差的事实。

Guth（2010）将 ASTER GDEM1 与 SRTM 3″ 数据进行了对比，使用 NextMap IfSAR DEM 和 DTM 对欧洲 46 个地区的数据进行绝对校准，同时使用 US NED、加拿大地图 DEM、SRTM 1″ 数据，以及上述两个数据集对北美 6 个地区的数据进行校准。结果表明，GDEM 效果最好时相当于 SRTM 的 3″ 数据，与 SRTM 的 1″ 数据类似，GDEM 所声称的 30m 间距与 30m 或 1″ 的地图 DEM 并不匹配，但其存储成本约为 3″ 地图 DEM 的 9 倍。和 Hirt 等（2010）一样，Guth（2010）也发现了许多 GDEM，可能有高达 20% 的数据瓦片（基于遍布欧洲和北美的 52 个地点），都包含数据异常，这些数据异常会影响其对许多水文、地貌和生态系统应用的使用价值。

最后，Rexer 和 Hirt（2014）对比了 ASTER GDEM2 和其他两个分别基于 USGS（SRTM-3 版本 2.1）和 CGIAR-CSI（SRTM 版本 4.1）发布的关于澳大利亚大陆的 SRTM DEM。结果如下。

（1）两个 SRTM DEM（1.2m RMSE）有很好的一致性，USGS 模型中的陡峭地形上的空白区在 CGIAR-CSI 模型中已被填充。

（2）ASTER GDEM2 在 10m 高度层有 1 条东北至西南朝向的条带误差，相对于两个 SRTM 模型呈现出约 5m 的平均高度偏差。

（3）通过澳大利亚上空约 9.5m 高度的 ASTER GDEM2 与 SRTM 的差异性获得 RMSE。

(4）根据澳大利亚国家重力数据库（Australian National Gravity Database, ANGD）提供的 228000 个"精确"的台站高度，在垂直精度方面，ASTER GDEM2 约为 8.5m，USGS SRTM-3 约为 6m，CGIAR-CSI SRTM 约为 4.5m。

(5）最终结果表明，ASTER GDEM2 与 ASTER GDEM1 相比有了显著的进步，Hirt 等（2010）对 ASTER GDEM1 的水准测量和 GPS/水准测量的高度进行对比，结果显示两者对应的 RMSE 分别为 13.1m 和 15.7m。

(6）与两个 SRTM DEM 相比，ASTER GDEM2 在南北方向偏移了 $-0.007/-0.042''$，在东西方向偏移了 $-0.100/-0.136''$。

(7）分析 DEM 和 775437 个 ANGD 台站之间的高度差，作为 3 个土地覆盖集（来自 ESA 的 GLOBCOVER 2009 地图；Bontemps et al., 2011）的函数，结果显示 ASTER GDEM2 的真实高度偏移（超过裸地地面）为-4.2m，而两个 SRTM DEM 均为+2.7m。

(8）分析 DEM 之间的高度差，作为地形粗糙度的函数，揭示了地形粗糙度和 DEM 精度之间的高度相关性：相较于 CGIAR-CSI SRTM 版本 4.1 与 USGS SRTM-3（RMSE 15.1m），ASTER GDEM2 的表现相对更好（RMSE 为 11.3m），这可能与 ASTER GDEM2 较高的空间分辨率有关，但它在其他所有（起伏不大的）地形类型上都要比 SRTM 差一些。

整体而言，这 3 项研究将 ASTER GDEM 的第 1 版和第 2 版都描绘成具有持久、严重伪影的"全球"产品，其真实分辨率比开始声称的 30m 更低，并认为它在许多方面都不如 CGIAR-CSI SRTM-3 4.1 版本的"全球"数据集。但是，下一个产品（第 1 个真正的全球性 WorldDEM）可能会取代 CGIAR-CSI SRTM-3 DEM，成为未来几年最准确的全球产品。

▶ 2.2.9　WorldDEM 数据集

空中客车国防和空间 WorldDEM^{TM} 产品，是基于 TanDEM-X（另一项天基 SAR 任务）收集的数据。该数据集承诺：在真正的全球覆盖方面，以及在精度上（预计的相对垂直精度为 2m，绝对垂直精度为 10m）都设定了新标准（Rexer and Hirt, 2014）。Gruber 等（2013）给出的第 1 个验证结果表明，利用块调整方法，同时将 GCP 作为连接，可以实现 1~2m 的绝对垂直精度。但是由于这是一家私人企业，因此一些客户需要付费才能使用它们的产品。但是作为一种衍生产品，WorldDEM4Ortho 的垂直精度在 24m 的分辨率内可达 4m。目前它被当做 Esri ArcGIS 在线平台中的 1 个高程数据集进行分发，因此可用于各种基于 ArcGIS 的地形建模应用程序（更多详细信息请参阅第 6 章）。

2.3　适用性

从上述对数字高程数据源的讨论中，可以得出 3 个结论。①每个数据源都有其特定的优缺点，因此每个潜在用户的首要任务是判断具体的数字高程产品和数据源对于当前任务和/或应用的适用性。②用户需要非常谨慎才能成功地将来自 2 个或多个来源的高程数据进行合并，并生成比源 DEM 更好的融合 DEM 或复合 DEM（Leitão，Prodanović and Maksimović，2016；比较了由商业 GIS 软件提供的 3 种传统网格 DEM 合并方法，以及与传统方法相比，在高程、坡度和坡向等方面有着显著改进的一种新方法）。③误差的存在和传播贯穿整个数字地形建模工作流程，需要持续关注（见图 2.1）。

当然，由于无论数据源或预期应用是什么，通常都需要进行一些预处理，因此，数据源和/或数据产品的选择通常只是第一步。2.4 节将介绍这些任务及其伴随的一些挑战和问题，2.5 节将描述 USGS 为构建和支持 NED 所做的持续努力。

2.4　数据预处理与 DEM 构建

地貌分析的高程数据准备工作非常棘手，因为单独的高程通常不是选定属性，这意味着真正的地貌精度只能通过计算地表参数和对象（如排水线、地形或视域）来评估，然后将由其形状、分布和位置与通过地貌分析得到的数值进行比较（Fisher，1998；Wilson et al.，2008；Leitfio et al.，2016）。

Reuter 等（2009，p.90）认为，DEM 对地貌分析的真正适用性只能通过回答以下问题来评估。

（1）地表粗糙度的描述精度如何？

（2）地表形状（如凹凸形状、侵蚀和沉积、汇水与分水，参见 2000 年 Hutchinson 和 Gallant 关于评估这方面数据质量的其他方法）的描述精度如何？

（3）检测到的"真实"世界山脊线和流线的精度是多少？

（4）整个选定区域内测量高程的一致性如何？

此类问题的答案是相互关联的，尽管这些重要问题的答案是存在的，但可用和/或首选的 DEM 几乎肯定会出现误差。误差的频率和幅度将取决于获取源数据的技术和方法、预处理算法及地表自身特征。

当然，用于描绘地表的高程数据的水平分辨率和垂直分辨率将对多个方面产生重要影响：①细节层次；②地表特征描述的准确性；③从 DEM 计算得到的地表参数值（MacMillan and Shary，2009）。已有许多研究者分析了网格间距对地表参数和地形对象的数值及精度的影响（Zhang and Montgomery,1994；Florinsky,1998；Jones, 1998；Wilson et al., 2000；Thompson et al., 2001；Shar, Sharaya and Mitusov,2002；Tang et al., 2002；Kienzle, 2004；Warren et al., 2004；Zhou and Liu, 2004a；Raaflaub and Collins, 2006；Clarke and Lee, 2007）。对各种形式的多尺度分析日渐增加的关注度（Gallant and DoMing, 2003；Sulebak and Hjelle, 2003），以及对跨尺度无缝移动的持续需求，都表明了需要在这些尺度的关系及其影响上做更多工作。然而，对于那些希望构建和解释地形模型的人来说，最直接和最主要的挑战通常是需要选择 1 个适合当前工作操作尺度的源数据（见 1.2 节）。

除了上述类型的尺度关系和伴随的影响，对不需要的洼地（伪凹点或洼地）的处理方法也将对后续地貌分析结果的分析和解释产生重大影响。有两种常用方法：一是逐渐增加洼地的高程值对其逐步填充，直至高程达到最低流出点（Jenson and Domingue, 1988；Martz and de Jong, 1988；Soille and Gratin, 1994；Planchon and Darboux, 2001；Wang and Liu, 2006；Jiang and Tang, 2015）；二是从洼地底部创建 1 条下行路径，并沿该路径切割地形，直至到达高程低于洼地底部的最邻近点（Morris and Heerdegen, 1988；Rieger, 1992；Martz and Garbrecht, 1999；Soille, Vogt and Colombo, 2003；Soille, 2004）。

Reuter 等（2009）最近将这两种方法与将洼地填充和切割相结合，使输入 DEM 与没有洼地的输出 DEM 之间的高程偏差总和最小化。这种综合方法在克罗地亚的巴兰尼亚丘陵研究流域取得了良好效果。Grimaldi 等（2007）提出了另外 1 种基于物理学的方法，Lindsay 和 Creed（2005a，2005b，2006）将上述几种方法结合，用来区分数字高程数据中的真实洼地和伪洼地（伪影），并提出了 1 种影响最小化的方法来消除相对平坦地形中的伪洼地（如加拿大地盾区）。

这些填洼技术的目标是希望通过填充洼地来确保水流连续性。一些研究者提出了无须先填充洼地就实现这一结果的其他方法。例如，Chow 等（2004）利用偏好顺序结构评估（Preference Ranking Organization Method for Enrichment Evaluations, PROMETHEE）技术在未填充 DEM 上确定流向。这种方法将洼地内的格元流向进行反转，并提取了沿河流网络的剖面，但未计算上坡汇水面积。Arnold（2010）还提出了一种"填充和溢出"方法来计算未填充 DEM 中的无中断流量累积，但该算法并没有计算合适的水流路径来模拟水流通过洼地的流动。Byun 和 Seong（2015）采用上述两种方法生成了更多有用的数据，用于计算水流路径、各洼地内流量累积及水流纵向剖面。他们的算法首先在洼地最大深度线处的网格中反转流向，在此过程中构建洼地的拓扑网络，并有序地依次向下游计算流量累积，然后根据从最高高程到最低高程的有序洼地数据计算流量累积。该方法确保了未填充 DEM 中水流的连续性，并允许计算洼地内的流量累积，从而能够获取更精确的径流剖面及其他研究参数（Byun and Seong, 2015）。

让研究者从 3 个算法中选择其一主要有两个原因。第 1 个原因是改变高程时会意外引入偏差。例如，填充洼地会改变河道的坡度并减小山谷两侧的坡度，从而改变以坡度作为输入值的各种地形属性（Wechsler, 2007）。第 2 个原因与源数据的变化特征有关，现在的洼地属于小型洼地（由 LiDAR 及其他遥感平台采集）的可能性越来越大，而不是 20 世纪八九十年代代表最高技术水平的分辨率为 10m 和 30m 的 DEM 中嵌入的误差（Byun and Seong, 2015）。

还有至少两个相关问题需要解决。第 1 个问题与平坦地形上未解决的流向问题有关，因为流向的分配依赖相邻格元高差对水流的驱动，湖泊和水库的存在，以及对上述第 1 种填注方法的依赖，都可能会形成人造的平坦区域，从而加剧这一问题。无论出于何种原因，通常都会采用两种方法来消除或最小化这类问题。第 1 种方法是在不改变高程值的情况下，通过迭代为邻近格元分配单一流向（Jenson and Domingue, 1988）；第 2 种方法是按顺序对平坦格元的高程进行微调，从而创建 1 个小的人工坡度（Garbrecht and Martz, 1997）。使用这些方法得到的解决方案彼此略有不同，但通常都需要对现场条件进行深入了解，才能知道这些方法能否在多数景观环境中产生较好的结果。

第 2 个问题是需要协调 DEM 和从其他数据源（数据集）获得的排水线（Lindsay, Rothwell and Davies, 2008）。第 1 种方法依赖河流"烧录"，即改造其中的局部地形以便与现有矢量水文数据集保持一致（Saunders and Maidment, 1996）；第 2 种方法是将河流网络作为拟合表面的一部分，用于构建 DEM（Hutchinson, 1989；Hutchinson et al., 2013）。研究者在工作中主要使用第 2 种方法，部分原因在于它目前已经嵌入到两个独立的建模平台中（ANUDEM 的 5.3 版本和 ArcGIS Desktop 的 10.4 版本中的 Topo-to-Raster 工具），而且同时解决了最后 3 个问题（多余的洼地、平坦地形中未确定的流向，以及高程和水文数据集的协调）。

早期版本的 ANUDEM（Hutchinson, 1989, 2000, 2008）使用等高线和高程点，利用迭代有限差分插值技术来构建 DEM。该方法利用数据平滑条件和局部格元条件来生成高质量的插值 DEM。它先从粗网格开始，然后强化排水条件（使用 1 个或多个流线进行描述），提高空间分辨率，再次强化排水条件，依次往复，直至达到所需的分辨率。该技术十分普及，因为它生成了一个水文地貌关系正确的地表模型（保留了脊线，强化了水流，并去除了伪洼地），但与所有的插值器一样，如果选择的输入参数较差，该方法可能无法产生最佳的效果（Wise, 2000b）。

即便如此，内插技术的选择在一定程度上可能还取决于数据来源（精确的高度测量可能会使人们选择 1 个精确的插值器，而噪声数据会将人们的注意力导向近似插值技术）和应用特性。有关这些问题的深入讨论，请参阅 Pain（2005）。迄今为止，已经产生了大量不同类型的插值方法，包括反距离加权法

（Inverse Distance Weighting, IDW）、最邻近插值法、基于线性和非线性三角网插值法、各种类型的克里金插值法、样条函数法等；关于如何使用其他插值方法的实例，请参阅 Mitášová 和 Hofierka（1993）、Mitášová 和 Mitas（1993）、Mitas 和 Mitášová（1999）、Meyer（2004）、Aguilar 等（2005），以及 Arun（2013）。Reuter 等（2007）提出了解决 SRTM 数据各种误差和空白区的最佳方法，认为最佳插值方法的选择可能与具体的场地和/或应用相关（具体选择可能取决于地形类型、需要解决的源数据问题类型，以及数据的最终使用方式）。

ANUDEM 的另一个积极特点是，自 1989 年推出以来，它经历了或多或少的持续性改进（Hutchinson, 1988, 1989, 1996, 2000, 2008）。例如，最新版本的 ANUDEM（Hutchinson, 2011；Hutchinson et al., 2013）就包含了两项较大的改进：第一是解决了密集遥感高程数据中显著噪声的影响，第二是处理了在规则网格中合并流线数据时伪交点的影响。

2.2 节中描述的一些机载传感器和星载传感器能够在较大范围内生成高分辨率 DEM，但同时也存在两个共性的局限。第一，它们无法测量密集植被、水体或非自然结构覆盖下的地面高程，导致重大误差；第二，受制于观测仪器的固有局限性及地面的坡度和粗糙度，所有遥感数据都存在明显的随机性误差（Harding, Bufton and Frawley, 1994；Farr et al., 2007）。但是，越来越多的遥感数据源为描述和使用局部网格格元条件进行 DEM 预处理提供了新的机会。

例如，在早期版本的 ANUDEM 中，当使用传统基于等高线的高程数据集作为主要输入时，输入数据的垂直标准误差被设置为零，并使用离散化误差对数据残差进行加权（Hutchinson, 1989）。如今，提出 1 种新改进的方法成为可能，主要由于遥感高程数据集存在垂直标准误差，尽管估计的可靠性通常会有所不同（Farr et al., 2007）。SRTM 数据集存在 1 个问题，即在邻近格元的数据误差中经常出现局部相关性，最新版本的 ANUDEM（Hutchinson, 2011）则可以适应局部格元条件的这些变化。例如，作为 ANUDEM 核心的多重网格算法就可以检测局部相关性，并提供 1 种估计局部相关性的算法。Hutchinson（2011）还描述了如何通过对不同水平的垂直精度误差进行实验，在 ANUDEM 中校准具有不同可靠性的标准误差估计。

在 ANUDEM 早期版本中使用的流线程序也被进行过修改,以便在多重网格插值过程中使用来自上一层网格(粗网格)的初始流线高度,而非使用位于流线上但容易出错的实际数据点高程。在已分配高程的网格点之间通过沿流线的线性插值,对每个网格分辨率下的高程进行初始化,且早期版本的 ANUDEM 通常会删除高于上游数据点的流线上的高程数据点。在处理有噪声的遥感高程数据时,该方法是存在问题的,因为它会删除精确的数据点,并产生相对于邻近河流及其延伸段而言整体过低的流线(Hutchinson et al., 2009, 2013)。

最新版本的 ANUDEM 还包含从网格化流段中去除尖角及移除伪网格化流节点的新方法(见图 2.3)。这些新方法最大限度地提高了移位的网格化流线对原始(源)流线网络的保真度,并可能为广阔平坦地区大型流域的地表和连通排水结构的表征带来重大改进。

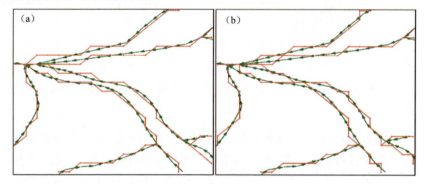

图 2.3　带箭头的线为流线数据,图(a)中折线部分为 1″分辨率的初始网格化流线,图(b)中折线部分为 1″分辨率的调整网格化流线

来源:Hutchinson et al.(2013, p. K-1-3),经 geomorphometry.org 和作者许可。

ANUDEM 软件包的迅速发展表明,在过去 20 年间,不断增长的大规模生产的遥感 DEM 资源需要新的预处理方法。这些新数据源带来的问题催生了许多识别和消除误差及伪影的方法。例如,Webster 和 Dias(2006)及 Reuter 等(2009)描述了多种方法,可用于 DEM 正交校正、局部异常值和噪声消减、水面滤波、纯噪声滤波、SRTM DEM 森林滤波、梯田效应消除(封闭等高线区域的周围像素值相同)、空白区和洼地填充、相邻 DEM 镶嵌、LiDAR DEM 滤波等。但有些问题相对更难解决,例如,许多研究者已经注意到,在

LiDAR 数据集中存在不易检测和纠正的系统性误差和随机性误差（Filin, 2003；Katzenbeisser, 2003）。此外，对于距离误差、偏移误差及测量仪之间时间延迟等问题的检测特别困难，并受限于具体所用的 LiDAR 传感器系统，以及制造该传感器系统时所设定的大量参数。

Reuter 等（2009）还指出了近年来出现的另外两种趋势。第一种是地形和辅助信息的整合（如从卫星影像中识别湖泊、溪流、山脊和/或断崖的位置，并纳入到 DEM 处理流程中，类似于 ANUDEM 中的情况），第二种是增加使用全数据驱动的模拟方法，通过从 DEM 的多个等概率实现中计算地表参数平均值，以减少上述误差（Burrough, van Gaans and MacMillan, 2000；Hengl et al., 2004；Raaflaub and Collins, 2006）。

鉴于 TIN 在过去 10 年中也出现了复兴，所以在此还可加入第 3 个趋势。多年来，有几位研究者一直提倡用 TIN 代替 DEM，主要由于 TIN 在数据存储和/或地形属性计算方面具有显著优势（Jones et al., 1990；Lee 1991；Lea 1992；Nelson, Jones and Miller, 1994；Nelson, Jones and Berrett, 1999；Tachikawa et al. 1994；Tucker et al. 2001；Vivoni et al. 2004）。在过去的 10 年中，相关的研究工作集中于 TIN 在泛化和计算各种地形属性准确性等方面的优势。

举例来说，Zhou 和 Chen（2011）提出了 1 种重构地表高程数据以构建 TIN 的优化方法，该方法保留了重要的地形特征和斜坡形态，并能够使样本点数量最小化。该方法结合了传统的递归增长法和特征点法，基于重要性从 DEM 中提取地表关键点，不仅利用了局部地形起伏度，还利用了它们在 DEM 中识别地貌特征和排水特征的重要性。使用这种新方法构建的排水—强化 TIN（Drainage-Enforced TIN），优于用滤波方法、递归增长法和特征点法构建的 TIN，该方法保持了最重要的地形特征，将 RMSE 保持在可接受的水平，并将高程点数减少了 99% 以上。在相同的 RMSE 水平下，他们的新方法在保持排水特性方面也表现更好。

Zhou 等（2011）使用这种复合方法创建了 1 个 TFN，并在该 TFN 上确定了地表水流路径。他们认为与传统基于网格的解决方案相比，流向和分流/汇流的估算并不复杂，因为网络中每个面片都具有恒定的坡度和坡向（见图 2.2）。

通过估算一系列数学曲面和真实世界 DEM 的单位汇水面积，他们将这种新方法的性能与 7 种算法进行了比较。所选的对比算法包括 3 种单流向算法——最大坡降算法（Deterministic Eight-Node, D8；O'Callaghan and Mark, 1994）、最大坡降最小横向偏差算法（Deterministic Eight-Node Least Transversal Deviation, D8-LTD；Orlandini et al., 2003；Orlandini and Moretti, 2009）和无穷流向算法（Deterministic Infinite-Node, D∞；Tarboton, 1997）；4 种多流向算法——三角形多流向算法（Multiple-Flow Direction, MD∞；Seibert and McGlynn, 2007）、Freeman 多流向算法（Freeman Multiple-Flow Direction, FMFD；Freeman, 1991）、Quinn 多流向算法（Quinn Multiple-Flow Direction, QMFD1；Quinn et al., 1991）和 DEMON 流管法（Digital Elevation Model Network, DEMON；Costa-Cabral and Burges, 1994），这些算法已被广泛用于多种软件。3.1.3 节将对这些水流路径算法进行更加详细的描述。此外，Zhou 和 Chen（2011）认为，与其他算法相比，TFN 算法产生的结果最接近单位汇水面积理论值，其得出的输出结果一致性更强，受地表形状的影响更小。现实世界 DEM 的测试表明，TFN 能够在不产生明显伪影的情况下对水流分布进行建模，这种跟踪水流路径的能力使其成为动态地表水流模拟的可行平台。

2.5　美国国家高程数据集

　　USGS NED（Gesch et al., 2002；Gesch, 2007）覆盖了美国、加拿大和墨西哥，使用统一的大地坐标系、高程单位和坐标参考系（见表2.4），提供了一系列不断发展的多源、多分辨率和无缝的高程数据产品。这些数据集的来源可追溯到 20 多年前，即 1997 年完成的第 1 套美国数据集，其中的 10m、30m、2 弧秒和 3 弧秒数据均是其源数据，随后 1999 年基于 7.5′DEM 源数据派生出了第 1 套覆盖美国大陆的分辨率为 10m 与 30m 的 DEM（Gesch et al., 2002）。截至 2015 年 8 月 15 日，可用的无缝 NED 数据层包括以下水平分辨率：①美国周边和阿拉斯加地区的 0.33″分辨率（约 10m）；②美国、夏威夷、波多黎各、美属群岛、墨西哥和加拿大的 1″分辨率（约 30m）；③整个阿拉斯加地区的 2″分辨率（约 60m；USGS, 2015）。

表 2.4 2015 年 8 月纳入美国国家高程数据集（NED）的高程数据源

- 来自 LiDAR 或数字摄影测量的高分辨率数据（3m 或更高），通常带有编辑过的水体数据。
- 来自数字摄影测量或 IfSAR 中的中等分辨率栅格数据（4~10m）。
- 来自 1∶24000 比例尺地形图等高线和水文数据的分辨率为 10m 的 DEM：这些数据被美国地质调查局作为标准高程数据产品生产多年；尽管目前它们是 NED 的主要来源，但随着更好的源数据的出现，它们仍将被替代。
- 来自 1∶24000 比例尺地形图等高线数据的分辨率为 30m 的 DEM：虽与分辨率为 10m 的 DEM 有很多相似之处，但其整体质量要低一些；目前它们只是用作波多黎各地区的 1 个数据源，用于填充美国周边地区的空白区。
- 通过摄影测量方法获得的分辨率为 30m 的 DEM：这些是 7.5′系列中最早的 DEM，在早期利用人工操作方法或电子影像关联方法直接从立体摄影测量数据衍生而来。它受产品伪影影响严重，不过这些伪影在 NED 生产过程中已经通过数字滤波得到了最大程度的解决。这些 DEM 是加拿大大部分地区及墨西哥全境的高程数据源。
- 2″DEM 是 USGS 的标准产品，来自阿拉斯加州 1∶63360 比例尺的地形图等高线数据。
- 1″SRTM 数据是阿留申群岛地区 NED 的数据源。
- 3″DEMs 是 USGS 的另一个标准产品，目前仅作为美国和加拿大/墨西哥边界的大型水体和小型裂缝上 NED 填充值的数据源。
- 利用 LiDAR、声纳及其他水下地形测量方法获取的一些沿海地区的水深数据，转换至统一基准，并在 NED 内重采样至只有 0.11″（1/9″）。

尽管因源数据质量、地形起伏、土地覆盖和其他因素的影响，美国各地 NED 的垂直精度存在较大差异（如预期所料），但在美国境内，由 25310 个参考点的 RMSE 表示的 NED 整体垂直精度为 1.55m。即便如此，收集的 NED 数据分辨率要高得多，并且具有比 SRTM 和 ASTER 等数据集更高的固有精度（Gesch, Oimoen and Evans, 2014）。

在未来几年里，该数据集的覆盖范围将迅速发生改变。例如，NED 数据的分辨率在美国约 1/3 地区为 0.11″（约 3m），而且 2015 年发布了第 1 个用 LiDAR 获取的 1m 数据集。通过 3DEP 项目，基于 LiDAR 的分辨率为 1m 的 DEM 终将覆盖美国周边地区；依托阿拉斯加州数字制图计划获取的 5m InSAR 源数据，2016 年在阿拉斯加地区 0.33″和 1″数据的覆盖范围也将显著扩展（USGS, 2015）。

表 2.4 中列出的当前高程数据源和产品还得到了空间参考元数据的支持，它以四边形为基础获取了来自源 DEM 和 NED 处理阶段的所有元数据。NED

由大约 57000 个基于四边形的源 DEM 文件组合而成，各图层通过美国国家地图网站发布，其中包括上面提到的各种数据集及元数据层。从 2014 年开始，美国地质调查局也开始通过国家地图网站，以原始投影和分辨率分发新获取的 DEM 和 LiDAR 点云数据（美国地质调查局，2015）。

这里提到的两个创新包括在 NED 支持下开发新的高程数据采集计划、开发和使用如美国国家地图网站的门户网站来组织和分发高程产品，这两个创新正在许多国家推广，并会在未来几十年里向对地形建模感兴趣的用户提供许多新的、重要的 DEM。

第 3 章和第 4 章将以这些 DEM 为例，来说明如何利用它们来计算地表参数和/或地表对象。

3
地表参数计算

摘要

一旦有合适的 DEM，典型的数字地形建模流程就会集中于地表参数度量和/或空间特征（地貌和其他类型的地表对象）提取（见图 2.1）。本章重点介绍地表参数的计算及其意义，第 4 章将重点介绍地貌分类和其他类型地表对象的提取。

大多数地表参数都是由投影（平面）DEM 计算得到的。但是，随着全球环境威胁的增加及全球高程数据源的增多，在过去 10 年中利用地理坐标计算地表参数的研究也在稳步增多（Guth, 2010; Marthews et al., 2015）。本章所述的一些地表参数也可以从 TIN 和基于等高线的数据结构计算得到。特别是近些年，TIN 取得了一些新的进展，利用 TIN 计算水文相关地表参数的新方法也取得了一些进步（Zhou et al., 2011; Pilesjö and Hasan, 2014）。

此外，本章的其余部分重点关注投影（平面）DEM 中 100 多个地表参数的计算。结果得到 1 个表示地表参数的新格网，其尺寸与源 DEM 相同。地表参数通常分为两组：主要地表参数和次生地表参数，在随后的讨论中将使用同样的分组。下面将依次描述上述每组参数中最常见的地表参数的含义、重要性及其解释。

3.1 主要地表参数

主要地表参数可从 DEM 直接计算得到，而无须额外的输入。用于描述这些参数的术语有很多，例如，Olaya（2009）把它们称为"基本"地表参数，并指出它们可以直接从 DEM 计算得到，而无须进一步了解它们所描述的区域。随后他又区分了局部参数和区域参数，其中，区域参数不仅考虑了待计算参数的确切区域，还考虑了 DEM 的其他区域。Florinsky（1998）还区分了局部主要参数和非局部主要参数，局部主要参数是作为周围环境的函数计算的，而非局部主要参数则需要从计算的角度分析更大的非局部地表区域。Wilson 和

Burrough（1999）后来解释了局部地表参数与非局部地表参数之间的区别，即相邻点和"远距离作用力"之间存在的局部相互作用（见图 3.1）。局部主要地表参数的典型实例包括坡度、坡向、剖面曲率和正切曲率；非局部主要地表参数包括径流长度、距最近脊线或河道的接近度，以及上坡汇水面积。

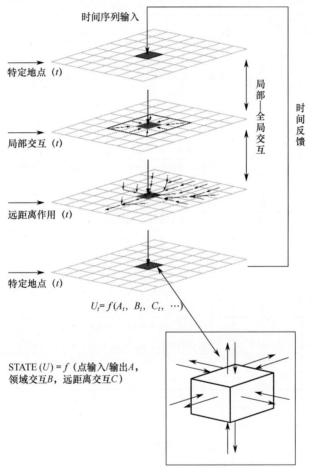

图 3.1 特定地点、局部和全局交互随时间变化示意图
来源：Wilson 和 Burrough（1999, p. 739）。经 Taylor 和 Frallcis 许可转载。

表 3.1 中列出了 68 种最常用的主要地表参数。这些独立的地表参数被分为 9 组，以作为后续讨论的框架，同时还会适时提供参数描述作为参考。其中一些参数可以使用多种不同的软件计算，但其他一些则只能使用 1 个或多个专业软件包计算（见第 6 章）。

表3.1 主要地表参数及其意义

地表参数	类 型	描 述
组1：高程和表面积		
高程	特定于地点	海平面之上的高度
表面积	特定于地点	格网单元、TIN面片或流单元的表面积
组2：坡度、坡向和曲率		
坡度	局部	斜坡梯度（Zevenbergen and Thorne, 1987）
最大坡降	局部	在3×3的移动单元窗口中，指向最低邻近格元的坡度。有时也称为D8坡度和/或主流向（Gallant and Wilson, 2000）
坡向	局部	最大坡降的方向（Zevenbergen and Thorne, 1987）
朝北坡度	局部	坡向的余弦值（Olaya, 2009）
朝东坡度	局部	坡向的正弦值（Olaya, 2009）
剖面曲率	局部	下坡曲率（Zevenbergen and Thorne, 1987）
正切曲率	局部	斜面上的曲率（Mitášová and Mitas, 1993；Mitášová and Hofierka, 1993）
平面曲率	局部	沿曲曲率（Zevenbergen and Thorne, 1987）
全曲率	局部	表面自身曲率（Gallant and Wilson, 2000）
表面曲率指数	局部	计算和使用全曲率以指示3×3移动窗口的中心格元是否具有凸起形状（正值）或凹陷形状（负值），或3×3移动窗口的中心格元是否是平坦表面或其中的凸起曲率和凹陷曲率是否可以互相抵消，如马鞍形地形上可能出现的情况（零值）（Blasczynski, 1997）
平均曲率	局部	剖面曲率和正切曲率的平均值
非球形曲率	局部	表面与球面的差异程度（Shary, 1995）
曲率差	局部	垂直曲率与水平曲率差值的一半（Shary, 1995）
最小曲率	局部	平均曲率与非球形曲率之差（Shary, 1995）
最大曲率	局部	平均曲率与非球形曲率之和（Shary, 1995）
水平曲率差	局部	非球形曲率与曲率差之差（Shary, 1995）
垂直曲率差	局部	非球形曲率与曲率差之和（Shary, 1995）
全高斯曲率	局部	平均曲率的平方减非球形曲率的平方（Shary, 1995）
全累积曲率	局部	平均曲率的平方减曲率差的平方（Shary, 1995）
全环曲率	局部	非球形曲率的平方减曲率差的平方（Shary, 1995）
转向曲率	局部	与等高线垂直的流线的曲率（可用于度量流线的扭曲）（Florinsky, 1998）
表面曲率指数	局部	1组格网单元的全曲率（Blasczynski, 1997）
组3：斜坡方向和宽度		
流向	局部	使用24种水流路径算法之一（见表3.2）计算得到的水流方向
流宽	局部	与离开格元的水流相关的宽度

（续表）

地表参数	类型	描述
组 4：流量累积		
上坡汇水区域	区域	从降水中收集水分的区域。有时称为贡献区或汇水区（Gruber and Peckham, 2009）
单位汇水面积	区域	单位等高线宽度的贡献面积。有时称为单位贡献面积
单位汇水面积变化率	区域	离开格元的单位汇水面积减进入格元的平均单位汇水面积，除以穿过格元的径流长度（Gallant and Wilson, 2000）
组 5：高程残差		
平均高程	局部	用户定义的圆形窗口或方形窗口中的平均高程（Gallant and Wilson, 2000）
平均高程差	局部	用户定义窗口的中心点高程与窗口的平均高程之差（Gallant and Wilson, 2000）
高程标准差	局部	用户定义窗口中高程的标准差（Gallant and Wilson, 2000）。有时称为表面粗糙度
高程变幅	局部	用户定义窗口中最大高程与最小高程之差（Gallant and Wilson, 2000）
高程偏差	局部	与平均高程之差除以用户定义窗口中的高程标准差（Gallant and Wilson, 2000）
局部高程百分位	局部	用户定义窗口的中心点相对于窗口中所有点的排序（Gallant and Wilson, 2000）
局部高程百分比	局部	基于用户定义窗口高程变幅百分比对窗口中心点进行排序（Gallant and Wilson, 2000）
组 6：统计参数		
偏度系数	局部	在用户定义的扇形、圆形或正方形窗口中，对高程平均值概率分布的不对称程度的度量（Olaya, 2009）
峰度系数	局部	在用户定义的窗口中，高程概率分布的"尾数"的度量（Olaya, 2009）
粗糙度指数	局部	最高高程与最低高程之差，除以局部选定区域面积的平方根（Olaya, 2009）
地表粗糙度因子	局部	用户定义的矩形窗口或圆形窗口中，每个格元垂直于地表的单位向量的 x、y 和 z 分量除以格元个数（Hobson, 1972）
地形粗糙度指数	局部	在 3×3 格元移动窗口中，中心格元与邻近 8 个格元的高程差的平均值（Riley et al., 1999）
地表粗糙度指数	局部	对于密集测量的高程（如 LiDAR 数据），拟合块金变化与局部方差之比（Olaya, 2009）
各向异性指数	局部	空间相关的最小范围参数和最大范围参数之比，适用于不同方向（Olaya, 2009）

（续表）

地表参数	类型	描述
各向异性变异系数	局部	4个方向上的一阶导数之差，除以平均值（Olaya, 2009）
分形维数	局部	地形粗糙度的度量，因为分形维数值较高的表面比数值较低的表面更复杂（Olaya, 2009）
形状复杂度指数	局部	多边形特征或DEM面片的紧凑（或椭圆）程度的度量（Hengl et al., 2003）
组7：上坡参数		
最大上坡流径长度	区域	从标记流域分界线的山峰或山脊到选定格元的最长的水流路径
最小上坡流径长度	区域	从标记流域分界线的山峰或山脊到选定格元的最短的水流路径
平均上坡流径长度	区域	从流域区边界的山峰或山脊到选定格元的所有水流路径的平均长度
上坡邻接格元数	局部	1个3×3窗口中具有较高高程的邻近格元个数
汇流邻接格元数	局部	1个3×3窗口中流入中心格元的邻近格元个数
相对于山峰和/或分水岭的高程	区域	相对于最邻近的山峰和/或分水岭的高程（Lindsay, 2009）
上坡平均高程	区域	上坡贡献区域的平均高程，可用于度量潜在能量
上坡平均坡度	区域	上坡贡献区域的平均坡度，可用于度量径流速度
上坡平均曲率	区域	上坡贡献区域的平均剖面、平面或正切曲率，可用于度量分流/汇流和水流速度
面积—距离函数	区域	上坡贡献区域的一部分，与选定的格元相距一段用户指定的距离（用于形态测量分析的几条度量曲线之一）
累积面积函数	区域	上坡贡献区域的一部分，其贡献面积大于用户指定的阈值（用于形态测量分析的几条度量曲线之一）
组8：下坡参数		
下坡邻近格元个数	局部	1个3×3窗口中具有较低高程的邻近格元个数
下坡最大高程变化	局部	1个3×3窗口中到邻近格元的最大高程降幅
下坡平均高程变化	局部	1个3×3窗口中到邻近格元的平均高程降幅
相对于河道和凹点的高程	区域	相对于最邻近的通道和/或下坡凹陷格元的高程（Lindsay, 2009）

(续表)

地表参数	类型	描述
高于目标格的高程	区域	高于最近的下坡目标格的高程（Lindsay, 2009）
下坡流径长度	区域	沿流径到出口的下坡距离（Lindsay, 2009）
平均下坡坡度	区域	散水区域的平均坡度
单位散水面积	区域	单位长度的等高线向下延伸到河道和/或洼地（可以排水）的下坡面积（Speight, 1980）
组 9：可视性与视觉暴露（Visual Exposure）		
可视域	区域	从 1 个点可以看到的区域（Franklin and Ray, 1994）
可视性指数	区域	从每个格元中可以看到的格元数量，或格元所属的不同可视域的数量（Olaya, 2009）
开放度指数	区域	在用户定义的最大径向距离内，地面上一点的最大视角（Yokoyama et al., 2002）

来源：修改自 Wilson 和 Gallant（2000b, p.7）、Olaya（2009, p.142）和 Lindsay（2009, pp.384~386）。

▶ 3.1.1 高程和表面积

表 3.1 中第 1 组的两个地表参数：高程和表面积，是对单个格网单元提取和/或计算的特定于局部地点的参数。通常，高程是从源 DEM 中直接提取的。这种高程估计对特定项目的适用性取决于格网分辨率、垂直精度及研究区域的特征。例如，Gruber 和 Peckham（2009）展示了垂直分辨率为 1cm、格网间距为 10m 的 DEM，如何具有 1/1000=0.001 的最小可分辨坡度。这个下限意味着斜坡的坡度通常可以用很小的误差来计算，但对于穿过洪泛平原和其他平坦地区的河道来说，其坡度的计算就不那么令人满意，因为这些景观中的河道坡度远小于本例的下限。这个示例展示了针对研究区域的特征和当前应用，格网分辨率和垂直精度可能会成为需要考虑的因素。

表面积是基本参数，经常用于评估土地和生物资源，包括计算河道上坡汇水面积、碳预算及其存储量如何随地貌景观变化，以及 1 个或多个选定物种的变化范围等。传统的方法将地表视为二维平面，并使用投影面积替代表面积。这种方法适用于地势平坦的小型区域，但在地形陡峭多变的地区，以及在从区域到全球尺度上进行土地资源和生物资源评估时，问题就越来越大（Jenness,

2004；Hoechstetter et al., 2006）。例如，在中国等地形复杂的地区，山地和丘陵占陆地总面积的 65%，水平投影面积会对应不同的表面积（Zhao, 1995）。

Ying 等（2014）认为表面积和投影面积之间的差异，受地形复杂度（斜坡陡度和地表粗糙度）、表面积计算方法及所用底层 DEM 空间分辨率的影响。他们使用 ASTER GDEM 在中国大陆区域内派生出的 30～20000m 的 9 个 DEM，并利用两个斜率算法计算增量面积系数（Hoechstetter et al., 2006, 2008）。第 1 种算法以 Ersi 的 ArcGIS 空间分析工具箱中的坡度计算方法为基础，它假设局部表面是 1 个倾斜平面；第 2 种算法使用 Jennes（2004）提出的方法，将每个格元细分为三维空间中的 8 个三角形，以更准确地描述地形起伏。在中国 30m 分辨率的 DEM 上，使用两个坡度算法计算得到的表面积增量分别为 4.31%和 4.89%；对于 1 个 50km×50km 的格网，表面积最大增量超过 45%。利用多元回归和分层变异划分方法，Ying 等（2014）还展示了区域表面积增量如何受多种因素的影响而变化，包括平均坡度（29.3%）、坡度变异（21.7%），以及区域高程变幅或高差（17.5%），另有 10%的变化是由 DEM 分辨率精度导致的。

避免此类差异的解决方案就是使用地理（经纬度）格网来计算地表参数，尽管使用该方案的成功程度可能会随地理范围及格网宽度（随纬度增加而减小）估算策略的变化而变化（Florinsky, 2017）。

▶ **3.1.2 坡度、坡向和曲率**

表 3.1 中列出的第 2 组地表参数是坡度、坡向和曲率，最佳的处理办法是在格网上移动 1 个 3×3 的窗口，并计算目标格元（3×3 移动窗口的中心格元）的地表参数（见图 3.2）。坡度和坡向由地表的一阶导数计算得到，而曲率则通过地表的二阶导数计算得到。多年来，人们提出了许多算法来计算这些导数，其中最流行的是 Evans（1972）、Zevenbergen 和 Thorne（1987）、Shary（1995），以及改进的 Evans-Young 方法（Evans, 1972；Young, 1978；Pennock, Zebarth and de Jong, 1987；Shary et al., 2002）。本章详细描述了 Zevenbergen 和 Thorne（1987）的方法，因为该方法是在 ArcGIS 中实现的，而本章和第 4 章多次使用 ArcGIS 计算 Cottonwood Creek 样本的输出。该方法的描述来自 Gallant 和 Wilson（2000），本章还将描述该算法与其他算法之

间的一些区别，以及使用上述各种算法计算坡度、坡向和曲率时可能带来的收益和成本。

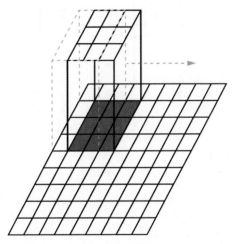

图 3.2　用于计算特定局部地表参数的 3×3 移动格网

来源：Olaya（2009, p. 143）。经 Elsevier 许可转载。

使用地表的一阶导数和二阶导数计算高程随位置（x 和 y）发生变化的速率。

$$z_x = \frac{\partial z}{\partial x} \approx \frac{z_2 - z_6}{2h} \tag{3.1}$$

$$z_y = \frac{\partial z}{\partial y} \approx \frac{z_8 - z_4}{2h} \tag{3.2}$$

图 3.3 显示了这两个公式及随后的有限差分公式中 9 个格网点的排列和编号，h 是 DEM 的格网间距。图 3.3 中 y 轴向上，指向北方。对于没有完全定义 9 个点的边界，还有一些特殊的处理规则。通常会使用前向和后向的有限差分来避免引用现有数据。其中 z_6 没有定义，则 x 的导数计算公式如式（3.3）所示。

$$z_x = \frac{z_2 - z_9}{2h} \tag{3.3}$$

由 Gallant 和 Wilson（2000）得出的式（3.4）和式（3.5）是二阶导数，它描述了 x 方向和 y 方向上的一阶导数变化率，或者两个方向上的曲率。式（3.6）是一个混合二阶导数，描述了 x 在 y 方向上的变化率，或者曲面的扭曲度。式（3.7）和式（3.8）是后续公式中使用的组合数项。

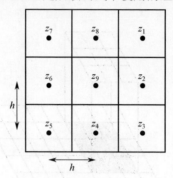

图 3.3　用于计算局部地表参数的节点编号方案

来源：Gallant 和 Wilson（2000, p. 52）。经 John Wiley and Sons, Inc. 许可转载。

$$z_{xx} = \frac{\partial^2 z}{\partial x_2} \approx \frac{z_2 - 2z_9 + z_6}{h^2} \tag{3.4}$$

$$z_{yy} = \frac{\partial^2 z}{\partial y^2} \approx \frac{z_8 - 2z_9 + z_4}{h^2} \tag{3.5}$$

$$z_{xy} = \frac{\partial^2 z}{\partial x \partial y} \approx \frac{-z_7 + z_1 + z_5 - z_3}{4h^2} \tag{3.6}$$

$$p = z_x^2 + z_y^2 \tag{3.7}$$

$$q = p + 1 \tag{3.8}$$

坡度 S 用于度量最陡下降方向的高程变化率，通常使用有限差分计算。

$$S_{\text{FD}} = \sqrt{p} \tag{3.9}$$

式（3.9）仅使用了 4 个基本方向的高程。ArcGIS 等软件中坡度的有限差分公式则使用了所有 8 个相邻格元。Gallant 和 Wilson（2000）指出，这两种方法的结果几乎没有差别，但事实上有一些证据表明（Jones, 1998），使用所有 8 个相邻格元的公式更准确一些。坡度是重力引起水和其他物质流动的因素，因此在水文学、地貌学和生态学的许多方面都具有重要意义。

坡度也可以使用所谓的最大坡降（D8）方法来计算，该方法可以计算 8 个邻近格元之一的最陡下坡坡度。

$$S_{D8} = \max_{i=1,8} \frac{z_9 - z_i}{h\Phi(i)} \qquad (3.10)$$

其中，$\Phi(i)=1$ 为主要（北、南、东、西）邻近格元（i =2, 4, 6, 8），$\Phi(i)=\sqrt{2}$ 为对角线邻近格元，以描述这些格元的额外距离（见图 3.3）（Gallant and Wilson, 2000）。

由于有限差分方法［见式（3.9）］的精度更高，因此通常是首选方法。当需要计算河道坡度时，D8 坡度估算方法就十分有用，主要由于有限差分方法可能会受到邻近河道的陡坡影响，使用 D8 坡度估算方法能够确保计算的格元坡度与主要流向的坡度相对应（Gallant and Wilson, 2000）。图 3.4 展示了在蒙大拿州 Cottonwood Creek 研究点的 DEM 利用有限差分法计算的格网坡度百分比。在这幅坡度图中，山谷底部和山脊的低斜坡及许多山坡上的陡坡都清晰可见。

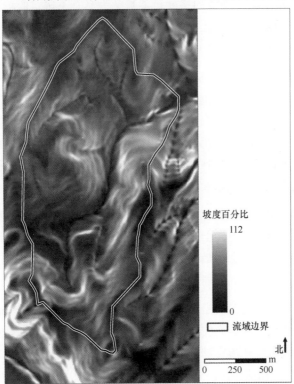

图 3.4 利用有限差分法计算得到的蒙大拿州 Cottonwood Creek 研究点的格网坡度百分比，图上叠加了流域边界

坡向 φ_{FD} 是最陡坡降线的方向，通常从正北向按顺时针方向计算。使用有限差分法计算坡向角度值的公式如式（3.11）所示。

$$\varphi_{FD} = 180 - \arctan\left(\frac{z_y}{z_x}\right) + 90\left(\frac{z_x}{|z_x|}\right) \quad (3.11)$$

这是由 x 和 y 的导数通过反正切计算得到的角度，并修正为从正北向按顺时针计算的角度值（Gallant and Wilson, 2000）。在生物学调查中，坡向通常被记录为 1 个场地变量，与坡度相结合可用于估算太阳辐射，因为北半球和南半球的朝南和朝北的斜坡，要分别比对应的朝北和朝南的斜坡接收到更多的太阳辐射。

当坡度较小时，坡向变得毫无意义，而当坡度为零时，坡向没有数学意义，因此坡度小于某个阈值的格元可能被认为具有不确定的坡向（Mitášová and Hofierka, 1993）。坡向也是 1 个环形地表参数，0°和 360°表示相同的坡向，因此，一些研究使用 $\cos\varphi$ 作为斜坡北向或使用 $\sin\varphi$ 作为斜坡东向，以此代替坡向（Olaya, 2009）。

图 3.5～图 3.7 中的 3 幅地图，分别描述了使用式（3.11）中的有限差分法计算得到的坡向、北向和东向。坡向图（见图 3.5）有明显的突变，其坡向值从 0°变换到 360°，该突变是由地图中使用的线性比例尺造成的，其中一些突变发生在流域边界处。另外，最后两幅地图的突变显示了地表和坡面的方位变化，主要是南北向（见图 3.6）和/或东西向（见图 3.7）。

第 2 组的其余地表参数包括各种曲率（见表 3.1）。这些地表参数是基于二阶导数的，通常是特定方向上一阶导数的变化率，如坡度或坡向。曲率的数量随着时间推移而大幅增加，最常见的两种是剖面（垂直）曲率和正切（水平）曲率，用于区分局部凸起和局部凹陷的地表特征。

剖面曲率（K_p）是流线沿途坡度的变化率，对于表征流速和输沙过程的变化十分重要。平面（或等高线）曲率（K_c）是沿等高线的坡向变化率，对于表征地形收敛和发散及水流穿过地表时汇水和分水的趋势十分重要。当坡度较小时，该参数会呈现出极大值，因此现在通常认为正切曲率（K_t，平面曲率乘坡度角的正弦值）更适用于研究汇水和分水问题（Mitášová and Hofierka, 1993；Gallant and Wilson, 2000）。

例如，Gallant 和 Wilson（2000, p. 57）将这 3 类曲率描述如下。

地表曲率可以看作由平面和地表相交而形成的交线的曲率。交线的曲率是曲率半径的倒数，所以平缓曲线的曲率较小，而弯曲曲线的曲率较大。平面曲率是等高线在水平面上的曲率，而剖面曲率是流线在铅垂面上的曲率。正切曲率是垂直于流向和地表的倾斜平面的曲率。

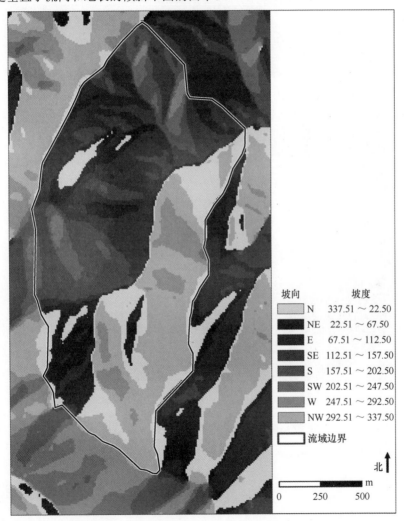

图 3.5 利用有限差分公式得到的蒙大拿州 Cottonwood Creek 研究点的北向坡向角度值，图上叠加了流域边界

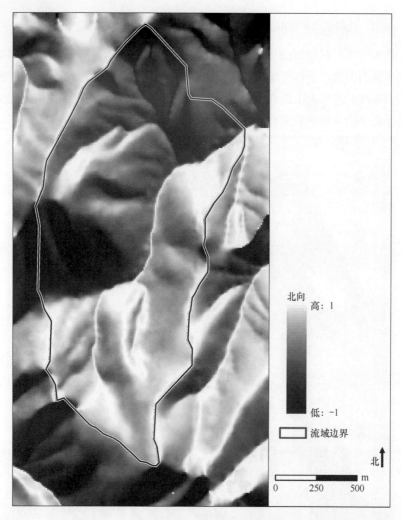

图 3.6 蒙大拿州 Cottonwood Creek 研究点的北向坡度，图上叠加了流域边界

这 3 个曲率的单位是弧度/m，即沿特定曲线前进 1m 所对应的方向变化，可以用式（3.12）~式（3.14）计算得到。

$$K_\mathrm{p} = \frac{z_{xx}z_x^2 + 2z_{xy}z_xz_y + z_{yy}z_y^2}{pq^{3/2}} \tag{3.12}$$

$$K_\mathrm{c} = \frac{z_{xx}z_y^2 - 2z_{xy}z_xz_y + z_{yy}z_x^2}{pq^{3/2}} \tag{3.13}$$

$$K_t = \frac{z_{xx}z_y^2 - 2z_{xy}z_xz_y + z_{yy}z_x^2}{pq^{1/2}} \qquad (3.14)$$

根据这些公式,剖面曲率对于坡度增加的下坡是负值(凸形流剖面,典型的上斜坡),而对于坡度减小的下坡是正值(凹形流剖面,典型的下斜坡)。另外,平面曲率和正切曲率对于山峰和山脊上的分流区是负值,对于山谷中的汇流区则是正值。

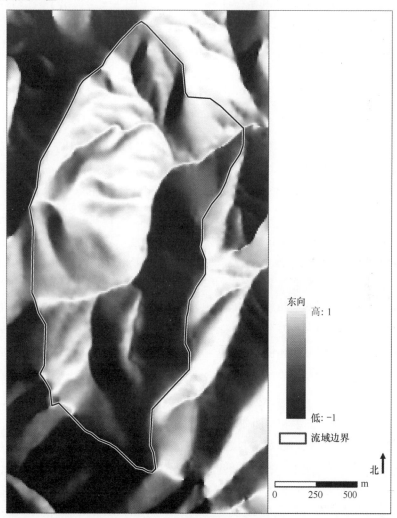

图 3.7 蒙大拿州 Cottonwood Creek 研究点的东向坡度,图上叠加了流域边界

全曲率和平均曲率也被用作地表曲率的度量。全曲率描述了地表自身的曲率，而非某一方向上曲线的曲率（Gallant and Wilson, 2000）。它可以为正值，也可以为负值，零曲率表示地表是平坦的，或者一个方向上的凸起和另一个方向上的凹陷达到了平衡，类似于鞍部的情况。全曲率可按式（3.15）计算。

$$K = z_{xx}^2 + 2z_{xy}^2 + z_{yy}^2 \tag{3.15}$$

Blaszczynski（1997）利用全曲率为用户指定的格元组提出了表面曲率指数的概念。

平均曲率是任何相互正交的法截面的平均值，如剖面曲率和正切曲率（Olaya, 2009）。

$$K_M = \frac{K_p + K_t}{2} \tag{3.16}$$

式（3.16）中的地表参数描述了平均凹面地形和平均凸面地形，使平均曲率的正值与平均累积区域（Areas that Experience Mean Accumulation）相关联，而平均曲率的负值与相对偏转区域（Area of Relative Deflection）相关联。

Olaya（2009, pp.152~153）描述了由 Florinsky（1998）和 Shary（1995）提出的几个附加曲率。Florinsky（1998）提出了使用转子（Rotor）作为流线扭曲的度量，用以描述垂直于等高线的流线的曲率。另外，Shary（1995）提出了 1 个包含 12 种曲率的系统。使用平均曲率和其他两个基本曲率：非球形曲率（描述表面与球形的差异程度）和曲率差（描述垂直曲率和水平曲率的相对大小），推导出其他 9 个附加曲率。这些曲率已被用于模拟水流特征及相关输出（如土壤湿度分布和侵蚀潜势）和/或划分地貌单元（Dikau, 1989；Shary, Sharaya and Mitusov, 2005）。

依据凸曲线使用正值符号的惯例，图 3.8 和图 3.9 显示了 Cottonwood Creek 流域的剖面曲率和平面曲率。平面曲率显示了具有较大正值和较大负值的山脊及山谷的位置，以及它们之间坡度较平缓的坡地。剖面曲率显示了山顶周围的凸起区域（负值）和谷底的凹陷区域（正值）。图 3.9 中与 Gallant 和 Wilson（2000, 图 3.5, p.59）坡度模式的对比结果表明，相比于早期项目中基于等高线的分辨率为 15m 的 DEM，当前项目所用的 DEM 有所改进。

有两个潜在问题会导致各种曲率的含义复杂化。第一，由于这些地表参数是基于二阶导数的，所以源 DEM 中的任何误差都会在计算的曲率值中被放大（Gallant and Wilson, 2000; Schmidt, Evans and Brinkmann, 2003）；第二，因为许多基于曲率的地表参数相互关联，所以很难在某些应用和/或景观中组合使用。

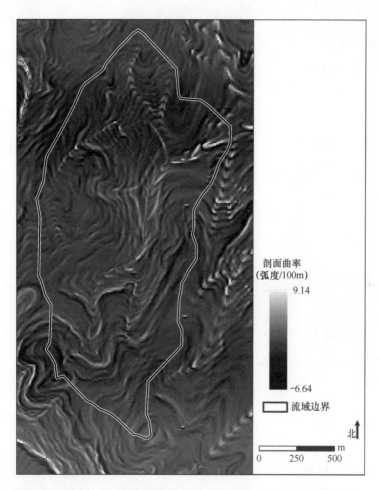

图 3.8 利用有限差分公式计算的蒙大拿州 Cottonwood Creek 研究点的剖面曲率（弧度/ 100m，凸曲率为正），图上叠加了流域边界

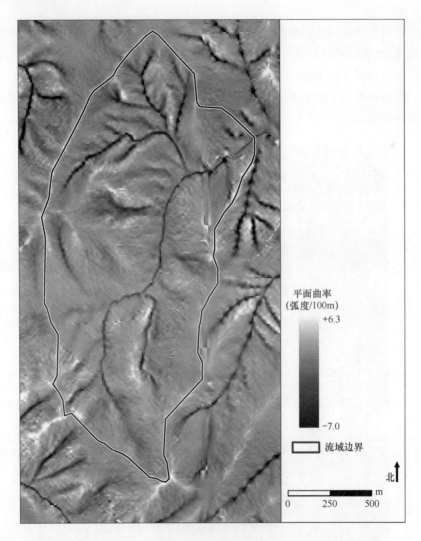

图 3.9 利用有限差分公式计算的蒙大拿州 Cottonwood Creek 研究点的平面曲率
（弧度/100m，凸曲率为正），图上叠加了流域边界

该组地表参数还存在涉及计算这些参数的算法选择的问题。Hengl 和 Evans（2009）描述了 Evans-Young（Evans, 1972；Young, 1978；Pennock et al., 1987）、Zevenbergen 和 Thorne（1987）及 Shary（1995）推导一阶导数和二阶导数的算法的相似性和差异性。他们解释了 Evans-Young 算法如何将只有 6 个系数的二阶多项式与 1 个 3×3 邻域滤波器相匹配，以及为什么得到的多项

式不必通过 9 个原始高程中的任何一点。他们还指出 Shary（1995）的多项式类似于 Evans-Young 算法，但实际上它必须通过中心点。另外，Zevenbergen 和 Thorne（1987）算法使用了不完全四次多项式，正好通过所有 9 个数据点。最后，Hengl 和 Evans（2009）指出 Evans-Young 算法和 Shary 算法对输入数据进行了适度的平滑处理，因此它们对异常值的敏感度较低，从而在某些环境中能够产生比 Zevenbergen 和 Thorne（1987）的算法更均匀或更稳定的估值。

Shary 等（2002）建议在计算 DEM 导数之前应对参数进行各向同性平滑处理，并提出使用 5×5 而非 3×3 移动格元窗口的 Evans-Young 算法的改进版本（见图 3.2）。他们还指出 3 种算法平滑度增加的顺序如下：①Zevenbergen 和 Thorne；②Evans-Young 和 Shary；③改进版 Evans-Young（Hengl and Evans, 2009）。

Skidmore（1989）、Guth（1995）、Florinsky（1998），以及 Schmidt 等（2003）对比了这些算法的各种版本历年来在计算坡度、坡向和曲率方面的表现，结果不尽相同，由于最佳算法的选择可能会随所用的数据集和/或研究区域而变化（Hengl and Evans, 2009），因此并不存在一种最佳算法。ArcGIS Arc-Geomorphometry 附加组件的发布由此受到了广泛关注（Rigol-Sanchez, Stuart and Pulido-Bosch, 2015），该组件支持用户能够利用自己的高程数据集并使用 Evans-Wood、Shary 及 Zevenbergen 和 Thorne 算法定制专属的对比方案（见 6.3.3 节）。

▶ 3.1.3 斜坡方向和宽度

由于水流分布难以在方形格网上进行计算，而斜坡方向和宽度这一组地表参数在本章后续许多基于流量的主要地表参数和次生地表参数中又发挥着重要作用，因此在过去的 30 年中出现了许多计算斜坡方向和宽度的方法。

基于流量的地表参数的初始开发和应用可以追溯到 D8 算法（O'Callaghan and Mark, 1984）。然而，现在它只是 20 多个水流路径算法中的一种，这 20 多个算法通常被分为单流向算法和多流向算法（见图 3.10）。单流向算法指水流直接流向 1 个下坡格元或相邻格元，包括 D8 算法、Rho8 算法（Fairfield and

Leymarie, 1991)、ADK 算法（Lea, 1992）和 D∞算法（Tarboton, 1997）。多流向算法能够将水流导向 2 个或多个下坡或相邻格元，包括 FMFD 算法（Freeman, 1991）、QMFD1/2 算法（Quinn et al., 1991, 1995）、DEMON 算法（Costa-Cabral and Burges, 1994）、Mass Flux 算法（Gruber and Peckham, 2009）和 MD∞算法（Seibert and McGlynn, 2007）。

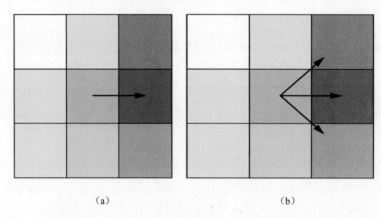

图 3.10 在 3×3 移动窗口中，使用 D8 算法和 FMFD 算法分配给中心格元的单个流向和多个流向。灰色阴影表示高程随格元灰度增加而降低。图（b）中分配了多个流向，中心格元的部分水流将分配给箭头所指向的 3 个格元的每个格元

来源：修改自 Gruber 和 Peckham（2009, pp. 176-177）。经 Elsevier 许可复制。

下面将依次介绍用以描述斜坡方向和宽度的各种方法及其优缺点。表 3.2 中列出的 24 种流向算法被分为两组（单流向算法和多流向算法），并按时间顺序进行介绍，早期算法存在的问题通常是新流向算法发展的动力，而且它们的结果总是差异较大，这部分归因于源 DEM 上所执行的预处理的类型（见 2.4 节），以及景观的类型（研究地点中的地貌和排水网络）。通常基于一系列理论形状和/或真实世界景观，使用 SCA 来评估不同流向算法的性能。但是，在过去的几年中已经提出了一些比较这些算法性能的新方法，因此在讨论 SCA 和关注流量累积的其他地表参数之外，3.1.4 节也将回顾 3 种此类新方法的示例。

表 3.2 单流向和多流向算法列表

水流路径算法	作 者	描 述
单流向算法		
D8：8 方向最大坡降算法	O'Callaghan and Mark（1984）	在方格地表模型上，将水流导向 8 个邻近格元中下降最快的格元
Rho8：随机 8 方向法	Fairfield and Leymarie（1991）	D8 算法的随机版本，将水流导向 8 个邻近格元的某一格元，并产生平均流向等于方格地表模型的坡向
ADK：流向驱动的单流向算法	Lea（1992）	在方格地表模型上连续指定流向，并为基本格元指定流向
D∞：无穷方向单流向算法	Tarboton（1997）	在方格地表模型上连续指定流向，并将流向指定给 1 个或 2 个下坡格元
D8-LAD：最大坡降最小偏差角算法	Orlandini et al.（2003），Orlandini and Moretti（2009）	类似于 D8 算法，在方格地表模型上，使沿排水路径的选定排水方向和理论排水方向之间基于路径的角度偏差最小
D8-LTD：最大坡降最小横向偏差算法	Orlandini et al.（2003），Orlandini and Moretti（2009）	类似于 D8 算法，在方格地表模型上，使沿排水路径的选定排水方向和理论排水方向之间基于路径的横向偏差最小
D∞-LAD：无穷方向最小偏差角算法	Orlandini and Moretti（2009）	类似于 D∞ 算法，在方格地表模型上，使沿排水路径的选定排水方向和理论排水方向之间基于路径的角度偏差最小
D∞-LTD：无穷方向最小横向偏差算法	Orlandini and Moretti（2009）	类似于 D∞ 算法，在方格地表模型上，使沿排水路径的选定排水方向和理论排水方向之间基于路径的横向偏差最小
D6：6 方向最大坡降算法	Wright et al.（2014）	在分层六边形格网地表模型上，将水流导向 6 个邻近格元中下降最快的格元
多流向算法		
FMFD：Freeman 多流向算法	Freeman（1991）	在方格地表模型上，使用坡度加权方法，将水流导向多个下坡邻近格元
QMFD1：Quinn 多流向算法（变形 1）	Quinn et al.（1991）	在方格地表模型上，基于坡度和等高线长度（流宽），将水流导向多个下坡邻近格元
DEMON 流管法	Costa-Cabral and Burges（1994）	在方格地表模型上，基于坡向描述两个方向上的水流，并允许非平面地形上的流宽发生变化，以便将水流分配到多个下坡格元
MDEMON：Moore DEMON 流管法	Moore et al.（1993e），Gallant and Wilson（1996，2000）	类似于 DEMON 流管法，使用节点代替顶点来定义格元质心，并使用原始或无凹地的方格地表模型，基于坡向将水流分配到多个下坡邻近格元

（续表）

水流路径算法	作　者	描　述
MMFD1：Moore多流向算法（变形1）	Moore et al.（1993e），Gallant and Wilson（1996，2000）	在方格地表模型上，基于坡度（类似于FMFD）和D8流宽（类似于QMFD1），将水流分配到下坡多个格元
MMFD2：Moore多流向算法（变形2）	Moore et al.（1993e），Gallant and Wilson（1996，2000）	在方格地表模型上，允许在高于指定河道的高地区域中使用基于坡度和D8流宽（类似于MMFD1）的算法，并在低于河道起始点的位置（根据用户设定的最大交叉分级面积阈值进行定义）使用D8算法或Rho8算法，将水流分配到多个下坡格元
QMFD2：Quinn多流向算法（变形2）	Quinn et al.（1995）	类似于QMFD1算法，其包含1个能够从1（完全散流）连续变化到1个较大值（单流向）的指数；在方格地表模型上，从山顶和山脊线向山谷和漫滩移动时，上坡汇水区会从多流向平滑变换到单流向
PMFD：基于形态的多流向算法	Pilesjö et al.（1998）	在方格地表模型上，计算3×3面片的地形形态，如果形态是凹面或平面，则使用D8算法和D∞算法将水流分配给下坡1~2个邻接格元；如果形态是凸面，则使用FMFD算法将水流分配给多个下坡邻接格元
SDFAA：空间分布式流量分配算法	Kim and Lee（2004）	在方格地表模型上，迭代计算各种流向参数和扩展河道起始临界值之间的关系，然后在考虑到永久河道网络位置的前提下，将水流从上坡格元分配到下坡格元
MFD-md：局部地形自适应多流向算法	Qin et al.（2007）	在方格地表模型上，允许将坡度加权法作为最大坡降的线性函数，将水流分配到多个下坡邻接格元
MD∞：三角形多流向算法	Seibert and McGlynn（2007）	在方格地表模型上，将每个格元细分为8个三角面，计算每个格元周围的局部斜坡方向和梯度（类似于D∞算法），并使用类似于QMFD1或QMFD2的坡度加权法，计算下坡方向上的流量分布
MF：质量流量算法	Gruber and Peckham（2009）	将每个格元等分为4个1/4格元，使用尺寸为原始格网2倍的格网来定义各格元的连续流动方向，并把流量从每个1/4格元分配到其在原始格网中的1~2个邻近格元上
TFN：三角形面网算法	Zhou et al.（2011）	在方格地表模型上，把每个格元划分为4个三角形面片，利用这些面片构建三角形面网，并基于坡向确定水流向下坡面片移动的流量包

(续表)

水流路径算法	作者	描述
D_{trig} 多流向算法	Shelef and Hilley（2013）	将每个格元细分为 8 个三角面，并基于相邻节点定义梯度——类似于 Tarboton（1997），然后将水流分配到各个面片和格元的边缘（而不是穿过拐角，如同前述几种流向算法）
TFM：基于三角面形态的多流向算法	Pilsejö and Hasan（2014）	将每个格元细分为 8 个三角面——类似于 Tarboton（1997），并使用两步分配法将流量分配到 8 个相邻格元中的 1 个或多个格元

在介绍各个流向算法之前，需要注意的是，一些评论指出流线不一定与坡线相同，因为某些景观中的水流可能会受到压力或应力梯度的影响，使水流散布成为 1 个潜在相关的过程，从而违背了陆上水流仅由重力驱动的假设（Tarboton, 1997；Orlandini et al., 2003, 2012；Gallant and Hutchinson, 2011）。这意味着"流向算法"这个术语可能并不合适，但依然还会使用，一者是因为它使用广泛，二者是暂无替代方案。Orlandini 等（2012）也注意到了同样的问题，但也以同样的方式进行了处理，使用术语"流向算法"来表示单流向算法（描述非散布方法，用于表示由重力驱动的陆上径流的坡度和流线）和多流向算法（描述分散方法，用于表示由重力和其他力驱动的流线）。

下面将首先讨论单流向算法，然后讨论多流向算法和用于估算流宽的各种方法，这些估算方法通常与 1 个或多个流向算法结合使用。以下分别使用两幅图展示了两种较为流行的单流向算法和多流向算法的运算结果，用于说明流向算法的选择是如何影响前述 Cottonwood Creek 流域的流向计算结果的。

1. 单流向算法

第 1 个算法为 8 方向最大坡降（D8）算法（O'Callaghan and Mark, 1984），该算法根据最速下降的路径，把流量分配给 8 个最邻近格元之一。因为流量可以从多个上坡格元累积流入，但只能流出到单个格元，因此这种方法可以模拟山谷中的水流汇集，却无法模拟山峰和山脊区域的水流发散。另外，该算法倾向于沿首选方向的平行线产生流动，而这种情况只有当坡向值为 45°

的整数倍时才会出现。Gallant 和 Wilson（2000）的研究结果为：①如何使用源自等高线的分辨率为 15m 的 DEM，清楚地定义 Cottonwood Creek 流域谷底和山脊区域；②由于该算法缺乏散布性且不能对地表细微变化做出响应，产生了许多直线和/或平行路径；③直线伪影和平行流线扭曲了流域内许多上坡汇水区的空间格局。尽管上述问题出现的频率很高，但由于该算法易于使用，且已被证明对河流网络、纵向剖面和流域边界的提取十分有用（Moore I.D. et al.，1991；Gruber and Peckham, 2009），因此 D8 算法仍然被广泛使用。

第 2 个算法为 Fairfield 和 Leymarie（1991）提出的随机 8 方向（Rho8）法，该算法提供了 D8 算法的随机版本，将对角线邻近格元的 $\varphi(i)$ ［式（3.10）中的距离因子为 1 或 $\sqrt{2}$ ］替换为 $2-r$（r 是 0~1 均匀分布的随机变量），试图分解平行流径并同时保持平均流向等于坡向。Gallant 和 Wilson（2000）使用分辨率为 15m 的 DEM 在 Cottonwood Creek 流域实现了 Rho8 算法，表明该算法的确是用树状结构取代平行流线的，但是以更多的格元缺少上坡汇水区域为代价（D8 算法也存在这个问题）。Wilson 等（2000）也发现在每次执行算法时，流向的随机化会产生不同的河流网络，因此 Gallant 和 Wilson（2000）认为 Rho8 算法并不是 D8 算法的有效替代方案。

第 3 个算法为 Lea（1992）提出的流向驱动（Aspect-Driven Kinematic，ADK）的单流向算法，与 D8 算法相比，它可以连续指定流向，将流量无散布地分配给基本方向的邻近单元，且格网偏差小于 D8 算法（Gruber and Peckham, 2009）。水流的流动就像是从每个格元中心释放的球在平面上滚动，且该平面能够通过格元中心的高程来估算格元角点的高程。然而，Tarboton（1997）也指出了该方法在某些类型的景观中可能出现问题的 3 个原因。

（1）每个格元需要使用近似的方法来局部拟合 1 个平面的假设，主要由于只需 3 个点就能确定 1 个平面。

（2）最佳拟合平面一般不能通过 4 个角点高程，导致格元边缘外表面的表示不连续。

（3）利用该算法及 Costa-Cabral 和 Burges（1994）提出的 DEMON 流管法局部拟合到某些高程组的平面，将会导致不一致的流向或违反常识的流向。

尽管存在上述缺陷，ADK 算法仍极具影响力。此外，这种表征局部地形形态或形状，并用其指导流向计算和流宽计算的一般方法，已经在 DEMON 流管法和其他多流向算法中得到重用。

Tarboton（1997）提出的 D∞ 算法在此处作为第 4 种单流向算法，尽管它在某些景观环境中表现得像是单流向算法，但在其他场景中则表现为多流向算法。该算法能够分配单个流向，也可以根据该流向与周围 8 个格元方向之间的关系，将流量分配到 1 个或 2 个下坡格元中。

D∞ 算法基于三角形面片，从无穷多个可能的单流向中选择了一个。该方法将流向表示为单个角度，并作为 8 个三角面上（以每个格网点为中心）的最速坡降。图 3.11 显示了 1 个 3×3 移动格元窗口，其中包含一系列的虚线和数字，围绕中心格元的 8 个格元分别编码为 1~8。格网单元的中心用实心黑色圆圈表示，连接格元中心的粗线构成 8 个三角形，在这些三角形上可以确定排水方向矢量（箭头）。然后，根据排水方向矢量将流量分配给包含该矢量的面片周围的 1 或 2 个格元。图 3.11 中的流量分布在格元 2 和格元 3 之间[参见式（3.17），其中下标 1 和下标 2 表示本例中的格元 2 和格元 3；Gruber and Peckham, 2009, p. 179]。

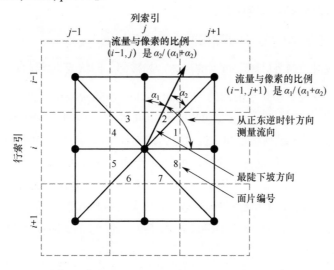

图 3.11 D∞ 算法流量分配概念图

来源：Tarboton（1997）和 Gruber 及 Peckham（2009）。经 Elsevier 许可复制。

针对上述使用 Lea（1992）及 Costa-Cabral 和 Burges（1994）方法拟合平面时出现的问题，在 D∞算法中使用三角形面片能够避免该问题。当流向不沿基本方向（0°、90°、180°和 270°）或对角线方向（45°、135°、225°和 315°）时，根据流动角度与格元直接角度的接近程度，可以通过在两个下坡邻近格元之间分配格元流量来计算上坡汇水面积（见图 3.11）。使用式（3.17），可将排水比例 d 分配到理论排水方向矢量两侧的两个格元中。

$$d_1 = \frac{4-\alpha_2}{\pi}, \quad d_2 = \frac{4-\alpha_1}{\pi} \tag{3.17}$$

其中，角度 α_1 和角度 α_2 是在两个矢量之间的平面上测量的（$\alpha_1 + \alpha_2$ =45°），这两个矢量分别是排水方向矢量和指向两端两个像素的矢量（Gruber and Peckham, 2009, p.178）。

在介绍 D∞算法时，Tarboton（1997）指出了影响 D∞算法及几个单流向算法和多流向算法性能的 5 个标准。

（1）避免或尽量减少散布的需要。

（2）考虑到数值格网的方向，避免格网偏差的需要。

（3）流向分解的精度问题。

（4）1 个简单有效、基于格网的矩阵存储结构。

（5）应对"棘手区域"数据的能力，如鞍部、凹坑或平坦地区。

在位于亚利桑那州东南部的 Walnut Gulch 实验流域和加利福尼亚州马林郡的田纳西河谷，Tarboton（1997）利用向外和向内排水圆锥体、平面及 DEM 等进行了一系列定量和定性试验，以对比 D∞和其他几种流向算法的性能。结果表明，D∞算法在上述标准的第 2 个和第 3 个方面表现优于 D8 算法（O'Callaghan and Mark, 1984），在第 1 个和第 4 个方面的表现优于 FMFD（Freeman, 1991）算法和 QMFD1（Quinn et al., 1991）算法，而在第 5 个方面比 ADK（Lea, 1992）算法和 DEMON（Costa-Cabral and Burges, 1994）算法表现更好。

几年后，Orlandini 等为 D8 算法和 D∞算法分别提出了两种变形，以描述 DEM 上的非散布和散布的流向（Orlandini et al., 2003；Orlandini and

Moretti, 2009)。D8-LAD 算法和 D8-LTD 算法是 D8 算法的变形,这两种算法拓展了经典 D8 算法的描述能力,首先对选定的沿排水路径的理论排水方向之间的路径偏差求和,然后对偏差和进行最小化处理。在 4 个已知几何形状的综合排水系统和意大利阿尔卑斯山中部的 Liro 流域,对 D8-LAD(8 个排水方向,角度偏差最小)算法和 D8-LTD(8 个排水方向,横向偏差最小)算法进行了测试,证明所提出的方法相对于 D8 算法在确定流向和上坡汇水面积方面具有显著的改进。结果还表明,D8-LTD 算法在这两种算法中更为通用,在描述到达山谷的长排水路径及其他不希望错误散布的情况下,其表现要优于 D8-LAD 算法。

D∞-LAD 和 D∞-LTD(Orlandini and Moretti,2009)算法是 D∞(Tarboton,1997)算法的变形。这两种变形算法是利用以下方法开发的:①Tarboton's(1997)计算最陡流向的方法;②类似于 Orlandini 等(2003)描述的 D8 算法,首先将选定的理论排水方向与排水路径之间的路径偏差进行求和,然后对其进行最小化;③基于 Zevenbergen 和 Thorne(1987)给出的局部平面(或等高线)曲率计算单流向和多流向的方法。Orlandini 和 Moretti(2009)在意大利东部阿尔卑斯山脉的 Col Rodella 地区,使用高程数据进行了一系列测试,以确定平面曲率阈值 K_{ct},它支持以单流向(非散布)和多流向(散布)的方式流过地表(因为 D∞算法支持水流流向 1 个或 2 个邻近格元,这取决于最速下降的路径及底层格元的方向)。结果显示如下。

(1)多流向(散布)算法 [LAD 中 $\lambda=0$ 或 LTD 中 $\lambda=1$,$K_{ct} \geq \max(K_c)$] 比单流向(非散布)算法 [LAD 中 $\lambda=0$ 或 LTD 中 $\lambda=1$,$K_{ct} < \min(K_c)$] 对排水区域空间模式的表征效果更好,因为除了在山脊、鞍部和山峰附近预期的格元之外,该方法还显示了散布在地表的多个源格元。

(2)与描述沿汇流流域和分流斜坡的地表流径的散布方法相比,基于路径的非散布方法 [LTD 中 $\lambda=1$,$K_{ct} < \min(K_c)$] 具有相同甚至更高的精度。

第 9 个单流向算法是 Wright 等(2014)提出的 6 方向最大坡降(D6)算法。他们在分层六边形表面模型(Hierarchical Hexagonal Surface Model,HHSM)上实现了该算法。这个相对较新的算法模仿了 D8 算法,但它同时依赖于六边形采样和 HHSM 支持的自适应格元尺寸。最直接的原因在于水流明显指向六边形采样空间中 6 个最邻近格元中最陡峭的下坡格元，而不是像 DEM 那样，指向矩形阵列中 4 个或 8 个最邻近的格元。然而，由于六边形图像处理（Hexagonal Imaging Processing, HIP）系统的层次之间存在旋转角度的变化，D6 算法在多层级分析和建模中的应用十分复杂。对于 1 个给定细节层次（Level of Detail, LoD）的邻近格元方向，在更粗或更细的 LoD 中可能无法表示。Wright 等（2014）在较粗的 LoD 中将流向调整到最接近的有效方向，同时注意到以这种方式调整流向，在缺少额外的信息源及无偏差假设时，结果可能会改善也可能会恶化，他们还认为，混合流向算法或多流向算法，如 D∞（Tarboton, 1997）算法和 MD∞（Seibert and McGlynn, 2007）算法，将用于生成自适应六边形流向矩阵并支持实际应用，如为水文模拟提供城市环境的水文适应性表达。

图 3.12 和图 3.13 分别显示了使用 D8（O'Callaghan and Mark, 1984）算法和 D∞（Tarboton, 1997）算法计算的蒙大拿州 Cottonwood Creek 研究点的上坡汇水面积。图 3.12 描述了 D8 算法上坡汇水面积，谷底被清晰地标识为白色的高汇水面积格元的连线，汇水区内及分水岭上的山脊则以暗色格元标识低汇水面积。然而，由于该流向算法没有散布且无法响应地表方向的细微变化，使得许多直线伪影清晰可见。Gallant 和 Wilson（2000, pp. 61~63）提供了类似的效果图，并且更加详细地描述了使用 D8 算法产生的问题及原因。图 3.13 再现了 Cottonwood Creek 流域的上坡汇水面积图，显示 D∞算法要明显优于 D8 算法，在该图中，流域内及分水岭上的谷底和山脊清晰可见，且其中一些（并非全部）直线伪影也被消除了。但是，斜坡的上部仍存在问题，本章后续将在介绍 MD∞（Seibert and McGlynn, 2007）算法时对这些问题进行讨论。

2. 多流向算法

多流向算法的基本目标是找到 1 种或多种方法将水流移动到 1 个或多个下坡格元。这种方法可以通过实际散布（需要处理汇集和分散地表水流）和/或突破仅有 8 个邻近格元的局限（当使用规则格网表示连续流场时，只有 8 个角度为 45°倍数的可能方向，而多流向算法要克服该限制；Gruber and Peckham, 2009）的方式来证明。

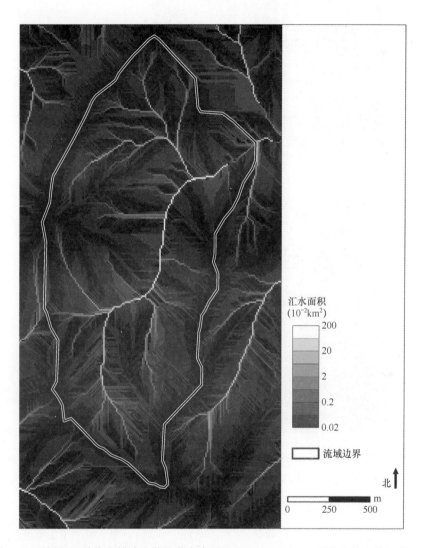

图 3.12 利用 D8 单流向算法计算的蒙大拿州 Cottonwood Creek 研究点的上坡汇水面积（km^2），图上叠加了流域边界

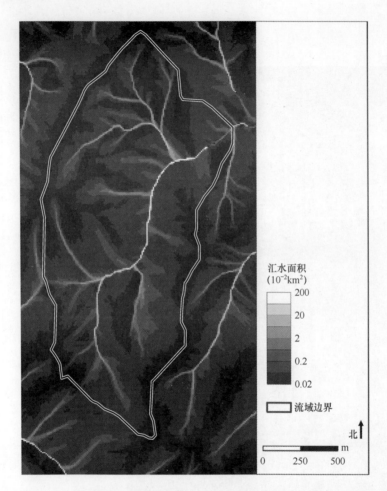

图 3.13 利用 D∞单流向算法计算蒙大拿州 Cottonwood Creek 研究点的上坡汇水面积（km²），图上叠加了流域边界

第 1 个多流向算法是由 Freeman（1991）提出的 FMFD 算法，基于坡度将流量分配到 2 个或多个下坡邻近格元。

$$F_i = \frac{(\tan\beta_i)^p}{\sum_{i=1}^{n}(\tan\beta_i)^p} \quad (\tan\beta > 0;\ n \leqslant 8) \tag{3.18}$$

其中，F_i 是分配给第 i 个邻近格元的流量比例，$\tan\beta_i$ 表示中心格元与第 i 个邻近格元的坡度值。该方法没有像 Quinn 等（1991，1995）那样考虑流宽，并且基于对锥形表面的测试，Freeman 认为当 $p=1.1$ 时能够产生最准确的结果。但是，Holmgren（1994）在报告中指出当 p 在 6~8 时取较大值可能更合适，随后 Pilesjö 和 Zhou（1997）在球面上对该算法进行了测试，发现当 $p=1.0$ 时结果更为准确。显然，p 值为 1 时表示完全散布；而 p 值非常大时，该算法将渐变为单流向算法。

第 2 个多流向算法是 Quinn 等（1991）提出的 QMFD1 算法，基于坡度和等高线长度（流宽）将流量分配到 2 个或多个下坡邻近格元。

$$F_i = \frac{L_i \tan\beta_i}{\sum_{i=1}^{n} L_i \tan\beta_i} \quad (\tan\beta > 0;\ n \leq 8) \tag{3.19}$$

其中，F_i 是分配给第 i 个邻近格元的流量比例，L_i 是流宽，$\tan\beta_i$ 表示中心格元与第 i 个邻近格元的坡度值。该算法类似于 FMFD 算法（设定其隐含指数为 1），只是它包含了流宽因子，该因子是利用基本下坡格元（边邻近）和对角线下坡格元的方法中的 1 种或多种计算得到的。

第 3 种多流向算法是由 Costa-Cabral 和 Burges（1994）提出的，它提供了 1 种完全不同的方法来模拟流向和流宽。数字高程模型网络提取（Digital Elevation Model Network extraction, DEMON）流管法中的流量是在每个源格元处生成的，然后沿着流管向下流动，直至遇到 DEM 的边缘或凹坑。流管是由沿梯度（坡向）方向的延伸线与格元边线的一系列交点构成的，但它们不受与格元边线重合的约束，在穿过 DEM 表面的散水区域和汇水区域时可以膨胀和收缩。DEMON 中流量的大小可以表示为进入每个下坡格元的源格元面积分量，并添加到该格元的流量累积值中，以作为构建最终的流量累积格网的一部分（见 3.1.3 节和 3.1.4 节）。该方法在概念上类似于 Moore 和 Grayson（1991）使用的基于等高线的 DEM 的流管法。

Moore DEMON 流管法是表 3.2 中的第 4 种多流向算法，是 Moore 在 TAPES-G 中提出的原始 DEMON 流管法的 1 个变形，包含了 3 处小的修改（Moore et al., 1993e），这 3 处修改为：①该版本可用于原始或衍生的无凹地 DEM；②使用 DEM 的节点而非顶点来定义格元质心；③由坡向［使用式（3.11）计算］决定每个格元流管的流向。Gallant 和 Wilson（2000）在蒙大拿州 Cottonwood Creek 研究点的分辨率为 15m 的 DEM 上使用该算法计算流向、流宽及流量累积，并通过实例展示了如何利用该算法在高地区域生成平滑的汇水区（类似于 FMFD），以及如何在低地区域生成明确定义的河道（与 D8 算法更类似）。他们还指出，该版本 TAPES-G 的 DEMON 算法的处理时间与 FMFD 类似，却得到了相近或更好的结果，并且只产生了少量的伪影，但在某些情况下该算法略偏向于东、西、南、北 4 个基本方向。

同时，Moore 还实现了 Freeman（1991）和 Quinn 等（1991）在 TAPES-G 中提出的两种多流向算法的变形。第 1 个变形为 MMFD1 算法（表 3.2 中列出的第 5 种多流向算法），该算法与 Quinn 等（1991）的 QMFD1 算法一样结合了两种流宽，与 Freeman（1991）的 FMFD 算法一样设置指数 p=1.1。该算法结合了 D8 算法的流宽，且与大多数多流向算法一样，它在上坡区域能够提供比单流向算法更准确的流量累积分布，同时还消除了应用 D8 算法时经常出现的平行流径。然而该算法（类似于改进的 FMFD 算法和 QMFD1 算法）也在山谷中形成了大量的分散流，但由于山谷中的流线往往是明确定义的，所以我们通常不希望看到这种情况。

为了解决这些问题，该算法的第 2 个变形，MMFD2 算法（表 3.2 中列出的第 6 种多流向算法）禁用了多流向算法，并且当上坡汇水面积超过用户设定的阈值时，就将其替换为 D8（或 Rho8）算法，该阈值也被标记为"最大交叉分级面积"（Gallant and Wilson, 1996, 2000）。Gallant 和 Wilson（2000）建议将"最大交叉分级面积"设定为 $0.1km^2$ 或 $100000m^2$ 作为合理的起始值，并指出其最佳值取决于 DEM 所描述的山谷密度。山谷密度较大的精细景观需要较小的"最大交叉分级面积"，以便描述较小的山坡，而包含较大山坡的粗糙景观则需要较大的面积（Güntner, Seibert and Uhlenbrcok, 2004）。但是，如果将"最大交叉分级面积"设置得太小，那么从多流向算法向单流向算法转换时，有时会引起上坡汇水区分布的剧烈变化。同时，这种方法在某些情况下并不适用，如对于山谷（在洪泛平原或河岸区域）来说，在没有将"最大交叉分级面积"设置为较大值时，会期望得到散布的水流，但这种方法及其他类似的全局方法的根本问题在于，它们在某些选定的区域中表现良好，但在其他区域中却并非如此。

Quinn 等（1995）提出了 QMFD2 算法（表 3.2 中的第 7 种多流向算法）。他们把指数 p 添加到式（3.19）中，并对之前的方法进行了修改，如式（3.20）所示。

$$F_i = \frac{L_i(\tan\beta_i)^p}{\sum_{i=1}^{n} L_i(\tan\beta_i)^p} \quad (\tan\beta > 0; \ n \leqslant 8) \qquad (3.20)$$

随着上坡汇水面积的增大，该公式的指数从 1（全散布）连续变化到一个较大值（单流向），当流线从山峰和山脊移动到山谷或洪泛平原时，水流从多个流向平滑过渡到单个流向（Gallant and Wilson, 2000）。此外，他们还提出了"最优"河道起始临界值（Channel Initiation Threshold, CIT），可在式（3.21）中利用该临界值计算流量分配指数。

$$p = \left(\frac{A}{\text{thresh}+1}\right)^h \tag{3.21}$$

其中，A 是预先计算的选定格元的流量累积，thresh 是选定区域的累积阈值，与 Moore 等（1993e）的 CIT 含义相同，h 是 1 个正值常数。h 的值越大，表明该方法越接近于 D8 算法。

下面介绍一下 Zhou 和 Liu（2002）的研究，他们利用 4 个数学曲面和 5 个标准，比较了前文介绍过的 5 个流向算法：D8（O'Callaghan and Mark, 1984）、Rho8（Fairfield and Leymarie, 1991）、FMFD（Freeman, 1991）、DEMON（Costa-Cabral and Burges, 1994）及 D∞（Tarboton, 1997）算法。Zhou 和 Liu（2002）所提出的数学表面分别基于椭球（表示凸形斜坡）、反椭球（表示凹形斜坡）、平面和鞍面。他们在使用这些算法从格网化 DEM 中提取水文参数时，利用这 4 种表面模型对各算法产生的误差进行了比较（见图 3.14）。之所以在这里介绍该方法，是因为在过去十多年里它常被用于评估各种流向算法的有效性，并且可以利用数学推理计算这些表面任意点 SCA 的理论真值，从而将该值与其他流向算法得到的估计值进行比较。

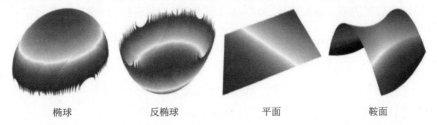

椭球　　　　　反椭球　　　　　平面　　　　　鞍面

图 3.14　不同流向算法进行数据无关性评估时常用的 4 种数学表面
来源：Pilesjö 和 Hasan（2014, p. 114）。经 John Wiley and Sons, Inc.许可复制。

Zhou 和 Liu（2002）的研究结果表明，他们所评估的 5 种基于方格网络的方法会产生不同程度的误差，这些误差可能与地表形态有关，也可能与在方格地表上引导陆面水流遇到的困难有关。Zhou 和 Liu（2002, p. 840）从准确性角度给出了以下结论。

（1）DEMON 算法、D∞算法和 FMFD 算法在 RMSE 普遍较低时表现良好。

（2）尽管格网化数据结构导致了一些误差，但 DEMON 算法在所有 4 个测试中仍实现了最佳的整体性能。

（3）D∞算法和 FMFD 算法也取得了良好的效果，特别是在鞍面上，但在凸形斜坡和平面上略显不足。

（4）D8 算法和 Rho8 算法在所有 4 个测试中都产生了不可接受的误差。

Zhou 和 Liu（2002）也指出，如果将两个单流向算法用于较为重视算法精度的现实应用中，其性能欠佳。他们还指出，对于许多使用真实世界 DEM 的水文应用来说，其结果还可能受到 DEM 自身固有误差的影响，从而导致流向算法产生的误差被 DEM 的误差所掩盖。

此外，Pilesjö 等（1998）提出的第 8 种基于形态的多流向（FMFD）算法，计算了 3×3 面片（移动格元窗口）的地形形态，并根据计算结果来确定要使用的流向算法。如果地形形态是凹形或平面，且计算出的流向与 8 个邻近格元的方向相一致，则使用 D8 算法；否则使用一种类似于 D∞的算法，将凹面形态和平面形态的流量分布区分开，或者当形态为凸面时使用 FMFD 算法。Pilesjö 等（1998）证明 FMFD 算法在估计流量累积方面优于 D8 算法（在 ArcGIS 中实现），但在绘制澳大利亚南威尔士州 Bredbo 附近的小型流域的排水网络时却表现更差。Qin 等（2007）后来批评了这种方法，他指出两点问题。

（1）该算法对 DEM 的质量非常敏感，因为 DEM 的微小误差可能使形态从凸形变为凹形，或从凹形变为凸形。

（2）该算法仍然使用固定的流量分配指数模拟凸形形态上的水流（有关此限制更详细的讨论，请参阅随后对 MFD-md 算法的描述）。

第 9 种空间分布式流量分配算法（Spatially Distributed Flow-Apportioning Algorithm, SDFAA）由 Kim 和 Lee（2004）提出，其迭代计算了各流向参数与扩展河道起始临界值（Expanded Channel Initiation Threshold, ECIT）之间的关系，在考虑到永久河道网络位置的前提下，将汇水面积分散到从上坡到下坡的格元中。该算法引入了具有空间变化特征的流量分配因子 $H(I, J)$，其中 I 和 J 是空间坐标，$H(I, J)$ 的值通过 ECIT 确定；ECIT 从 Quinn 等（1995）提出的 CIT 开始逐渐减小，直至获得最佳解决方案。此外，SDFAA 算法还集成了遗传算法（Goldberg, 1989），并利用河流格元位置来估算新算法中包含的少量附加参数，从而推导出参数值的候选解。描述 $H(I, J)$ 和 ECIT 之间关系的幂函数表示如式（3.22）所示。

$$H(I,J) = c_1 \times A_{\text{ECIT}}^{n+1} + c_2 \qquad (3.22)$$

其中，系数 c_1 和系数 c_2 可由边界条件和扩展河道起始临界值（A_{ECIT}）确定，而 n 可以通过上述的优化过程确定。与前面提到的方法相比，SDFAA 算法需要 1 个额外的输入（河道位置），不过如今这些数据集在世界上许多地方都可以使用，如美国的 NHDPlus 数据集（Moore and Dewald, 2016）。

Kim 和 Lee（2014）将 SDFAA 算法应用在韩国临津江上游的 Sulmachun 流域，表明这种空间分布式流量分配算法要比 D8（O'Callaghan and Mark, 1984）算法、FMFD（Freeman, 1991）算法 [根据 Holmgren（1994）的建议，将式（3.18）和式（3.20）中的流量分配因子 p 设定为 5]、QMFD1（Quinn et al., 1991）算法及 QMFD2（Quinn et al., 1995）算法更具优势。其中，SDFAA 算法的优势具体体现在以下 3 点：①缓解了河道格元附近的过度散布问题；②改善了河流格元的连通性；③与前面提到的多流向算法相比，包含更可靠的参数确定方法。

第 10 种多流向算法是 Qin 等（2007）提出的局部地形自适应算法（简称 MFD-md），该算法是基于 Freeman（1991）和 Quinn 等（1991, 1995）之前提出的算法而构建的。式（3.18）和式（3.20）中 p 值的选择决定了每个算法的流量分配方案，意味着这两种方法以相同的方式模拟地形条件，而不论地形平坦或陡峭、汇水或分水。Qin 等（2007）据此提出了 1 种基于局部最大下坡梯度确定流量分配指数 p 的自适应方法。

$$F_i = \frac{(\tan\beta_i)^{f(e)} \times L_i}{\sum_{j=1}^{8}(\tan\beta_i)^{f(e)} \times L_i} \qquad (3.23)$$

其中，$f(e)$ 是利用最大下坡梯度确定流量分配指数的函数，其他参数的定义与式（3.18）和式（3.20）相同。Qin 等（2007）为最大下坡梯度选择了 1 个线性函数，如式（3.24）所示。

$$f(e) = \begin{cases} p_l & (e \leqslant e_{\min}) \\ \dfrac{e - e_{\min}}{e_{\max} - e_{\min}} \times (p_u - p_l) + p_l & (e_{\min} < e < e_{\max}) \\ p_u & (e \geqslant e_{\max}) \end{cases} \qquad (3.24)$$

其中，$f(e)$是流量分配函数，e 是最大下坡梯度的正切值，p_u 和 p_l 是 $f(e)$ 的上界和下界，分别用作水流完全发散和完全汇聚时的 p 值，$e_{\min}$ 和 $e_{\max}$ 是分别与 p_u 和 p_l 对应的 e 值。基于 Freeman（1991）、Holmgren（1994）及 Quinn 等（1995）建议的 p 值，$e_{\min}$ 和 $e_{\max}$ 分别取值为 1.1 和 10。

MFD-md 算法可以确保在陡峭和平坦的地形上，分别以较大和较小的值来模拟流量分配指数。Qin 等（2007）利用 SCA 的 RMSE 及 Zhou 和 Liu（2002）提出的 4 种数学表面及其 SCA 的理论"真"值（见图 3.14），来说明这种新算法如何产生比 D8（O'Callaghan and Mark，1984）算法和 QMFD2（Quinn et al.，1995）算法更小的误差。他们还在中国东北部的 1 个小型流域中，基于视觉判断方法展示了该算法如何产生能够更好地适应地形条件的流量累积模式。

由 Seibert 和 McGlynn（2007）提出的第 11 种三角形多流向（MD∞）算法代表了现有的 D∞（Tarboton，1997）算法和 QMFD1（Quinn et al.，1991）算法的演化，它允许任意下坡方向上的多方向流动，从而融合了两种算法的优点。首先利用该算法确定接收区域的流向，然后据此计算每个格元分配到邻接格元的累积面积分量。与 Tarboton（1997）类似，接下来使用三角形面片来计算每个格元周围的局部坡向和局部梯度。使用相邻的邻接格元（P_1 和 P_2、P_2 和 P_3 等）构造 8 个平面三角形面片，并且为每个局部平面计算中心格元的中点（M）及最陡斜坡方向。三角形面片的最陡斜坡方向可能指向两个邻接格元之间（见图 3.15 中的格元 5 和格元 6），也可能指向特定三角形面片 45°角范围之外的方向（见图 3.15 中由中点 M 和格元 4、格元 5 定义的三角形面片）。该方向被设置为朝向两个相邻格元的较陡峭方向，但如果两个相邻的三角形面片确定了相同的方向（如本例中的格元 5 和格元 6），则该方向仅接收流量。这是指向图 3.15 中格元 3 方向的情况，而非指向格元 5 和格元 6 的情况。一旦计算出某个格元所有的下坡方向，就可使用类似于 Quinn 等（1991）在 QMFD1 算法中提出的坡度加权方法，将其累积流量分配到这些方向上。流量分配参数可用于对较陡峭的方向进行更严格的加权，以处理流量散布（类似于 Quinn et al., 1995），并且如果下坡方向落入两个相邻格元之间，则可基于方向的相对差异将流量进一步分配给这两个格元（类似于 Tarboton, 1997）。

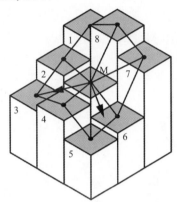

图 3.15　基于格元周围三角形面片结构的 MD∞ 流量分配概念
来源：Seibert 和 McGlynn（2007, p. 2）。经 John Wiley and Sons, Inc.许可复制。

Seibert 和 McGlynn（2007）通过比较 MD∞ 算法与 D8（O'Callaghan and Mark, 1984）、QMFD1（Quinn et al., 1991）、QMFD2（Quinn et al., 1995）及 D∞（Tarboton, 1997）等多流向算法的性能，证明了 MD∞ 算法的有效性，在对比时分别使用了瑞典中部和蒙大拿州西南部的综合高程数据及低起伏度和高起伏度的真实世界 DEM。代表汇水、平面、散水坡及鞍部的 4 个综合数据集分别展示了以下问题。

（1）在每种情况下（如预期所料），D8 算法如何将流量导向单个下坡格元。

（2）在每种情况下（如预期所料），QMFD1 算法和 QMFD2 算法如何直接流向所有的（但数量不同的）下坡格元。

（3）D∞ 算法和 MD∞ 算法在平面和散水山坡上如何得出完全相同的结果，但如果格元中存在多个最陡下坡方向如何得出不同的结果，如散水坡或山脊沿线和山峰附近的区域。

图 3.16 中的直方图展示了瑞典中部低起伏度的区域中，从其中一个格元中接收累积流量的格元数量。这些结果显示了 D∞ 算法如何将水流路径限

制在 1~2 个邻接格元中，与此相对应，MD∞算法则能够将约 40%的格元流量分配到 2 个以上的邻近格元中，QMFD 1/2 算法则能够将水流分配到 1~8 个格元中，并将约 90%的格元流量分配到 2 个以上的邻近格元中（见图 3.16）。在该流域中，MD∞算法在约 30%的格元中识别出 1 个以上的下坡方向，而在约 8%的格元中识别出 3 个以上的下坡方向。在蒙大拿州 Cottonwood Creek 研究点也或多或少地重现了这些结果，该流域分辨率为 2m、10m 和 20m 的 DEM 的试验结果也显示，随着格元尺寸的增加，QFMD 1/2 算法和 MD∞算法是如何预测水流流入更多下坡格元的。

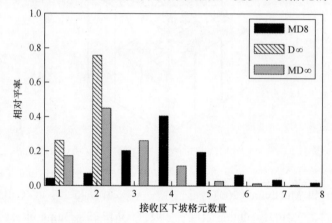

图 3.16 从瑞典中部地区样本 DEM 的 1 个格元中，接收累积面积（流量）的格元数量分布

由 Seibert 和 McGlynn（2007, 图 10, p.8）提供的最后一对地图展示了在 D∞算法中引入单流向算法所造成的影响，因为 D∞算法在流域分界线上（山脊和山肩边坡）只允许流量流入一个方向，而对应的 MD∞算法则支持流量流入多个方向。差异图中的汇水区被填充成了红色（表明 D∞算法预测的累积面积大于 MD∞算法的预测值）或蓝色（表明 MD∞算法预测的累积面积大于 D∞算法的预测值），具体取决于 D∞算法在上坡区域所选择的下坡方向，说明了流域中不同位置的流向算法之间的差异是如何向下坡方向传播并最终遍及整个景观区域的。

第 12 种多流向算法是软件 RiverTools™（见 6.4.6 节）中专有的质量流量算法。该算法将每个格元细分为 4 个 1/4 格元，并使用尺寸为 DEM 两倍的格网来定义每个格元的连续流向角度,以此来表征局部地形形态(形状)(Gruber and Peckham, 2009)。整个格元及其两个基本邻接格元的高程,能够唯一地确定 1 个平面及其相应的坡度和坡向(见图 3.17)。该方法消除了平面拟合的模糊性和其他相关问题,还消除了标识山峰和山脊格元流向的模糊性,因为它允许来自这个格元的水流向不同方向流动(类似于 Seibert 和 McGlynn 2007 年的 MD∞ 多流向算法)。来自每个 1/4 格元的流量都可以流入 1 个或 2 个基本邻近格元,然后将每个格元当作参照体确定流入这些邻近格元的流量(详情参见 Gruber and Peckham, 2009, pp. 179~180)。

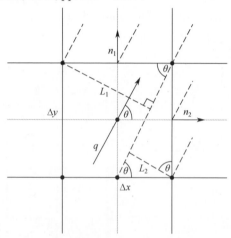

图 3.17　质量流量算法中两个基本邻接格元之间的流量分配。L_1 和 L_2 表示流入上方和右侧邻接格元的流量投影宽度,两者之和等于流量投影宽度 ω;n_1 和 n_2 是垂直于格元边界的向量;q 是流向量;θ 是流向

来源:Gruber 和 Peckham(2009, p. 180)。经 Elsevier 许可复制。

第 13 种多流向算法为三角形面网算法,由 Zhou 等(2011)提出,试图利用 TIN 方法的优势,创建三角形面网(Triangular Facet Network, TFN),据此在 DEM 上确定地表径流路径。该方法基于格元的表面形态在格元中心之间构建三角形面片,对格元进行细分,然后将所有格元的面片组合起来形成 TFN,以消除相邻格元和/或面片之间的裂缝。首先,使用 1 个 2×2 格元的移动窗口构建初始的三角形面片,并使用两条对角线[见图 3.18(a),分别标记为 1、3、2 和 4]把表面分成两个三角形面片[见图 3.18(a)]。然后,使用4×4格元的移动窗口拟合二元三次样条曲面，估算4个格元交点处［见图3.18（b）中的 P 点］的高程［见图3.18（b）］，并将中心点处［见图3.18（b）中的 P 点］最靠近表面的对角线作为三角形面片的公共边。TFN的各个面片具有恒定的坡度和坡向，且每个面片的流向都由其坡向决定。随后，面片上生成的流量被分配到它的重心，形成1个流量包，根据面片的流向向下坡面片移动。流量包沿下游面片的坡向穿过面片边线时可能会改变方向（见图3.19），并从其源头继续流向最终的目的地（如局部洼地或汇水区出口）。很显然，该流量包与DEMON算法（Costa-Cabral and Burges, 1994；Gallant and Wilson, 1996）及Moore和Grayson（1991）在基于等高线的DEM上使用的流管法计算得到的流管有一些相似之处。

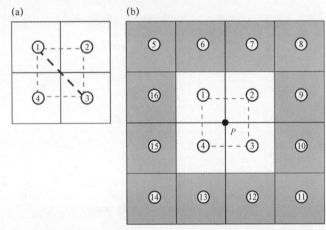

图3.18 （a）利用每个格元中心点的高程，在2×2格元移动窗口内形成两个三角形面片；（b）通过拟合二元三次样条曲面，使用4×4格元移动窗口估算 P 点的高程值

来源：Zhou 等（2011, p. 3）。经Elsevier许可复制。

第14个多流向算法是 D_{trig} 多流向算法，它是由Shelef和Hilley（2013）提出的，该算法也将地表划分为一系列三角形面片，并将其范围定义在相关联的格元内（见图3.20）。但是，梯度是基于邻近格网节点定义的，这类似于Tarboton（1997）的 $D\infty$ 方法。该算法使用图3.20中的8个三角形面片来描述格元的内部地形，并划分这些面片与相邻格元之间的流量。D_{trig} 多流向算法的新颖之处在于其通过面片和格元的边线而非通过角点（如前面描述的几种算法）来划分流量。

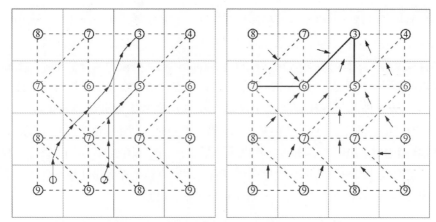

图 3.19　TFN 上的流线：三角形节点处的数字表示高程，浅色直线表示原始格元，通过跟踪水流的移动（流向）形成带箭头的折线链表示流线

来源：Zhou 等（2011, p.4）。经 Elsevier 许可复制。

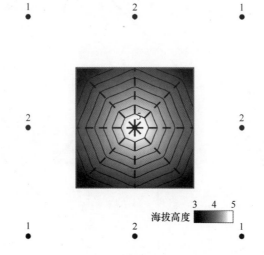

图 3.20　将格元分解为由 D_{trig} 中 9 个格元核节点（黑色圆圈）定义的一组 8 个三角形面片。节点高程标示在每个节点旁边，面片边界用虚线表示。表面范围局限在中心格元，因此该区域中的唯一节点是以格元为中心的节点。等高线和灰度值表示格元内的高程变化；面片边界周围环绕的舍入等高线是等高线算法的伪影

来源：Shelef 和 Hilley（2013, p. 2107）。经 John Wiley and Sons, Inc.许可复制。

D_{trig} 多流向算法中流径的计算分两步完成：①首先填充 DEM 中的伪坑，然后将地表分解成 1 组三角形面片，并计算梯度和平均高程；②按平均高程对三

角形面片进行排序，将排水面积逐渐列表化，并从上坡三角形面片分配到相同或相邻格元中高程较低的三角形面片中。将平行于三角形面片梯度向量（$\vec{g}$）的直线与面片（允许该直线穿过）的节点相交，据此将流量从每个面片分配到周围的面片中（见图 3.21）。如果 $\vec{g}$ 指向该节点，则交线表示面片的排水分界线，并根据排水分界线定义的子区域在相邻的面片之间分配排水面积［见图 3.21（b）、图 3.21（c）］。但是，当 $\vec{g}$ 背离节点时，则通过该节点的三角形对边把整个排水面积分配到邻近面片中［见图 3.21（d）、图 3.21（e）］。该方法意味着流量仅通过格元的正交边界进行定向，因此流量的任何部分都不会被直接分配到 DEM 的对角线节点上（Shelef and Hilley, 2013）。

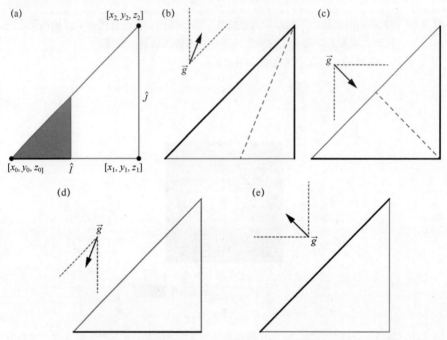

图 3.21 从三角形面片分配流量的示例。（a）三角形面片，局部坐标系，以及 $\hat{\imath}$、$\hat{\jmath}$ 方向。（b）$\vec{g}$ 方向上的直线与节点（x_2, y_2, z_2）相交并指向该节点的情况。包围 $\vec{g}$ 的虚线表示 $\vec{g}$ 与该节点相交方向的范围，将该区域划分为两个三角形。在这种情况下，面片的排水面积按照三角形面积的比例进行划分，该三角形由面片排水分界线（相交虚线）与面片边界线包围。排水面积被分配到共享粗边界线的两个三角面中。（c）与（b）相同，只是 $\vec{g}$ 指向节点（x_1, y_1, z_1）。（d）与（b）相同，只是 $\vec{g}$ 背离节点（x_2, y_2, z_2）。（e）与（d）相同，只是 $\vec{g}$ 背离节点（x_1, y_1, z_1）。

来源：Shelef 和 Hilley（2013, p. 2108）。经 John Wiley and Sons, Inc.许可复制。

Shelef 和 Hilley（2013）在 3 个不同的实验中，对比了 D_{trig} 算法与 D4 算法、D8（O'Callaghan and Mark, 1984）算法、FMFD（Freeman, 1991）算法及 $D\infty$（Tarboton, 1997）算法的性能。D4 算法是 1 种五格元核方法，它根据最速坡降将水流引导到 4 个基本方向之一。该方法倾向于沿着与基本流向对齐的路径汇流，而后续的 D8 算法则倾向于沿着与 4 个基本流向和 4 个对角流向对齐的路径汇流。

Shelef 和 Hilley（2013）在第 1 次实验中使用了经过修改的外锥体、内锥体和倾斜平面，以获得沿自然景观流径的单个径流个体产生的排水面积的准确值。他们利用 3 种不同流向的径流在一系列图中对比了 5 种流向算法的结果。RMSE 条形图显示，在 9 个实验中的 8 个实验中，D_{trig}、FMFD、$D\infty$ 等多流向算法要比 D4 和 D8 单流向算法表现更好。接下来用两幅图展示了从 1 个或 5 个格元开始的径流，如何在加利福尼亚州北部的 Eel 河流域上流动。结果显示，采用 D4 和 D8 单流向算法预测的径流穿过单格元宽度的下坡格元集，而 3 个多流向算法则在相邻格元之间分配流量。单流向算法预测了景观区某些部分的平行流，而 FMFD 算法有时则会跨越流域边界将径流引导至邻近流域。

第 2 个实验利用 Eel 河的 DEM，比较了不同流向和坡度计算规则对平流（如汇聚渠化）与分流（如分散斜坡蠕变）过程的影响。为此，Shelef 和 Hilley（2013）计算了 Péclet 数（Pe）。

$$Pe = \frac{K(3A)^{m+1/2}}{D} \qquad (3.25)$$

其中，K 是基岩侵蚀系数，A 为排水面积，m 为分离有限冲蚀规律的面积比例分量，D 为土壤扩散系数。该实验使用了规定的 K/D 比值（$3.3 \times 10^{-4} m^{-2}$）和 m 值（0.5），A 的计算则使用了不同的流向算法。实验使用了一系列地图来描绘景观中 Pe > 1 处的点，结果达到了预期。因此，由 D4 算法产生的减小的水流收敛性将 Pe > 1 限制在较大山谷中，而 D8 算法则表现更好且允许平流在向上延伸的收敛区域中占主导地位，由于 $D\infty$ 算法和 D_{trig} 算法的散布较小，因而它们的表现优于 FMFD 算法。

然而，先前描述的地图还展示了多流向算法是如何产生 Pe > 1 的孤立区域的，因为根据局部地形，水流可以在下坡分散或重新汇集。使用 D8 单流向算法和FMFD多流向算法对饱和地面流（Saturation Overland Flow, SOF）的预测结果，与这两种算法对流量汇集的预测结果一致，这就确保了景观中滑坡程度对流向和坡度计算规则具有相似的敏感性，因为局部坡度和地下饱和度被认为对滑坡的分布起着重要的控制作用（Dietrich et al., 1992, 1993；Montgomery and Dietrich, 1994）。

第3个实验考察了流向和坡度计算规则对地貌输运规律（Geomorphic Transport Law, GTL）景观演化模型输出结果的影响。由这些模型预测的稳态地形在模拟景观几何形态上存在显著差异，表明这些模型的结果将受到流向的选择和坡度计算规则的影响。

Shelef和Hilley（2013）最后总结认为，对于特定的应用和研究区域而言，确定"最佳"的流向算法仍然十分困难，因为在5种流向算法和相关坡度计算规则中，上述3个实验无法确定哪一种算法最能反映现实世界中的情况。

那么，下面将重点介绍第15种多流向算法。该算法由Pilesjö和Hasan（2014）提出，将每个格元细分为8个三角形面片（类似于Tarboton, 1997），使用基于三角面形态（Triangular Form-Based Multiple, TFM）的多流向算法将流量分配给8个邻近格元中的1个或多个格元。相较于之前的许多算法，TFM算法能更细致地处理局部地形形态或形状，并可以适应所有地形类型（如凸面、凹面、平面斜坡及其组合）。Pilesjö和Hasan（2014）将这种TFM方法描述为Zhou等（2011）在几年前提出的TFN方法的进一步优化。

TFM方法将格元划分为具有恒定坡度和坡向的三角形面片（见图3.22），这意味着可以唯一地确定每个面片的流向，用于跟踪地表径流，并将径流分配到覆盖中心格元的三角形面片或其周围8个邻近格元。Pilesjö和Hasan（2014, pp.112～113）还描述了不同坡向值是如何导致这3种行为（保持、移动或分散）产生的。

（1）如果图3.22中面片1的坡向为0°～45°，那么从该面片输送到邻接格元的水量将保持不变（格元的1/8）。

（2）如果坡向为90°～180°或225°～270°，那么面片1上所有的水量都将移动到中心格元内的1个邻近面片中（见图3.22中的面片2～8）。

（3）如果坡向为 45°～90° 或 270°～360°，则面片 1 上的水量将分散并分别流入中心格元内的邻近面片（见图 3.22 中的面片 2～8）及邻近格元中。

（4）如果坡向为 180°～225°，则面片 1 上的水量将分散并流入两个邻接面片中（见图 3.22 中面片 2～8）。

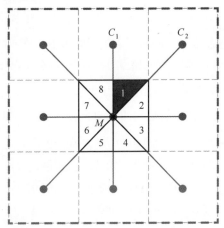

图 3.22　3×3 格元窗口的中心格元细分为 8 个三角形面片（1～8），每个面片由 3 个点组成；其中一个点是中心格元的中心点（M），另外两个则是邻接格元的中心点（C_1 和 C_2）

来源：Pilesjö 和 Hasan（2014, p.110）。经 John Wiley and Sons, Inc.许可复制。

使用 TFM 算法将径流在地表上分两个阶段进行重新分布，首先需要解析 8 个三角形面片之间的各种传输，然后再将水流从这些面片传输到 1 个或多个相邻格元。在中心格元的 8 个三角形面片中，每个面片都有两个相邻格元（见图 3.22 中面片 1 的两个邻接格元 C_1 和 C_2），要按照以下情况来分配流量（Pilesjö and Hasan, 2014, p.113）。

（1）如果一个邻接格元的高程低于当前中心格元的面片，而另一个邻接格元具有较高或相等的高程，则该面片中累积的流量都将流入第 1 个邻接格元。

（2）如果两个相邻格元的高程都低于当前中心格元的面片，则该面片中累积的流量将基于坡度按比例同时分配给这两个较低的格元。

$$f_i = \frac{(\tan\beta_i)^x}{\sum_{j=1}^{2}(\tan\beta_i)^x} \quad （对于所有的 \beta > 0） \tag{3.26}$$

其中，i, j 是到较低格元（格元面片）的流向（$1,\cdots,2$），$\tan\beta_i$ 表示中心格元（面片）和方向 i 上的格元（面片）之间的斜坡梯度，x 是指数变量。

(3) 如果两个邻接格元的高程都高于或等于中心格元的面片，并且存在其他高程较低的格元，则面片中累积的流量将按比例分配给所有较低的格元。

该方法中所包含的各种计算，都是从没有流入水量的格元（山顶、山脊和 DEM 边界处格元）开始的，且估算的流向和流量累积都朝下坡移动。

Pilesjö 和 Hasan（2014）也使用了与 Zhou 和 Liu（2002；见图 3.14）相同的 4 个数学表面，将 TFM 算法与 D8（O'Callaghan and Mark, 1984）、D8-LTD（Orlandini et al., 2003）、D∞（Tarboton, 1997）、MD∞（Seibert and McGlynn, 2007）、FMFD（Freeman, 1991）、QMFD1（Quinn et al., 1991）、DEMON（Costa-Cabral and Burges, 1994）及 TFN（Zhou et al., 2011）等算法进行比较，在瑞典北部 Abisko 附近的一个泥炭地区，使用来自 LiDAR 的 1m DEM，与 D8 算法和 TFM 算法计算的 SCA 值进行比较。表 3.3 总结了所有 4 个数学表面中的 RMSE（用于比较这些算法性能的 3 个指标之一）的排名及平均排名（表 3.3 中最后一列）。结果表明：①TFM 和 TFN 算法优于其他算法；②D∞算法及 4 种多流向算法（MD∞, FMFD, QMFD1, DEMON）处于中间位置；③两个单流向算法（D8 和 D8-LTD）的性能特别差。

表 3.3 4 个数学表面（见图 3.14）上 TFM 及其他 8 种多流向算法的 RMSE 排名（RMSE 最小的流向算法排名值为 1，RMSE 最大的流向算法排名值为 9）

	椭球	反椭球	平面	鞍面	均值
D8（O'Callaghan and Mark, 1984）	8	9	9	8	8.50
D8-LTD（Orlandini et al., 2003）	9	8	6	9	8.00
D∞（Tarboton, 1997）	7	7	7	6	6.75
MD∞（Seibert and McGlynn, 2007）	6	6	7	7	6.50
QMFD1（Quinn et al., 1991）	3	5	5	4	4.25
DEMON（Costa-Cabral and Burges, 1994）	5	3	2	7	4.25

(续表)

	椭球	反椭球	平面	鞍面	均 值
FMFD（Freeman, 1991）	2	4	4	3	3.25
TFN（Zhou et al., 2011）	4	2	1	1	2.00
TFM（Pilesjö and Hasan, 2014）	1	1	3	2	1.75

来源：Pilesjö 和 Hasan（2014，表 1，p.117）。

通过视觉比较 D8 算法和 TFM 算法计算的 SCA（Pilesjö and Hasan, 2014, 图 7, p.122），可以清楚地看出 TFM 算法是如何更合理地模拟真实世界地表的流量分布的。

图 3.23 和图 3.24 分别显示了利用 MD∞（Seibert and McGlynn, 2007）算法和 TFM（Pilesjö and Hasan, 2014）算法计算的 Cottonwood Creek 流域上坡汇水面积。在这两幅地图中，谷底被清晰地标识为白色的高汇水面积格元的连线，流域内及分水岭上的山脊都以灰色标识为低汇水面积格元（类似于图 3.12 和图 3.13 中显示的 D8 和 D∞单流向算法的上坡汇水面积）。但是，这些新图已经消除了图 3.12 和图 3.13 中脊线附近观察到的大多数直线伪影及任意流向问题，验证了这两个多流向算法作者的观点。与 Gallant 和 Wilson（2000, 图 3.10, p.66）利用 MMFD2（Moore et al., 1993e；Gallant and Wilson, 1996, 2000）多流向算法生成的 Cottonwood Creek 流域上坡汇水面积图相比，图 3.23 和图 3.24 在山谷中产生的散流更少，这一结果类似于 Gallant 和 Wilson（2000, 图 3.11, p.67）利用 DEMON（Costa-Cabral and Burges, 1994）多流向算法生成的 Cottonwood Creek 流域上坡汇水面积图。图 3.12、图 3.13、图 3.23 及图 3.24 展示的上坡汇水面积图，不仅显示了不同的流向算法可能产生截然不同的结果，还显示了一些最新的算法是如何消除（伴随一些早期流向算法的）严重且持久的伪影的。

3.1.4 节将详细描述依赖这些流向算法和流量累积度量的几个区域性主要地形属性（如上坡汇水面积和 SCA），首先快速回顾一下利用上述单流向算法和多流向算法计算流宽的各种方法，因为计算 SCA 也需要这些局部主要地表参数。

3. 流宽

与流出量（w）正交的流宽是水文学的一个重要概念，也是表 3.1 中列出的 1 个主要地表参数（Gallant and Wilson, 2000；Gruber and Peckham, 2009）。流宽通常用格元宽度来描述，不同流向算法对应的流宽计算方法也不相同。

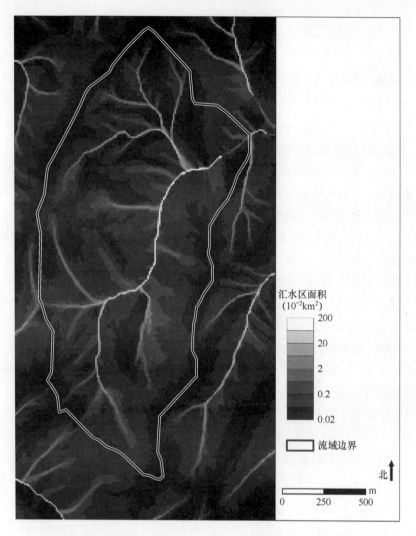

图 3.23　利用 MD∞ 多流向算法计算的蒙大拿州 Cottonwood Creek 研究点的上坡汇水面积（km²），图上叠加了流域边界

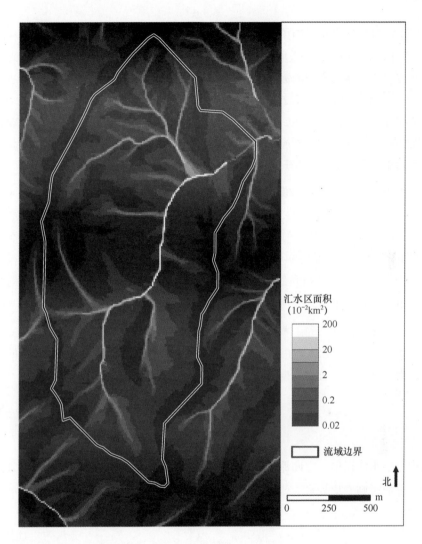

图 3.24 利用 TFM 多流向算法计算的蒙大拿州 Cottonwood Creek 研究点的上坡汇水面积（km^2），图上叠加了流域边界

对于 D8 算法和 Rho8 算法，流宽等于流入基本方向格元的宽度（h），以及流入对角线方向的格元对角线的宽度。

$$w=\begin{cases} h & i=2,4,6,8 \\ \sqrt{2}h & i=1,3,5,7 \end{cases} \quad (3.27)$$

这种方法似乎相当简单直接，但 Chirico 等（2005）建议在基本方向和对角线方向上都使用格元宽度。他们使用标准格元宽度（h）作为式（3.27）中基本方向和对角线方向的流宽，对 D8（O'Callaghan and Mark, 1984）算法和 D∞（Tarboton, 1997）算法的性能进行了比较，发现使用标准格元宽度的 D8 算法和 D∞算法在计算 SCA 时，绝对偏差、平均绝对误差及局部相对误差的幅度和模式，要比使用不同流宽（取决于流向）的版本表现更好。尽管如此，迄今为止大多数 D8 算法在实现时都使用式（3.27）中的两个流宽。

由于流量以不同的比例分配到 2 个或多个下坡格元，QMFD1（Quinn et al., 1991）和 QMFD2（Quinn et al., 1995）流向算法的流宽同样难以模拟。Quinn 等（1991，1995）利用几何结构确定出基本方向的流宽应为 $0.5h$，而对角线方向的流宽应为 $0.354h$。格元的总流宽是所有下坡格元的流宽之和，范围为 $0.354h$（流向一个对角线格元）~$3.416h$（如果中心格元是山峰，则流向 4 个基本格元和 4 个对角线格元；Gallant and Wilson, 2000）。

由 Freeman（1991）和 Quinn 等（1991）提出的多流向算法的两种变形（由 Moore 在 TAPES-G 中实现），在早期使用 D8 流宽，后来考虑到流量的分散量而做了改变。首先根据权重计算有效流向的数量，如式（3.28）所示。

$$n_{\text{flow}} = \frac{1}{\sum_{i=1}^{8} F_i^2} \tag{3.28}$$

其中，当水流在单一方向流动时 n_{flow} 取最小值 1，当水流向所有 8 个下坡方向均匀分散时则变化为最大值 8。然后用式（3.29）估算流宽。

$$w = \begin{cases} h & (n_{\text{flow}} < 3) \\ h\left[1 + 3\dfrac{n_{\text{flow}} - 3}{5}\right] & (n_{\text{flow}} \geqslant 3) \end{cases} \tag{3.29}$$

该方法不考虑流量是处于基本方向还是对角线方向，当 n_{flow} 较小时，在汇水区或平面斜坡上计算的流宽等于 h，而当 n_{flow} 在散水斜坡区域变大时，流宽将逐渐增大到 $4h$（Gallant and Wilson, 2000）。

对于那些使用单个连续流动角度估算流向的单流向算法和多流向算法，如 ADK 算法、D∞算法、DEMON 算法、Mass Flux 算法及 TFN 算法，可用式（3.30）估算流宽。

$$\omega = |\sin\varphi|\Delta x + |\cos\varphi|\Delta y \qquad (3.30)$$

其中，φ 是坡向角度，$|\cdot|$ 表示取绝对值，Δx 和 Δy 是格元在两个坐标轴方向上的尺寸，对于使用平面坐标系的大多数应用来说，这两个值通常是相等的（Gallant and Wilson, 2000；Gruber and Peckham, 2009）。

4. 总结

通过 3.1.3 节的讨论可以清楚地看出，在过去 30 年中，流向算法的数量稳步增长，流向算法和/或流宽算法的选择可能会对基于径流的主要地表参数（侧重于区域尺度上的流量累积和运行；见 3.1.4 节），以及 3.2 节中描述的几个基于径流的次生地表参数产生重要影响。接下来将描述流量累积参数，主要有以下原因：①经常使用汇水面积和/或 SCA 来比较迄今为止提出的各种流向算法和流宽算法的性能；②在描述其中几种算法时，已经引入了这一对地表参数（利用 4 种单流向算法和多流向算法计算的 Cottonwood Creek 流域上坡汇水面积的示例，见图 3.12、图 3.13、图 3.23 和图 3.24）。

▶ 3.1.4 流量累积

上坡汇水面积和 SCA 通常用于评估 2 个或多个流向算法的性能。SCA 是几个专注于流量累积的区域性地表参数之一，在这里首先描述 SCA 及其他几个类似的属性，以便让人们知道将来要使用哪些算法。

1. 上坡汇水面积和单位汇水面积

如图 3.25 所示，上坡汇水面积（A）是单位长度等高线上的区域面积，该区域有助于径流穿过等高线流动。上坡汇水面积通常也被称为排水面积或汇水面积。单位汇水面积（A_s）是汇水面积与等高线长度之比 A/l。这一对地表参数十分重要，主要由于在空间降雨率恒定、均匀的理想情况下，上坡汇水面积和单位汇水面积与流出量和单位流出量成正比（Gruber and Peckham, 2009）。

从 DEM 计算这些参数时，汇水面积由流向 1 个格元的格元数量决定，并假设等高线长度与流宽相同。这两个数值都取决于给定节点（见图 3.3 中的节点 9）的流向（s）估计，如 3.1.3 节所述。

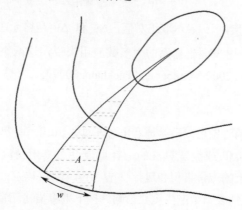

图 3.25　一条理想化流管发源于山顶，终止于山坡上的等高线。沿等高线片段的平均单位汇水面积 a 是汇水面积 A 与流宽 w 的比值

来源：Gallant 和 Hutchinson（2011，p.2）。经 John Wiley and Sons, Inc.许可转载。

2．单位汇水面积变化率

SCA 沿流径的变化率（dA_s/ds）等于流出格元的单位汇水面积减去流入格元的单位汇水面积，再除以穿过格元的流线长度（Gallant and Wilson, 2000）。该参数已应用于多种土壤侵蚀模型，其中侵蚀是坡度、剖面曲率和 dA_s/ds 的函数（Moore, 1996）。

3．流向算法选择对流量累积估计的影响

3.1.3 节中描述的单流向算法和多流向算法通常使用 SCA 进行评估。用于比较这些算法的方法可以分为两组：使用真实地形和/或使用数学曲面。主要目标是评估这些方法的优缺点，并描述采用第 3 种方法开展的两项研究，将这些流向算法预测的水流空间模式与真实世界地表上的水流观测结果进行比较。其中还重点介绍了 3 项相对较新的研究（每组 1 项）。

第 1 组研究使用真实世界地表来评估 2 个或多个流向算法及其导出的地表参数，但这难以较好地实施，因为大多数真实地表都包含复杂的地形形态组合，它们可能跨越多个尺度，并且所选流向算法导致的误差难以与 DEM 自身的误差分离，有时甚至会完全被 DEM 自身的误差遮蔽。

然而，地理信息系统凭借其强大的空间查询、分析和绘图功能，为开展此类评估提供了新的机遇。例如，Seibert 和 McGlynn（2007）提出了一系列简单但功能强大的指标，来比较两个真实地形环境中 4 种流向算法的性能。通过在一系列景观类型、DEM 分辨率和应用中的对比，结果表明 MD∞（Seibert and McGlynn, 2007）算法比 D8（O'Callaghan and Mark, 1984）、D∞（Tarboton, 1997）及 QMFD1（Quinn et al., 1991）等算法更适用。

Wilson 等（2007）将该方法向前推进一步，计算了 5 种流向算法的流向和 SCA，并比较了它们在 6 种景观类型（用模糊分类器描述）及 8 个地形—气象属性（来自加利福尼亚南部圣莫尼卡山脉的分辨率为 10m 的 DEM）中的表现。他们还使用配对 t 检验对多种算法的 SCA 格网的性能进行了对比，包括 D8（O'Callaghan and Mark, 1984）、Rho8（Fairfield and Leymarie, 1991）、D∞（Tarboton, 1997）、DEMON（Costa-Cabral and Burges, 1994）及 MMFD2（Moore et al., 1993e; Gallant and Wilson, 1996, 2000）等算法，这些格网分布在用户定义的 6 类模糊地形景观中，包括沿海平原和缓坡、中等陡峭的山谷斜坡、河道、朝北的斜坡、朝南的斜坡、山顶和山脊。得到的结果如下所示。

（1）用 D∞算法、DEMON 算法及 MMFD2 算法预测的"源"格元限于山顶和山脊线上，而用两种单流向算法（D8 算法和 Rho8 算法）预测的"源"格元，则出现了很多低海拔水流格元，它们散布的范围更大、涉及的景观类型更多，因此成为首选项。

（2）使用 D8 算法预测的河道格元数量最多，但其他算法也紧随其后。MMFD2 算法的结果与 D8 算法的结果一致，因为当超过用户指定的最大交叉分级阈值时，该算法就转换为了 D8 算法。

（3）t 检验两两比较的结果不一，但它们确实显示了各种流向算法在山坡或流域的不同部位产生了不同的流动模式（基于上坡汇水面积）。

（4）流向算法的选择对计算上坡汇水面积、输沙能力、地形湿度，以及其他一些主要地表参数和次生地表参数具有潜在的重要影响。

总而言之，该研究中所使用的方法及其结果很值得关注，因为它们显示了如何以重复的方式评估多个不同景观中不同流向算法性能的变化。

第 2 组研究使用各种数学表面的 SCA 来比较几种流向算法的性能。在之前重点介绍的一项研究中，Pilesjö 和 Hasan（2014）使用图 3.14 中 4 个数学表面比较了 D8（O'Callaghan and Mark, 1984）、D8-LTD（Orlandini et al., 2003；Orlandini and Moretti, 2009）、D∞（Tarboton, 1997）、MD∞（Seibert and McGlynn, 2007）、FMFD（Freeman, 1991）、QMFD1（Quinn et al., 1991）、DEMON（Costa-Cabral and Burges, 1994）、TFN（Zhou et al., 2011）以及 TFM（Pilesjö and Hasan, 2014）等算法的性能。针对该研究及类似研究所使用的基本方法，有评论者认为，这些用于评估的数学表面在真实世界景观中并不存在，因此其研究结果可能并不能说明这些算法在特定的景观中表现如何。

Gallant 和 Hutchinson（2011）最近提出了 SCA 的微分方程，或许能够提供避免这种争议的方法。他们描绘了 1 个或多个流管（由两条相邻斜坡线定义的一片地域，用于将径流输送到河道；Onstad and Brakensiek, 1968），并推导出一个简单的非线性微分方程，用以描述 SCA 沿水流路径的变化率。然后，他们展示了在水流路径上如何用数学方法求解该微分方程并计算 DEM 上任意点的 SCA，而无须估计上坡汇水面积（A）和流宽（w）。Gallant 和 Hutchinson（2011）认为，这种方法比传统基于方格网络的大约 20 个计算 SCA 的方法的计算密集度更高（假设在单流向算法和多流向算法的相关介绍中，都会得到上坡汇水面积和/或流宽及 SCA 的不同估计值），它的主要作用是作为评估其他类似方法性能的参考。

该方法创新性地提供了一个基准，用于评估汇水区域和分水区域复杂地形中计算要求较低的方法的性能，主要有以下原因：①它超越了常用方法，将真实世界景观与直观的预期结果进行对比；②它避免使用已知解析解的简单表面。利用对 4 种常用算法的初步评估验证了前期研究的结果：①针对山坡地形，更为复杂的算法比 D8 算法表现更好，如该例中的 MMFD2（Moore et al., 1993e；Gallant and Wilson, 1996, 2000）算法、DEMON（Costa-Cabral and Burges, 1994）算法及 D∞（Tarboton, 1997）算法；②整体来看，D∞算法在 4 种算法中估算 SCA 的准确性最高；③由于低估了流宽，所有这 4 种方法都高估了山脊和山顶的 SCA。

第 3 组的少数研究利用这些流向算法预测的水流路径，与真实地表的陆面径流观测结果进行比较。Endreny 和 Wood（2003）的研究可能是首个此类研究，他们计算了美国新泽西两个小块区域的一系列地形属性，并将实地观测到的地表水流路径与 5 种流向算法的预测结果进行了空间一致性比较。他们在现场绘制观察到的水流路径，然后映射到 DEM 格网上，并与计算得到的水流路径进行对比。结果显示，用 D8（O'Callaghan and Mark, 1984）算法（将流量限制到一个邻近格元）和 FMFD（Freeman, 1991）算法（将流量引导到所有高程较低的邻近格元）产生的一致性评级最低；ADK（Lea, 1992）算法和 D∞（Tarboton, 1997）算法（将流量引导到 1~2 个下坡邻近格元）产生的一致性评级最高。然而，D8 算法的修改版（利用缓冲器将流量引导到与缓冲区重叠的邻接格元）和 FMFD 算法（将流量限制到 3 个或 5 个下坡格元）产生的一致性评级可与更加复杂的 ADK 算法和 D∞算法相媲美。

Moretti 和 Orlandini（2008）展示了如何利用骨架构建技术从等高线高程数据中自动划分流域，随后他们使用了详细的等高线和流线网络，来比较几种基于方格网络的水流路径方法的性能（Orlandini and Moretti, 2009）。

幸运的是，新的遥感系统的快速发展和应用将为未来的详细评估提供新的支持，如 Endreny 和 Wood（2003）及 Orlandini 和 Moretti（2009）的评估工作。例如，Orlandini 等（2012）对 6 种单流向算法和多流向算法进行了评估，将其与陆面径流散布新的野外观测结果进行了对比。当在 3 个较暖的斜坡上的选定点释放冷水流时，他们利用地面激光扫描仪和热成像相机观测了单独的陆面流模式，并收集了现场数据。利用来自干燥地表的激光回波（分别为 26 个点/cm^2、28 个点/cm^2 和 21 个点/cm^2）确定地表，并用激光回波和红外辐射（来自该实验选择的 3 个自然斜坡湿润区域）确定陆面流模式。

有 3 对流向算法——单流向、非散布的 D8（O'Callaghan and Mark, 1984）算法和 D8-LTD（Orlandini et al., 2003；Orlandini and Moretti, 2009）算法；单流向、中等散布的 D∞（Tarboton, 1997）算法和 D∞-LTD（Orlandini et al., 2003；Orlandini and Moretti, 2009）算法（这对混合流向算法计算单个流向，但在某些情况下保留了在两个相邻格元之间分流的能力）；多流向、全散布的 FMFD（Freeman, 1991）算法和 QMFD1（Quinn et al., 1991）算法——被用于一系列特别构建的格网 DEM 中，其分辨率（h）分别为 1cm、2cm、5cm、10cm、20cm、50cm、100cm 和 200cm，以评估这些算法重现用上述技术观测到的陆面流模式的能力。

Orlandini 等（2012）还证实了观察到的陆面流模式没有受到渗透的显著影响（渗透率比 3 个斜坡的地表流速小至少两个数量级），并引入了两个新术语来辅助评估。

（1）术语"灵敏度"：用于表示该方法预测观察区域流量的能力（因此不允许假阴性）。

（2）术语"特异性"：用于表示该方法不能预测未观察区域内流量的能力（因此不允许假阳性）。

此外，Orlandini 等（2012）还得出了一些结论，并描述了所需的若干假设和变通方法，总结如下。

他们的发现既新颖又有指导意义。第一，在 3 个研究斜坡上观测到陆面径流散布在点源的下坡处发挥了重要作用，但其会随着流量在 3 个斜坡上的下坡传播而快速衰减。第二，6 种流向算法中没有一种方法能够以一致的灵敏度和特异性再现观测到的陆面流模式，而且它们的性能会随着格元尺寸 h 的变化发生显著变化。例如，所有 6 种算法在较高分辨率格网（$h \leqslant 2cm$）中的灵敏度都较差，而在较低分辨率格网中的特异性都较差（$h \geqslant 2m$）。在分辨率接近平均流宽（约 50cm）的格网中取得了令人满意的结果，QMFD1 方法在较高分辨率格网（$5 \leqslant h \leqslant 20cm$）中表现最好，MD∞算法、D∞算法及 D∞-LTD 算法在较低分辨率格网（$20cm < h \leqslant 1m$）中表现最好。但是，Orlandini 等（2012）也表示，单流向、非散布算法（D8 算法和 D8-LTD 算法）及混合流向或单流向、中等分散算法（D∞-LTD 算法和 D∞算法）会随格网方向（Grid Orientation）发生很大变化，有时甚至会提供不准确的解决方案。单流向算法中的一些类似算法也存在这类问题，而且在该研究中，当 DEM 分辨率接近或超过平均流宽（$h \geqslant 50cm$）时，它们的大小会随分辨率的降低而减小。

最后一项研究结果证实了一些已知的结论，最值得注意的是特定景观和/或应用最终选择的流向算法会是一种折中方案。单流向算法不能表示散布流，但也因此不存在过度散布的问题（可用流量散布在过多格元或过大区域上）；多流向算法能够表示散布流，但通常会受到过度散布的影响。处理模糊流向（如沿着山脊线或鞍部，以及穿过平原或谷底）的各种方法，以及从其他来源获取的 DEM 勾画的流线与排水线的协调方法，都可能会影响到流经大面积地表的流量分配结果。

接下来将介绍最后两组局部主要地表参数，它们忽略了表面地形的水文连通性，而重点关注格元或点与周围景观的关系。第 1 组参数重点关注由 Gallant 和 Wilson（2000, pp.73～77）首次提出的高程残差，第 2 组参数则侧重由 Olaya（2009, pp.157～163）提出的统计参数。

▶ 3.1.5　高程残差

这组地表参数用于表征 1 个点与周围景观的关系（见表 3.1），包含 7 个参数：平均高程、平均高程差、高程标准差、高程变幅、高程偏差、局部高程百分位、局部高程百分比。计算这些地表参数的关键问题是选择合适的分析窗口。由于这些参数可以在不同尺寸的扇形、圆形或方形邻域中计算，因此窗口的形状和/或大小是可以变化的。Gallant 和 Wilson（2000）认为窗口大小应与研究过程的长度尺度（Length Scale）相匹配，并且其在多数情况下是指斜坡长度。

当需要平滑的 DEM 时，局部邻域的平均高程很有用，并且它还可作为参照用来与局部邻域中心点高程做比较。

$$\bar{z} = \frac{1}{N_c} \sum_{i \in C} z_i \tag{3.31}$$

其中，C 表示研究点周围局部邻域中的一组格元，而 N_c 表示该局部邻域中格元的数量。

平均高程差是指局部邻域中心的高程与该窗口平均高程之差，表示中心点相对地形位置。

$$\text{Diff} = z_0 - \bar{z} \tag{3.32}$$

该参数的范围取决于为分析而选择的局部邻域窗口的高程范围。

高程标准差（Standard Deviation, SD）表示局部邻域内的高程变化。在由局部邻域的大小和形状所确定的尺度下，它能有效衡量局部地形起伏。

$$\text{SD} = \sqrt{\frac{1}{N_c - 1} \sum_{i \in C} (z_i - \bar{z})^2} \tag{3.33}$$

高程标准差是测量局部地形起伏（假设选择的窗口大小与坡长相似）或窗口半径确定尺度下的地形粗糙度（只要选择 1 个更大的窗口大小，并在山区地形和/或大陆尺度的应用中考虑相对于回归平面的高程差异）的 1 种有效度量。

高程变幅可衡量局部邻域内全部高程的范围。

$$\text{Range} = \max_{i \in C} z_i - \min_{i \in C} z_i \tag{3.34}$$

该参数类似于高程标准差，因为它也能够度量局部地形起伏，但其缺点是当单个高点和低点进入和离开分析窗口时，有时它会发生突变（Gallant and Wilson, 2000）。

高程偏差等于当前位置高程与平均高程的差值，再除以标准差。

$$\text{Dev} = \frac{z_0 - \bar{z}}{\text{SD}} \tag{3.35}$$

该参数值的取值范围大多为-1～+1，把相对地形位置度量为局部地形起伏度的一部分，因此被归一化为局部地表粗糙度。Lindsay、Cockburn 和 Russell（2015）使用该地表参数来说明如何使用积分图像法（Integral Image Approach）来执行多尺度地形分析（见 6.3 节）。

局部高程百分位是局部邻域中心点相对于分析窗口中所有点的排序。通过简单计算低于中心点的点数来度量。

$$\text{PCTL} = \frac{100}{N_c} \text{count}_{i \in C} (z_i - z_0) \tag{3.36}$$

高程百分位的范围是 0～100，0 表示中心点在分析窗口中的高程最低，100 表示它的高程最高，50 表示分析窗口中半数的点的高程比它低。高程百分位与高程偏差类似，但其直观而明确的范围使其应用简单而鲁棒，在解释植被覆盖空间格局的研究中，有时将其作为局部地形位置的指标（Mackey et al., 2000）。

该组中第 7 个参数是局部高程百分比，它以高程范围的百分比来衡量高程。

$$\text{PCTG} = 100 \frac{z_i - z_{\min}}{z_{\max} - z_{\min}} \tag{3.37}$$

类似于高程百分位，该参数的范围也是 0～100，但它对地表形状并不敏感，因为它没有考虑分析窗口内高程值的分布。此外，当单个高点或低点进入或离开分析窗口时，它也会出现与高程变幅相同的问题。

图 3.26、图 3.27 和图 3.28 显示了蒙大拿州 Cottonwood Creek 研究点的平均高程差 [见式 (3.32)]、局部高程百分比 [见式 (3.36)] 及高程标准差 [见式 (3.33)] 之间的差异。

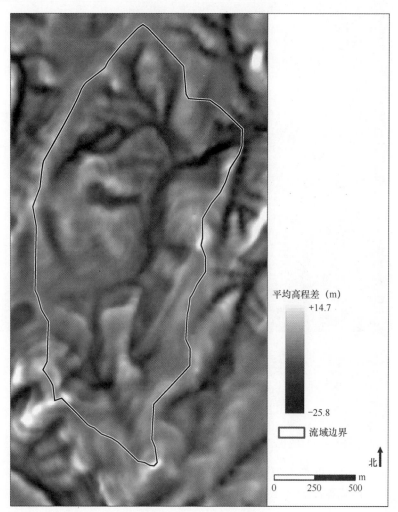

图 3.26　使用 15×15 格元的移动窗口计算得到的蒙大拿州 Cottonwood Creek 研究点的平均高程差，图上叠加了流域边界

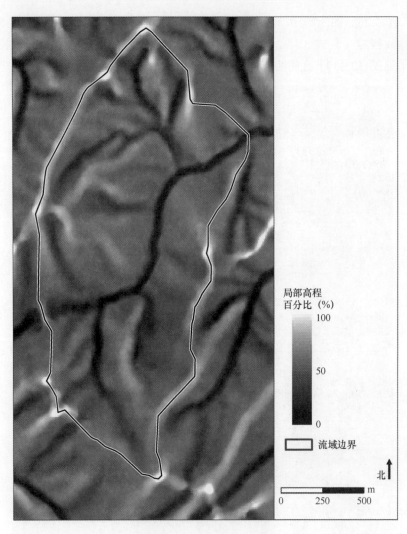

图 3.27 使用 15×15 格元的移动窗口计算得到的蒙大拿州 Cottonwood Creek 研究点的局部高程百分比，图上叠加了流域边界

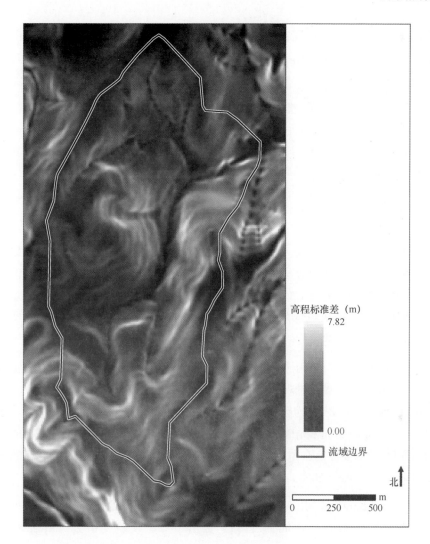

图 3.28 使用 15×15 格元的移动窗口计算得到的蒙大拿州 Cottonwood Creek 研究点的高程标准差，图上叠加了流域边界

图 3.26 中的平均高程差展示了山峰、山脊和山谷的总体结构。明亮或灰暗表示高程的高低程度，在流域边界附近有几座并未太突出于周围景观的低山顶，主河道的深切山谷沿东北方向朝流域出口延伸。

图 3.27 中的局部高程百分比展示了流域的结构（类似于图 3.26），但描述了不同的特征，因为它以排序而非高程差异（起伏度）为基础。该图清晰

地描绘了山脊和山谷，同时还显示了将流域划分为一系列子区域的几个山峰和山脊，这几个山峰和山脊根据景观位置和地表朝向或坡向将水流引导到不同的方向上。

图 3.28 中的高程标准差展示了整个流域内的局部地形起伏。山谷底部和流域边界附近的区域属于低起伏度区域，主河道东侧的陡峭山坡及大山的北部和南部则属于高起伏度区域，这座山将流域中心主河道以西的区域划分为朝南和朝北的斜坡。

▶ 3.1.6 统计参数

Olaya（2009, pp.157～163）描述了两大类地表统计参数。第 1 组参数依赖一系列不同大小的矩形、圆形和扇形邻域内的平均高程、高程标准差及偏度系数和峰度系数，与 3.1.5 节中 Gallant 和 Wilson（2000）提出的高程残差有一些相似之处。第 2 组包含了专为 DEM 分析而创建的地表参数。其中一些参数提供了度量地表粗糙度的方法，旨在描述地形起伏或复杂的程度。

在 3.1.5 节中，使用圆形窗口的高程标准差或高程变异系数，来分析窗口半径确定的尺度，度量景观的局部地形起伏度或粗糙度。高程标准差的值较高说明该窗口中的地表较为粗糙，较低则说明地表较为平滑（Olaya, 2009）。然而，这并不是一个非常精确的方法（它会随分析窗口的大小和格网分辨率的不同而变化），需要注意在山地地形和/或大陆尺度的应用中可能出现的任何趋势（Gallant and Wilson, 2000）。

Olaya（2009）还列出了一些其他的度量指标，可以代替高程标准差来度量地表粗糙度。例如，Melton（1965）提出了一个粗糙度指数（Ruggedness Index）。

$$\text{RUGN} = \frac{\text{Range}}{\sqrt{a}} \tag{3.38}$$

其中，Range 是最高高程与最低高程之差，a 是分析区域的面积。另外，Hobson（1972）提出了一种矢量方法来定义地表粗糙度（Surface Roughness Factor, SRF）。

$$\mathrm{SRF} = \frac{\sqrt{\left(\sum_{i=1}^{n} X_i\right)^2 + \left(\sum_{i=1}^{n} Y_i\right)^2 + \left(\sum_{i=1}^{n} Z_i\right)^2}}{n} \tag{3.39}$$

其中，n 是样本大小（分析窗口中的格元数量），X_i、Y_i 和 Z_i 是分析窗口中每个格元单位向量垂直于地表的分量，它们可用式（3.40）、式（3.41）和式（3.42）从坡度和坡向计算得到。

$$X_i = \sin s \cdot \cos a \tag{3.40}$$

$$Y_i = \sin s \cdot \sin a \tag{3.41}$$

$$Z_i = \cos s \tag{3.42}$$

Riley、DeGloria 和 Elliot（1999）随后提出了一种地形粗糙度指数表示 DEM 中相邻格元之间的高程变化量。该方法计算中心格元与周围紧邻 8 个格元之间的高程差，将这些值进行平方运算并对平方值取均值，然后对该均值取平方根，用以表示格网点及其 8 个邻接格元的平均高程变化。

这 3 个指数可能存在的一个问题是，它们提供了有关 DEM 自身的信息，而且 DEM 在表示真实地表时的准确性可能会随地形复杂度（粗糙度）的变化而变化。Olaya（2009）还描述了另一个地表粗糙度指数（Surface Roughness Index, SRI），它可以通过对 LiDAR 点云和其他密集型高程数据集进行统计分析得到，并作为拟合块金变量（Fitted Nugget Variation）与局部方差的比率。

$$\mathrm{SRI} = \frac{C_0}{\sigma_{\mathrm{NB}}^2}\% \tag{3.43}$$

其中，C_0 是局部拟合的块金参数，σ_{NB}^2 是预设邻域中的局部方差。块金参数需要使用健壮的变异函数拟合方法进行估算，SRI 值为 0% 表示地表是完全光滑的。

Olaya（2009）提出各向异性指数，详细地描述了如何在各个方向上重复进行变异函数分析，以便获取如下结果：①描述地表局部各向同性程度的各向异性指数（Anisotropy Index, ANI）；②可以使用 4 个方向上的一阶导数之差导出各向异性变异系数（ANI 的简化版）；③如何将分形维数用作地形复杂度的指标。

Olaya（2009, pp.162～163）提供的最后一个例子展示了如何将 DEM 转换为离散层,以及如何分析每个类别(用于定义 1 个或多个多边形)的形状和结构,并将分析结果用于导出新的地表参数。例如,Hengl 等(2003)使用最初用于描述多边形的形状复杂度指数(Shape Complexity Index, SCI),在 DEM 上划分高程类型来度量地形特征的紧凑程度(如椭圆形)。SCI 是使用周长—边界比(Perimeter-to-Boundary Ratio)得出的。

$$\text{SCI} = \frac{P}{2\pi r}, \quad r = \sqrt{\frac{A}{\pi}} \quad (3.44)$$

其中,P 是多边形的周长,A 是多边形的面积,r 表示具有相同面积的圆的半径。给定 SCI 与一些地貌对象(见第 4 章)之间的直接联系及相关知识(凹坑和山峰的形状通常更接近椭圆形,山谷和山脊的形状更接近直线),这个特殊的地表参数显示了 Evans(1972)和 Pike 等(2009)提到的地形建模的一般形式和特殊形式(见图 3.29)是如何彼此连接的。

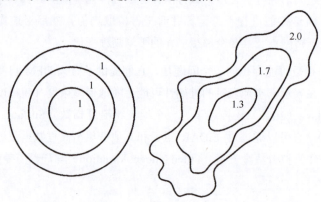

图 3.29　完美椭圆形状(左)与不同复杂程度(右)的形状复杂度指数值的对比

来源:Olaya(2009, p.163)。经 Elsevier 许可复制。

▶ 3.1.7　上坡参数

除了关注流量累积的参数之外,3.1.4 节中还提到了许多地表上坡参数。

第 1 个参数是最大上坡流径长度,它记录了从标记流域分界线的山峰或山脊到选定格元的最长的水流路径(见表 3.1)。还有最小上坡流径长度和平均上坡流径长度,最小上坡流径长度记录了从标记流域分界线的山峰或山脊到选定格元的最短的水流路径，平均上坡流径长度则记录了从流域边界的山峰或山脊到选定格元的所有水流路径的平均长度（见表 3.1）。根据选择的流向算法及其模拟地表径流的能力不同，计算出的地表参数值在幅度和/或精度上可能有所不同。例如，流行的 D8（O'Callaghan and Mark, 1984）算法，使用格元宽度 h 作为基本方向（见图 3.3 中 i=2, 4, 6, 8）的流宽，使用 $\sqrt{2}\,h$ 作为对角线方向（见图 3.3 中 i=1, 3, 5, 7）的流宽，来计算穿过格元的累积流动距离。但这样仍会失败，因为用这种方法计算的流径被限定在 4 个基本方向和 4 个对角线方向上，得到的结果可能具有锯齿形外观（Gallant and Wilson, 2000）。

还有其他几个局部参数（上坡邻接格元数、汇流邻接格元数）和区域上坡参数（目标格元相对于山峰和/或分水岭的高程、上坡平均坡度和上坡平均曲率），它们能避免大多数（而非全部）的此类问题（见表 3.1）。上面列出的区域参数有助于描述与地面物质累积和扩散相关的过程（如土壤发育），对于这些过程而言，场地中上坡汇水区域的景观平均特征可能比场地自身的地形属性更重要（Wilson and Gallant, 2000）。例如，McKenzie 等（2000）强调了几项研究，其中场地的平均坡度和平均曲率被证明是与场地物质分类和输送过程相关的有用指标，Bell 等（2000）在明尼苏达州北部雪松溪（Cedar Creek）自然历史区的土壤—地形模型中，利用每个格元的高程来估算土壤有机碳的空间格局。

最后，还有一些历史悠久的地势曲线（Hypsometric Curves）或面积—高度函数（Strahler, 1952；Pike and Wilson, 1971；Howard, 1990），对流域和上坡汇水区域的形态特征特别有用（Luo, 2000；Olaya and Conrad, 2009）。宽度（Kirby, 1976；Gupta, Waymire and Wang, 1980；Troutman and Karlinger, 1984）和面积—距离函数及累积面积函数（Rigon et al., 1993；Peckham, 1995）可以修改并用于测量多个目标格元的等效值，其中面积—距离函数用于度量从出口处至用户指定距离处的流域分量，而累积面积函数则用于度量汇水面积大于用户指定值的流域分量。第 6 章中描述的 RiverTools™ 软件套件可以从 DEM 中提取上述及相关参数（Peckham, 2009）。

▶ 3.1.8 下坡参数

在其他一些应用中，往往更加关注格元的下坡而非上坡的景观形状（Gallant and Wilson, 2000）。表 3.1 列出了 3 个局部及 5 个区域地表参数，这些参数或多或少地反映了用于描述上坡地区景观的参数。单位散水面积表示水流可排入其中的区域面积，是单位长度的等高线向下延伸到河道和/或洼地（可以排水）的下坡面积。例如，Speight（1980）描述了土壤—水含量如何受景观中单位散水面积及单位汇水面积的影响。这些地表参数及表 3.1 中列出的下坡流径长度参数，也可用在强调水流接近度的地方。例如，这些地表参数可用于评估草地水道、缓冲带和其他最佳管理措施的效果，这些实践旨在减轻由沉积物和汇入污染物造成的非点源污染。

▶ 3.1.9 可视性与视觉暴露

第 9 组区域主要地表参数专注于可视性。可视性相对简单，最基本的形式是从选定点到其他点之间画一条直线，检查是否有起伏（地貌）位于直线上方而阻断视线，从而计算从单个点位能够看到哪些点，或反之，从哪些点位能够看到单个点。结果就是一个简单的布尔栅格，以显示可见和不可见的格元。Fisher（1991, 1992, 1993, 1995, 1996）撰写了一系列有关可视域分析的里程碑论文，描述了其基本方法、可支持的应用类型及必须避免的一些缺陷。有多种方法可以扩展可视域分析，例如，可以在执行可视域分析之前添加观察者的高度或再添加上一些结构（如建筑物或塔楼）的高度，也可以对代表道路或野生动物走廊的一系列点进行此类分析，以估算从哪些点能够看到这些点，或从这些特征点中可以看到的哪些点。在上述所有情况中，可视域可能是一个连续多边形（如流域或分水岭），因为它可能恰好由视域中多个不相交的位置（格元）组成（Olaya, 2009）。

此外，还有另外两个与可视性相关的地表参数。第 1 个是可视性指数，又称为视觉暴露（Visual Exposure），表示从每个格元中可以看到的格元数量，或格元所属的不同可视域的数量（见表 3.1）。该参数可以通过简单地计算整个 DEM 的可视性得到（Olaya, 2009）。

第 2 个与可视性相关的地表参数是开放度指数（Openness Index），它表示景观在其局部暴露位置上的视觉优势或封闭性（Yokoyama, Shirasawa and Pike, 2002）。开放度是地表起伏和水平距离之间关系的角度度量，它包含地形视线或视域，并且是沿 8 个方位角从多个天顶角和天底角计算得到的。开放度指数提供了两种观察者视角：①正值，表示地表以上的开放度，凸形形态的相应值较高；②负值，表示地表以下的开放度，在凹形形态该值较高（Yokoyama et al.，2002）。读者可以查看 Baranja Hill 案例研究的开放度地图，Hengl 和 Reuter（2009）编辑的地貌测量书中用它来说明关键的概念和应用，以及用于计算 Wood（2009b）中 LandSerf 开放度的脚本。

还有其他几种与气候有关的暴露参数，它们都使用了本章前面所述的 2 个或多个主要地表参数。在 3.2 节将描述 15 种最常用的次生地表参数。

3.2 次生地表参数

在某些情况下，可利用 2 个或多个前述的主要地表参数及附加输入，从 DEM 中导出次生地表参数。其中许多次生地表参数的起源，可以追溯到 25~30 年前由 Moore I.D.等撰写的一系列开创性论文（Moore and Burch，1986a，1986b，1986c；Moore et al.，1988a，1988b，1991，1993a，1993d，1993e）。在过去，这些次生地表参数已经广泛地应用于水文、地貌和生态应用中。

次生地表参数的日益普及，在某些方面来讲是可以理解的。20 世纪的大多数环境研究都是在图 1.1 所示的全球和纳米或微观尺度上开展的。中尺度和地形尺度较少受到关注，但这些尺度也很重要，因为许多环境问题的解决方案，如土壤侵蚀加速和非点源污染，都需要在这些景观尺度上改变管理策略（Wilson et al.，2000）。

地质基质对土壤化学的影响（Likens et al.，1977），以及主要天气系统和高程相关递减率对长期平均月气候的影响（Hutchinson，1995），都体现了在中尺度上运行的各种控制因素。地表形态对流域水文的影响，以及坡度、坡向和地形遮蔽对日照的影响，都是地形尺度上最重要的控制因素。大量研究展示了地表形状是如何影响水、沉积物和其他物质的横向迁移和累积（Moore I.D. et al.，1991）的。这些变量可能又反过来影响土壤发育（Kreznor et al.，1989），并对光合作用所需的光、热、水及矿物质的时空分布产生强烈影响（Franklin，1995；Mackey，1996）。

表 3.4 列出了 15 种最常用的次生地表参数。这些参数在表中被分为两组，一组是量化水流与土壤再分布的参数，另一组是量化地表运行的能量和热状态的参数。接下来的讨论也将按这个分组展开，并给出参数描述以供参考。在这些次生地表参数中，其中一些可通过各类软件平台来计算，而其他参数只能通过专业软件包（见第 6 章）来计算。几乎所有这些次生地表参数都旨在以某种方式描述区域性的相互作用（见图 3.1）。

表 3.4　次生地表参数及其重要性列表

地表参数	类型	描述
组1：水流与土壤再分布		
地形湿度指数	区域	该指数假定稳态条件，描述径流产生的饱和区（可变源区）的空间分布和范围，并将其作为上坡汇水面积、土壤渗透率和坡度的函数（Beven and Kirkby, 1979）
地形湿度指数（变形）	区域	地形湿度指数的这种变形也假定稳态条件，描述径流产生的饱和区（可变源区）的空间分布和范围，并将其作为上坡汇水面积和坡度的函数（O'Loughlin, 1986；Moore I.D. et al., 1991）
网络指数	区域	该指数包含一个简单的网络修正，即当上面列出的两个稳态地形湿度指数中有一个表明沿流径长度连续饱和到路径变为流的点时，饱和区域才会对径流有贡献（Lane et al., 2004）
准动态地形湿度指数	区域	该指数使用有效上坡汇水面积替代了稳态地形湿度指数中使用的上坡汇水面积，克服了前两个版本中该指数使用的稳态假设的局限性（Barling, 1992；Barling et al., 1994）
坡度自适应地形湿度指数	区域	该指数假定稳态条件，描述径流产生的饱和区（可变源区）的空间分布和范围，并作为用户指定下坡距离内的上坡汇水面积和坡度的函数（Hierdt et al., 2004）
修正地形湿度指数	区域	该指数假定为稳态条件，描述径流产生的饱和区（可变源区）的空间分布和范围，并作为上坡汇水面积、坡度、土壤饱和水力传导性，以及土壤可蚀性因子的函数（Yi et al., 2017）
综合水分指数	区域	该指数提供土壤水分的相对度量，作为山体阴影、流量累积、曲率和总持水能力的函数（Iverson et al., 1997）
多分辨率谷底平坦度指数	区域	该指数使用多分辨率计算的坡度和高程百分位，根据谷底的地形特征将谷底描绘为平坦的低洼地区（Gallant and Dowling, 2003）
水流强度指数	区域	该指数以流量和单位汇水面积成比例的假设为基础，测定水流的侵蚀力（Moore I.D. et al., 1991）
输沙指数	区域	该指数根据单位水流强度理论，度量侵蚀和沉积的空间形态（Moore I.D. et al., 1991）

（续表）

地表参数	类型	描述
质量输运与沉积指数	区域	该指数度量通过单个格元的沉积物，作为从其上坡邻接格元接收的流量加上自身汇水量（源项）并减去本格元中沉积物的函数（Gruber, 2007）
组2：能量与热状态		
场地暴露指数	区域	该指数度量从最冷到最暖所有位置的相对暴露程度，并作为坡度和坡向的函数（Balice et al., 2000）
热负荷指数	区域	该指数度量从最冷到最暖所有位置的相对热负荷范围，并作为坡度、坡向和纬度的函数
地形辐射指数	区域	该指数（以其最完整的形式）估算特定格元的净辐射，并作为地表反射率、地表辐射率、直接反射、漫反射、反射短波辐射，以及入射长波辐射和出射长波辐射的函数（Moore et al., 1993d；Wilson and Gallant, 2000c）
地形温度指数	区域	该指数估算特定格网点的温度，作为参考测站的平均最低气温、平均最高气温、地表温度、最小温度递减率、最大温度递减率、平均温度递减率、土地覆盖率及高程的函数（Moore et al., 1993d；Wilson and Gallant, 2000c）

▶ 3.2.1　水流与土壤湿度再分布

水的运动主要由重力驱动，并因其流经物质的性质不同而发生某种程度的变化（Gruber and Peckham, 2009）。使用DEM可以很好地模拟重力的影响，但地表及地下的性质和条件却难以描述和处理。不断改进的区域数据集和国家数据集，描述了所选土壤和地表特征的空间变异性，如国家土地覆盖数据库（National Land Cover Database, NLCD；Homer et al., 2015）和USDA-NRCS土壤调查地理数据库（Soil Survey Geographic Database, SSURGO；US Department of Agriculture, Natural Resources Conservation Service, 2016），但是它们的分辨率比现代DEM的分辨率低得多，也很少包含特定应用所需的各种属性。

因此，典型方法依赖一系列土壤转换函数或土壤参数估算方程（Rawls, 1983；Abdulla and Lettenmier, 1997；Seybold, Grossman and Reinsch, 2005；Saxton and Rawls, 2006；Hollis, Hannam and Bellamy, 2012），而这将会在地形建模工作流程中引入一些额外的误差和/或不确定性（Band, 1993；Zhu and Mackay 2001；Quinn, Zhu and Butt, 2005）。在过去20年中，人们采用各种方

法来提高这些土壤转换函数的性能，包括将土壤数据（如土质、土壤有机碳）与环境数据（如坡度百分比、年平均降雨量和植被指数）相结合的一些方法（Leij et al., 2004; Romano and Chirico, 2004; Sharma, Mohanty and Zhu, 2006; Iana and Mohanty, 2011; Akpa et al., 2016）。这些方法取得了一些效果，特别是在用于预测土壤性质和地形相对均匀的小区域土壤性质时。

鉴于此，研究者认为基于 DEM 的参数在重力相对重要性最大的地方（如水源地和陡坡）会表现更好。所以，接下来将分别描述表 3.4 中侧重于水流与土壤再分布的 11 个次生地表参数，首先介绍多种形式的地形湿度指数。

1. 地形湿度指数

地形湿度指数（Topographic Wetness Index, TWI）是最常用的次生地表参数，不同于流域边界及本章和第 4 章中描述的其他一些参数，该地表参数可用单流向算法或多流向算法计算得到。接下来将讨论选择 3.1.3 节描述的流向算法的一些影响，以及为表征地形湿度而提出的较常用的变形。

第 1 个 TWI 由 Beven 和 Kirkby（1979）提出，用以描述半分布式水文模型 TOPMODEL 中地形对径流饱和源区的位置和大小的影响。

$$W_T = \ln\left(\frac{A_s}{T\tan\beta}\right) \tag{3.45}$$

其中，A_s 是单位汇水面积（m²m⁻¹），T 是土壤剖面饱和时的土壤渗透率，β 是坡度的角度值。TOPMODEL 水文模型将降雨分为 3 个部分：非饱和区补给、陆面径流（Q_o）和饱和区径流（Q_b），并对这 3 个部分分别进行处理。如果土壤没有饱和，降水将被导向非饱和区进行储存。然而，当土壤饱和时将不会再有补充，降水将以陆面径流的形式进入河网，并具有适当的延迟效应。最后，可基于两个重要假设估算饱和区内的径流，即：①饱和区的径流在空间上是均匀的；②饱和区内的水力坡度可以通过局部地形的坡度 $\tan\beta$ 来近似。这 3 个部分的水流分配及转移是由一个集中核算系统来处理的，其中局部饱和度是由利用式（3.45）计算得到的 TWI 控制的。标准 TOPMODEL 水文模型中的土壤渗透率函数和上述的 TWI 是水量平衡差的指数函数，该水量平衡差的状态由"土壤参数"m（在每个流带内是恒定的）和饱和区（当土壤饱和时平衡差为零）的土壤渗透率 T_o 决定（Lane et al., 2004）。

在过去几年里提出并使用了多种该原始指数的变形。例如，下列形式的 TWI 也被广泛用于描述地形对径流饱和区的位置和大小的影响。

$$W = \ln\left(\frac{A_s}{\tan\beta}\right) \tag{3.46}$$

其中，A_s 和 β 的含义与式（3.45）相同（O'Loughlin, 1986; Moore I.D. et al., 1991）。该变形比原始 TWI 公式少了一项参数，主要由于整个流域或目标区内的土壤渗透率是恒定且相等的。Wood、Sivapalan 和 Beven（1990）的研究表明，地形分量的变化通常远大于土壤渗透率分量的局部变化，在许多景观中都可以使用式（3.46）代替式（3.45）。

利用式（3.45）和式（3.46）得到的结果较为相似，因为两者都能预测 SCA 较大（通常是景观中的汇水区）、坡度较小（通常是斜坡底部、梯度减少的区域）及式（3.45）中土壤渗透率较低（通常是不透水的地质和/或浅层土壤区域）的饱和区。它们可以描述饱和亏缺或土壤湿度的空间分布，因为用这两个方程得出的水量平衡差的集合预测，可以把饱和亏缺映射为零或负值、可能会产生坡面流的位置分布图上（Western et al., 1999; Lane et al., 2004）。

前两个 TWI 有时也称为复合地形指数（Compound Topographic Index, CTI）或地形指数（Topographic Index, TI），早期被用于 TOPMODEL 水文模型和其他类型的环境评估中。TOPMODEL（Beven and Kirkby, 1979）水文模型普及得很快，因为它能够用于描述径流产生的饱和区和可变源区的空间分布和范围。这两个稳态地形指数也很快被人们接受，并在 TOPMODEL 水文模型之外用于表征饱和区，因为在排水路径沿线和水流汇聚区经常会有这类区域（Burt and Butcher, 1985; Jones, 1986; O'Loughlin, 1986; Moore et al., 1988a）。其中一些早期的应用进一步开辟了新的领域：Sivapalan 等（1987）使用 TWI 来表征水文相似性；Phillips（1990）用 TWI 来划定沿海流域的湿地；Moore 等（1993a）利用坡度和地形湿度来表征美国科罗拉多州土壤性质的空间变异性；Montgomery 和 Dietrich（1994）使用半分布式 TOPOG（O'Loughlin, 1986）水文模型来预测土壤饱和度，以表征由等高线和流管边界交叉点定义地形要素的稳态降水。最后，在美国加利福尼亚州、俄勒冈和华盛顿 3 个研究区，针对空间厚度和饱和导水率均匀的无黏性土壤，用相对饱和度分析了每个地形要素的稳定性。

然而，在使用此类稳态指数来预测动态现象（如土壤含水量等）的分布时必须要谨慎，因为表面饱和度是一个受滞后效应影响的阈值过程，并依赖前面提到的推导 TWI 时做出的两个隐式假设。最值得注意的是，这里有两个假设条件：一是测压水头梯度（它决定了地下水流方向）与地表平行，二是应用稳态条件（Moore et al.，1993e）。因此，一些研究者很快指出了以不恰当的方式使用这些指数的潜在缺陷：Jones（1986，1987）记录了使用 TWI 描述土壤含水与排水空间模式的优缺点；Moore 等（1993c）、Wolock 和 Price（1994），以及 Zhang 和 Montgomery（1994）研究了格网分辨率对 TWI 和/或 TOPMODEL 水文模型预测结果的影响；Wolock 和 McCabe（1995）研究了水流路径算法的选择对 TOPMODEL 水文模型中地形参数计算的影响。Quinn 等（1995）指出了一些同样的问题，描述了利用 D8（O'Callaghan and Mark，1984）单流向算法或 QMFD2（Quinn et al.，1995）多流向算法如何有效地计算和使用稳态 TWI，并将其纳入 TOPMODEL 水文模型框架。最近，Schröter 等（2015）使用地形数据和稀疏时域反射计（Time-Domain Reflectometry，TDR）数据，利用模糊 C—均值聚类法（Fuzzy C-Means clustering，FCM）来估计土壤水分模式。结果显示，在相对潮湿的条件下，FCM 采样方法和 FCM 估算方法能够再现大部分土壤水分模式，但湿态和干态之间的过渡是以土壤水分模式的完全重组为标志的。所有这些研究都指出了使用静态指数来描述土壤含水量等动态现象所面临的挑战。

综上所述，坡度和流向算法数量的快速增长，以及从分辨率范围为 30～100m 的 DEM（代表 TOPMODEL 水文模型首次提出时的最新技术）转变到覆盖世界大部分地区的基于 LiDAR 的分辨率范围为 1～3m 的 DEM，都带来了新的挑战。接下来将描述格网分辨率、坡度和流向算法的选择可能产生的影响，然后再讨论关于如何扩展或修改用于计算 TWI 的各种输入的一系列建议。

随着时间的推移，精确、高分辨率的高程数据集可用性的提高可能使问题更加复杂，因为 20～30 年前的研究使用了分辨率较低 DEM 和/或不同算法，来处理凹坑、平地和孔洞等现象。然而，现实条件是许多情况都发生了改变，想要明确各个方法和数据集的作用可能十分困难。许多研究都试图估算 DEM 中的误差，以及这些误差如何在特定的地表参数中传播，包括 SCA、坡度和 TWI（Wechsler and Kroll，2006；Temme et al.，2009）。最终的选择应以适用性为指导，在这方面，Martinez 等（2010）的发现对土壤湿度可能最有帮助。他们认为，在澳大利亚新南威尔士州 Upper Hunter Valley 的一个小型农业流域，需要 5m 或更高分辨率的 DEM 才能准确描绘流域的地貌和水文，并模拟土壤湿度的空间分布。值得庆幸的是，具有亚米级垂直精度的分辨率为 1～3m 的 LiDAR DEM 现已成为世界上许多地区的标准配置（有关此类示例请参阅 2.5 节，了解美国的 3DEP 项目）。此外，Lane 等（2004）简单总结了关于网络指数的评论，说明了为什么人们需要使用这些新的、精确的、高分辨率的高程数据集，以不同的方式来完成某些任务。

许多研究都分析了单流向算法或多流向算法的选择对 TWI 值的影响（Güntner et al., 2004；Pan et al., 2004；Erskine et al., 2006；Sørensen et al., 2006；Kopecký and Čížková, 2010；Lewis and Holden, 2012；Shelef and Hilley, 2013）。例如，Sorensen 等（2006）利用各种方法的组合计算坡度、SCA 和 CIT，并利用植物物种丰富度、土壤 pH、地下水位和土壤湿度等空间分布的实地观察结果，对这些预测结果进行对比分析，从而评估不同方法的性能。他们没有找到一种对所有测量变量都表现最佳的流向算法，最好的方法就是因地制宜，并随所选变量（结果）的变化而变化。Kopecký 和 Čížková（2010）在 521 幅具有植被数据的地理参考图上，利用不同的流向算法计算了 TWI 的 11 种变形。3.1.3 节描述了其中 10 种算法，包括 D8（O'Callaghan and Mark, 1984）、Rho8（Fairfield and Leymarie, 1991）、ADK（Lea, 1992）、DEMON（Costa-Cabral and Burges, 1994）、D∞（Tarboton, 1997）、Mass Flux（Gruber and Peckham, 2009）、QMFD1（Quinn et al., 1991）、FMFD（Freeman, 1991）、QMFD2（Quinn et al., 1995）和 MD∞（Siebert and McGlynn, 2007）算法，第 11 种是很少使用的 Braunschweiger 起伏模型（Braunschweiger Relief Model，BR；Bauer, Rohdenburg and Bork, 1985），它允许水流流向最多 3 个相邻格元。结果表明：①流向算法的选择对 TWI 的性能有很大影响；②多流向算法通常比单流向算法表现更好；③植被生态学应用推荐使用 QMFD2 算法和 FMFD 算法。然而，Shelef 和 Hilley（2013）发现许多多流向算法都产生了高值或低值孤立区域，因为流量可以根据局部地形进行散布并重新汇集下坡，由此可能导致表面饱和度及饱和坡面流出现斑点模式。Lane 等（2004）早先提出了一个与 TOPMODEL 水文模型结合使用的网络指数，以消除或缓解

TOPMODEL 水文模型和其他应用中的此类问题，如下所述。

Lane 等（2004）对标准 TOPMODEL 水文模型的网络指数进行了简单修改，当 TWI 表示在整个流径上连续饱和，直到流径变成不连续点时，确保饱和区只会促进地表径流。这种新方法与另一种改进方法相结合，可以解决凹坑和孔洞问题，许多研究者（Quinn et al., 1995）发现，随高程数据分辨率的提高，这些问题会更加严重。引起关注的原因主要有 2 点。第 1 点是所有具有零饱和度或负饱和度的区域都连接到河道网络的假设不一定是正确的（Lane et al., 2004），这将导致某些地区过快地产生径流，并可能改变流域饱和的速度，因此可以预测，在到达河道之前径流可能会重新渗透到 TWI 较低的地带（Lane et al., 2004, pp.194～195）。第 2 点是即使在源高程数据的质量没有变化时，随着格网间距的减小，坡度误差产生的概率也会大大增加（Lane, Westaway and Hicks, 2003）。这种情况在低坡度区更有可能发生，这将会增大自然凹陷区域与虚假（或人为）凹陷区分离的难度，而后者是由高程精度估算引入的地形随机误差造成的（Lane et al., 2004）。

这一新的网络指数方法的指导原则很简单：当模型中饱和区域与河道网络之间所有格元均饱和时，用式（3.45）或式（3.46）估算的饱和区才能连接到排水网络（Lane et al., 2004）。网络指数方法始于一个简单假设，即 DEM 中每个格元都对应一个可用最陡坡降路径定义的单一流径。接下来，研究者使用 1 个三步调整过程处理凹坑（局部高程最小的单个格元）、平面（具有相同高程的相邻格元）和孔洞（没有外部排水的连续格元），然后从每个河道格元追踪上游子流域网络，并记录每个格元 TWI 的最小值（由于最陡流向算法意味着每个格元都有仅被访问一次的唯一下坡方向，因此这是有可能的）。该方法可以确保每个格元都有一个 TWI 值和一个网络指数值，TWI 值可用于识别饱和亏缺何时为零值或负值，且坡面流何时可能产生，网络指数值则定义了具有零值或负值饱和亏缺的格元何时连接到排水网络。在这种基于网络指数的方法中，只有当通向河道网络的流径上所有格元都能产生坡面流时，TOPMODEL 水文模型中的径流才能产生坡面流。

Lane 等（2004）利用这种基于网络指数的方法与标准 TOPMODEL 水文模型中（Beven and Kirkby, 1979）及 1 个分辨率为 2m 的 LiDAR DEM，展示了在英国约克郡北部地区 13.8km^2 的高地上，在极端的洪水事件中有多少饱和区域从未与排水系统相连。此处得出的结论集中在对 TWI 的解释上而非计算方法上（因为后者是不变的），计算网络指数的额外价值是不断增加的，因为它有助于解释不同地区的降雨是如何在土壤水分存储和地表径流之间分配的。Lane、Reaney 和 Heathwaite（2009）对此进行了例证，他们使用静态网络指数概括了连通性中大部分的空间变异，并根据连接的倾向和持续时间进行衡量。对于具有较低地形控制的局部湿度值的流径，维持连通性所需的流域湿度水平应该更高。

该网络指数被列为表 3.4 中的第 3 个条目，因为 Lane 等（2004）并没有提出 TWI 的新变形，只是简单地改变了表 3.4 中前两个稳态 TWI 在 TOPMODEL 水文模型和其他应用程序中的应用模式。

接下来看式（3.45）和式（3.46）中的坡度项。已有少量研究分析了计算和使用各种坡度项对估算 TWI 的影响（Sorensen et al., 2006；Qin et al., 2011；Buchanan et al., 2014）。Buchanan 等（2014）使用 400 种不同方法计算了 TWI，分别考虑了不同的 DEM 分辨率、DEM 垂直精度，不同的流向和坡度算法、平滑与低通滤波，以及相关的土壤特性，并将所得到的地形湿度图与在纽约地区许多农田中观测到的土壤水分模式进行了比较。该研究考虑了以下 5 点。

（1）2 种形式的 TWI：第 1 种形式遵循式（3.46），第 2 种形式遵循式（3.45），但依赖不同的方法估算土壤渗透率。该研究基于平均饱和导水率（m^2/d）和限制层深度（m）来计算土壤渗透率（m/d）（Lyon et al., 2004；Schneiderman et al., 2007）。土壤属性通过使用土壤数据查看程序（Soil Data Viewer Application；美国农业部，自然资源保护服务处，2009）从 SSURGO 数据库导出。

（2）3 种 DEM 分辨率：NED 的分辨率为 10m 的 DEM，来自 LiDAR 点云的分辨率为 3m 的 DEM 和分辨率为 10m 的 DEM。

（3）6 种坡度分布：①最大三角形坡度（Maximum Triangle Slope, MTS；Tarboton, 1997）；②最小二乘拟合平面（Least Squares Fitted Plane, LSFP；Horn, 1981）；③二次多项式（Second-Degree Polynomial, SDP；Zevenbergen and Thorne, 1987）；④d = 2m 的下坡指数（Down Slope Index, DSI: Hjerdt et al., 2004）；⑤d = 5m 的 DSI；⑥d = 10m 的 DSI。

（4）6 种单流向算法和多流向算法：①D8（O'Callaghan and Mark, 1984）；②Rho8（Fairfield and Leymarie, 1991）；③FMFD（Freeman, 1991）；④D∞

(Tarboton,1997);④BR(Bauer et al.,1985);⑤MD∞(Siebert and McGlynn, 2007)。

(5) 对比滤波与未滤波的 TWI 图可以发现，高分辨率 DEM 可能导致 TWI 值发生较大的局部变化，这可能转化为对土壤湿度和水位深度的脱离实际的不规则预测（Hjerdt et al.，2004；Lanni,McDonnell and Rigon,2011），因此，该研究在 TWI 值中使用了 1 个 3 像素×3 像素的低通均值滤波器。

结果表明，TWI 与观测到的土壤水分模式之间存在中等程度的相关性（最好情况下，TWI 与土壤水分之间相关关系的 R^2 平均值和 Spearman 相关系数分别为 0.61 和 0.78），由 LiDAR 派生的分辨率为 3m 的 DEM 在所有情况下都要比 USGS 和基于 LiDAR 的分辨率为 10m 的 DEM 的表现更好。一般来说，局部坡度和土壤属性相结合的方法改善了相关性。

下面来看对式（3.45）和式（3.46）进行的更具实质性的修改。有 3 组作者提出了新的变量来计算 TWI 值，这些新变量依赖对可变汇水面积和下坡效应的优化表达。

在第 1 种方法中，Barling（1992）提出了准动态地形温度指数（TWI）来克服稳态假设的局限性。

$$W_{QD} = \ln\left(\frac{A_e}{\tan\beta}\right) \tag{3.47}$$

其中 A_e 是有效的 SCA，通过式（3.45）和式（3.46）中的稳态 SCA 及 3 个附加变量估算得到，这 3 个附加变量分别是：饱和导水率、有效孔隙度及自上次降水事件以来的时间。Barling 等（1994）计算了澳大利亚新南威尔士州附近半干旱流域的稳态指数和准动态指数，并展示了准动态 TWI 是如何准确预测地形孔洞（非排水通道）决定流域的水文响应的。除 Borga、Dalla Fontana 和 Cazorzi（2002）与 Nguyen 和 Wilson（2010）之外，该变形并没有得到太多关注，Borga、Dalla Fontana 和 Cazorzi（2002）使用准动态 TWI 检测了降雨引发的浅层滑坡中的地形控制和气候控制，Ngagen 和 Wilson（2010）使用多种流向算法计算了准动态 TWI（最初使用 D8 算法），并展示了计算结果是如何随流向算法而变化的。

在第 2 种方法中，Hjerdt 等（2004）提出了一个坡度自适应地形湿度指数（TWI），以更好地反映局部地下水梯度施加的下坡控制。

$$W_s = \ln\left(\frac{A_s}{\tan\beta_d}\right) \quad (3.48)$$

其中，W_s 是坡度自适应 TWI，A_s 是 SCA，$\tan\beta_d$ 是从上到下距离为 d 的下坡梯度。该指数允许地表坡度和地下水位发生变化（见图 3.30），以处理局部梯度 $\tan\beta$ 不能充分描述局部排水阻抗的情况（当某一斜坡方向上的坡度减小时，该排水阻抗决定着水力梯度）。Hjerdt 等（2004）在原始 TWI 中添加了一个距离，以描述因势能减少而导致的排水能力退化的情况。到用户指定点的距离可计算为直线距离，或沿最陡坡降路径的流线距离。对于较小的 d 值，新的坡度估计值能够给出与局部坡度类似的结果，但对于较大 d 值（较长的下坡距离），结果可能不同。Sorensen 等（2006）开始时用 1 个边长为 20m 的方格网进行了一系列的实验，以评估计算 TWI 的不同方法，此外，还使用式（3.48）中的 $\tan\beta_d$ 计算了 2m、5m、10m、15m 和 20m 距离所对应的坡度值，并将它们与局部坡度进行比较，从而对各种坡度估算方法的性能进行对比。

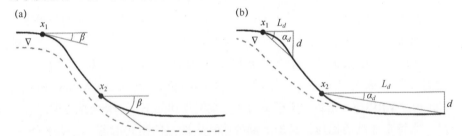

图 3.30 （a）原始地形湿度指数的局部梯度；（b）Hjerdt 等（2004）提出的新的坡度项。虚线表示地下水位的梯度，其在原始地形湿度指数（a）中是恒定的，而在坡度自适应 TWI（b）中是变化的

来源：修改自 Hjerdt et al.（2004，p.2）。经 John Wiley and Sons, Inc.许可复制。

在第 3 种方法中，Yi、Zhang 和 Yan（2017）将土壤饱和导水率（K_s）和土壤可蚀性因子（K）加入原始 TWI 中，构建了一种改进的 TWI（W_3）。

$$W_3 = \ln\left(\frac{A_s}{\tan\beta \cdot K_s \cdot K}\right) \quad (3.49)$$

在不同气候条件的 3 个流域中，以改进的指数作为输入，对 TOPMODEL（Beven and Kirkby, 1979）和 TOPX（Yong et al., 2009）基于地形的模型性能进行评估。结果表明，当使用改进的 TWI 代替原始指数时，这两个模型的性能得到了改善，其性能会随着 K_s 和 K 的空间异质性的提高而提高。

最近的两项研究表明，要想找到现有 TWI 的变形以大幅改善表 3.4 中前两个稳态 TWI 非常困难。在第 1 项研究中，Grabs 等（2009）基于分布式的流域模型模拟计算了 3 个基于模型的 TWI，并估算出式（3.45）中的两个稳态 TWI。在边长为 50m 的格网上，基于模型的指数采用两个空间分布式版本的 HBV 模型（Bergeström, 1976, 1992, 1995），该模型使用 1 个边长为 50m 的正方形网格，同时使用 QMFD1（Quinn et al., 1991）和 MD∞（Seibert and McGlynn, 2007）多流向算法计算稳态指数。基于模型的方法需要额外的野外观测数据，但无须地下水梯度模拟地表梯度的假设条件，而该条件恰恰是稳态 TWI 中所必要的。Hjerdt 等（2004）改进了基于距离的坡度方法，试图放宽该假设条件，但需要少量的额外输入数据。Grab 等（2009）的研究结果表明，模型导出的湿度指数所预测的湿地空间布局明显好于稳态 TWI，他们主张使用这种方法在具有地形驱动地下水状态的流域中推导 TWI 图。

第 2 项研究由 Wilson、Western 和 Grayson（2005）开展，他们使用澳大利亚和新西兰 6 块农田根区土壤水分的地面测量数据，来分析 7 个地表参数对土壤湿度的预测能力，这 7 个参数分别为高程、SCA、坡度、TWI、潜在太阳辐射、低度及多分辨率谷底平坦度（Multi-Resolution Valley Bottom Flatness, MRVBF）指数。所模拟的 3 个案例具体如下：①特定地点的地形信息；②特定地点的地形信息加上额外的特定地点的模式信息（土壤水分）；③特定地点的地形信息、模式信息及保留的统计特征（误差项，用来解释观测误差和观测图中未解决的变异性，以提供保持总体方差的模式）。结果表明，由于地形和根区水分之间的相关性较弱，利用案例 1 中表现最好的 3 种地表参数来绘制地图在空间上是不现实的，其中 4 块农田模型中的 TWI 与这 4 块农田的土壤湿度呈现出正相关关系。利用案例 2 创建的地图明显更好，它考虑了短暂持续的非地形控制作用，残差构成了所有 6 块农田最重要的属性，其中 2 块农田所用的模型中包含了 TWI。案例 3 的地图是最接近现实的，因为它所包含的误差项能够逼真地模拟观察到的小规模波动。由此可得出结论，这种方法是上述方法的一个进步，因为它明确地将土壤水分模式控制的变化与平均土壤含水量的变化相关联，一旦能够为不同环境中土壤水分的空间分布预测提供理论或广泛的经验基础，这种方法就可以推广。实现这一结果还需要一段时间，因此表 3.4 中列出的 TWI 变形在不久的将来可能还会继续使用。

尽管 TWI 存在先前提到的缺点，且研究者们还在努力修改或提出新的 TWI，但其前两种变形仍被继续广泛应用。在过去 10 年里，TWI 已被用于沟壑起始位置（Momm et al., 2013）、城市洪水风险识别（Pourali et al., 2016）、土壤有机质含量制图（Pei et al., 2010）、物种分布模拟（如 Van Niel et al., 2004；Evans and Cushman, 2009）、植被类型预测（Taverna, Urban and MacDonald, 2005；Dobrowski et al., 2008）、高山林木线建模（Bader and Ruijten, 2008），以及物种表现（MacDonald and Urban, 2004；Bunn, Waggoner and Graumlich, 2005）、丰富度（Moody and Meentemeyer, 2001；Zinko et al., 2005）和组成（Svenning et al., 2004；Kopecký and Vojta, 2009）的控制因素评估上。

此外，该指数在本书其他部分着重介绍的 3 项主要研究中也具有突出作用：Leempoel 等（2013）将 TWI 作为多个变量之一，辅助描绘瑞士西部阿尔卑斯山的环境（见 1.2 节）；Zhang 等（2016）使用 TOPMODEL 和 TWI 模拟全球湿地（见 5.2.5 节）；Marthews 等（2015）利用几个新发布的全球高程数据集，为全球所有无冰区域的稳态 TWI 生成了一个新的高分辨率、空间一致的数据层。最后，TWI 概念被整合到众多水文模型中，如 TOPMODEL（Beven and Kirkby, 1979）、VSLF（Schneiderman et al., 2007）、SWAT-VSA（Easton et al., 2008）及污染风险指数（Agnew et al., 2006；Marjerison et al., 2011；Reaney et al., 2011；Buchanan et al., 2013）。

图 3.31 展示了利用式（3.46）计算的 Cottonwood Creek 流域的稳态 TWI，其取值范围为 2.85～16.35，在该流域计算的 TWI 平均值（值为 6.20）表明其服从正偏态分布（大多数流域的情况均如此）。Wilson 和 Gallant（2000c）计算了该流域的稳态 TWI 和准动态 TWI。这两幅地图描述了不同的模式，因为用户指定的土壤深度、可排水孔隙度、饱和导水率和排水时间分别为 1.3m、0.4cm^3/cm^3、200mm/h 和 20 天，它们与准动态 TWI 一起使用，意味着该指数在高海拔地区（局部汇流区域）和河道附近缓坡地区（坡脚处）预测了最大湿度值。尽管使用了不同来源和分辨率的 DEM，但图 3.31 显示的稳态 TWI 数值和模式与 Wilson 和 Gallant（2000c, 图 4.10, p.130）的预测结果基本一致。

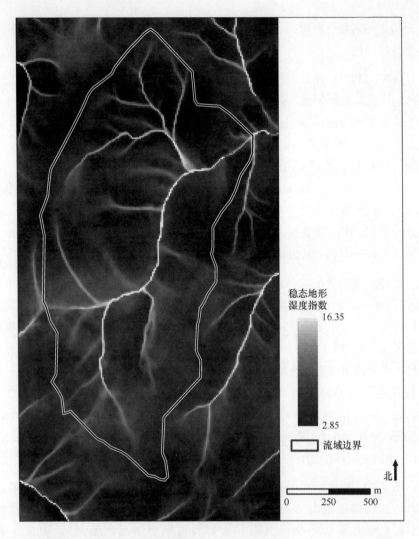

图 3.31 使用式（3.46）计算得到的蒙大拿州 Cottonwood Creek 研究点的稳态地形湿度指数，图上叠加了流域边界

2. 综合水分指数

Iverson 等（1996，1997）提出了综合水分指数（Integrated Moisture Index，IMI），利用单一指数描述景观的地形特征和土壤特征，该指数与景观中运行的各种生态过程存在统计学意义的相关性。该指数利用 4 个输入参数计算得到

相对含水量，如式（3.50）所示。

$$IMI = (HS \cdot 0.40) + (FA \cdot 0.30) + (C \cdot 0.10) + (TWHC \cdot 0.20) \quad (3.50)$$

其中，HS 是使用 ArcGIS 中的山体阴影工具在 DEM 上计算的山体阴影，其数值越大表示水分含量越高；FA 是使用 ArcGIS 中的流向工具和累计工具计算的流量累积，其数值越大表示 IMI 的值越大；C 是使用 ArcGIS 中的曲率工具计算的曲率，其正值越大表示积聚水分的凹度（洼地）越大，从而对 IMI 产生正向影响；TWHC 是从 SSURGO 土壤数据库中得出的总持水量，它以 A 层和 B 层的深度之和与单位深度的可用持水量的乘积，来估算 A 层和 B 层中植被可用的总水量。这 4 个变量的值被标准化到 0~100，然后乘以式（3.50）中的权值，以产生 0~100 的 IMI 估计值，其数值越大表示这些地点的相对湿度越高。

式（3.50）中 IMI 的输入变量及权值的选择，是以实际考虑与俄亥俄州森林景观的现实情况为指导的。之所以选择式（3.50）中的 4 个变量，是因为它们可以使用现有数据和工具进行计算，还因为它们与俄亥俄州的土地生产力（场地指数，指特定年龄段中个体优势树木的平均高度）和物种组成有关，Iverson 等（1997）提供的统计分析结果也证明了这一点。另外，还可根据当地经验选择权重值，这表示俄亥俄州森林地区的水分会受到辐射强度和持续时间（山体阴影），以及微观地形和宏观地形的影响，而微观地形和宏观地形又与入渗和径流（流量累积和曲率）及土壤层储存和释放水分的能力（总持水力）有关（Iverson et al., 1997）。

综上所述，Iverson 等（1997）提出需要根据具体的地点和应用（如俄亥俄州森林地的最大起伏约为 100m，不需要考虑高程效应）对这种方法进行校准，并认为该指数会在那些将湿度作为生态模式或相关过程关键驱动变量的应用中表现良好。Iverson、Prasad 和 Rebbeck（2004）及 Davies 等（2010）使用一个三变量 IMI，其在式（3.50）中降低了总持水力，并将坡度、曲率和流量累积的权重值分别设置为 0.50、0.15 及 0.35。Iverson 等（2004）还将 IMI 及式（3.26）中的稳态 TWI，与俄亥俄州 Zaleski State Forest 中两年的土壤湿度监测值进行比较。他们发现，尽管总体（预期）趋势表明土壤湿度和两个地表参数同步增加，但两者的相关性较低，他们将其归因于土壤湿度监测活动的设计和执行问题。Davies 等（2010）使用 IMI 和其他几个地表参数，来评估杜松的潜在覆盖度与环境变量之间的关系。

3. 多分辨率谷底平坦度指数

下面将分析 Wilson 等（2005）使用的多分辨率谷底平坦度（Multi-Resolution Valley Bottom Flatness, MRVBF）指数，他们将其作为预测土壤湿度的 7 个地表参数之一。MRVBF 是由 Gallant 和 Dowling（2003）提出的，用于对谷底平坦度的变化进行分类，能够辅助预测沉积物的深度、地下水的汇聚及水文和地貌单元的划分。

MRVBF 算法基于 3 个指导性假设来识别谷底：①谷底相对于周围环境较低且平坦；②谷底出现在一定尺度范围内；③大型谷底比小型谷底更为平坦。该算法采用一种汇水面积约束的坡度分类方法，该方法通过对 DEM 的渐进泛化而应用在多个尺度上，并逐步减小坡度分类阈值（在第 2 次迭代中，DEM 格元尺寸增加了 3 倍，而阈值则在每次迭代中减小了 2 倍）。可以组合使用两个地表参数与一系列迭代方程，来衡量一系列尺度上谷底的平坦度和低度特征，这两个参数分别是：坡度和高程百分位，坡度在 ArcGIS 中利用有限差分技术计算得到；高程百分位利用独立程序（PCTL）计算，该程序是 Gallant 和 Wilson（2000）描述的程序套件中的一部分。平坦度指数用坡度的倒数来衡量，低度通过相对于圆形周围区域的高程排序来衡量。目标是描绘特定尺度下低且平坦的最大谷底区域，该区域在所有更精细的尺度上也要足够平坦（但不一定低）。Gallant 和 Dowling（2003）还提出了一种多分辨率山脊平坦度（Multi-Resolution Ridge Top Flatness, MRRTF）指数，该指数是用与 MRVBF 指数相同的 PCTL 程序在景观上部以类似的方式得出的。

Gallant 和 Dowling（2003）使用澳大利亚两处地点的实验结果来证明这两个指数的有效性（尽管该方法自身还包含了许多任意选择），这两处地点是：位于堪培拉西北约 100km 处的 Illalong Creek 流域和位于新南威尔士州西南约 50km 处的 ACT 流域和 Kyeamba Creek 流域。他们认为，可以调整各种阈值、分辨率及其他任意参数来匹配不同的景观特征，但在多个景观中最终只需应用一种方法，以区分高地（山顶、山脊和斜坡）和低地（汇水区和谷底）及山脊和谷底的平坦度。GRASS 平台和 SAGA GIS 平台已经实现了原始方法的变形，并用于计算 MRVBF 指数和 MRRTF 指数。

4. 水流强度指数（SPI）

在过去几年里，提出了多种基于地形的水流强度指数和输沙指数（见表3.4）。

水流强度是指能量消耗的时间速率，并作为衡量水流侵蚀力的度量，广泛用于土壤侵蚀、泥沙输运和地貌计量的研究中（Moore I.D. et al. 1991）。可用式（3.51）计算。

$$d = \rho g q \tan \beta \tag{3.51}$$

其中，ρg 是水的单位重量，q 是单位宽度的流量，β 是坡度（角度值）。由于 ρg 本质上是不变的，且通常假设 q 与 A_s 是成比例的，因此，复合地形指数 $A_s(\tan \beta)$ 就是水流强度的度量。

许多研究者使用该指数或其变形来预测浅沟的位置。例如，Thorne 等（1986）将 SPI 乘以平面曲率，预测了一年后浅沟的位置和横截面积。Moore 等（1988a）的研究表明，在澳大利亚一个小型半干旱流域，在 W>6.8 且 $A_s(\tan \beta)$>18 处形成了浅沟。然而，Srivastava 和 Moore（1989）发现，对于安提瓜岛上的一个小型流域而言，在 W>8.3 且 $A_s(\tan \beta)$>18 处形成了浅沟。基于类似结果，Moore 等（1991）得出结论：由于地质和土壤的变化，这些指数的阈值可能会因地而异。Moore 和 Nieber（1989）利用 SPI 来确定应该在哪些地方采取土壤保护措施以减少集中水流的侵蚀作用，如草地水道。Montgomery 和 Dietrich（1989, 1992）及 Montgomery 和 Foufoula-Georgiou（1993）使用 SPI 的变形 $A_s(\tan \beta)^2$ 来预测一级溪流的源头（河道起始位置）。

目前，该指数仍在广泛使用。例如，由明尼苏达州土壤和水资源委员会与明尼苏达大学联合资助的一个新项目，使用 SPI 来度量陆面水流的侵蚀力（明尼苏达大学德鲁斯分校，自然资源研究所，2016）。该指数是针对整个州进行计算的，并根据地形区对结果进行汇总，这些地形区代表了与明尼苏达州具有相似地形特征的区域。然后使用来自 5 个地形区的较大 SPI 值，来创建可能发生侵蚀的临界区域层。在类似的应用中，威斯康星州自然资源部（2016）制定了一个基于 GIS 的农业土地侵蚀脆弱性评估（Erosion Vulnerability Assessment for Agricultural Land, EVAAL）工具，以评估最佳管理措施的先后次序。研究结果以一系列地图的方式呈现了两个层次上的侵蚀脆弱性指数及其 3 个组成部分（土壤流失、SPI 和内部排水区），这两个层次分别是基本分辨率、聚合到农田或其他边界数据集。在另一个项目和完全不同的景观设置中，Jacob、Peterson 和 Dogwiler（2011）使用 SPI 来估算 Carter Cave State Resort Park 中洞穴的水流侵蚀潜力，它是一个位于肯塔基州东北部的含有多个洞穴水位的水流岩溶系统。

5. 输沙指数

该复合指数由 Moore 和 Burch（1986a-c）根据单位流—功率理论（Unit Stream-Power Theory）导出，在坡长<100m 且坡度<14°时，用一个变形代替 RUSLE（Renard et al., 1991）中规定的原始 LS（坡度—坡长）因子，如式（3.52）所示。

$$\text{LS} = (m+1)\left(\frac{A_s}{22.13}\right)^m (\sin\beta/0.0896)^2 \qquad (3.52)$$

其中 m=0.4（Moore and Wilson, 1992, 1994）。式（3.52）及式（3.53）都是坡度和单位汇水面积的非线性函数。第一个指数计算了空间分布式输沙能力，可能比过去的经验公式更适于景观评估，因为它比较容易使用（Wilson, 1986）且明确地解释了水流汇集和散布（Moore and Wilson, 1992）。

基于地形的输沙能力描述了流线沿线输沙指数的变化，可用于区分净侵蚀和净沉积面积。

$$\Delta T_{cj} = \Phi A_{sj-}^m (\sin\beta_{j-}) - A_{sj-}^m (\sin\beta_j)^n \qquad (3.53)$$

其中，Φ 是一个常数，n=1.3，下标 j 表示格元 j 的出口，下标 j− 则表示格元 j 的入口（Moore and Wilson, 1992, 1994）。该指数预测侵蚀发生在输沙能力正在增加的区域，而沉积发生在输沙能力正在下降的区域。Mitášová 等（1996）在 GRASS GIS 中实现了式（3.52）和式（3.53）的变形（Neteler and Mitášová, 2008），并展示了净侵蚀区域如何与剖面凸度（Profile Convexity）区域和切向凹度（Tangential Concavity）区域（流速增加且汇集）相重合，以及净沉积区域如何与剖面凹度（Profile Concavity）区域（流速减小）相一致。

使用式（3.52）代替 RUSLE 及其前身中原始坡度和坡长的做法最初遭到了批评（Foster and Wischmeier, 1994；Moore and Wilson, 1994；Wilson and

Lorang，1999）。但是，在 GIS 中这种新方法的便捷性使其在过去 20 年中也产生了几个变形。例如，Desmet 和 Govers（1996a）提出了一个类似的公式，使用 QMFD1（Quinn et al., 1991）多流向算法计算上坡汇水面积，并提出了一种描述坡度单元的方法，从而得到不同土地覆盖流域的坡长。另外，该方法旨在处理一系列特殊情况，如森林覆盖的高地区域，因为这些区域不太可能产生径流，所以在计算 RUSLE 的坡长时可以忽略。另外，Hickey（2000）和 Van Remortel 等（2001）试图描绘沉积区域及其对坡长计算的影响，上述所有 3 项工作及其他工作（Yitayew, Pokrzywka and Renard, 1999）都对这些方法与其他两种方法计算得到的 LS 值进行了一系列比较，一种用 Foster 和 Wischmeier（1974）提出的原始手工方法计算得到，而另一种则用 McCool 等（1987，1989）及 McCool、Foster 和 Weesies（1997）提出的 RUSLE 方程计算得到。

最近，Winchell 等（2008）提出一种基于 GIS 的新三步法，来计算大流域中高分辨率、空间分布式 LS 因子的值。第 1 步，使用 RUSLE 方法计算坡度因子。

$$S = 10.8 \cdot \sin\beta + 0.03 \quad （坡度<9\%） \tag{3.54}$$

$$S = 16.8 \cdot \sin\beta - 0.50 \quad （坡度\geqslant 9\%） \tag{3.55}$$

其中，β 是以弧度表示的坡度。第 2 步，使用基于 GIS 的几种自定义方法和数据集（包括道路和城市土地利用数据集）来约束坡长（相对于 Foster 和 Wischmeier 于 1974 年及 McCool 等于 1989 年提出的原始方法）。第 3 步，使用 D∞（Tarboton，1997）单流向算法计算上坡汇水面积，该算法允许水流流向 1 个或 2 个下坡格元。然而，这种新方法不包括类似于式（3.52）中用于预测土壤沉积地形区的算法。

Winchell 等（2008）使用这一新方法计算了覆盖密西西比河 2/3 流域的农业小流域的 LS 因子。结果表明，这种基于 GIS 的新方法得到的 LS 因子的统计分布，与国家资源清单数据库（美国农业部，自然资源保护服务处，2000）在八位流域级别上的描述非常相似。这种基于 GIS 的方法建立在 Moore 和 Wilson（1992，1994）及 Desmet 和 Govers（1996a）早期工作的基础上，并为使用该方法表示大区域内 LS 因子的空间异质性和幅度提供了有力支持。

式（3.52）和式（3.53）中的两个输沙指数，被证明有助于表征其他应用的环境条件。例如，Iqbal 等（2005）开始量化皮棉产量与几个所测量的土壤属性及在 420000m² 土地中派生的地形属性之间的关系。结果表明，在 -0.001MPa 的压力下，高程、流向、输沙指数（STI）、砂含量百分比和体积水含量（θ_v）等参数能解释皮棉产量的绝大部分变化。在另一项研究中，Norouzi 等（2010）使用人工神经网络和土壤及地形特征来预测雨养小麦的质量和数量。总体结果表明：①人工神经网络模型可以解释小麦生物量、籽粒产量和籽粒蛋白质含量总变异的 89%~95%；②STI 被确定为影响小麦生物量的最重要的地形属性，而籽粒产量和籽粒蛋白受总含氮量的影响最大。

6. 质量输运与沉积指数

质量输运与沉积（Mass Transport and Deposition, MTD）指数进一步发展了用于模拟侵蚀和沉积的次生地表参数，并增加了沉积函数，用以创建在输入和沉积之间保持质量平衡的自耗流量（Grube, 2007）。该方法的核心思想是，根据坡度、曲率、土地覆盖及其他特征，为每个格元预定义最大沉积量（Gruber and Peckham, 2009）。可以使用单流向算法和多流向算法来定义流过每个格元的流量，并按照式（3.56）减去局部沉积量。

$$A_i = \sum_{j=0}^{8}(A_{\mathrm{NB}j} \cdot r_{\mathrm{NB}j}) + I_i - D_i \tag{3.56}$$

其中，A_i 是在格元 i 中累积的质量（体积、面积或其他任何属性），其由每个邻接格元（NB）A_{NB} 的总和乘以相应的接收分数 r_{NB}，再加上格元 i 的自身输入 I_i，最后减去 D_i（格元 i 中的沉积量；Gruber and Peckham, 2009）。

式（3.56）中意味着，流经每个格元的流量 A_i 等于从其邻接格元接收的流量加上自身的源项 I_i，再减去该格元中的沉积量 D_i。沉积量受限于可用的质量[由式（3.56）中的前两项表示]和最大沉积量 $D_{\max}$，Gruber 等（2009）将其描述为如式（3.57）所示的坡度函数。

$$D_{\max} = \begin{cases} \left(1 - \dfrac{\beta}{\beta_{\lim}}\right)^{\gamma} \cdot D_{\lim} & (\beta < \beta_{\lim}) \\ 0 & (\beta \geqslant \beta_{\lim}) \end{cases} \quad (3.57)$$

其中，$D_{\lim}$ 是极限沉积量（在平坦地形上能够出现的最大沉积量），$\beta_{\lim}$ 表示质量沉积的最大坡度，而指数 γ 用于控制陡坡和缓坡的相对重要性。Gruber 和 Peckham（2009）提供了一个图表，描述了最大沉积量如何随坡度发生变化。式（3.56）和式（3.57）中的概念和思想所需的各种工具与功能，也可以用作 IDL 的源码（Gruber et al., 2009）。

事实证明，该方法受到了广泛关注。例如，它已被用于模拟侵蚀土壤的再分布（Mitášová et al., 1996）、雪崩造成的雪量再分布（Machguth et al., 2006），以及陡峭地形中的泥石流和滑坡（Gruber et al., 2009）。此外，LAPSUS 多模块动态景观演化模型也采用了类似的概念，用于描述火山熔岩淹没区（Iverson, Schilling and Vallance, 2003）及土壤侵蚀和景观演变（Schoorl, Veldkamp and Bouma, 2002；Claessens et al., 2006）。

▶ 3.2.2 能量与热状态

接下来这组次生地表参数可用于估算地表能量和热状态的时空分布。高程、坡度、坡向和局部地形（遮蔽）的变化，能够在太阳辐射中产生非常强烈的局部梯度（Gates, 1980；Linacre, 1992），从而对光合作用和蒸腾过程，以及随后的地表特定位置的植被多样性和生物量都产生巨大影响。Austin 等（1984）、Tajchman 和 Lacev（1986）、Moore 等（1993d）及 Franklin（1995）的早期实例都描述了此类关系。

陆面和大气之间的交互作用通常发生在图 1.1 中的中尺度和地形尺度的某些组合上。例如，高程和坡向偶尔会被用于绘制各种降水量图和温度分布图，相关变量可在大片地区（中尺度）的气象站测量得到。Hutchinson（1995, 2008）、Thornton 等（1997, 2000）、Thornton 和 Running（1999）、Jarvis 和 Stuart（2001，2004，2006）、Daly 等（2002）及 Lloyd（2005）提出了基于地形的方法，能够在大区域范围内得到令人满意的结果，因为在每个选定的区域，输入数据都是有规律地分布的，并且能够适当地表示当前的地形—气候环境。此处重点关注地形尺度（中小型流域），随后的 4 个小节将回顾已提出并用于评估地表能量和热状态变化的地表参数。首先讨论两个相对简单和直接的指数，然后讨论需要更多输入和计算资源的两组辐射指数和温度指数。

1. 场地暴露指数

第 1 个参数是由 Balice 等（2000）提出的场地暴露指数（Site Exposure Index, SEI），可用坡度和坡向简单计算得到。SEI 将坡向重新调整为南北轴向，并根据坡度对其进行加权，如式（3.58）所示。

$$\text{SEI} = \beta \times \cos\left(\pi \cdot \frac{\varphi - 180}{\varphi}\right) \tag{3.58}$$

其中，β 是坡度，φ 是坡向。SEI 创建了相对暴露值（Relative Exposure）数据集，范围为-100（最冷）～100（最热，在北半球）。

2. 热负荷指数

第 2 个地表参数是 McCune 和 Keon（2002）提出的热负荷指数（Heat Load Index, HLI），可用坡度、坡向和纬度简单地计算得到，如式（3.29）所示。

$$\begin{aligned}\text{HLI} = 0.039 + (0.808 \cdot \cos l \cdot \cos s) - (0.196 \cdot \cos l \cdot \\ \sin s) - (0.482 \cdot \cos a \cdot \sin s)\end{aligned} \tag{3.59}$$

其中，l 是纬度，s 是坡度（弧度值），a 是用式（3.60）计算得到的调整坡向。

$$a = \left|\pi - \left|\text{aspect} - \frac{5\pi}{4}\right|\right| \tag{3.60}$$

HLI 值的范围为 0～1，0 表示最冷，1 表示最热（Davies et al., 2010）。

Davies 等（2007, 2010）的两项研究展示了如何使用 HLI、IMI 和 SEI 评估土地覆盖与多个环境变量之间的潜在关系。例如，第 2 项研究展示了如何从国家农业影像项目（National Agriculture Imagery Program, NAIP）的影像中准确估算西部杜松覆盖（杜松亚种），然后使用坡度、北向（坡向的余弦）和高程及 HLI、IMI 和 SEI，评估潜在覆盖与所选环境变量之间的关系。不同于前 3 个主要地表参数（它们解释了在标准郁闭度条件下杜松覆盖的 40%的变化），HLI、IMI 和 SEI 这 3 个次生地表参数在标准郁闭度条件下，与杜松覆盖不相关

（HLI，IMI）或弱相关（SEI）。但在第 1 项研究中，Davies 等（2007）指出，HLI 解释了山艾树植物群落中几种植物功能群植被覆盖的变化。

这两项研究的不同结果意味着，在上述 3 个次生地表参数中，有 1 个或多个参数可能无法描述这些景观中发生的核心环境过程和/或植物群落自身的变化。本章在最后讨论了代表辐射通量和温度的两组次生地表参数，预计它们能够获取在多个景观中发生的关键过程。

3. 地形辐射指数

通过地形辐射指数和地形温度指数的计算方法，将解释地表辐射空间变异的 3 个主要原因：①地球相对于太阳的方向；②云层和其他大气效应的存在；③地形的影响。此外，多年来提出的各种计算辐射通量及附带地表参数的软件程序，在精度和完整性方面都存在很大差异。有些软件提供了部分解决方案，例如，与 SRAD（Moore et al., 1993d；Wilson and Gallant, 2000c）模型和 r.sun 模型相比，ArcGIS 平台和 SAGA GIS 平台中的太阳辐射工具计算了潜在的入射太阳辐射（没有估算阴天和云层的影响），并且已经在 GRASS GIS 中得到应用，GRASS GIS 可以根据用户指定的格网间距和时间步长计算上述所有通量的估计值。ArcGIS 的太阳辐射工具基于 Fu 和 Rich（2002）的研究，SAGA 的太阳辐射工具则是基于 SRAD 太阳辐射工具的一个子集而构建的。目前的 r.sun 模型（Šúri and Hofierka, 2004）已经在欧洲得到了广泛的应用，相较于原模型（Hofierka, 1997）有了重大改进，原模型仅适用于小范围区域及晴空条件的太阳辐射。SRAD 模型基于 1″DEM 为澳大利亚建立了一系列月平均辐射面（Austin et al., 2013）。此外，Austin 等（2013）使用的 SRAD 模型在 IDL 中得以实现（原模型用 FORTRAN 语言编写），并进行了修改，从而能够接受植被覆盖率、云层率和反射率作为每个月的辐射面参数，而不是单值参数。它还使用上午和下午的光照分量代替原始版本中全天的单值，代码还经过了简化，使得坡度、坡向和角度（仅依赖 DEM）等参数在模型运行时每次只计算一次。

最好的方法分两个步骤：①计算潜在太阳辐射作为纬度、坡度、坡向、地形遮蔽函数及一年中的时间函数；②使用有关月平均云量和日照时数对估计值进行修改。该方法已经应用在 SRAD 中，下面的描述是根据 SRAD 太阳辐射建模软件包的工作流进行的粗略建模。

SRAD 使用三步法在平坦位置和斜坡位置计算短波辐射。第 1 步，计算地球大气层外水平面上的潜在辐射或地外辐射。第 2 步，以 12min 为间隔计算每个 DEM 格网点从日出到日落的一系列瞬时晴空短波辐射通量，并计算平坦地点的直接辐射和散射通量，同时还要计算斜坡的直接辐射、环日散射、均匀散射和反射通量。然后对这些瞬时值进行求和得到每日总值，并基于云量的影响对这些值进行调整。在地表上推导得到每天的温度，所用的方法都通过递减率对高程进行修正，通过短波辐射率对坡度—坡向影响进行修正，并通过叶面指数对植被影响进行修正（Hungerford et al., 1989；Running, 1991；Running and Thornton, 1996；Running, Nemani and Hungerford, 1987），而每日出射和入射的长波辐射是由地表温度（第 1 种情况）和每个格网点处的气温和天空能见度（第 2 种情况）计算得到的。第 3 步，利用上述短波辐射通量和长波辐射通量来估计每个格网点的表面能量预算，其时间跨度从一天到一年不等。

下面从通用方法开始对估计方法进行描述，该通用方法用于估算平面和斜坡上的短波辐射，包括 4 个步骤。

第 1 步，计算地球大气层外水平面上的潜在辐射或地外辐射。该步骤结合天文学中定义的一系列基本角度（通过球面三角学相互关联），并利用太阳常数估算每天入射到地球大气层外水平面上的直射日照量。大气层外某点的日照量 R_{oh}，取决于一年的时间、每天的时间及纬度，如式（3.61）所示。

$$R_{oh} = \frac{I}{r^2} \cos z \tag{3.61}$$

其中，I 是太阳常数，r 是日—地距离与日—地平均距离的比率，z 是天顶角（Gates, 1980；Fleming, 1987）。r^2 的大小在一整年中是连续变化的，从 1 月 3 日的 1.0344 变化到 7 月 5 日的-0.9674，但相对于 1.0，变动幅度不超过 3.5%（Gares, 1980）。

天顶角是太阳光线与地表法线之间的夹角，可用式（3.62）计算得到。

$$\cos z = \sin\phi\sin\delta + \cos\phi\cos\delta\cos h \tag{3.62}$$

其中，ϕ 是观察者所在位置的纬度（以度为单位，在南半球为负值），δ 是太阳赤纬，h 是距太阳正午时的太阳时角（与观察者子午线的角距离）（Lee，1978）。太阳赤纬（δ）是指太阳路径在赤道南北的天空中季节性变化的纬度，它在北半球冬至日（12 月 22 日）的-23.5°至夏至日（6 月 22 日）的+23.5°之间变化。赤纬与年份、纬度无关，只是时间的函数（Gates, 1980）。时角（h）表示从太阳正午到现在的时间差异，表示为每小时差 15°。有些研究者用太阳高度角（a）代替天顶角，因为该变量表示特定位置的太阳在水平面上方的高度，与天顶角互余（$\sin a = \cos z$）。天顶角和太阳高度角都是纬度、季节和一天中时间的函数（Gates, 1980）。SRAD 使用中午时分对称组织的 12min 时间步长来计算 R_{oh}（以及后面描述的其他短波辐射通量）的瞬时值，并将它们相加得到日辐射量（Wilson and Gallant, 2000c）。

第 2 步，按 12min 的间隔，计算每个格网点从日出到日落的一系列瞬时晴空短波辐射通量。在晴空条件下，可计算平地上的直接辐射和散射通量，并计算斜坡上的直接辐射、环日散射、均匀散射和反射通量。

第 2 步所涉及的任务，通常从估算晴空下水平位置的直接辐射和散射辐射开始。由于大气对太阳辐射是半透明的，所以到达地面的太阳能量减少了。大气中的分子成分，连同水汽、尘埃和其他颗粒物，散射了太阳光线，并形成了半球形（散射）辐射能量源（Lee, 1978）。此外，直接辐照度和漫射辐照度都会随着光线穿过大气层到达地面的过程被直接吸收和反射回太空而降低（Linacre, 1992）。因此，研究者需要了解大气的传输特性，以估算穿越地球大气层并入射到地面的地外或潜在直接太阳辐射量（Gates, 1980）。通常采用两种估算方法：第 1 种是总体透射率法，第 2 种是单独计算的透射率分量。

总体透射率法假定直射太阳光线穿过均匀、无云大气的衰减可用式（3.63）计算（尽管该方法由 Pierre Bouguer 在 1760 年提出，但通常以 Beer 来命名）。

$$R_{dirh} = R_{oh}\tau^m \tag{3.63}$$

其中，R_{dirh} 是晴空条件下平坦地表的直接短波辐射，τ 是入射到大气层顶部辐射的透射系数或分数，其沿垂直（或天顶）路径（外太空与地面之间最短路径的长度）到达地面，m 是天顶角为 z 时的太阳入射路径长度与垂直路径长度之比（Gates, 1980; Linacre, 1992）。

格元的局部透射系数 τ，可以通过高程、海平面月透射率、透射递减率来计算，如式（3.64）所示。

$$\tau = \tau_{sl} + t_{lapse} \cdot \text{elev} \qquad (3.64)$$

其中，τ_{sl} 是海平面透射率，t_{lapse} 是透射递减率，而 elev 是给定格网点的高程。该公式模拟了在较高海拔处，由于这些位置上方的大气层较薄而出现透射率较大的情况（Linacre，1992）。m 通常被称为相对气团质量，由式（3.65）计算得到。

$$m = \sec z = \frac{1}{\cos z} \qquad (3.65)$$

其中，z 是式（3.61）中的天顶角。但是，该公式仅在天顶角小于约 60° 时才有效。当太阳在天空中位置较低时，需要采用不同的方法，因为与天顶方向的大气深度相比，地球曲率减少了太阳倾斜射线的长度（Robinson，1966；Gates，1980）。当天顶角小于 60° 时，SRAD 依赖式（3.65），并再使用从 List（1968）获得的表格，该表格总结了具有较高天顶角位置的 1° 增量的光学气团。然后，对这些值进行修正以解释较高海拔处遇到的大气压的降低系数 p/p_0，其中，p 是格元的大气压，而 p_0 是标准海平面大气压 1013.25 Pa（Gates，1980；Fleming，1987）。

需要利用式（3.63）、式（3.64）和式（3.65）来估算入射到地面的瞬时直接辐射的衰减。有一部分直接辐射被转换为散射短波辐射，由 Liu 和 Jordan（1960）推导出的瞬时透射率与散射太阳光的关系，可用于估算瞬时散射辐射 R_{difh}，如式（3.66）所示。

$$R_{difh} = (0.271 - 0.294\tau^m)R_{oh} \qquad (3.66)$$

式（3.66）表明，散射太阳光的透射率会随着太阳直接辐射透射率的增加而降低（Gates，1980）。直接辐射和散射短波辐射之间的区别是一个重要的问题，下面将描述它是如何影响到达斜坡表面的短波辐射的（Linacre，1992）。

在晴空下估算水平位置直接辐射和散射短波辐射的第 2 种方法，分别处理每个透射率的分量。水汽、尘埃和晴朗大气的影响可由式（3.67）来估算。

$$R_{dirh} = R_{oh}(\text{AW} \cdot \text{TW} \cdot \text{TD} \cdot \text{TDC}) \qquad (3.67)$$

其中，AW 表示水汽的吸收，TW 表示水汽的散射，TD 表示尘埃的散射，

TDC 表示晴空大气中空气分子增减和密度变化造成的散射（Gates，1980）。由 Fleming（1987）详述，并基于 Monteith（未引用参考文献）和 Idso（1969）研究的 4 个公式，被用于估算这些透射率的各个分量，如式（3.68）所示。

$$AW = 1 - 0.077 \cdot \left[u \cdot m \left(\frac{p}{p_0} \right) \right]^{0.3} \tag{3.68}$$

$$TW = 0.975^{um(p/p_0)} \tag{3.69}$$

$$TD = 0.95^{m(p/p_0)D} \tag{3.70}$$

$$TDC = 0.9^{m(p/p_0)} + 0.026 \cdot \left[m \left(\frac{p}{p_0} \right) - 1 \right] \tag{3.71}$$

其中，m、p 和 p_0 是先前定义的，u 是以厘米为单位的垂直大气柱的含水量，D 是根据经验得出的尘埃因子。

上述分量大气透射率模型被用于 SRAD 中，模型假设吸收发生在散射之前，且散射均分为前向散射和后向散射。该方法试图在准确度和输入数据的要求之间取得平衡，因此会忽略几种影响（二氧化碳和臭氧的吸收效应）。此外，模型所考虑的每个成分都被视为在整个光谱上的均匀作用，但是这些影响大多数都与波长密切相关（Gates，1980）。该方法还假设散射辐射在转化为漫射辐射的过程中不再被吸收。

$$R_{\text{difh}} = 0.5(R_{\text{oh}} \cdot AW - R_{\text{dirh}}) \tag{3.72}$$

在第 2 步中要完成的下一组任务集中在估算环日散射辐射和均匀散射辐射上。Linacre（1992）区分了"光线"散射辐射能量和"环日"散射辐射能量，"光线"散射辐射能量是各向同性的（从天空中所有方向大致均匀地出现），"环日"散射辐射能量则来自直射太阳光线周围约 5°范围内的散射辐射。Wilson 和 Gallant（2000c）描述了如何从测站参数文件中获得接近太阳圆面分量或散射辐射的月平均值，并由 SRAD 用于调整直接辐射通量和散射辐射通量，如式（3.73）和式（3.74）所示。

$$R_{\text{dirh}} = R_{\text{dirh}} + R_{\text{difh}} \cdot CIR \tag{3.73}$$

$$R_{\text{difh}} = R_{\text{dirh}} + R_{\text{difh}} \cdot CIRC \tag{3.74}$$

其中，CIRC 是直接辐射在 5°范围内的散射辐射的比率（环日系数）。迄今为止提出的大部分太阳辐射模型都没有分离环日散射分量，且当这些模型用于估算斜坡上的辐射通量时，可能会产生约 10%的误差（Linacre, 1992）。

在第 2 步中需要完成的第 3 组任务需要估算晴空条件下斜坡上的直接辐射、散射辐射和反射辐射。斜坡上短波辐射的通量密度不同于平坦表面上的通量密度，主要是因为修正了直接辐射。由于散射辐射通量受到影响，以及从景观邻接部分反射而来的短波辐射的附加通量，导致斜坡上短波辐射的通量密度出现了微小差异（Lee, 1978；Fleming, 1987）。

在估算斜坡上在有遮蔽条件和无遮蔽条件下的直接辐射与环日辐射、均匀散射辐射和反射辐射时，共需要 4 个参数：坡度、坡向、水平高度角和天空可见率。前 3 个参数可以使用许多 GIS 平台的标准工具来计算，由 Dozier、Bruno 和 Downey（1981）提出的一维水平算法可用来估算每个格点在天空半球的天空可见率 v。该算法构建了 DEM 剖面图，并确定了每个格点在多个方向 ϕ（如 16 个）上的水平高度角 H_ϕ。该算法极具运算优势，因为其运算效率与 DEM 中的格点数量呈正比。天空可见率 v 可通过对水平高度角 H_ϕ 的余弦值取平均而得到。

$$v = \frac{1}{n}\sum_{\phi=1}^{n}\cos H_\phi \tag{3.75}$$

斜坡上的直接辐射和环日散射辐射取决于太阳高度角及斜坡相对于水平面的角度（Linacre, 1992）。将子午线平面上的一个面从水平方向向北或向南倾斜，相当于在纬度上向北或向南移动相同的度数（Gates, 1980）。此外，在冬季的中纬度地区，坡度和坡向的影响最大，而它们对赤道和极地的影响则可以忽略不计（Lee, 1978）。

可以使用式（3.76）～式（3.80）计算无遮蔽斜坡上的直接辐射。

$$R_{\text{dirs}} = R_{\text{dirh}} \cos i \tag{3.76}$$

$$\cos i = A + B\cos h + C\sin h \tag{3.77}$$

$$A = \sin\delta\sin\phi\cos\beta + \sin\beta\cos\psi\cos\phi \tag{3.78}$$

$$B = \cos\delta(\cos\phi\cos\beta - \sin\phi\cos\psi\sin\beta) \tag{3.79}$$

$$C = \sin\beta\cos\delta\sin\psi \tag{3.80}$$

其中，R_{dirh} 是指晴空下水平面上的直接辐射和环日散射辐射［用式（3.63）或式（3.67）和式（3.74）计算］，i 是光线与斜坡法线之间的夹角，β 是坡度，ϕ 是坡向（Lee, 1978；Linacre, 1992）。然后以 12min（或类似值）为间隔计算瞬时值，并将这些值乘以 12 并求和，以估算斜坡上无遮蔽条件下的每日直接辐射量（R_{dirsns}）。在对该部分进行分析时，还要检查太阳在 12min 间隔内是否被遮挡，并将遮蔽考虑在内，以计算直接辐射和环日散射辐射（R_{dirss}）。当然，这种方法意味着在每个斜坡上都有 $R_{\text{dirss}} \leqslant R_{\text{dirsns}}$。

由于部分天空被遮挡，斜坡上的"均匀"散射辐射通常低于水平面上的"均匀"散射辐射。

$$R_{\text{difs}} = R_{\text{difh}} v \tag{3.81}$$

其中，R_{difh} 是用式（3.65）或式（3.71）和式（3.72）估算的均匀散射辐射，v 是天空可见率（特定格点处的天空可见分量）。

然而，斜坡位置（与水平位置相比）直接辐射和散射辐射的减少，可能会被来自其他表面的反射辐射（R_{ref}）部分抵消。

$$R_{\text{ref}} = (R_{\text{dirh}} + R_{\text{difh}})(1-v)\alpha \tag{3.82}$$

其中，R_{dirh} 指在晴空下水平面上的直接辐射［用式（3.63）或式（3.67）估算］，R_{difh} 是晴空下水平面上的散射辐射［用式（3.66）或式（3.72）估算］，v 是天空可见率，α 是反射率（由表面反射的光线分量）。为简单起见，该公式使用水平辐射值，而不是试图将地面视野区域内空间可变的辐射相加。反射辐射以 12min 为间隔进行计算，并将一天内的值求和，从而估算来自前景表面（面向场地）的反射辐射。在向上的区域能够看到更少的天空和更多的地面（从地面接收反射光），因为它是从水平方向向上倾斜的（Lee, 1978）。这些输入在许多斜坡位置都很重要，并且它们还会根据地表类型和地表状态的变化而发生显著变化（Fleming, 1987）。

第 3 步，将这些瞬时值相加以获得每日总计值，并根据云量的影响对这些值进行调整。当天空部分或全部转阴时，入射到地表的直射短波太阳辐射通量和散射短波太阳辐射通量的变化很大且难以预测（Linacre, 1992）。云的形状、大小、密度、厚度及持续时间非常容易发生改变。较薄的透明卷云对全球辐射几乎没有影响，而厚实且黑暗的雷暴云则可将辐射降低到其晴空值的 1% 或者更低水平（Gates，1980）。有几种方法可以完成这一重要步骤，SRAD 使用的方法是将晴天时的每日短波辐射估计值与长期收集的观测数据的统计平均值相结合（Wilson and Gallant, 2000c），接下来将对其进行详细描述。

每个模拟日结束时的累积辐射值，可与所研究月份的日照比和云层透射率相结合，来估算水平面上每日入射的短波太阳辐射 R_{th}，如式（3.83）所示。

$$R_{th} = (R_{dirh} + R_{difh})\left[\frac{n}{N} + \left(1 - \frac{n}{N}\right)\right]\beta \tag{3.83}$$

其中，n/N 是日照比（实测日照时间与最大可能日照时间之比），β 是云层透射率（阴天时接收到的晴空辐射的比率）。

对于斜坡，SRAD 中的云层透射率可能因天空可见率的降低而减小，也可能因地面和云层对散射辐射的多次反射而增大。Gates（1980）报道了 Kondratvev（1969）的测量结果以描述这些效应，并且在 SRAD 中用式（3.84）对其进行近似。

$$\beta_s = \beta v \left(\frac{R_{tsns}}{R_{tss}}\right) \tag{3.84}$$

其中，R_{tsns} 是无遮蔽的晴空短波辐射日累计量，R_{tss} 是斜坡上有遮蔽的晴空短波辐射日累计量。然后，按式（3.85）估算斜坡上入射的短波太阳辐射日累计量 R_{ts}。

$$R_{ts} = (R_{dirss} + R_{difs})\left[\frac{n}{N} + \left(1 - \frac{n}{N}\right)\beta\right] + R_{ref} \tag{3.85}$$

在预测地表能量预算时还需要长波辐射估计值。长波辐射是由地球大气和地表连续发射的。入射大气通量 L_{in} 几乎总是小于出射地表通量 L_{out}，这意味着日平均净长波辐射 L_{net} 可以代表生物圈能量的净流失（Lee, 1978）。

在考虑到天空可见率的前提下，可根据空气温度计算得到日入射长波辐射。

$$L_{in} = \varepsilon_a \sigma T_a^4 v + (1 - v) L_{out} \tag{3.86}$$

其中，ε_a 是大气辐射系数（气温、水汽压和云量的函数），σ 是 Stefan-Boltzmann 常数，T_a 是日平均气温，而 v 是先前讨论的天空可见率（Lee, 1978）。天空可见率的引入意味着它同时处理了斜坡面和水平面。在斜坡面既可以看到天空也可以看到相邻地形，v 表示天空可见部分的分量，而$(1-v)L_{out}$ 则描述了如何将一小部分出射长波辐射添加到入射长波辐射中，以表示因前景障碍物阻碍而重返地面的辐射。

可以根据地表温度计算日出射长波辐射，如式（3.87）所示。

$$L_{out} = \varepsilon_a \sigma T_s^4 \quad (3.87)$$

其中，ε_a 是大气辐射系数（大多数自然地表值大于 0.95），T_s 是平均地表温度（Lee, 1978）。

该方法的首要目标是估算太阳净辐射，它是地面上用来驱动地表空气和土壤升温、蒸发及光合作用的总能量（Dubayah, 1992）。根据前面的步骤，可在用户给定时段内添加入射辐射通量和出射辐射通量，来估算每个格元的太阳净辐射，如式（3.88）和式（3.89）所示。

$$R_n = (1-\alpha)R_{th} + \varepsilon_s L_{in} - L_{out}（水平位置） \quad (3.88)$$

$$R_n = (1-\alpha)R_{ts} + \varepsilon_s L_{in} - L_{out}（斜坡位置） \quad (3.89)$$

其中，R_n 是净辐射，α 是地表反射率，R_{th} 是水平面太阳辐射量，R_{ts} 是斜坡面太阳辐射量，ε_s 是地面辐射系数，L_{in} 是入射或大气长波辐射，L_{out} 是出射或地表长波辐射（Wilson and Gallant, 2000c）。这些公式通常采用的方法是，当能量向地表传输时，R_n 值为正；当方向翻转时，R_n 值为负（Lee, 1978）。这种方法意味着 R_n 在夏季月份通常大于零，而在冬季月份则可能为负值，特别是在没有直接辐射的高纬度地区和远离太阳的位置。

在阅读地形辐射指数和温度指数时，应考虑两个注意事项。第 1 个注意事项是，在使用不同的软件包来计算辐射指数时，它们在方法、数据源及用于估计各种组件的假设条件等方面可能有所不同。这里描述的 SRAD 提供了一种近似方法，用于估计地形异质景观中任何位置的上述通量。根据坡度、坡向、地形遮蔽和季节的变化，可以估算流域内潜在的太阳辐射变化，然后使用该方法对云、大气和土地覆盖效应进行调整。作为模型输入的变量，如地面反射率、云量、辐射率、光照分量、平均气温和地表温度、晴空透射率等，都会按月或按年变化（Moore et al., 1993d；Wilson and Gallant, 2000c）。许多同类模型都提供了部分解决方案，在 GRASS GIS 中实现的 SRAD 模型和 r.sun 太阳辐射模型（Šúri and Hofierka，2004）有许多相似之处，可能能够提供目前最完整的解决方案。

第 2 个注意事项为验证参数估值存在困难，因为大多数辐射站都位于平坦地形（水平面）上。该问题的一种可能的解决方法是，使用卫星数据来估算入射太阳辐射及其他输入参数。例如，Böhner 和 Antonić（2009）描述了 Dubayah 和 Loechel（1997）的一项此类研究，该研究将地球静止卫星服务器影像的低空间分辨率数据与基于 DEM 的高空间分辨率地形数据结合起来使用，其中用到了 Erbs、Klein 和 Duffie（1982）的直射—散射分割算法、Dubayah 和 van Katwijk（1992）的高程修正公式，以及之前描述的直接辐射、散射辐射和反射辐射地形效应的各种公式。同样，Austin 等（2013）最近指出，他们为澳大利亚开展的 SRAD 辐射表面的验证工作如何受限于水平站点上收集的观测值，以及用卫星观测数据取代根据地面观测估计的反射率和云层覆盖等参数可以改进多少 SRAD 的组件。

4. 地形温度指数

Wilson 和 Gallant（2000c）还描述了如何利用多参数函数来估算格元的温度，这些参数包括平均最低气温、平均最高气温、地表温度、最小温度递减率、最大温度递减率、平均温度递减率及参考测站高程。通过短波辐射率 S，引入每个格点处地形对温度的影响。

$$S = \frac{R_{rs}}{R_{th}} \tag{3.90}$$

其中，R_{th} 和 R_{ts} 分别是水平面和斜坡面的日总计短波辐射量。

然后，每个格点处的最低气温、最高气温和地表温度 T，可用式（3.91）计算得到。

$$T = T_b - \frac{T_{lapse}(z - z_b)}{1000} + C\left(S - \frac{1}{S}\right)\left(1 - \frac{LAI}{LAI_{max}}\right) \tag{3.91}$$

其中，z 是格点高程，z_b 是温度参考测站的高程，T_b 是参考测站的月最小气温、最大气温或地表温度，T_{lapse} 是月温度递减率（℃/1000m），C 是常数（在过去的应用中设置为 1.0），LAI 是格元的叶面积指数，LAI_{max} 是最大叶面积指数。此外，不应将 LAI 和短波辐射率修正值用于最低气温和平均气温的计算，因为最低气温通常发生在夜间，而且平均气温通常被假定为最低气温和最高气温的平均值。

由于存在地形影响，这些温度可能在相对较短的距离内发生显著变化。例如，Wilson 和 Gallant（2000c）展示了在第 1 章中首次介绍的 Cottonwood Creek 流域的短波太阳辐射率和年平均气温图，其中短波比率为 0.7～1.1，这个相对较小流域的年平均气温为 3.6～4.8℃。Moore 等（1993d）利用这些温度指数连同其他指数，在澳大利亚东南部 Brindabella 山脉内一系列地形复杂的森林流域模拟了辐射、热量和水文状况的空间分布。利用计算出的通量来表征研究区域内 5 种主要亚高山森林类型的精细尺度上的环境异质性。最冷月份（7 月）的平均最低气温和年净辐射量等两个变量，通常被用于区分 3 种桉树物种（白花桉、尖叶桉、巨桉）的分布情况。

3.3 结论

本章共描述了 100 多个地表参数，表 3.2 中的 24 种流向算法都可以用来估算表 3.1 和表 3.4 中基于流量的主要地表参数和次生地表参数。地表参数的数量会随时间推移而稳步增长，用于计算这些地表参数的方法也不断增多。此外，1.3 节中的应用调查显示，这些参数在过去 40 年中已被大量用于多种类型的环境应用和景观类型中，当研究者们努力表征并希望解决一系列局部、区域和全球尺度中的环境挑战（如全球变暖、非点源污染和生态系统破坏等）时，这些参数未来会更受欢迎。

综上所述，与尺度、地形建模和统计方法选择相关的 3 个问题，将继续影响本章所述的主要地表参数和次生地表参数的计算和使用。

第 1 个问题涉及尺度在计算主要地表参数方面的作用。局部地形通常被认为是地面上点到点高程值的连续变化，它对局部地表参数和区域地表参数有巨大影响，但它也受到数据和计算因素的影响。Florinsky（1998）认为，局部地表参数（如坡度、坡向和曲率）是数学变量而非真实世界的值，该论点适用于所有局部地表参数，主要有两点原因：①局部地形的形状可能取决于不同的数学描述，因此计算出的局部地表参数将取决于所选择的算法；②DEM 描绘的地形是尺度的函数，结合了地形的复杂性、数据的尺度或分辨率，以及观察地表的空间尺度（Deng, Wilson and Gallant, 2008）。因此，可以使用相同的局部地表参数来描述不同尺度（格网间距或分辨率）的地形。非局部地表参数的特殊之处在于，它们依赖较大的非邻近区域的地形，并且需要参考其他非本地的地点来定义。因此，计算非局部地表参数更加困难，主要由于在景观上构建点对点关联需要额外的努力，且涉及更复杂的算法和尺度考虑（Desmet and Govers, 1996a；Gallant and Wilson, 2000；Wilson and Gallant, 2000c；Winchell et al., 2008）。

第 2 个问题涉及 DEM 创建方法和特定地表参数计算方法的不断发展和演变。20 世纪 80 年代广泛使用的分辨率为 30m 和 100m 的 DEM 已经被当前的分辨率为 3~10m 的 DEM 所取代，许多人可能会在未来使用分辨率为 1~3m 的 DEM。同样，在过去 25 年中，单流向算法和多流向算法的数量增加了两倍，例如，表 3.2 中列出的大多数方法，对上坡汇水面积、SCA、TWI 和水流强度指数及其他基于流量的地表参数都可能产生不同影响。基础数据支持和特定地表参数计算方法的快速演变意味着，过去进行的地形建模工作中得出的许多结论，可能不再适用于当前的地形建模工作。

第 3 个问题是，这些地表参数的生物物理学意义会因多对属性的多重共线性而受到影响。表 3.1 和表 3.4 分别列出了 68 个主要地表参数和 15 个次生地表参数，但这并没有考虑到使用多达 24 种流向算法估算多个基于流量的主要地表参数和次生地表参数的可能性。此外，许多基于地表一阶导数和二阶导数的地表参数本质上是以经验为基础的。这种情况意味着，几个不同的参数可能会产生相同的信息（典型的例子是地形起伏和坡度），因此在使用和解释它们时需要谨慎。

最后一个结论的意义可通过第 4 章中对地貌和其他类型地表对象的抽取和分类来说明。例如，利用模糊 k 均值分类法和主要地表参数及次生地表参数来描述地貌类型，首先要进行相关性分析，以确保候选输入参数之间不存在高度相关性，并确保彼此相关的地表参数不会引入不必要的权重或偏差（Burrough et al., 2000, 2001；Deng and Wilson, 2006, 2008；Deng, Wilson and Sheng, 2006；Deng, 2007；Deng et al., 2007, 2008）。这个建议适用于所有形式的地形建模，在第 4 章和第 5 章将进行更加详细的讨论。

4
地表对象与地貌描述

摘要

从本章开始，研究重点将从一般地貌转向特定地貌，其中一般地貌描述连续地表，而特定地貌描述一系列离散地貌，如冲积扇、冰堆丘、蛇形丘、山脉和山谷（Evans，1972）。

MacMillan 和 Shary（2009，pp.229～233）将地貌描述为被广泛认可的自然对象，自然过程的差异促成了这些对象的形成，并且继续对它们产生影响。他们还指出，景观和地貌是如何在不同层级的尺度和大小出现的，以及至今有多少应用把给定尺度以下发生的地表变化当成了可以忽略的随机噪声（更糟的是进行删除），而仅识别和解释期望尺度上或者一定尺度范围内的变化。这是一个极为艰巨的挑战，因为可能并没有一个最佳分辨率能计算地表参数来对地形进行描绘和分类（Fisher，1997；Hengl，2006）。因此，每一项研究的初始任务都涉及选择合适的操作尺度（网格间距或者分辨率），而该尺度要适于获取和描述当前特定应用所关注的地表特征。

除尺度问题外，还可以从多个角度理解地表对象和地貌的自动提取与分类。Dehn、Gärtner 和 Dikau（2001）提出了一种基于语义的方法来描述考虑几何形状、拓扑和语义定义的地形。例如，Mackay 等（2003）提出使用更高阶的地理对象而非网格来表征地形，同时他们利用不精确的推理来表示结果的模糊确定性水平。Romstad 和 Etzelmfiller（2009，2012）提出了一种基于曲率将 DEM 分割成地貌单元的简单方法。MacMillan 和 Shary（2009）认为，大多数自动化地貌分类方法都试图重复一些前人建构的手动地貌分类和制图系统。在后续章节中描述的研究都是此类示例，如 Dikau 和 Brabb 及 Mark（1991）、Dikau 等（1995）、Gallant 和 Douglas 及 Hoffer（2005）、Hrvatin 和 Perko（2009）、Drfigut 和 Eisank（2012）及 Karagulle 等（2017）。最后，Tomer 和 Anderson（1995）、Clarke（1988）和 Shary 等（2002）认为地表由确定性成分和噪声成分组成，而地貌计量学关注的是从含有噪声的地表中提取确定性地貌。

同时，MacMillan 和 Shary（2009）还列出了从第 3 章的地表参数中提取地表对象和/或地貌的 5 个步骤。

（1）详述要分类的空间对象，如果是描述空间模式的地图，则编制地图图例。

（2）描述和计算输入的变量（表示 1 个或多个地表参数的方格网，如第 3 章所述）。

（3）单独或组合使用无监督、有监督和基于知识（启发式）的方法，来描述提取和分类规则。

（4）使用上述的分类规则提取地表对象和地貌。

（5）评估分类的准确性。

然而，正如 Fisher（1997，p.679）所指出的那样，从方形网格单元（像素）到地表对象和地貌的变换并非那么直接。

……我的观点是：像素是遥感分析的基本单位，也是在 GIS 和遥感之间整合数据的常用工具，这是一种错觉。考虑到它在现代软件中的处理方式，它可能成为粗心者的陷阱。像素有成为一种强大建模工具的潜力，却常被滥用，反而成为分析的障碍。

接下来，本章将分 5 个部分展开讨论。前 4 个部分描述了一些方法，涉及基于流变量的地表要素、地表对象和其他类型的模糊特定地貌，以及到目前为止已经提取和分类的重复地貌类型；第 5 个部分借鉴 Minár 和 Evans（2008）与 Drăguţ 和 Eisank（2011）最近的一些研究成果，重新审视了从一般地貌到特定地貌的转化，回顾了到目前为止已经完成和尚未完成的工作，并指出了未来推进该工作所需要完成的任务。

4.1 特定地貌要素的提取和分类

MacMillan 和 Shary（2009）将景观要素定义为景观中形状（剖面/平面曲率）、陡度（坡度梯度）、方向或照度（坡向或太阳辐射）、水分状况和相对地貌位置等相对均匀的部分（景观类型）。因此，与特定地貌和地貌类型的分类相比，地貌要素分类的抽象程度更高，尺度也更大。毫无疑问，过去许多研究的目的就是对特定地貌要素的提取和分类。

利用地表参数将景观划分为地貌要素的方法可以追溯到 Speight（1968）和 Dikau（1989）的开创性工作。最近的进展还有使用自动模糊分类算法来检测地貌要素（Burrough et al. 2000, 2001; hmidt and Hewitt 2004）。这些模糊应用的重点是识别特定地貌（如山脉、山谷、河流流域和河道网络）、地貌要素（构成山坡或某些其他特定地貌的几何形状）和重复地貌类型（如一系列连绵起伏的丘陵和山谷）。在此主要关注使用这些模糊技术来提取景观要素。

几乎所有用于识别和表征地貌要素的分类方法，都依赖景观位置和/或地表本身形状的描述（Pennock et al., 1987；Dikau, 1989；Skidmore et al., 1991；Irvin, Ventura and Slater, 1997；Schmidt, Merz and Dikau, 1998；Schmidt and Dikau, 1999；Shary et al., 2002）。然而，两种应用最广泛的方法都是使用曲率对地貌要素进行分类。

例如，Dikau（1989）一方面将景观划分为凹平面曲率、水平平面曲率和凸平面曲率的组合；另一方面又将它划分为凹剖面曲率、水平剖面曲率和凸剖面曲率的组合。这一方法（与许多后续方法一样）依赖表面形状（局部曲率）与表面流量累积之间的推断关系，进而利用两种累积机制得到地表沉积。具体来说，第 1 种机制反映了水流经过坡面时的汇聚和散布，第 2 种机制反映了水流在下坡方向移动时，因坡面曲率变化而造成的相对减速（Moore I.D. et al., 1991；MacMillan and Shary, 2009）。

Shary 等认为 Dikau（1989）的原始方法存在两个层次的问题，并提出了一种更加稳健和可预测的基于曲率的分类方法。他们的第 1 个建议是在基本地貌要素的分类中使用正切曲率代替平面曲率（见图 4.1），因为正切曲率和剖面曲率都是正常截面的曲率，并且都表现出类似的、与平面曲率不同的分布统计规律（MacMillan and Sharg 2009, p.238）。第 2 个建议涉及 Dikau（1989）原始前提中的矛盾，这种方法区分了具有均匀平面曲率和剖面曲率的地貌要素，因为这些面片集合总是包含具有相似坡度、坡向、曲率的地貌面片。相应地，Shary（1995）和 Shary 等（2005）提出了一个客观、局部、尺度特定的基本地貌特征分类方法以避免这类问题，该方法仅考虑正切曲率、剖面曲率、平均曲率、曲率差和全高斯曲率（见图 4.2）。

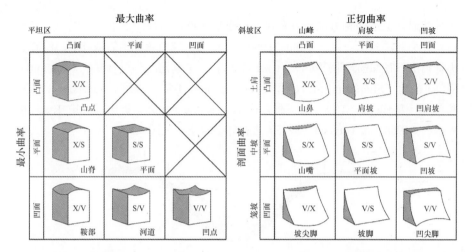

图 4.1 基于剖面曲率和正切曲率对 Dikau（1989）地貌要素分类方法的改进。在曲率半径（> 600m 或<600m）的基础上，这些要素被进一步分为正类或负类，原始分类中的平面曲率也被 Shary 和 Stepanov（1991）的正切曲率所替代

来源：Gergek et al.（2011, p. 1015）。经 Taylor 和 Francis 许可转载。

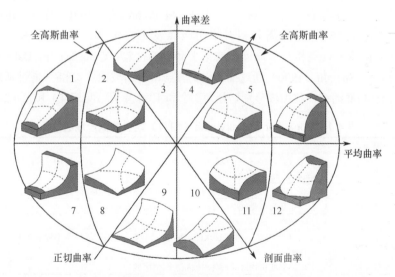

图 4.2 Shary 提出的基于正切曲率、剖面曲率、平均曲率、曲率差和全高斯曲率的地貌要素完整分类系统

来源：Shary et al.（2005）。经意大利冰川委员会（Italian Glaciological Committee）许可转载。

然而，上述两种方法都没有包含构成景观特定面片的上下文位置。大多数自动分类都建立在类似于 Ruhl（1960）提出的山坡概念分类的基础上，他沿着山脊到山谷底部的地形序列，将山坡划分为 5 个单元，分别为山顶（Summit，SU）、山肩（Shoulder，SH）、背坡（Backslope，BS）、坡脚（Footslope，FS）和趾坡（Toeslope，TS），这一概念首先由 Milne（1936）提出，并由 Ruhl 和 Walker（1968）及 Huggett（1975）进行详细阐述（见图4.3）。

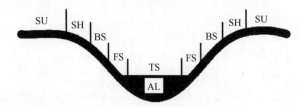

注：冲击层（Alluvium，AL）

图 4.3 Ruhl（1960）以及 Ruhl 和 Walker（1968）描述的两个河流交汇处、山坡剖面上的地貌要素

来源：Ventura and Irvin（2000，p. 269）。经 John Wiley and Sons, Inc.许可转载。

还有研究者提出了许多其他分类方法：Skidmore 等（1991）计算了距山脊线和河道的绝对水平距离和相对水平距离及垂直距离；Schmidt 和 Dikau（1999）计算了景观相对于最近山坡排水河道的位置；Conacher 和 Dalrymple（1977）及 Speight（1990）通过描绘更高分辨率的山坡面片，和/或通过延伸山坡以包含坡底河道，将山坡分别划分为 9 个和 10 个单元（见表4.1 和表4.2）。

表 4.1 Conacher 和 Dalrymple（1977）定义的概念地貌单元

地表单元	特 征
河间地	与由垂直（上下）土壤水分运动和 0°～1°坡度引起的主要土壤形态（Pedomorphometric）过程相互影响
渗流边坡	主要通过地下土壤—水分侧向运动以响应机械和化学淋溶的高地区域
凸形蠕变坡	以土体蠕变为主要过程，并产生土壤材料横向运动的凸坡
断面	以坠落和滑坡过程为特征、坡度大于45°的区域
输运型中坡	坡度为 1°～45°，并通过水流、坍塌、滑坡、侵蚀和耕种向下坡输运大量物质的倾斜地表
堆积型坡脚	对上坡的崩坡积物形成再沉积效应的凹陷区域
冲击型趾坡	河谷上游冲积物质和0°～4°坡度对再沉积响应的区域
河道墙	以水流活动横向侵蚀为特征的河道墙
河床	通过水流活动向下游输运物质的河道床

来源：MacMillan 和 Shary（2009，p. 240）。经 Elsevier 许可转载。

表 4.2 Speight（1990）的形态类型（地形位置）种类

形态类型种类	定　义
山顶	景观中较高的区域，具有正的平面曲率和/或剖面曲率
洼地（开放、封闭）	景观中较低的区域，具有负的平面曲率和/或剖面曲率；封闭：局部高程最低；开放：向相同或更低水平延伸
平地	坡度小于 3% 的区域
边坡	可按相对位置再分类，平均坡度大于 1% 的平坦地貌要素
简坡	与低于山顶或平地的区域毗邻，且与高于平地或洼地的区域毗邻
上边坡	与低于山顶或平地的区域毗邻，但不与高于平地或洼地的区域毗邻
中坡	不与低于山顶或平地的区域毗邻，也不与高于平地或洼地的区域毗邻
下边坡	不与低于山顶或平地的区域毗邻，但与高于平地或洼地的区域毗邻
山丘	短斜坡与小于 40m 的狭窄山顶相接的综合区域
山脊	短斜坡与大于 40m 的狭窄山顶相接的综合区域

来源：MacMillan 和 Shary（2009, p.241）。经 Elsevier 许可转载。

总而言之，除曲率外，这些概念分类还考虑了从分水岭到河道地形序列的斜率梯度和相对坡度位置，随后的自动分类工作还包括了计算距脊线或河道的绝对水平距离和相对水平距离及垂直距离（Skidmore et al., 1991），以及相对于山坡下最近河道的位置（Schmidt and Dikau, 1999；Schmidt, Hennrich and Dikau, 2000）。

▶ 模糊概念与模糊分类方法

使用模糊分类算法检测地貌要素是一项重要的进步。这种创新的重要性来自于这样一个事实，即上述每种方法仅仅适用于某些情况，而不适用于其他情况，例如，它们很少能够对与特定山峰或山谷位置相关的问题给出令人满意的答案（Fisher et al., 2004）。许多难以定位或描述的现象的出现都是由于它们没有明确定义，和/或由于描述周围世界的方式总是带有主观性、模糊性和歧义性（Burrough, 1996；Wilson and Burrough, 1999）。模糊集理论是经典集合理论之外的一种方法（Burrough and McDonnell, 1998；Robinson, 2003），已被广泛用于环境领域。因此，多种形式的模糊分类被用来描述坡位位置之间的空间过渡或渐变，例如，山脊、山肩、背坡、坡脚和山谷（Qin et al., 2009）；土壤变异性（McBratney and Odeh, 1997；Zhu, 1997a, 1997b, 1999；Ahn,

Baumgartner and Biehl, 1999);土地覆盖率(Fisher and Pathirana 1994;Food, 1996;Brown, 1998;DeBruin, 2000);选址和多标准评估(Jiang and Eastman, 1996;Charnpratheep, Zhou and Garner,1997);地表模型的参数化(Mackay et al., 2003)。

上述示例表明,过去已有许多研究者使用带有地表参数的模糊集和模糊逻辑算子,来生成各种空间对象的部分隶属度和多重隶属度。由 Robinson (2003) 描述的多种隶属度函数是该方法的核心,因为它使得研究者可以利用各种形式表达无法减少的观察和测量的不确定性,并让这些不确定性成为分类的内在特性(使用隶属度等级)。据此,模糊逻辑方法将每个输出类的模糊似然值与每个输入映射上的数值或类别相关联(见图 4.4)。这意味着当处理模糊数据时,它们的内在不确定性也会被处理,其结果比通过处理常用样本数据获得的结果更有意义(Klir and Yuan, 1995;Robinson, 2003)。该方法的优势在 MacMillan 等(2000)的实验中尤为明显,在加拿大亚伯达省 640000m² 实验区域中基于局部地表形状(凸度/凹度)和相对坡位的综合测量值提取地貌要素,该实验区域地形分类的三维视图在 MacMillan 和 Shar 的著作(2009)中第 243 页以黑白形式再现,并在 Hengl 和 Reuter 的著作(2009)中第 718 页以彩色形式再现。

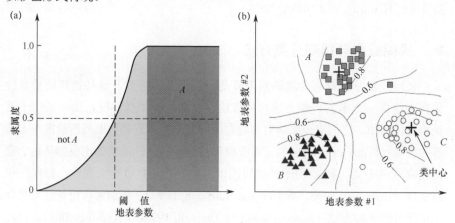

图 4.4 基于(a)阈值和(b)类中心的定义推导出的模糊隶属度

来源:Hengl 和 MacMillan(2009, p. 453)。经 Elsevier 许可转载。

主要有两种可用的基本方法。第 1 种方法依赖专家知识,通常被称为语义导入(Semantic Import, SI)模型,而第 2 种方法为相似性关系(Similarity Relation, SR)

模型，依赖对数据集的识别和表征（Bezdek, Ehlich and Full, 1984）。这两种方法生成的模糊集通常具备较好的表达能力（Fisher, 2000a, 2000b；Robinson, 2003）。例如，Zhu（1997a, 1997b, 1999）清楚地展示了模糊范式用于获取和表达人类专家空间显性土壤知识的效果。Zhu 等描述了在可观测环境输入的专业知识，包括若干地表参数和目标输出（土壤地图单位），并采用限制因素计算整体相似性。在为未分类实体全部属性计算的所有相似性值中，研究者通过简单地选择最小相似值，从而得到未分类实体和参考实体之间的整体相似度。

专家驱动（SI）和数据驱动（SR）的模糊分类方法都会产生多个隶属度图，其中每个分类都在单独的图上表示。使用隶属度有 3 个优势：①可确定哪些类别与哪些地表参数相关联；②可评估类别之间的混淆度；③可检测出多个类别之间混淆度较高的区域（Burrough and McDonnell, 1998；Hengl et al., 2004；Shi, Li and Zhu, 2005；Evans et al., 2009）。

然而，这些模糊分类方法仍然存在许多值得商榷的地方。上述方法的知识可以通过多种方法获得，但是每种方法的有效程度在理论、实验或统计上都会有所不同，参见 Qi 和 Zhu（2003）、Qi（2004）、Qi 等（2006）对这些问题展开的讨论。因此可以预见，结果将随着用于计算整体相似度值方法的不同而变化。MacMillan 等（2000）在其 SI 模型实现中，基于在计算一个区域与给定实体之间的相似度时，所有输入变量都应包含在内这一假设，通过加权平均方法计算未分类区域与参考实体的整体相似性。值得一提的是，某些输入变量可能比其他输入变量更重要或者权重更大（Hengl and MacMillan, 2009）。Deng 等已经广泛探讨了在计算整体相似度值时，FCM 方法对于所选的输入变量和权重的敏感度（Deng et al., 2006；Deng and Wilson, 2006）。

这里，还需要为 SI 模型和 SR-FCM 分类方法选择合适的尺度。针对坡度或曲率等局部地表参数，并没有唯一的真实值或固定值，而是取水平分辨率和垂直分辨率的整个取值范围。毫无疑问，并没有一个最佳分辨率来计算局部地表参数以描绘和分类地形（Hengl, 2006；Smith et al., 2006；Deng et al., 2007），因此所选择的最终尺度应该适于获取和描述特定应用所关注的地表特征（Deng et al., 2008）。研究区域的大小或范围需要添加到敏感变量列表中，因为有些地表参数会在整个景观中以系统方式进行变化，并且在限定区域内实施模糊分类时可能产生局部相关的结果（Evans et al., 2009）。

4.2 基于流变量的地表对象提取与分类

基于流变量从 DEM 中提取和分类地表对象有着较长的研究历史（Mark, Dozier and Frew, 1984；O'Callaghan and Mark, 1984；Band, 1986；Douglas, 1986；Jenson and Domingue, 1988；Morris and Heerdegen, 1988；Tarboton et al., 1991；Chorowicz et al., 1992；Martz and Garbrecht, 1992, 1993；Tribe, 1992）。典型的工作流程从计算流向、流量累积（上游汇水面积）及其他地表参数开始，最后以排水网络、流域边界划分及河道和流域属性描述结束。

▶ 4.2.1 排水网络与河道属性

目前，用于划分排水网络的方法可分为两组，通常被称为山谷识别（Valley Recognition, VR）法和相似性关系（Similarity Relation, SR）法。

VR 法通常分两步从 DEM 中提取排水网络：①从 3.1.3 节的 24 个流向算法中选取一个计算流向网格（见图 4.5）；②选择和使用合适的方法修剪密集排水树（Drainage Tree），以排除山坡上的水流矢量。然而，上述每个步骤都可能存在一些问题。

当提取排水网络时，通常使用 D8（O'Callaghan and Mark, 1984）单流向算法计算第 1 步的流向网格。Band（1986, 1989）、Montgomery 和 Dietrich（1989, 1992），以及 Peckham（1998）都使用 D8 单流向算法成功地描绘了排水网络。该算法在山地地形中的效果最好，许多研究已经在大范围平原、湖泊、湿地和其他相对平坦区域使用有噪声 DEM 源数据验证了这一算法（和其他流向算法）的性能（例如，Smith et al., 1990；Mackay and Band, 1998；Liang and Mackag, 2000；Lindsay, 2006；Hengl, Heuvelink and van Loon, 2010）。

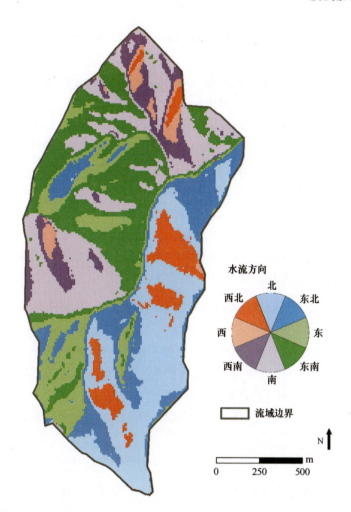

图 4.5 蒙大拿州 Cottonwood Creek 研究点的 D8（O'Callaghan and Mark, 1984）流向，图上叠加了流域边界

在第 2 步中，Gruber 和 Peckham（2009）描述了两种常用的修剪方法。第 1 种方法比较简单，计算流量累积网格，并删除了上游汇水面积小于特定阈值的网格单元的水流矢量。Tarboton 等（1991）建议使用坡度与面积散点图上的坡折（A Break In Slop）来确定该阈值。然而，Gruber 和 Peckham（2009）认为即使每个散点图都存在该阈值，可能也并不十分明显，这一简单确定阈值的方法可能无法描述自然变化，因为排水密度会随地质、高程和其他因素而变

化。最近，Ariza-Villaverde、Jiménez-Hornero 和 Gutiérrez de Ravé（2013）成功地使用多重分形分析得到了合适的流量累积阈值，通过比较不同流域的 Rényi 多重分形谱，在一定程度上（而非全部）避免了上述问题。Ariza-Villaverde、Jiménez-Hornero 和 Gutiérrez de Ravé（2005）通过比较由 D8 算法获得的排水网络和由摄影测量还原法确定的排水网络，使用 3 种分辨率的 DEM 和 4 个流域来测试 DEM 分辨率对提取排水网络的影响，结果表明：①DEM 分辨率影响选定的流量累积阈值和模拟河道形态；②合适的流量累积阈值随着 DEM 分辨率的提高而变大，并对具有低排水密度的流域显示出更大的变异性。Qin 等（2016）描述了数字地形建模工作流程中基于案例的知识发现的形式化方法和推理方法，从而推进了研究工作。为了详细阐述这种方法，他们将其应用于从同行评审期刊文章中获取的 124 个排水网络，以确定汇水面积的阈值。

第 2 种方法首先计算密集排水树的 Horton-Strahler 阶网格，然后删除小于某个阈值（如三阶）的网格单元的水流矢量。Gruber 和 Peckham（2009）指出：①该方法如何适应景观的变化（与第 1 种方法不同，该方法假设只选择单一的阈值）；②其中一种单流向算法将在这两种方法中都适用，因为网格单元必须沿着每条流线增加，否则就会形成断开的网络。在这种情况下，D∞单流向算法应被看作一种多流向算法，因为它在特定情况下允许水流流向 1 个或 2 个下游邻接格元。

现有的几种 SR 排水网络提取方法，着重研究了河道源头的识别问题。例如，Montgomery 和 Dietrich（1988,1989,1992）计算了坡度和上游汇水面积网格，得到了河道网络源头的一系列阈值。这种方法非常适用于崎岖的地形景观，但是在平坦区域很可能产生伪河道（Tribe, 1992；Gruber and Peckham, 2009）。

Lindsay（2006）在英国奔宁山脉南部、国家公园峰区的小型高地流域，比较了 4 个 VR 方法和 2 个 SR 方法的性能，结果发现：①使用这 6 种测试算法提取的河道网络可能包含由误差引起的较为显著的伪影，该误差的幅度中等偏大，误差面的空间自相关程度较低；②VR 算法对地形的不确定性（误差幅度和空间自相关程度）较 SR 算法更为敏感。

有多个研究者尝试将 VR 方法和 SR 方法结合起来。如 Pelletier（2013）提出了一种新的两步双参数方法，从基于 LiDAR 的高分辨率 DEM 中提取排水网络。该方法首先识别与山坡不同的谷顶，因为谷顶是具有正地形（正切）曲率的区域，该区域中水流从无约束片状流转变为局部受限流。然后识别了谷顶下游的谷底（位于谷顶下游的景观区域），这些区域保持了局部受限流。另外还需要两个用户定义的参数，一个是定义谷顶所需的正切曲率阈值，另一个是保持谷顶下游山谷所需的流动限制阈值。该方法分 6 步实施：①使用最优 Wiener 滤波消除微地形噪声；②计算正切曲率；③使用用户定义的等高线—曲率阈值识别谷顶；④使用 FMFD（Freeman, 1991）多流向算法计算源于各谷顶的单位排水路线；⑤使用用户定义的"每一上游谷顶的排出阈值标准"（Discharge-Per-Upstream-Valley-Head-Threshold）删除排水网络中不连续的河段；⑥将山谷网络的宽度细化为单格元。Pelletier（2013）使用一系列合成山谷网络模拟了现实世界景观的复杂性，并为其提供了真正的排水网络，以证明这种新的综合 VR 方法和 SR 方法的性能。

Clubb 等（2014）提出了一种新的河道源头计算方法，它使用变换纵向坐标系计算沿剖面从通道到山坡地形的变化，同时使用来自多个野外站点现场采集的河道源头数据，测试了该方法和 3 种现有方法的性能。在 3 种现有方法中，有两种是以几何技术为基础——Pelletie（2013）的正切曲率法，该方法需要 2 个用户定义的参数，而 Passalacqua 等（2010）的方法需要 5 个用户定义的参数，并且还依赖正切曲率阈值指定河道源头。第 3 种方法是由 Montgomery 和 Dietrich（1988，1992）、Istanbulluoghu 等（2002）及 Jefferson 和 McGee（2013）提出的基于过程的坡度—面积比例关系。现场数据（167 个河道源头）来自加利福尼亚州内华达山脉的费瑟河、俄亥俄州韦恩国家森林的中部贝利山和印第安溪，以及弗吉尼亚州的皮埃蒙特。

他们又提出一种基于变换的河流长剖面的新方法，被称为识别河道源头的排水提取（Drainage Extraction by Identifying Channel Heads, DrEICH）方法（Clubb et al., 2014）。该算法包含两个主要步骤：①基于正切曲率（山谷的几何形状）选择需要识别的河道源头所在流域；②使用河道和山坡的纵向剖面计算这些流域中河道源头的精确位置。在第 2 步中使用 chi 变换比较排水区域归一化后的河道陡度，变换后的坐标 χ 可以从任何地形数据集中计算得到，与坡度—面积分析方法相比，其计算得到的地形数据的误差和不确定性更小（Perron and Royden, 2013）。最好使用流动力方程，使提出的水流下切率与表示流动能量消耗的流动力成正比（Howard, 1994；Sklar and Dietrich, 1998）。在河流剖面的上游方向，从某一基准到观测点整合了稳态流动方程。通过算法可使用 chi-plot 图预测河道源头的位置，该算法假设 chi-plot 图由河道和山坡段组成，且河道源头出现在这两段之间的过渡点处。为了确定用于河道源头识别的流域，使用 Band（1986）的 Peucker-Douglas 排水提取算法（1975）来确定景观的凹部。如果景观的延伸长度大于 10m（本研究使用分辨率为 1m 的 LiDAR DEM 数据），且正切曲率大于或等于 $0.1m^{-1}$［与 Pelletier（2013）使用的阈值相同］，则确定为山谷。然后，从由正切曲率确定的每个一级山谷出口到山顶运行 chi 拟合算法，同时使用一系列统计参数预测河道源头的位置，最终根据流径生成河道网络。

  对上述 4 种方法中的 3 种进行比较（没有考虑坡度—面积分析方法，因为它在 4 个研究地点都表现不佳），结果显示：Pelletier（2013）的正切曲率方法和 DrEICH 方法是在现场映射的河道源头定位中最准确的（见图 4.6）。这两种情况下误差分布在幅度和方向上都相似，这表明方法虽然完全不同，但是都将类似的特征识别为河道源头。

  一旦使用上述方法描绘排水网络，就可以将其和网络拓扑或连通性及其他众多属性一起存储为一组河道段或 Horton-Strahler 河道（见表 4.3；Gruber and Peckham, 2009）。Horton-Strahler 河道等级划分方法的一个潜在优势是，具有相同 Horton-Strahler 河道等级的子流域集合，其属性表现出拓扑和统计的自相似性，从而可以用一个尺度的测量结果外推到其他尺度上（Peckham, 1995；Peckham and Gupta, 1999）。

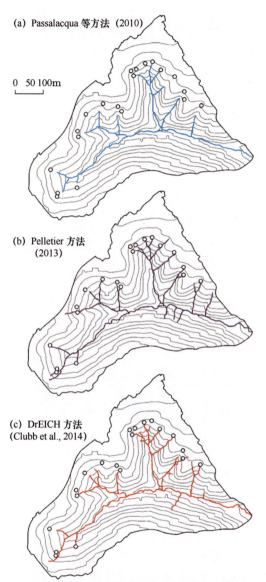

图 4.6 使用 3 种方法预测美国俄亥俄州印第安溪河道源头位置的等高线图。圆圈表示绘制的河道源头，等高距为 10m

来源：改编自 Clubb 等（2014，p. 4294）。经 John Wiley and Sons，Inc.许可转载。

表 4.3　河道属性及其重要性列表

河道属性	类型	描述
绝对迂曲	区域	沿河道长度和直线长度的比率
沿河道长度	区域	所有上游河道的沿河道长度
沿河道坡度	区域	所有上游河道的沿河道坡度
汇水面积（下坡端以上）	区域	位于每个网格单元下坡端之上的上坡汇水面积
下坡端格元 ID	局部	标记河道末端（以及标记水流流向另一个支流、湖泊或海洋）的网格单元的 ID
排水密度	区域	排水线总长度与排水区域面积之比（Horton, 1932；Tarboton, Bras and Rodriguez-Iturbe, 1992；Dobos, Daroussin and Montanarella, 2005）
高程落差	区域	所有上游河道的高程落差
最长河道长度	区域	所有上游河道中最长河道的长度
网络直径	区域	任意上游源头之间网格单元的最大数量
起伏度	区域	网格单元高程与流入其中的流域最高高程之差
Shreve 量级	区域	位于网格单元上游源头（支流）的总数
源密度	区域	网格单元上方的源头数目除以流域总面积
直线长度	区域	所有上游河道的直线长度
直线坡度	区域	所有上游河道的直线坡度
支流顺序	区域	支流层次结构的整数值度量（Horton, 1932；Strahler, 1957；Peckham and Gupta, 1999）
总长度	区域	所有上游河道的总长度
上坡端格元 ID	局部	标记河道开始的网格单元的 ID

来源：改编自 Gruber 和 Peckham（2009, p. 190）。经 Elsevier 许可转载。

▶ 4.2.2　流域边界和属性

D8（O'Callaghan and Mark, 1984）流向网格也可将流域边界提取为具有相关属性的多边形（见表 4.4；Gruber and Peckham, 2009）。计算 Cottonwood Creek 研究区域的边界时，可以首先识别下游端格元，然后追踪排水至该出口的所有网格单元的边界，以此描绘流域的边界（见图 4.5）。

表 4.4　流域属性及其重要性列表

流域属性	类型	描述
面积	区域	流域的表面积

(续表)

流域属性	类型	描述
质点	局部	标记流域中心网格单元的特征
直径	区域	边界上任意两点之间的最大距离
平均高程	区域	流域中网格单元的平均高程
平均坡度	区域	流域中网格单元的平均坡度
周长	区域	流域边界线的长度

来源：改编自 Gruber 和 Peckham（2009, p. 190）。经 Elsevier 许可转载。

类似地，也可用相同的方法将汇水区或流域划分为水文子单元（子流域），其中每个子流域表示排水至标记支流或主河道出口的特定流段或河段的网格单元集。

4.3 特定（模糊）地貌的提取和分类

许多研究者尝试提取和划分其他类型的离散地貌特征或地形单元，如冲积扇、盆地、冰堆丘、沙丘、山脉、山脊和山谷等。其中很多都使用了 4.1.1 节中描述的两种基本模糊分类方法。

有几项研究采用了 SI 模型，并利用先验知识将模糊隶属度赋值给具有特定度量属性（如高度）的地貌要素。例如，Usery（1996）使用某一高程以上的高度作为隶属度函数（隶属度值随着高度的增加而增加），计算了乔治亚州斯通山的模糊度范围；Cheng 和 Molenaar（1999a, b）使用高度来确定动态海滩地貌各要素的隶属度函数。SR 模型使用坡度和曲率等地表参数作为多变量分类函数的输入参数，这种分类函数产生的隶属度值应用也很广泛（Irvin et al., 1997；MacMillan et al., 2000；Burrough et al., 2000, 2001）。此外，一些研究还记录了在使用这些方法时，实验结果如何随 DEM 分辨率的变化而变化（Arrell et al., 2007；Deng et al., 2007）。因此，某一尺度下的河道在另一个尺度下可能就是另一种形态类别（Morphometric Class；见图 4.7）。下面所述的 3 个案例的显著特征就是，它们都试图利用这些信息强化地貌特征的提取和分类方法。

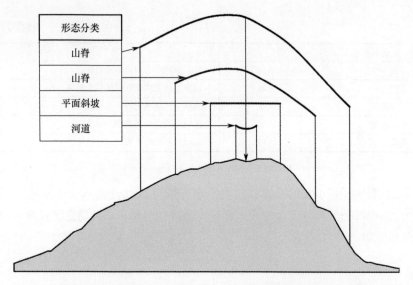

图 4.7 该图显示了垂直箭头指示点处形态类别如何随着测量尺度的变化而变化
来源：Fisher et al.（2004, p. 109）。经 John Wiley and Sons, Inc.许可转载。

第 1 个案例关注由 Gallant 和 Dowling（2003）提出的 MRVBF 指数。在此简要说明其核心概念，以及如何使用该指数描绘几种可能的输出结果，尤其是如何描绘山谷地貌。MRVBF 指数主要使用两个输入参数：①坡度，在分辨率不断粗化和坡度阈值逐渐降低的 DEM 上计算得到；②高程百分位数，利用不断扩大的窗口计算得到。坡度和高程百分位数分别对应平坦度指数和低度指数的倒数，并在各个尺度上对这些指数进行乘法组合，以生成该尺度下的谷底平坦度（Valley Bottom Flatness, VBF）分值。然后，在一系列尺度上对 VBF 分值求和，得到表示谷底多尺度隶属度的 MRVBF，并使用适当的阈值来定义山谷的存在及其空间范围。Gallant 和 Dowling（2003）还提出了 MRRTF 指数，可以同样的方式定义脊线和山顶的存在及其空间范围。

在第 2 个案例中，Fisher 等（2004）采用多分辨率方法定义了 6 个地貌景观类别的模糊集成员——山凹（其所有邻域都相对更高）、山顶（其所有邻域都相对更低）、隘口（其相对侧的两个邻域更高，正交侧的邻域更低）、通道（其相对侧的两个邻域更高）、山脊（其相对侧的两个邻域更低）和平原（没有明显的曲率来定义不同的形状）。同时，他们还使用这一结果提取了英国湖区一系列公认的文化景观特征（山脉和山口）。

Fisher 等（2004）首先解释了为什么山脉、山脊和山谷等景观特征是人为确定的对象（Smith and Varzi, 2000），因为它们只存在于人类对于景观的理解和划分中。例如，山脉并不是真正的景观特征，因为它只能被解释为地表变化连续体中的一个区域。有些山脉引起了人们的注意并被人们命名（如赫尔维林山脉），但是描述或理解与这些特征相关的空间范围或区域则困难得多。人们对核心概念的位置（如本例中的山峰）的意见可能完全一致，但是该核心概念并未抓住其完整的身份特征，并且它们的空间范围超出了核心区域，其中一些（大多数）人都将在某种程度上承认它们的存在（Usery, 1996；Wood, 1996a, b；Fisher and Wood, 1998）。更糟糕的是，分配给某个位置的地貌类别可能会因观察尺度或测量尺度的变化而变化，从而导致正确的分类更加模糊。

为了实施多尺度分析，Fisher 等（2004）首先将地表模拟为分辨率为 50m 的 DEM，通过拟合一个以扩展窗口或滤波器为中心的局部二次曲面，将其拓展到一系列备选尺度。其次在窗口大小范围内对广义表面进行形态学分析，该研究使用取值范围为 3×3～75×75 的网格单元来描述平面尺寸范围为 100～3700m 的特征。对逐步拓展的 DEM 执行最终的形态分类，并将其与以原始尺度保存的结果进行组合，与坡度阈值一起使用（Wood, 1996b, 1998），用来定义中心湖区内 6 个形态类别中各类别的模糊隶属度。最后将山峰的模糊图像转换为矢量形式，并提取出与每个山峰相关的矢量多边形，从而确定可从特定山峰看到哪些景观，以及从特定位置可以看到哪些山脉及其山峰。

实验结果表明，"山峰"这个类别与许多已知的山脉和丘陵相对应。然而，Fisher 等（2004）指出他们的方法还存在一些问题，包括参数化形态难以提取函数，以及缺乏指导不同尺度结果加权决策和执行分析尺度选择的知识。

第 3 个案例展示了如何将山峰概念化，并映射为多尺度和多标准的模糊实体（Deng and Wilson, 2008）。首先，引入并量化 4 种语义以表征一系列空间尺度的峰值；其次，评估每个尺度的多标准峰值；最后，在空间尺度上将单尺度峰值概括为单变量隶属度面，以便将模糊峰值实体映射为非均匀峰值区域，其边界取决于用户指定的阈值。该方法将加利福尼亚州圣莫尼卡山脉 17.4km×9.3km 的区域作为研究对象，该区域属于陡坡、高起伏度和崎岖的深切河流地形。

该案例首先使用 3 个圆形移动窗口（分别为 5 个、20 个和 80 个单元半径）和 4 个标准来定义山峰原型。这些山峰具有以下特点：①局部区域内下坡向具有较大起伏；②在局部区域内较为陡峭；③与较大范围的周边地区相比具有较高的高程；④在更大的附近区域内没有能与之相比的山峰。这些标准被实践化并用于计算山峰原型，对 4 个山峰属性都使用相等的权值（较大的圆形窗口被赋予较高的权值）。其次使用阈值选择每个空间尺度中最典型的山峰（山峰原型），将其扩展到其他 3 个尺度，并使用山峰特性计算每个点与特定尺度山峰类别中心的相似性，具体通过以下方式实现：①转换每个点和山峰中心类别之间的属性距离；②将属性距离转换为 0～1 的相对相似度分值。最后，将 4 个阈值应用于上述相似性分值为 0.65～0.80 的网格，以识别研究区域内的 4 组山峰实体。

4.4 重复地貌类型的提取和分类

MacMillan 和 Shary（2009）使用"重复地貌类型"一词来指代独特的地形模式（平原、丘陵、山脉和山谷），这些地形模式在景观特征的大小、尺度和形状上表现不同，并且经常出现在相对于相邻地貌特征可识别的上下文位置。多年来，不同的研究者使用不同的术语描述这些类型，如 Speight（1974）使用术语"景观模式"，而 Dikau（1989）使用术语"起伏形态"来表示这些重复的地貌类型。

与 4.1 节中描述地貌要素分类相比，地貌类型的分类通常抽象程度更高、范围更广。这些分类历史悠久，在早期依赖手工、主观的系统来分析等高线地图，并在多层次结构地貌类型中生成多个特定层次的结果（Veatch, 1935；Fenneman, 1938；Hammond, 1954, 1964, 1965）。相比之下，最近的许多例子都实现了不同程度的自动化，但是大多数都集中在相对较小的地理范围之内，有些则没有指定景观类型（Troeh, 1964, 1965；Speight, 1974, 1990；Pike, 1988；Dikau et al., 1991, 1995；Guzzetti and Reichenbach, 1994；van Engelen and Ting-Tiang, 1995；Brabyn, 1998）。

关于这些分类方法的其余讨论集中于 Hammond 方法，因为它已经实现了自动化，多年来已经被应用于各种区域环境（Dikau et al., 1991, 1995；Brabyn, 1998；Gallant et al., 2005；Morgan and Lesh, 2005；Hrvatin and Perko, 2009），而且最近还被修改并用于提出新的全球地貌类型分类方法（Karagulle et al., 2017）。

Hammond（1954）丰富的实地经验为坡度、局部地形起伏和剖面类型的经验性定义提供了理论依据，并将其作为重复地貌类型分类的基本参数。该方法包括 4 类缓坡、6 类相对地形起伏和 4 类剖面类型，并且提供了 96 种可能的地貌子类（Brabyn, 1998）。这 96 种子类通常被重新划分为 24 种地貌种类和 5 种地貌类型（Bayramin, 2000）。后来，Hammond（1964）通过对 1∶250000 地形图的目视分析评估了这些参数，同时绘制了名为《美国 48 州的地表形态类型》（*Classes of Land Surface Form of the 48 States in USA*）"这一具有开创性意义的地图（Karagulle et al., 2017）。

Dikau 等首次使用了 Hammond 自动化方法生成了新墨西哥州的数字地形图（Dikau et al., 1991,1995），他们使用相同的输入（4 类缓坡分布、6 类局部地形起伏度和 4 类剖面类型；见表 4.5），得到了与 Hammond（1954, 1964）相同的结果（5 种地貌类型、24 种地貌种类和 96 种地貌子类；见表 4.6）。然而，Dikau 等使用了分辨率为 200m 的 DEM 和 9.65km 的邻域分析窗口（Neighborhood Analysis Window, NAW）来计算 3 个参数，代替了 Hammond 使用的 1∶250000 的地形图。其中，在 3×3 的移动窗口中计算坡度，并使用 NAW 中包含的网格单元的坡度分布来估计平坦与缓坡分布（见表 4.5 第 1 列）的网格单元的比例。计算每个网格单元的相对起伏度，并作为每个 NAW 内最大单元格和最小单元格高度之间的差异（即局部地形起伏度，见表 4.5 中第 2 列）。Dikau 方法所要求的第 3 个输入参数——剖面类型（见表 4.5 第 3 列），被定义为高地区域和低地区域中平坦地形或缓坡地形的比例。为了得到这些输入参数，首先要检查 NAW 的中心单元，确定它位于 NAW 的上半部分还是下半部分，然后计算 NAW 内高地区域和低地区域中平坦单元的比例，并用于区分平坦高原地区和平坦洼地地区（Brabyn, 1998；MacMillan and Sharg, 2009）。Guzzetti 和 Reichenbach（1994）及 Brabyn（1997,1998）都指出了错误分类（如 Dikau/Hammond 方法倾向于将具有不同地貌分类的区域划分为同一类）和不精确边界（尤其是在高起伏度区域和低起伏度区域之间的过渡区域）等问题。

表 4.5 Dikau 等（1991）使用的地貌分类标准

缓坡分布	局部地形起伏度	剖面类型
（a）缓坡区域超过 80%	（1）0～30m	（a）超过 75% 的缓坡为低地
（b）缓坡区域占 50%～80%	（2）30～91m	（b）50%～75% 的缓坡为低地
（c）缓坡区域占 20%～50%	（3）91～152m	（c）50%～75% 的缓坡为高地
（d）缓坡区域小于 20%	（4）152～305m （5）305～915m （6）>915m	（d）超过 75% 的缓坡为高地

来源：MacMillan 和 Shary（2009, p. 246）。经 Elsevier 许可转载。

表 4.6 Dikau 方法使用的地貌类型和子类

地貌类型	地貌种类	地貌子类代码
平原	平坦或近乎平坦平原	A1a, A1b, A1c, A1d
	局部起伏的光滑平原	A2a, A2b, A2c, A2d
	低起伏度的不规则平原	B1a, B1b, B1c, B1d
	中起伏度的不规则平原	B2a, B2b, B2c, B2d
台地	中起伏度的台地	A3c, A3d, B3c, B4c
	较高起伏度的台地	A4c, A4d, B4c, B4d
	高起伏度的台地	A5c, A5d, B5c, B5d
	非常高起伏度的台地	A6c, A6d, B6c, B6d
含丘陵或山脉的平原	含丘陵的平原	A3a, A3b, B3a, B3b
	含高丘陵的平原	A4a, A4b, B4a, B4b
	含低山的平原	A5a, A5b, B5a, B5b
	含高山的平原	A6a, A6b, B6a, B6b
开阔的丘陵和山脉	开阔的极低丘陵	C1a, C1b, C1c, C1d
	开阔的低丘	C2a, C2b, C2c, C2d
	开阔的中丘	C3a, C3b, C3c, C4c
	开阔的高丘	C4a, C4b, C4c, C4d
	开阔的低山	C5a, C5b, C5c, C5d
	开阔的高山	C6a, C6b, C6c, C6d

(续表)

地貌类型	地貌种类	地貌子类代码
丘陵和山脉	极低丘陵	D1a, D1b, D1c, D1d
	低丘	D2a, D2b, D2c, D2d
	中高丘陵	D3a, D3b, D3c, D3d
	高丘	D4a, D4b, D4c, D4d
	低山	D5a, D5b, D5c, D5d
	高山	D6a, D6b, D6c, D6d

来源：Dikau et al.（1991, p.9）。

在过去已开发和部署了多种类似的方法。如 True（2002）使用了 Hammond/Dikau 方法的变形，该方法删去了剖面类型这一参数，并且使用分辨率为 1km 的 NAW 和分辨率为 30m 的 NED 作为源 DEM（Gesch et al., 2002）。这种方法也被称为密苏里州资源评估伙伴关系（Missouri Resource Assessment Partnership, MoRAP）方法，随后被美国地质调查局（USGS）所采用，绘制了南美洲（Sayre et al., 2008）、美国毗邻地区（Sayre et al., 2009）、非洲（Sayre et al., 2013），以及全球（Sayre et al., 2014）的 Hammond 地貌类型图。其中全球产品的开发使用了分辨率为 250m 的全球 DEM（Danielson and Gesch, 2011）和分辨率为 1km 的 NAW。随后，Karagulle 等（2017）根据多向地貌晕渲地形图检查了全球产品中的分类地貌，他们希望看到山地、丘陵和平原地貌与晕渲图中的地形特征相匹配。但是，研究者发现：①地貌具有多面和破碎的模式，而不是区域性的均匀外观；②明显缺少高原；③通常被认为是丘陵的某些地区被归类为平原。他们将部分问题归因于 MoRAP 方法中忽略了 Hammond 剖面参数，以及在 Sayre 等（2014）的全球应用中选择了分辨率为 1km 的 NAW。

在过去，NAW 尺寸的选择经常是研究热点。如何确定用于参数计算的搜索窗口的范围是关键问题，研究者普遍认为应当允许 NAW 的范围发生变化，以匹配地表的空间结构。MacMillan 和 Shary（2009, pp. 247～251）最近重新审视了一些关于如何获取这种大规模地表结构并用于改变 NAW 的建议，得出结论：在重复地貌类型的自动分类之前，需要做很多工作才能有效地利用迄今为止提出的各种策略和措施。

Karagulle 等（2017）最近公布了全球 Hammond 地貌区域的新特征。首先，他们使用 Python 编写成的 ArcGIS 地理处理脚本工具实现 Morgan 和 Lesh（2005）的方法。Morgan 和 Lesh（2005）曾经在 ArcGIS 中使用了 Dikau 等（1991，1995）提出的方法，并使用分辨率为 30m 的 DEM 对马里兰州的 Hammond 地貌进行分类。Karagulle 等（2017）选择 Morgan 和 Lesh（2005）的方法，因为该方法使用了首选的计算平台（ArcGIS），并包含了最近一些研究完全忽视的剖面参数。Karagulle 等（2017）同样选择了 250m 的 GMTED（Danielson and Gesch，2011）作为源数据［Sayre 等（2014）也使用这些数据制作了全球产品］，并对 Morgan 和 Lesh（2005）的方法进行了 4 次修改，使其能够：①确定最佳的 NAW 尺寸；②包含负（低于海平面的）高程值；③强化低起伏山丘区域和平坦区域的区分；④减少 MoRAP 方法产生的地貌碎片。GMTED 从原始的世界大地坐标系（World Geodetic System，WGS）1984 地理坐标系投影到世界等距圆柱投影坐标系（World Equidistant Cylindrical），以确保圆形 NAW 包含相同数量的单元，并确保从 NAW 中心到边缘的距离在地球上任意地方都一致。

使用 12.5 个网格单元（3km）NAW 计算坡度百分比，将 NAW 中每个网格单元赋值为它和 8 个相邻格元之间坡度的平均值，然后在 NAW 内对这些坡度值求平均，使用表 4.5 第 1 列中 4 个规则进行解释。局部地形起伏度表示 NAW 的高程变化量，即 NAWs 中最高高程和最低高程之间的差异，可以使用表 4.5 第 2 列中 6 个规则进行解释。剖面参数的计算方法是：首先将 25 个网格单元的（6km NAW 中）每个格元归类到与该 NAW 中高程中位数相比较高或较低的地形种类中，然后计算该 NAW 内缓坡的数量。Karagulle 等（2017）在表 4.5 第 3 列中 4 个类别中，增加了第 5 个标记为"在缓坡上小于 50%的高地或低地"的剖面类型，随后确认受影响区域已通过坡度起伏度参数和局部起伏度参数进行了隐式分类。

Karagulle 等（2017）随后对坡度、地形起伏度和剖面的输出进行求和，计算了 Hammond 地形种类和地貌类型，并且将这一结果与地形背景的地形晕渲模型进行了可视化比较。结果出现了许多不匹配的情况，因此他们使用了 1km 的 NAW 提取平原特征，将以平原为中心的调整作为一种覆盖部署，去除了原始的 Hammond/Dikau 分类模型的双地形种类（见表 4.7）。同时，将滤波工具运行 4 次以去除或平滑由 1 组或 2 组地形特征引起的"椒盐"效应，这 2

组地形特征是由最初整合的 3 个剖面的输出结果产生的。

表 4.7 Dikau 和 Karagulle 方法使用的地貌种类及其所属地貌类型的比较

地貌种类	Dikau 地貌类型	Karagulle 地貌类型
平坦或近平坦的平原	平原	平原
局部起伏的光滑平原		平原
低起伏度的不规则平原		丘陵
中起伏度的不规则平原		丘陵
中起伏度的台地	台地	丘陵
较高起伏度的台地		丘陵
高起伏度的台地		丘陵
极高起伏度的台地		丘陵
含丘陵的平原	含丘陵或山脉的平原	
含高丘的平原		
含低山的平原		
含高山的平原		
开阔的极低丘陵	开阔的丘陵和山脉	丘陵
开阔的低丘		丘陵
开阔的中丘		低山
开阔的高丘		高山
开阔的低山		
开阔的高山		
极低丘陵	丘陵和山脉	丘陵
低丘		丘陵
中丘		低山
高丘		高山
低山		
高山		

来源：Karagulle et al.（2017）。经 John Wiley and Sons, Inc.许可转载。

这种新方法使用 3km 的 NAW 计算坡度参数，使用 6km NAW 计算局部起伏度和剖面参数，引入了一种新的以平原为中心的调整策略（包含 1km NAW），并使用数据滤波去除了许多小杂物。表 4.7 显示了 Hammond/Dikau 方法中 5 个地貌类型是如何被这种新方法删除的，并说明了地貌类型数量从 5 个减少到 4 个时，分配到地貌类型的地貌种类是如何通过 Karagulle 等（2017）提出的新方法改变的。表 4.8 显示了 Sayre 等（2014）在全球应用中使用的 7 个地貌种类如何在这个新应用中增加到 16 个，以及如何将 Sayre 等（2014）和 Karagulle 等（2017）的地貌类型分配给第 1 个应用的 4 个地貌类型。

表 4.8　由 Sayre 等（2014）和 Karagulle 等（2017）模拟的全球 Hammond 地貌种类和地貌类型的比较

地貌类型	Sayre 等建模的地貌种类	Karagulle 等建模的地貌种类
平原	平坦或近乎平坦的平原	平坦或近乎平坦的平原
	局部起伏的平坦平原	局部起伏的平坦平原
丘陵	高丘	高丘
	中丘	中丘
	低丘	散布的（开阔的）高丘
		散布的（开阔的）中丘
		低起伏度的不规则平原
		中起伏度的不规则平原
		中起伏度的台地
		较高起伏度的台地
		高起伏度的台地
		极高起伏度的台地
低山	低山	低山
		散布的（开阔的）低山
高山	高山	高山
		散布的（开阔的）高山

来源：Karagulle et al.（2017）。经 John Wiley and Sons 许可转载。

图 4.8 显示了 Sayre 等（2014）和 Karagulle 等（2017）的 4 种地貌类型（平原、丘陵、低山和高山）总面积的比较。该柱状图显示出新方法识别的平原区域明显减少，而低山和高山相应增加。因此，这一方法解决了 Sayre 等（2014）在发布全球地貌分类时所指出的一个不足，即对平原的预测过高及对低山和高山的预测过低。Karagulle 等（2017）编制的新的全球 Hammond 地貌分类图和基础数据可以通过 ArcGIS Online 和 Living Atlas 访问。

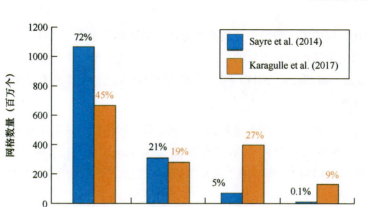

图 4.8　Sayre 等（2014）和 Karagulle 等（2017）绘制的地图中主要地貌类型的对比
来源：改编自 Karagulle et al.（2017）。经 John Wiley and Sons, Inc.许可转载。

4.5　离散地貌计量学：多尺度模式分析和对象描述的耦合

前述应用让读者对过去自动地貌分类取得的巨大进展有了一定的了解。然而，这些技术的成功应用需要大量的知识和经验，包括地貌学、技术本身及应用领域（Minár and Evans, 2008；Evans, 2012）。此外，到目前为止所描述的大多数应用都限定于特定尺度，并受网格高程数据集的可用性和/或研究者景观知识的限制。大部分应用都通过多尺度分析来解决尺度约束问题（Gallant and Dowling, 2003；Deng and Wilson, 2008），也有小部分应用在最终分类方法的实施过程中，使用现地勘察（Clubb et al. 2014）和/或数字勘察（Karagulle et al., 2017）来获取和利用研究区域的附加知识。

然而，最近有一系列论文在质疑：目前为止所描述的方法是否适合现有任务，本节所用的标题取自由 Drăguţ 和 Eisank（2011）撰写的著名论文。下面总结了各种论点，并且描述了可以更好地连接一般和特定地貌计量的潜在途径。由 Drăguţ 和 Eisank（2011）提出的术语"离散地貌计量学"常用于描述这种一般性方法。

前述应用中大多数地形分类系统都是从网格单元分类开始的，然后用这些结果的聚类来描述最终对象的范围，而不是先描绘对象，再对这些对象进行分类（Drăguţ and Eisank, 2011）的。直接对网格单元进行分类的方法带来了 5 个方面的问题。

（1）网格单元在空间上彼此独立，因此相邻网格单元经常被分配到不同的类别，导致地形的空间表示高度分散（Burrough, et al., 2001），产生了 Karagulle 等（2017）所谓的"椒盐"效应。为此，他们使用滤波减少了其全球 Hammond 地貌分类。

（2）分析尺度与网格单元和 NAW 的覆盖范围有关，而可能与地貌等现实世界实体的大小和形状无关（Fisher, 1997；Goodchild, Yuan and Cova, 2007）。更糟糕的是，根据 DEM 分辨率和 NAW 的尺寸，可以为特定网格单元的地表参数指定不同的值。

（3）在回答哪种 DEM 分辨率和 NAW 最适合某一特定用途的问题时，往往需要考虑数据可用性（Schmidt and Andrew, 2005），偶尔才由专家知识（Gustavsson and Kolstrup, 2009）或选择和使用地表参数的探索性方法来决定（Deng, 2007；Deng et al., 2007）。

（4）很难将拓扑关系包含在分类中。如在特定流域中连接上坡网格单元和下坡网格单元的单流向或多流向（流径）所表示的拓扑关系，以及合并和连接子流域形成更大水文流域的支流所表示的拓扑关系。

（5）开发包含所有重要尺度的地形等级比较困难，包括景观要素、特定地貌和重复地貌类型的各种示例。

Drăguţ 和 Eisank（2011）提出将离散地貌计量作为连接一般地貌计量和特定地貌计量的方法，从而避免了上述的多个问题。

Drăguţ 和 Eisank（2011）的方法包含 3 个部分：①对象被定义为由多个不连续的地表参数所描绘的均匀区域；②这些对象用于揭示特定尺度或多个尺度的地表模式；③在描绘同质区域的分割方法之后或同时确定对象特征。Drăguţ 和 Eisank 将这些对象看作从网格单元到地貌分类过渡的中间产品，在之前的研究中，这些对象被 Dymond、Derose 和 Harmsworth（1995）称为土地要素，被 Rowbotham 和 Dudycha（1998）称为地形面片（Terrain Facet），被 Minár 和 Evans（2008）称为基本形态（Elementary Form），被 Drăguţ 等（2009）称为图形元素（Pattern Element），被 Gessler 等（2009）称为地貌基元（Morphometric Primitive）。一旦对象被描绘出来，就可以与统计、关系和语义规则一起使用，从而把每个对象都映射到最接近的地形概念，并被分配到不同类别的基本形态中，或给出如"冲积扇""山脉"或"山谷"的解释。

这种新方法从定义对象和描述同质区域开始，关于这两项任务，Minár 和 Evans（2008）的论文特别具有启发性。对于第 1 项任务，研究者将基本形态指定为以不连续为界的具有恒定的高度值或多个易于解释的地貌变量（局部地表参数）。每种形式都由特定的数学函数（拟合函数）表示，不连续的线由一个（简单不连续线）或多个（复合不连续线）属性值的瞬时变化来表示。论文包括一系列指导性图表和一阶导数、二阶导数及三阶导数的定义方程。对于第 2 项任务，Minár 和 Evans（2008）也认为，地表的分割可以提供从实地到对象模型的过渡（Brändli, 1996；Cova and Goodchild, 2002），以及从一般地貌计量到特定地貌计量的过渡（Evans, 1972, 1987）。

最初为遥感影像分析开发的许多分割算法已成功应用于地貌制图或 DEM 均匀区域的划分研究（Lucieer and Stein, 2005；Drgtgut and Blaschke, 2006, 2008；Möller et al., 2008; Schneevoight et al., 2008；Anders, Seijmonsbergen and Bouten, 2009；Jellema et al., 2009；Romstad and Etzelmiiller, 2009；Stepinski and Bagaria, 2009；Gerqek, Toprak and Strobl, 2011）。所有这些分割算法都需要确定 1 个（或多个）最佳尺度，这里再次说明选择适当尺度参数的各种方法（Ming, Wang and Zhang, 2015）。

Drătgut 和 Eisank（2011）支持在 eCognition 软件中实现的多分辨率分割（Multi-Resolution Segmentation, MRS）算法（Baatz and Schäpe, 2000），以及局部方差（Local Variance, LV）数据驱动的尺度检测方法。稍后将更详细地描述这些内容，因为他们也已采取并使用这些方法，并用于 SRTM 数据（其覆盖了地球大部分陆地表面）基于对象的地形自动分类（Drhgut and Eisank, 2012）。

MRS 算法是一种多尺度区域合并技术，通过优化过程从像素（网格单元）创建对象，并将给定尺度下每个对象的内部加权异质性最小化。这些对象随后被合并或分割，以创建连续尺度的对象，当创建更高尺度对象时，采用自下而上的方式；当创建更低尺度对象时，采用自上而下的方式。按照这种方法，进行合并还是分割则取决于最近的尺度均匀结构和用户定义的异质性阈值（也称为尺度参数）。近年来，这种特殊的分割方法在描绘地貌要素和特定地貌方面被证明是可行的（Drăguţ and Blaschke, 2006, 2008; Schneevoight et al., 2008; Anders et al., 2009; d'Oleire-Oltmanns et al., 2013），尽管在最早的应用中没有可用工具能够客观地指导合适分割尺度的选择。

Li（2008）和 Drăguţ 等（2009）都主张使用 LV 方法为地貌多尺度分析选择适当的尺度。该方法最初用于图像分析，用以辅助尺度选取（Woodcock and Strahler, 1987）。LV 方法通过图像的空间结构建立了现实世界对象尺寸与像素（网格单元）分辨率之间的关系，典型模式如图 4.9 所示。左侧的图像显示了高分辨率场景，其中一个对象覆盖了多个网格单元。空间自相关性越高，局部方差（使用 1 个小的 3×3 移动窗口计算标准偏差平均值）越小。接下来的两张图（从左向右）显示了较粗分辨率的图像，这些图像源于初始数据集的重采样，其中网格单元的大小与场景中的对象接近。LV 的最大值会出现在图中第 3 个场景，因为该场景中邻域相似的可能性被最小化了。对于较粗分辨率的网格单元，由于 1 个网格单元内包含了更多对象，LV 将再次减小，也因而减小了相邻网格单元之间的差异（Drăguţ and Eisank, 2011）。

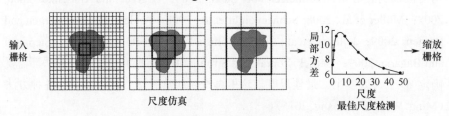

图 4.9　应用于 DEM 网格单元的局部方差（LV）方法

来源：Drăguţ, Eisank 和 Strasser (2011, p. 164)。经 Elsevier 许可转载。

Drăguţ 等（2011）指出 LV 方法有助于在地貌分析中检测特征尺度，类似于在低起伏度和山区使用 LiDAR DEM 的遥感应用。该程序包括 4 个步骤：①通过重采样（基于单元格）或图像分割（基于对象）以恒定的增量生成 3 个地表参数（坡度、平面曲率和剖面曲率）；②使用 3×3 移动窗口为每一层级的尺度计算 LV 作为平均标准偏差；③计算一个层级到另一个层级变化时的局部方差变化率（Rate of Change of LV, RoC-LV）；④将前 3 个步骤得到的值按尺度绘图。

视觉评估验证了该度量的有效性，并表明 LV 方法在通过分割产生的尺度水平上的表现优于通过重采样产生的尺度水平上的表现。

然后，在名为 ESP（Estimation of Scale Parameter；Drăguţ, Tiede and Levick, 2010）的工具中实现了上述程序，并将其应用在 Trimble 的 eCognition Developer 软件中。这个新工具以自下而上的方式迭代生成了多个尺度的图像对象，并计算每个尺度的 LV。然后，使用 RoC-LV 的阈值标示尺度级别，从而根据场景级别的数据特征以最合适的方式分割图像。Drăguţ 等（2010）对不同类型的图像进行了一系列测试，以展示这种新工具在执行图像分割时如何实现快速和客观的参数化。

最近两个应用证实了这一新方法的有效性。在第 1 个应用中，Drăguţ 和 Eisank（2011）通过使用上述的自适应、数据驱动技术，在 3 个尺度等级上实现了 SRTM 高程层的自动分割和分类。该应用使用无须任何预处理的高程作为输入，在分割和分类时仅使用了高程和高程标准差两个参数。实验结果与现有的全球和区域分类模式相似，其详细程度接近手工绘制的地图，统计分析表明大多数类别都实现了内部同质性的最大化和外部同质性的最小化。该方法是作为一个定制的 eCognition 软件来实现的。

在第 2 个应用中，d'Oleire-Oltmanns 等（2013）使用上述基于对象的工作流，从两种不同的数据类型中提取多个尺度的地貌。将光学数据（从航空照片中采集的有关片段的对比信息和形状属性）用于特定局部尺度的沟壑测绘；将地形数据（从 DEM 中收集的场景信息和形状信息）用于稍大范围的冰丘测绘。通过与人工从输入数据中提取的独立参考数据进行比较，对分类结果进行了精度评估。结果表明，该方法能较好地实现映射地貌与参考地貌的一致性。

本章重点介绍的各种例子表明，用于地表对象和地貌的分类与映射方法和数据源的数量及复杂程度都在不断增长。本节强调的基于知识的方法为改进这些分类系统的准确性和可移植性提供了新的机遇，并可进一步用于地貌要素、地貌和重复地貌类型的分级分类。

第 5 章将探讨 3 个主题，即误差和不确定性的识别和处理、验证方法，以及多尺度分析和跨尺度推理的作用。它们几乎影响了典型数字地形工作流程的方方面面，而该流程一直是第 2~4 章的重点。

5
误差和不确定性测量

摘要

前几章已经说明了：①目前可以通过多种方式构建 DEM；②各种高程数据源和地形建模方法存在许多微妙之处；③生产过程的每个阶段都会引入误差。此外，这些误差及其导致的不确定性也带来了很多挑战。部分误差可归因于传感器的选择、特定的应用（高程数据的部署和使用方法）和选定的景观（研究区域）。还有些挑战涉及主要地表参数和次要地表参数中高程误差的传播。应对误差传播的常用方法是对 DEM 中的误差（通常仅部分已知）进行统计建模，然后运用蒙特卡罗分析。最好能利用这些技术来检查并消除部分或全部误差；然而，源数据中的误差并不总是能被消除，那些对从 DEM 计算的地表参数和/或对象感兴趣的人，必须要认识到这些误差，并了解它们是如何影响自己的工作流程及结果的有效性和重要性的。

据此，本章总结了 DEM 高程值的准确性，以及从这些高程计算得出的地表参数及对象。首先，在 5.1 节回顾了研究者在数字地形建模中识别、处理误差和不确定性的各种方法，然后在 5.2 节和 5.3 节中分别讨论了误差和不确定性与两个概念（适用性和尺度）相结合的一些方法。5.4 节介绍了最近发布的美国国家水模型（US National Water Model, NWM），以说明如何在存在误差和不确定性的情况下构建有用的产品和服务。

5.1 误差和不确定性的识别与处理

自 1972 年 Evans 撰写关于地貌形态分析的一般模式和特定模式的里程碑论文以来，已经发表了许多旨在描述 DEM 误差的论文（见图 5.1）。其中有一些论文提出了减少或消除这些误差的方法，还有少数文章讨论了不确定性的表征方法，并将其纳入后续建模工作流程中。

Wise（2000a）描述了几个易于理解的示例，用以说明细节在理解和最小化误差时的重要性。同样，Hebeler 和 Purves（2009, pp. 4~6）详细地介绍了误差和不确定性的概念，以及两者的重要性及原因。存在许多可能的误差来源，Hebeler 和 Purves（2009, p.5）将误差视为测量值与其真实值的偏差，这意味着只有在拥有一组更准确参考数据的情况下，才能确定高程误差［如 Rexer 和 Hirt（2014）］。

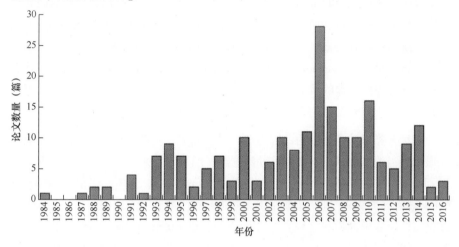

图 5.1　5.1 节中提及的关于 DEM 误差和不确定性的论文数量（按出版年份排序）

该定义是一个良好的开端，但它忽略了系统偏差的存在和误差的空间模式，一方面这些误差可能对那些受地表形状影响很大的地表参数至关重要（Hutchinson and Gallant，2000；Deng et al，2008；Wise，2010）；另一方面还可能会在典型地形建模工作流程的后续阶段（在计算基于径流的主要地表参数和次生地表参数时）引入额外误差。

需要注意的是，无论误差的来源是什么，在任何特定位置通常都不会知道误差的大小和空间分布，这就产生了不确定性。因此，Hebeler 和 Purves（2009, p.5）使用术语"不确定性"来描述预期（建模）值与其真实值偏离的情况，但不能确定其程度，并常与置信区间有关联（如 Kyriakidis, Shortridge and Goodchild, 1999；Endreny and Wood, 2001；Shortridge, 2001）。这种不确定性可以使用地质统计学或不确定性模型来描述，如 5.1.2 节中关注的几篇论文所示。

一些研究者还描述了可能出现的误差类型。下面介绍两个误差分类方法，因为了解各种类型的误差有助于人们评估误差的大小或程度，以及可能将其引入典型地形建模工作流程的各种方式中。

在第 1 种误差分类方法中，Wise（2000b）区分了错误、系统误差和随机误差。错误是由于设备故障或人为失误而引起的严重误差，如选择了不适当的地图投影。系统误差通常表现出共同的趋势或归因，并反映出数据获取或处理工作流程的一些问题，如干扰 USGS 7.5′ DEM 早期开发工作的条带（Brown and Bara, 1994; Oimoen, 2000），困扰某些 LiDAR 任务和 SAR 任务的系统误差（Filin, 2003; Katzenbeisser, 2003; Lalonde et al., 2010），以及被封闭在管道中或在城市地区覆盖的溪流（Sheng et al., 2007）在矢量水文数据集中被忽略的趋势。产生随机误差的来源很多，而且通常无趋势可寻。

这种分类方法是有用的，因为在一般情况下，一旦确定了系统误差，就可以通过适当的方法或借助多个辅助数据源，通过计算来减少或消除系统误差。然而，这只能在某些时候发挥作用。Sheng 等（2007）使用 ANUDEM（Hutchinson, 1989）和历史航空摄影数据，在加利福尼亚州洛杉矶的 NHD 流线中定位、建模并添加"缺失"的溪流。而 Oksanen 和 Sarjakoski（2006）则将源自等高线的 5～50m 网格间距的精细地形尺度 DEM，与由机载激光扫描得到的高质量参考数据进行对比，结果发现：①精细地形尺度 DEM 误差的空间自相关是随机成分和系统性成分复杂组合的结果；②由于平滑性假设的有效范围很小，通过地统计方法进行建模是有问题的；③由于存在大量的异常值，用单一参数离散法不能描述 DEM 误差分布的形状。最后一项研究的结果指出研究者在某些应用中面临的巨大挑战，以及对于比传统误差统计更强大的误差描述符的需要。

Fisher 和 Tate（2006）提出的第 2 种误差分类方法确定了 DEM 误差的 3 个主要来源。

（1）用于创建 DEM 的源数据在测量和生成时产生的相关误差。

（2）从源数据生成 DEM 之前的数据处理（调整）产生的误差。

（3）与 DEM 建模的地表属性相关的误差。

所列的第 3 种误差来源尤其重要。首先，Hebeler 和 Purves（2009）指出，该误差源明确了处理 DEM 时一个基本且经常被忽视的因素，即地表的分辨率，而从该地表中推导主要地表参数和次生地表参数时，可能会进一步造成歧义并增加额外的不确定性。其次，迄今为止关于误差和不确定性的大部分工作都集中在 DEM 本身，而非选定景观（研究区域）的地形特性，实际上这两者都需要被关注（Hutchinson and Gallant, 2000；Liu et al., 2015）。

接下来，5.1.1 节和 5.1.2 节回顾了迄今为止的各项工作，首先对误差进行了描述，其次转向不确定性，最后以一个案例研究结束，展示了如何在环境建模工作流程中模拟不确定性，并将其与各种主要地表参数和次生地表参数一起使用。

▶ 5.1.1 误差

下面回顾地形建模的 200 余篇论文，它们解决了关于误差和/或不确定性等方面的某些问题。这些论文按照地形建模的工作流程进行组织（见图 2.1）。接下来讨论与以下因素相关的误差：①数据模型的选择；②空间的离散化、高程源数据的选择，以及所使用的插值方法和/或滤波方法；③对源数据进行预处理以消除不必要的洼地，解决平坦地形中的流向问题，以及合并 DEM 与从其他矢量水文源获得的流线；④用于计算主要地表参数和次生地表参数的方法；⑤必须按正确顺序处理流程中基于流量的参数。将对上述内容依次描述，其目的不是描述所有研究内容（因为这可能会使本书篇幅翻倍），而是要描述每个研究涉及的主题，以便为读者提供一个基本的路线图，从而帮助他们关注感兴趣的主题。

1. 数据模型的选择

本节首先描述数据模型选择中可能伴随的误差。在 2.1 节已论述了基于 Moore 等（1991）的 3 个高程数据网络的优缺点。

大约在同一时期，有多篇论文探讨了不同地表或地形表达方案的影响（Band, 1993；Kumler, 1994；Band et al., 1995）。但在过去，数据来源和处理方法的不断发展巩固了 DEM 作为主要数据模型的地位与作用，这些方法的发展从地面测量和地形图转换方法到被动遥感方法，再到利用 LiDAR 和雷达干涉测量的主动遥感方法。然而，近年来 TIN 似乎重新崛起，如在过去提出了许多新的流向算法，在计算一个网格单元到下一个网格的流向时，将单个网格单元划分为三角形面片，作为单元流量的初始步骤（Seibert and McGlynn, 2007；Zhou et al., 2011；Pilesjö and Hasan, 2014）。

2. 空间离散化、数据源选择、插值和滤波方法

很多论文都关注了与空间离散化方式、数据源选择及所用插值和滤波方法相关的误差，其中一些研究已在前面的章节中介绍过。如 1.2 节介绍了尺度（分辨率）的作用和重要性，并论述了 DEM 分辨率的选择应以选定的过程和模式的空间尺度为指导。2.4 节再次讨论了网格间距，重点是数据预处理和 DEM 构建，并对其论点展开论证，目的是为地形建模工作选择一个既适合当前工作，又有源数据支持的操作尺度。1.2 节以较长的篇幅回顾了一些研究工作，研究了地表参数对数据源、数据模型和网格分辨率组合的敏感性，这不可避免地会与本节的论述有一些重复，主要由于在构建 DEM 时，潜在的误差来源经常彼此混合。本节的目标是描述与空间离散化、源数据的选择方式及用于构建 DEM 的内插和滤波方法相关的误差。

早期研究主要关注第 1 批地形建模应用程序所用高程数据集相关的误差，以及用于减少或消除该误差的新插值方法。如 Issacson 和 Ripple（1991）比较了 USGS 生产的 7.5′ DEM 和 1°DEM 的质量，这些 DEM 都是当时比较流行的高程数据源。几年后，Brown 和 Bara（1994）及 Oimoen（2000）描述了识别系统误差的方法，并提出了减少或消除 USGS 产生的 7.5′ DEM 高程误差的方法。Day 和 Miller（1988）评估了基于 SPOT 影像自动立体匹配得到的 DEM 的质量。

接下来讨论插值方法。Hutchinson（1988，1989）首次开发了 ANUDEM 软件，用于构建符合水文逻辑的 DEM，Lee（1991）比较了当时利用 DEM 构建 TIN 的一系列方法。几年后，Mitášová 和 Hofierka（1993）及 Mitášová 和 Mitas（1993）提出使用带有张力的正则化样条进行地形建模和表面几何分析。

图 5.1 所示的关于 DEM 误差和不确定性研究的持续开展，可以归因于新的 GPS、机载激光扫描和 InSAR 数据源的出现。在过去，这些数据源使得覆盖大陆和（某些情况下）覆盖全球的高分辨率 DEM 得以开发和共享。

GPS 也以多种方式得到应用。最流行的应用方式是将其作为一种高分辨率、高精度数据，用于评估覆盖大范围地理区域的机载激光扫描和 SAR 数据源。如 Lee 等（2005）描述了动态 GPS 的运行原理，并用其验证星基 SAR 数

据（如 ASTER 和 SRTM 数据集）生成的 DEM，并在随后讨论的几项研究中对此类应用进行了说明。GPS 的第 2 种应用是使用数字摄影测量和动态 GPS 测量，为较小区域建立高精度 DEM。在一项研究中，Baldi 等（2000，2002）比较了使用数字摄影测量和动态 GPS 测量，并获得了用于火山监测的高精度 DEM。另外，Nico 等（2005b）研究了 GPS 操作精度和 GPS 样本密度对通过 GPS 动态测量得到的 DEM 质量的影响（见 2.2.2 节）。同样是关于摄影测量，Tadono 等（2009，2014）最近检查了 DEM 和 ORI 的准确性，这些数据是从 2006—2011 年使用 ALOS-PRISM 系统收集的归档数据中得到的。

与 2.2.5 节中基于 LiDAR 的 DEM 相比，这种日益流行的获取高程数据的来源催生了许多经验性评估，它们使用多个其他来源的高程数据进行校准和验证。如 Webster 和 Dias（2006）提出了一种自动化方法，用于比较 GPS 测量值与近距离 LiDAR 的高程值。这些研究工作分析了与基于 LiDAR 的 DEM 相关的误差，包括 Harding 等（1994）、Raber 等（2002,2007）、Ahokas、Kaartinen 和 Hyyppä（2003）、Filin（2003）、Hodgson 等（2003，2005）、Katzenbeisser（2003）、Zhang 等（2003）、Hodgson 和 Bresnahan（2004）、Glenn 等（2006）、Lloyd 和 Atkinson（2006）、Su 和 Bork（2006）、Aguilar 和 Mills（2008）、Cavalli 等（2008）、Liu（2008）、Bater 和 Coops（2009）、Heritage 和 Milan（2009）、Notebaert 等（2009）、Aguilar 等（2010）、Estomell 等（2011），以及 Hasan 等（2013b）的工作。由 Renslow（2012）撰写的机载地形 LiDAR 手册为想要了解 LiDAR 的人来说提供了更多细节，USGS 将继续推出新的 LiDAR 产品，并作为其 3DEP 计划的一部分（见 2.5 节）。

SRTM 产品源于 2000 年 2 月在奋进号航天飞机上进行的为期 11 天的实验任务所获得的 SAR 数据，还催生了以识别和处理误差为重点的大量工作。这些工作分析了基于 SRTM 的 DEM 的相关误差，包括 Farr 和 Kobrick（2000）、Rabus 等（2003）、Rodriguez 等（2005，2006）、Carabajal 和 Harding（2006）、Hofton 等（2006）、Selige 等（2006）、Shortridge（2006）、Slater 等（2006）、Berry 等（2007）、Bhang 等（2007）、Farr 等（2007）、Reuter 等（2007）、Hirt 等（2010）、Lalonde 等（2010），以及 Rexer 和 Hirt（2014）的工作。2.2.7 节和 2.2.8 节分别对前述研究中的 Reuter 等（2007）及 Rexer 和 Hirt（2014）的研究进行了详细描述，其中 Reuter 等（2007）研究了许多插值

算法，并对填补 SRTM-3 数据集中 330 万个空洞的最佳算法提出了建议，而 Rexer 和 Hirt（2014）使用来自 ANGD 的 228000 个"精确"站点高程，对 ASTER GDEM2 和 2 个 DEM 进行对比，这 2 个 DEM 分别来自由 USGS（USGS SRTM-3 版本 2.1）及 CSI（CGIAR-CSI 版本 4.1）发布的 SRTM。

几年后发布的第 1 批 ASTER GDEM 产品也催生了一系列关于误差的识别与处理工作（Hirano et al., 2003；Eckert et al., 2005；Slater et al., 2009；Hirt et al., 2010；Krieger et al., 2010；Gesch et al., 2011；Tachikawa et al., 2011a,b；Rexer and Hirt, 2014）。包括 Rexer 和 Hirt（2014）在内的一些研究，比较了 ASTER 产品和 SRTM 产品的性能，因为它们都提供了类似分辨率的近全球覆盖率，对于某些应用来说，DEM 的最终选择可能只是在这些产品中进行的。另外，Gesch 等（2014）最近评估了 USGS NED 的准确性，并将该产品的准确性与 ASTER 和 SRTM 进行了比较。

还有大量论文研究了插值方法和滤波方法的选择对网格 DEM 精度的影响，如 Carara 等（1997）提出了 5 个客观标准，用于评估从数字等高线导出的 TIN 和 DEM 的质量。

（1）DEM 值必须与等高线附近的曲线值相同。

（2）DEM 值必须在边界等高线给定的范围内。

（3）DEM 值在边界等高线值之间要接近线性变化。

（4）DEM 形态必须反映平坦区域的真实形状。

（5）伪影只能占数据集的一小部分。

等高线图（见图 1.3）是传递有关地表形状和地表特征信息非常有效的工具，上述标准有助于区分从等高线中获得的高质量 DEM 和低质量 DEM，如今人们也可能会将其与其他来源的 DEM 一起使用，来评估景观随时间的变化（James et al., 2012；Beattie, 2014）。

随后的大量论文表达了各种观点。如 Wise（1998）研究了 GIS 插值误差对评估地貌学中 DEM 使用的影响。Desmet（1997）评估了一组用于从地面测量中插值 DEM 的方法，主要是评估插值精度和 DEM 维持原始高程数据形状的能力，通过比较从插值高程数据导出的次生地表参数的空间模式，来评估地表形状的可靠性，并发现了特定研究区域的最佳插值方法是样条插值。Hutchinson 和 Gallant（2000）提出了一个更大、更多样化的简单度量列表，用于测量由表面特定点高程数据、等高线和流线数据构建的 DEM 的质量，沿线数据包含了与 Carara 等（1997）提供的列表相同的一些内容。该列表包括以下 4 个方面的视觉评估：①假水槽和排水分析；②阴影地形及其他地表参数的视图；③衍生的高程等高线；④坡度和坡向的频率直方图。Albani 等（2004）分析了窗口尺寸对 DEM 近似地表的影响。Florinsky（2002）研究了 DEM 中与以下因素相关的 3 类误差：①Gibbs 现象，可导致悬崖附近的过冲和下冲及其他不连续点；②在构建 DEM 时，某些插值方法倾向于模拟源数据的高频分量；③DEM 网格的位移。Wilson 等（2000）研究了高程数据源、网格间距和流向算法的选择，对坡度、坡长、SCA、RUSLE 坡度—坡长因子及 STI 的影响。

最近，Aguilar 等（2005）研究了地形形态、采样密度和插值方法对 DEM 精度的影响。Pain（2005）分析了一系列 DEM 网格尺寸，以确定能够代表澳大利亚新南威尔士州皮克顿附近地表形状的最大网格间距。Shi 等（2005）检验了几个高阶插值算法的模型误差，以及这些算法如何从网络原始节点传播测量误差。Hancock（2006）使用景观演化模型研究了不同网格化方法对较长时间尺度上流域地貌和土壤侵蚀的影响。Hengl（2006）提出了分别根据采样点和等高线构建的 DEM 映射点密度和等高线，来计算合适的网格间距和像素尺寸的方法。Shi 和 Tian（2006）提出了一种结合线性方法和非线性方法来插值 DEM 的混合方法。Hu 等（2009b）研究了如何利用近似理论来评估垂直精度。Liu 等（2012）展示了如何使用误差带（Error Bands）来评估通过线性插值创建的 DEM 的总体精确度，以凸显那些能够减少该误差的领域（可能需要花费更多努力来收集额外参考数据）。Heritage 等（2009）量化了英国坎布里亚郡布拉吉尔 Nent 河上砾石坝的测量策略和插值误差。Vaze 等（2010）研究了使用分辨率为 1m、10m 和 25m 的 DEM 对重要水文地表参数的影响，以及从更精细分辨率转到更粗糙分辨率时精确性和可靠性的损失。Arun（2013）比较了 IDW、克里金、ANUDEM、最近邻方法和样条插值方法的性能，使用的源数据涵盖几种不同景观。Shi、Wang 和 Tian（2014）提供了一种分析方法来记录插值 DEM 精度和地形坡度与 DEM 空间分辨率之间的关系，并提出了将 DEM 数据的水平分辨率与垂直精度直接关联的规则。

还有许多论文试图评估 DEM 精度对多个地表参数的影响。例如，Walsh 等（1987）研究了 DEM 误差（以及土地覆盖图中的固有误差，该图是通过对 LandSat 数字数据和 USDA 土壤保护局土壤调查报告中的土壤类型数据进行分类得到的）对坡度和坡向计算的影响。Bolstad 和 Stowe（1994）及 Zhou 和 Liu（2004a）也评估了 DEM 误差对坡度和坡向的影响。Ruiz（1997）使用专门的分辨率为 10m 的 DEM 作为参考模型，检查了分辨率为 30m 的 USGS DEM 的视域误差。Holmes、Chadwick 和 Kyriakidis（2000）通过与 2652 个差分 GPS 高程测量结果进行比较，计算了分辨率为 30m 的 USGS DEM 中的误差，并展示了其误差的空间模式是如何影响坡度、坡向、平面曲率、剖面曲率、流量、上坡流径长度、粗糙度和 CTI 等参数的估计的。Kienzle（2004）研究了 DEM 分辨率对坡度、坡向、平面曲率和剖面曲率及 TWI 估计值的影响。Zhou、Liu 和 Sun（2006）研究了以地形陡度和方向表示的地形复杂度对坡度和坡向的影响。Deng 等（2007）依托加利福尼亚州南部的圣莫尼卡山脉，研究了 5 个主要地表参数（坡度、平面曲率、剖面曲率、南北坡向和东西坡向）和 1 个次生地表参数（TWI）与 DEM 分辨率的相关性。Aryal 和 Bates（2008）研究了流域离散化对 TWI 分布的影响。Liu 和 Bian（2008）研究了 DEM 误差的空间自相关性对坡度计算的影响。Wu 等（2008）研究了 DEM 分辨率对 4 个主要地表参数估算的影响，包括坡度、上坡汇水面积、坡长和流域面积。Chow 和 Hodgson（2009）研究了 LiDAR 后间距和 DEM 分辨率对平均坡度估算的影响。Ying 等（2014）估计了 DEM 分辨率和基础地形对利用单个网格单元估算的表面积的影响（见 3.1.1 节）。

有一些研究没有局限于主要地表参数和次生地表参数自身估算误差对其他输出的影响。如 Lagacherie 等（1993）研究了 DEM 数据源和采样模式对一系列地表参数和基于地形的水文模型输出的影响。Garbrecht 和 Martz（1994）研究了 DEM 网格尺寸对一系列河道网络特性（河道链路数、总河道长度和排水密度）估算的影响。Wolock 和 Price（1994）研究了地图比例尺和 DEM 分辨率对基于地形的流域模型性能的影响。Zhang 和 Montgomery（1994）研究了 DEM 网格尺寸对景观表征和水文模拟的影响。Gyasi-Agyai 等（1995）研究了地图比例尺和 DEM 垂直分辨率对 DEM 河道网络的影响。Florinsky 和 Kuryakova（2000）在一系列网格尺寸上计算了坡度、平面曲率、剖面曲率和平均曲率，以确定针对土壤水分分布的景观调查的最佳网格尺寸。Tang 等（2002）研究了网格间距对源自 DEM 的水文信息的影响。Zhou 和 Liu（2004b）研究了网格分辨率、网格方向和地形复杂度对坡度和坡向计算的影响。Lindsay 和 Evans（2006）研究了高程误差对 DEM 河流网络形态的影响，以及这些影响对水文模拟的影响。Pirotti 和 Tarolli（2010）研究了由不同密度地面 LiDAR 点构建的分辨率为 1m 的 DEM 和由不同平滑因子计算得到的地貌曲率，是如何影响 DEM 中河流网络提取的。Mukherjee 等（2013）研究了地形粗糙度和 DEM 网格间距对 TWI 计算的影响。

还有几项研究分析了这些误差对各种地表对象和过程模型结果的影响。Vieux（1993）及 Vienux 和 Needham（1993）研究了 DEM 聚合与 DEM 平滑对地表径流和非点源污染模拟的影响。Walker 和 Willgoose（1999）用实测的地面数据集，对比了几种已经发布的不同网格间距的地图与摄影测量 DEM，以确定这些差异对河流网络和流域的划分及相关水文统计的影响。Schoorl 等（2000）研究了在一个简单的景观过程模型中，随着 DEM 网格尺寸的增加，侵蚀和沉积预测是如何变化的。Hengl 等（2004）使用各种插值方法和滤波方法来减少 DEM 的误差，并改善了地貌面片映射（分类精度从 51.3%提高到 72%）和土层厚度（回归模型中用于预测土层厚度的 R^2 从 0.27 提高到 0.40）。Thompson 等（2001）研究了网格间距对地表参数计算和土壤—景观定量模拟的影响。Claessens 等（2005）研究了 DEM 分辨率对浅层滑坡灾害和土壤再分布模拟的影响。Hancock（2008）研究了消除洼地对流域地貌、土壤侵蚀和景观演变的影响。Lassueur 等（2006）分析了高分辨率 DEM 是否可以改善植物物种分布模型，1.2 节介绍的 Leempoel 等（2015）的研究工作表明，针对特定物种和景观，回答该问题需要进行大量研究。VanNiel 等（2004）及 VanNiel 和 Austin（2007）研究了 DEM 的误差对一系列间接环境变量（高程、坡度、坡向余弦和地形位置）和直接环境变量（净太阳辐射、平均气温和 TWI）的影响，这些变量常被用于预测植被建模，结果表明该误差会影响模型结果解释的可靠性、预测的准确性及预测的空间范围。Hengl 等（2010）将变异函数模型拟合到采样高程中，使用条件高斯模拟生成 100 个 DEM，为每个 DEM 提取流网络，并分析该流网络集合以估算误差传播。Martinez 等（2010）使用分层缩放法，对从差分 GPS（Differential Global Positioning System, DGPS）数据创建的分辨率为 5m 的 DEM 和从新南威尔士州土地及物业管理局获得的分辨率为 25m 的 DEM 进行分析，用以研究 DEM 网格尺寸增加对地貌和水文描述（土壤湿度、面积—坡度关系、累积面积分布、等高线、宽度函数、Strahler 河道等级和河网统计）的影响。结果表明，需要分辨率为 5m 的 DEM 来准确获取流域地貌和水文信息，并模拟研究地点土壤水分的空间分布。Ariza-Villaverde 等（2013，2015）利用多重分形分析来研究 DEM 网格间距与 D8 流量累积阈值之间的关系，经常用于确定排水网络的网格单元。（见 4.2 节）。

3．DEM 预处理和修正

许多地形分析和建模工作流程还包括多个预处理或修正步骤，旨在计算主要地表参数和次生地表参数或在对地貌和其他类型地表对象进行分类之前对 DEM 进行修正。如 2.4 节所述，有 3 个主要的相关领域：①如何处理不需要的洼地；②如何确定平坦地形的流向；③如何协调源自 DEM 的流网络和从其他来源（如 NHD）获得的流网络。

为了消除不必要的洼地或伪洼地，Martz 和 Garbrecht（1999）提出了一种用于处理 DEM 封闭洼地的出口破坏算法。Planchon 和 Darboux（2001）后来又提出了一种快速简单的多用途算法来填补 DEM 中的洼地。Soille（2004）提出了一种优化方法，通过使用上述的切割方法和填充方法，将输入 DEM 转换为无坑 DEM 所需的高度修改最小化。Temme、Schoorl 和 Veldkamp（2006）提出了一种新的算法，用于处理动态景观演化模型中的洼地（见 5.1.2 节）。Lindsay 和 Creed（2005a，2005b，2006）提出了一种消除不必要的洼地的最小影响法，记录了数字景观对遥感 DEM 中伪洼地的敏感性，并提出了区分数字高程数据中伪洼地和真实洼地的方法。Wang 和 Liu（2006）提出了一种识别和填充 DEM 中表面洼地的有效方法。Grimaldi 等（2007）提出了一种物理学方法来消除 DEM 中的洼地。Reuter 等（2007）回顾了一系列空洞填充算法，并推荐了填充 SRTM 数据中 3319913 个空洞的最佳算法（见 2.2.7 节）。Arnold（2010）在计算流量累积率时，提出了另一种处理 DEM 中洼地的新方法。Jiang 和 Tang（2015）提出了一种使用局部微地形来填充洼地的新方法。Lindsay（2016a）则提出了一种有效的混合方法，使用破坏和/或填充来消除洼地，并强化了 DEM 中的流径。

在某些方面，确定平坦区域中的流向是一项更困难的挑战，因为上述消除不必要洼地的方法会加剧这些问题。研究者通常使用 ANUDEM（Hutchinson, 1989；Hutchinson et al., 2013）来解决这个问题（需要解决目前尚未解决的平坦地形中的流向）及其他两个问题（需要填充不必要的洼地，以及在工作中协调高程和水文数据集）。但是，还有其他选择，如 Kenny、Matthews 和 Todd（2008）最近提出了一种新的方法，用于在网格化 DEM 中通过洼地区域和平坦区域引导地面流径，Hasan、Pilesjö 和 Persson（2013a）所描述的系统能让用户决定是否填充或略过洼地、如何让水流流过平坦地区，以及如何处理景观中的人造障碍或天然障碍，该系统可能适用于小型研究区域，但很难将这种方法扩展到大型流域。

在世界许多地区都有多种流网络表示，人们可能想要或需要协调 DEM 和从其他来源获得的流线（Lindsay et al., 2008）。在过去，英国（Regnauld and Mackaness, 2006）、美国（Moore and Dewald, 2016）和其他几个国家已经制作了矢量水文数据集，主要使用两种基本方法来协调 DEM 和矢量水文数据集。第 1 种方法主要采用流"烧录"，通过改变局部地形实现一致性（Saunders and Maidment, 1996）；第 2 种方法将流网络作为表面拟合方法的一部分，用于生成最终 DEM（正如已在 ANUDEM 中实现的；见 2.4 节）。该技术涉及与矢量水文图层特征一致的网格单元高程。第 1 种方法很受欢迎，但它可能会带来其他问题，因为该方法修改了 DEM，进而改变了景观中高程变化区域中的许多地表参数值（坡度、坡向、曲率）。Lindsay（2016b）还描述了因水文和 DEM 数据集尺度不匹配导致的拓扑误差，并提出了一种新的替代流烧录的方法，这个 Topological Breach Burn 方法使用上游河道总长度（Total Upstream Channel Length, TUCL），将矢量水文层修剪到与栅格 DEM 分辨率相匹配的细节层次，Lindsay（2016b）在加拿大安大略省西南部的一大片地区，使用 5 种不同分辨率（1～30″）的 DEM 进行了测试。

4. 地表参数计算方法的选择

另一组论文研究了与第 3 章中某些地表参数推导方法有关的误差。其中很多研究都集中在坡度、坡向和曲率的计算方法上，少部分论文关注了多个基于流的主要地表参数和次生地表参数。

例如，Skidmore（1989）比较了从网格化 DEM 计算坡度和坡向的几种方法。Guth（1995）也比较了几种计算坡度和坡向的方法。Hodgson（1995）研究了网格化 DEM 各种坡度和面积计算所代表的单元尺寸（面积范围）。Dunn 和 Hickey（1998）比较了几种基于 GIS 的坡度计算方法，几年后 Hickey（2000）又比较了几种基于 GIS 计算坡度和坡长的方法。Florinsky（1998）研究了 4 种不同算法对 4 种局部地表参数的影响，包括坡度、坡向、平面曲率和剖面曲率。Jones（1998）通过使用合成数据和真实数据作为测试面，研究了 8 种不同算法计算坡度的效果。Schmidt 等（2003）研究了几种计算地表曲率的方法。Warren 等（2004）比较了从 DEM 计算坡度的几种方法。Raaflaub 和 Collins（2006）研究了使用几种不同算法和网格尺寸来计算坡度和坡向的效果。Tang、Pilesjö 和 Persson（2013）研究了在平坦地形和陡峭地形上以不同分辨率从网格 DEM 估算坡度的 8 种算法。

下面介绍基于流的地表参数，为计算用于 TOPMODEL 水文模型中的 CTI，Pan 等（2004）比较了几种基于 GIS 的算法。Erskine 等（2006）研究了 DEM 网格间距和所选流向算法对上坡汇水面积计算的影响。Baker 等（2006b）根据连接土地覆盖和养分排放的各种指标，比较了几种流域自动划分方法的效果。Pilesjö 等（2006）比较了计算崎岖地区潜在湿度的两种方法。Sørensen 等（2006）研究了几种基于实地观测数据计算 TWI 的方法。Nguyen 和 Wilson（2010）分析了 DEM 网格间距、流向算法选择，以及土壤性质表征方法对准动态 TWI 的影响。Persson 等（2012）研究了模拟 TWI，并将其与永久冻土景观中特定地点的湿度测量进行对比。

5．按正确顺序执行计算

最后还可能会出现一些其他误差，因为大多数基于流的地表参数和其他若干次生地表参数都依赖一系列按特定顺序执行的运算，对于流向和流宽，以及许多其他次生地表参数来说，这是一个值得关注的问题。最大的挑战是如何用 DEM 表示连续表面，这也是一个研究热点。第 3 章中共描述了 9 种单流向算法和 15 种多流向算法，每个算法都以各自的方式提出了一种新思路，旨在克服已有算法的多个缺点，因此，最近许多提出新流向算法的论文都花费了大量篇幅来比较新算法与一些早期算法的性能（Costa-Cabral and Burges, 1994；Holmgren, 1994；Quinn et al., 1995；Tarboton, 1997；Pilesjö et al., 1998；Orlandini et al., 2003；Qin et al., 2007；Seibert and McGlynn, 2007；Pilesjö et al., 1998；Zhou et al., 2011；Pilesjö and Hasan, 2014；Wright et al., 2014）。

第 3 章中介绍的 24 种流向算法具有以下特点：①尽管存在明显的缺陷，但 D8 算法（O'Callaghan and Mark, 1984）仍然非常受欢迎；②随着时间的推移，多流向算法在数量和普及程度上都有所增加；③几种最新的流向算法将网格单元划分为三角形面片，以避免仅依靠方形网格来计算流向和/或流宽等地表参数时遇到的一些问题；④没有任何一个单流向算法或多流向算法在各个应用程序和景观设置（研究区域）中的性能都优于其他算法。

最后一个特点已经得到了一系列论文的证实，这些论文旨在评估上述多种单流向算法和多流向算法的优缺点。其中一些论文依赖视觉比较，另一些则利用一系列参考表面（其上坡汇水面积已知），还有一些论文通过实地观测来检验这些流向算法的性能。以下示例说明了迄今为止所用方法的广度。

Wolock 和 McCabe（1995）研究了选择单流向算法与多流向算法对计算用于 TOPMODEL 水文模型中的 CTI 的影响。Zhou 和 Liu（2002）提出了可以计算出单位汇水面积和总汇水面积的 4 个数学表面，并使用这些曲面评估了先前发表的几种流向算法的性能（见图 3.14）。Endreny 和 Wood（2003）研究了由 4 种不同流向算法描述的基于 DEM 的地面流网络之间的空间一致性，并观测了新泽西州两个农业山坡的地面流。Kenny 和 Matthews（2005）描述了一种将计算所得的栅格流方向与摄影测量水文图一致化的方法。Desmet 和 Govers（1996b）研究了流向算法的选择是如何影响对临时冲沟位置的预测的。Wilson 等（2007, 2008）使用模糊分类方法，在一块流域中比较了多种流向算法的性能，该流域已根据已知特征（陡坡与平缓坡、朝北坡与朝南坡等）进行了细分。Zhao 等（2009）比较了计算流向的两种不同方法，并将其应用于中国南部的太湖西笤溪流域的水文模型中，该流域中有山地和平地。

Kopecký 和 Čížková（2010）使用来自 521 个地理参考地块的植被数据，展示了用于计算 TWI 的算法选择在植被生态学中的重要性。Orlandini 等（2012）通过对意大利北部阿尔卑斯山两个小山坡的地表流散布进行详细的实地观测，比较了多种流向算法的性能。Peckham（2013）描述了一系列可计算出单位汇水面积和总汇水面积的数学曲面，并利用这些曲面评估了几种流向算法的性能。Qin 等（2013a）提出了 4 个新的人工曲面（凸中心斜坡、凹中心斜坡、鞍部中心斜坡和直脊斜坡），这些曲面在现实景观中具有典型性和广泛性，它们可用于评估现有 4 种基于网格的流向算法的性能。最后，Tang 等（2014）使用 LPJ-GUESS 动态生态系统模型，研究了两种不同的流向算法对土壤—水—植被相互作用的影响。

6. 总结

总体来说，上述所有研究误差的论文结果表明，通过地形分析和建模得到的结果还需要仔细分析解读。DEM 可通过各种来源来构建，并且从这些来源获取的数据精度和准确度将随着仪器和传感器的变化而变化，并随数据模型、分辨率、预处理的选择及插值方法和滤波方法的质量的不同而不同。这些工作流程可能会从多个来源引入误差，但无论高程数据的来源如何，如果研究者不确定其属性值和 DEM 误差，高分辨率 DEM 可能仍然比低分辨率 DEM 具有更大的不确定性，并可能以不易预测的方式传播到地表参数和建模结果中。

前述章节为新接触数字地形建模的人提供了一张路线图，以便其识别方法和数据中嵌入的误差。在之前对潜在误差来源的描述中，还介绍了几种可以减少或消除其中一些误差的策略和方法。然而，在某一特定地点上，误差大小、空间分布和统计平稳性通常都是未知的，这也会产生不确定性。这种状况会激励研究者努力预测误差及其对当前工作产生的影响，5.1.2 节将讨论不确定性的识别和处理。

▶ 5.1.2 不确定性

许多论文已经解决了各种数字地形建模工作流程中所包含的不确定性。但无论采取何种方法，这项工作几乎总是复杂且费力的，正如接下来描述的许多研究。

本节首先介绍 Peter Fisher 的工作，他撰写的一系列论文研究了表征视域计算中不确定性的几种方法。在第 1 篇论文中，Fisher（1991）使用蒙特卡罗仿真方法（Monte Carlo Simulation, MCS），将具有不同参数的重复误差场添加到原始 DEM 中，并确定所得噪声 DEM 中的视域。结果表明，原始 DEM 中计算的视域面积可能会明显被高估。在第 2 篇论文中，Fisher（1992）使用误差模拟算法来生成多个布尔视域，然后将这些视域组合起来得到具有模糊集属性的模糊视域。第 3 篇论文（Fisher, 1993）研究了视域算法的 3 个主要特征（如何推断 DEM 中的高程、如何表示视点和目标及用于对比的数学公式），结果表明第 2 个特征在可视区域中产生的可变性最大（在平均可视区域内的可变性高达 50%），而第 3 个特征产生的可变性最小。第 4 篇论文（Fisher, 1995）展示了通过联合、交叉和加权平均这 3 种方式生成的可能视域，如何提供有关可视区域性质的更多信息，从而使得采用更好的方法来规划可视区域。在第 5 篇论文中，Fisher（1996）指出，GIS 中视域函数的当前实现与可视区域相关结果等方面存在严重缺陷。他提出了 3 种变形：视域、局部偏移视域和全局偏移视域，并展示了从这些新视域中获得的图像不仅可用于识别二进制编码的视域，还可用于恢复其他每个视域。

总体来看，这些论文说明研究者需要通过各种方式考虑和量化不确定性，其中许多方法也可以应用于其他主要地表参数和次生地表参数。这些论文还提倡使用地统计方法成为一种处理 DEM 误差传播的可行方法，这已成为预测和管理 DEM 误差不确定性的主导方向，接下来的 3 篇论文说明了最终方法的选择取决于能否及如何预测误差的空间结构。

例如，Hunter 和 Goodchild（1997）的第 1 篇论文不了解误差的空间结构。然而，两位研究者展示了坡度计算和坡向计算中的误差如何依赖 DEM 误差的空间结构，他们还提出了通用的 DEM 误差模型，其中增加了空间自回归随机场作为扰动项。此外，他们还描述了产生此类误差的一般过程，并展示了如何使用一系列最坏情况假设（在没有明确的 DEM 误差空间结构信息的情况下）对坡度误差和坡向误差的性质及严重性进行一般性考量。

相比之下，Fisher（1998）的第 2 篇论文使用了在地面测量和航空测量中测得的实际高程，以更高的精度代替来自标准纸质地图的 DEM 中的高程，并以此确定误差的统计分布和空间分布。然后，他将 DEM 中相同位置的值与这些高精度高程相减，并展示了这些差值如何与条件随机模拟一起使用，以推导出误差、DEM 本身和衍生产品（地表参数）的替代实现。

最后一篇论文来自 Wechsler 和 Knoll（2006），它融合了误差空间分布的部分知识。他们使用采用 4 种方法的 MCS 来表示 DEM 的不确定性，并利用元数据和 DEM 的空间特征，来评估不确定性对高程、坡度、上坡汇水区域和 TWI 的影响。然后他们从模拟结果中得出 7 个统计量来量化 DEM 误差的影响，并用它们来说明坡度的偏差范围为 5%～8%，上坡汇水区域的偏差范围为 460%～950%，TWI 的偏差范围为 4%～9%。

总体来说，关注 DEM 不确定性的论文数量自 2000 年以来迅速增长。这里简要回顾的例子表明，在 DEM 误差的大小和空间分布的先验知识水平，以及在评估不确定性的复杂程度等方面，这些论文的差异很大。Endreny 和 Wood（2001）提出了几种传播误差的新方法，并量化了高程不确定性对径流模拟和流径映射的影响。Wechsler（2007）回顾了由 DEM 误差导致的不确定性、由 DEM 导出的地表参数，以及用于推导这些参数的相关算法，并分析了网格单元分辨率、DEM 插值，以及为产生水文可行的 DEM 表面的地表修正对 DEM 尺度的影响，这可能会影响 DEM 在水文程序中的使用。Darnell、Tate 和 Brunsdon（2008）提出了一种支持不确定性分析的原型工具，可以研究网格化 DEM 误差的相关影响，然后使用条件随机模拟生成实际地表的多个等可能性的表达。Hebeler 和 Purves（2009）随后进行了更详细的研究，分析了高程不确定性对几个地表参数的影响。

O'Neil 和 Shortridge（2013）介绍并评估了一种用于量化源自 DEM 流向栅格中不确定性的新方法，该方法使用从更高分辨率数字高程数据导出的流向值逐单元地评估从较粗糙数字高程数据导出的流向值的不确定性。Wheaton 等（2010）提出了两种新的方法，以支持对 DEM 不确定性进行更稳健的空间变量估计，并进一步使用这些方法评估地貌变化可能产生的结果。其中，第 1 种方法基于模糊推理系统来估计单个 DEM 中高程不确定性的空间变异性，第 2 种方法基于侵蚀单元和沉积单元的空间相关性来修正该估计。这两种方法都支持逐单元地对不确定性进行概率表示，并在某些用户指定的置信区间内对沉积物预算进行阈值划分。Gonga-Saholiariliva 等（2011）演示了如何对局部空间自相关性和全局空间自相关性进行联合分析，并用于识别和映射需要校正高程的位置，以便最小化误差累积和传播。Qin 等（2013b）使用 MCS 比较了两种典型的滑坡敏感性映射方法中因 DEM 误差引起的不确定性：①利用专家经验和基于模糊逻辑的滑坡敏感性映射方法；②用于滑坡敏感性映射的多元统计方法的具有代表性的逻辑回归方法。

Hebeler 和 Purves（2009）对最后一个案例进行了更详细的研究，以说明如何使用统计建模来传播 MCS 中的误差。他们旨在：①针对 GLOBE 数据误差和不确定性及其与底层地表的关系（如果存在的话）开发一个稳健的模型；②通过在欧洲阿尔卑斯山进行的一个简单案例研究，说明这种不确定性模型在地貌测量中的潜在用途。

GLOBE 数据是通过各种来源和方法获得的，主要来源是美国 USGS DEM 数据和北半球其他地区的 DTED 及世界数字海图（Digital Chart of the World, DCW）数据。GLOBE 数据比 GTOPO30 精度更高，尽管使用许多相同来源的数据（Hastings and Dunbar, 1998），但元数据报告中其准确性的差异也很大：从由 DTED 得到的 GLOBE 数据的 18m RMSE，到 DCW 数据的 97m RMSE。Hebeler 和 Purves（2009）在欧洲阿尔卑斯山脉、比利牛斯山脉和土耳其等 3 个海拔从海平面到约 2500m 的研究区域中，用 SRTM 作为地面真实值，推导出了 GLOBE DEM 的误差曲面。CGIAR-CIAT 提供的 SRTM3 数据类似于处理后的 NASA SRTM 数据，利用生成的等高线和辅助数据填充空洞，在可用的情况下使用（Jarvis et al., 2004, 2006）。根据 Jarvis 等（2004）的方法，对约 100m 的 SRTM 数据进行降尺度处理，以适应约 1000m 的 GLOBE 数据的范围和分辨率，该方法认为 GLOBE 数据代表每个网格内的平均高度，SRTM 数据则代表每个网格内的最大高度，因此需要针对当前工作对 SRTM 进行平均处理。通过裁切 GLOBE 和 SRTM DEM 来消除水体，并通过减法计算 SRTM 数据集导出 GLOBE 数据的误差表面。在接下来的描述中，假定 SRTM 数据是无误的。

Hebeler 和 Purves（2009）测试了表 5.1 中 11 个地表参数与全局误差的相关性。通过逐步替换不同的参数组合，构建了带地表参数误差的简单线性回归模型。结果表明，地表变化主要是由粗糙度和最小极值这两个参数解释的，添加 1 个或 2 个其他参数仅能带来轻微改善。最终模型显示，还有大量的误差没有得到解释，随后添加的随机元素为 MCS 提供了合适的输入，并确保了产生的每个不确定性曲面都不同。

表 5.1　计算并测试地表参数与 GLOBE 数据的相关性

地表参数	描述
高程	GLOBE 格元的值
误差、绝对误差	GLOBE 与 SRTM 平均值的（绝对）偏差
坡向	高程一阶导数的方向
坡度	高程一阶导数的大小
平面曲率	与最陡斜坡方向正交的二阶导数
剖面曲率	最陡斜坡方向的二阶导数
全曲率	复合曲率指数
最大极值—平均值—最小极值	根据 Carlisle（2000）的方法从 3×3 移动窗口中的最大值/平均值/最小值推导出中心单元。
粗糙度指数	3×3 移动窗口中的坡度标准差

来源：Hebeler and Purves（2009, p. 8）。经 Elsevier 许可复制。

Hebeler 和 Purves（2009）随后建立了最终误差模型，主要包括以下步骤：首先模拟误差幅度的回归方程，计算误差的模拟幅度得到第 2 个残差回归方程（第 2 个方程的残差基本上是随机的，当加入到第 1 个回归模型的残差中时，将第 1 个随机分量引入最终模型），以及以第 3 个计算的误差符号作为平均极值和坡向的函数，从而将第 2 个随机约束分量添加到最终模型中。其次在将不确定性表面转变为其初始分布之前，根据经验估计的范围，利用卷积滤波器将上述得出的误差曲面值转换为正态分布（Oksanen and Sarjakoski, 2005），以便将模型不确定性的空间相关性调整为原始测量误差的空间相关性。最后把最终的不确定性表面的 40 个实现添加到原始 GLOBE DEM 中，用于检查该不确定性对导出的地表参数的影响。

DEM 中的所有洼地都使用 ArcGIS 和 TauDEM（Tarboton, 2016）进行填充，并用 DEM 为每个实现计算一组地表参数，结果以 3 种方式制成表格：①全球统计数据；②衍生流域和统计数据；③两个流域的对比数据。描述高程、水深和平均相对汇水面积的全球统计数据对不确定性的影响相对稳定，但坡度（尤其是低等级河流的坡度）表现出了较大的不确定性。Strahler 六级流域的平均流域坡度存在一些统计学差异，但大多数流域参数对不确定性都具有较强的鲁棒性。当考察两个大型流域时，地形曲率、汇水面积、高程和坡度作为高程值不确定性的函数，都显示出较大的不确定性。然而，目前

Fennoscandia 中 GLOBE DEM 数据对不确定性模型的需求还未实现，该模型可作为 MCS 对冰盖模型灵敏度测试的输入，这也是本研究的主要动机。

5.2 验证方法

Hebeler 和 Purves（2009）在研究中描述了一种统计方法，用于模拟地形建模工作流程中的相关不确定性，但没有明确说明如何将结果与更复杂的过程模型相结合，并用以指导生态学、地貌学或水文学等领域知识的发现。本节使用 5 个示例重新审视了适用性这一概念，并阐述了如何通过对地形建模工作流程中误差和不确定性的测量，来深化读者对以下问题的理解：①预测植被建模（Van Niel and Austin, 2007）和水蚀导致的土壤再分配（Temme et al., 2009）；②汇水区面积计算、坡度估算、景观演变的数值模拟（Shelef and Hilley, 2013），以及 LPJ-GUESS 动态生态系统模型中的土壤—水—植被相互作用（Tang et al., 2014）等如何受流向算法选择的影响；③新的子网格 TOPMODEL 参数化和相关的不确定性，如何影响全球湿地时空动态建模（Zhang et al., 2016）。

▶ 5.2.1 预测植被建模

在第 1 个示例中，Van Niel 和 Austin（2007）在拟合用于预测物种分布及其潜在栖息地的统计回归模型时，研究了 DEM 的误差传播对各个阶段的影响。该研究在澳大利亚新南威尔士州南海岸的 Murramarang 国家公园和南布罗曼国家森林进行，现地高程为 8～260m，平均海拔为 66m。该区域已被用于许多植被预测研究（Moore, Lees and Davey, 1991；Fitzgerald and Lees, 1992, 1994），且有 1 个大型 GIS 数据库和 424 个现地图集可用于当前研究。

误差模型是根据现场验证数据开发的，用于创建概率分布函数（Probability Distribution Function, PDF），用以导出模拟 DEM 中已知误差的 10 个随机网格。正如 Lees（1999）所描述的，研究区域的 DEM 是根据 10m 高程等高线、流线和点高程构建的，这些高程数据是由 1:25000 地形图数字化得到，然后使用 Idrisi（Clark Labs, Worcester, MA）插值到分辨率为 30m 的 DEM。在垂直精度小于等于 3.8m 的情况下，使用差分 GPS 沿道路共采集 2097 个点，然后取所有值的平均值聚合成网格单元。DEM 标准差为 5.3 m，服从正态分布，对于空间自相关系数则取莫兰指数（Moran's I）为 0.2776（Van Niel et al., 2004），这些设置也用于开发本研究所使用的 PDF。

Van Niel 和 Austin（2007）开发了两个物种的预测模型：一种常见的硬叶树桉树（*Corymbia maculate*；Hook.；在图上占 63%）和一种不太常见的热带雨林树礼来木兰（*Acmena smithii*；Poir.；在图上占 20%），此外还对包含研究场地在内的一块区域进行了空间预测。Austin 和 Smith（1989）定义了一系列直接变量和间接变量，并分别为每个物种开发了一个单独的模型，所用的直接变量包括净太阳辐射（Moore et al., 1993d；Leathwick, 1995）、平均气温（Austin and Meyers, 1996；Vayssières, Plant and Allen-Diaz, 2000）和 TWI（Moore et al., 1993d；Barling et al., 1994）；间接变量包括高程（Guisan, Theurillat and Kienast, 1998；Vayssières et al., 2000）、坡度（Franklin, 1998；Guisan et al., 1998）、坡向余弦（Lees and Ritman, 1991；Guisan et al., 1998）和地形位置。D. M. Moore 等（1991）所述的地质养分数据集也包括在内，作为土壤特征的代表。

利用 PDF 创建了原始 DEM 和预测变量的 10 种实现。然后用这些实现构建了 10 个独立的统计模型，再将这些模型相互比较，并与两个物种的原始模型进行对比。该研究特别值得注意的特点是：不仅考虑了不确定性对模型最终结果的影响，还考虑了不确定性对建模过程每个步骤的影响。具体步骤如下。

（1）使用 GLM 测试物种的个体重要性。针对无干扰数据和 10 种实现，分别拟合线性、二次、三次和四次多项式回归模型，并将每个实现确定的概率水平与无干扰的数据进行对比。所有 424 个实地的图表都被用于该分析。

（2）使用通用加法模型（General Additive Model, GAM）研究物种—环境曲线的形状。这些模型是针对单个预测变量开发的，首先是为了与个体预测变量进行比较，其次是作为完整的模型考虑因关系组合引起的变化。

（3）通过分步 GLM 程序从所有预测变量中选择最终模型。应用赤池信息准则（Akaike's Information Criterion, AIC）反向逐步选择变量，并与分割样本法（其中 70%的数据被用于模型开发，30%的数据被保留用于测试）一起应用于所有的模型化实现,以检查传播误差对该过程的影响。

(4) 评估模型预测的准确性。基于无干扰数据的 GAM 分析为每个物种构建初始模型,然后将该模型应用于各个实现中。检查系数及其标准误差,并使用 kappa 精度(通过 kappa 统计量或 Cohen's kappa 评估的预测准确度)和接收者运行曲线下面积(Area Under the Receiver Operating Curve, AUC;Bradley, 1997)测试模型准确度。

(5) 预测两个物种的空间分布。使用逐步回归模型对桉树和礼来木兰进行空间预测,并基于概率(每个格元的最小概率、最大概率和概率范围)开发了 3 个数据集,以支持概率估计差异的显示。然后,使用优化的各个数据集的 kappa 精度阈值,将概率网格重新分类为存在/不存在(1/0)网格,并将这些网格值相加,预测出每个格元存在物种的实现数。

实验结果表明,所有这些步骤和结果,包括环境变量的统计显著性、GAM 中物种响应曲线的形状、逐步模型的选择、GLM 的系数和标准误差、预测精度和预测的空间范围等,都受到 DEM 建模误差的很大影响。

步骤 1 的结果显示,所有变量和两个物种的传播误差,都影响到为每个预测变量选择的多项式及选择预测变量的完整性。桉树与净太阳辐射之间的关系、坡度,以及 TWI(程度较小)都受到 DEM 误差的影响。礼来木兰和 TWI 之间的关系同样也受到 DEM 误差的影响。类似地,使用 GAM 检查步骤 2 中物种响应曲线的形状,不仅表明了响应的形状和复杂性是如何变化的(如步骤 3 中 GLM 的参数选择),而且反映出了一般响应模式的变化规律。该结果也说明了 DEM 误差对预测关系的影响。

步骤 3 中逐步模型选择的结果也受 DEM 误差的影响。例如,与无干扰的结果(包括 TWI)相比,桉树和 TWI 的 7 种实现是不明显的,但其他变量(土壤养分、平均气温、净太阳辐射)受到的影响较小,是因为它们与桉树的关系更强,或是因为它们对 DEM 误差具有鲁棒性。另外,由于关联较弱(这与物种生态学一致,而且 DEM 中的误差不会严重影响平均气温),礼来木兰模型的 9 个实现中的平均气温都下降了。最终 GLM 模型对系数的影响因物种的变化而变化,桉树与土壤养分和高程之间关系较强,因此,受 DEM 误差的影响不大。由于第 1 种情况下 TWI 对 DEM 误差的敏感性,以及第 2 种情况下地形位置对 DEM 误差的敏感性，使得具有直接变量和间接变量的礼来木兰模型的结果变化较大。

在步骤 4 中，使用 4 个图来总结 DEM 误差对两个物种（桉树和礼来木兰）和两组模型变量（直接环境变量和间接环境变量）的 10 个误差实现的预测精度（基于 p—最佳值的 kappa 统计量，该阈值可产生通过 kappa 精度评估的最佳准确度）的影响。这些结果表明，对于依赖直接变量的桉树模型和礼来木兰模型，10 个实现和无干扰数据的总体趋势相似，而依赖间接变量的模型则差异略大。

Van Niel 和 Austin（2007）还在一系列地图中描述了 DEM 误差对两个物种空间预测的影响（步骤 5）。C.maculata 模型的结果略好于 A.smithii 模型，但其相对较大的不一致区域和存在概率的变化范围表明，在这个研究区域中，DEM 误差在较大程度上影响了这两个物种的空间预测。

Van Niel 和 Austin（2007）的研究表明，基于 DEM 误差所传播的不确定性影响了预测植被制图的许多工作步骤及最终结果。最重要的结果是，发现了关联强度（物种存在与多个环境变量之间的关系）、误差水平，以及变量对 DEM 误差敏感性之间的相互作用。这意味着，具有高灵敏度独立变量的密切关系可以促进 DEM 中误差敏感模型的开发。因此，Van Niel 和 Austin（2007）建议在将 DEM 衍生的环境变量纳入预测植被建模工作流程之前，就要考虑变量的敏感性。

▶ 5.2.2 土壤侵蚀和沉积模拟

在第 2 个示例中，Terome 等（2009）研究了在克罗地亚流域 Baranja 山区中，DEM 误差传播对坡度（一种局部地表参数）、TWI（一种区域地表参数），以及流水侵蚀造成的土壤重新分布（一种复杂模型输出）的影响，在 Hengl 和 Reuter（2009）编著的地貌测量学书中它被通篇用作范例。

在该研究中，Baranja 山上分辨率为 25m 的 DEM 源自 1∶5000 的等高线地图。该 DEM 的不确定性通过 5867 个精确高程测量值确定，保留了其中 3633 个（DEM 网格单元），并用于计算 DEM 和测量高度之间的差异。测得的误差平均值和标准差分别为 0.75m 和 7.45m，这些值与二阶平稳性假设一起使用，可以生成 100 个模拟误差图。

  DEM 误差的传播对坡度的影响很大（未填充 DEM 的 100 次 MCS 的平均变异系数为 42%；填充 DEM 的则为 49%），但对 TWI 的影响略小（未填充 DEM 的 TWI 的平均变异系数为 10%；填充 DEM 的则为 16%），尽管 TWI 变异系数比坡度变异系数在空间上的变化更大。平坦区域及其他场景中填充 DEM 和未填充 DEM 的坡度估值存在较大差异，但坡度变异系数相对一致，这意味着陡峭区域的坡度存在更多不确定性。另外，结果显示 TWI 值对输入 DEM 的敏感性不如坡度，这可能受到由 Holmgren（1994）修改的计算上坡汇水面积的 FMFD（Freeman, 1991）流向算法的影响。在 TWI 中，两次模拟排水之间存在差异的主要原因是排水模式的变化（当初始高程值被引入误差后，因再次计算流径所致），标准差随 TWI 平均值增大而增加的趋势意味着研究者不太确定 TWI 值是否偏高，该值通常出现在平坦区域和谷底。

  Temme 等（2009）随后使用多维多尺度景观过程建模（Landscape Process Modeling at Multi-dimensions and Scales, LAPSUS）景观演化模型（Schoorl et al., 2000, 2002）的水蚀模块，模拟 Baranja 山区 10 年间的侵蚀和沉积状况。该模型利用水流和坡度来计算输沙能力，并将该输沙能力与输运中预测的沉积物量进行比较来计算侵蚀和沉积。侵蚀和沉积使用与上述计算 TWI 相同的多流向算法进行模拟，并用 Temme 等（2006）的方法来处理洼地中水流和泥沙的流动。输沙能力意味着该模型能否使用未填充 DFM 和填充 DEM 来模拟侵蚀和沉积。LAPSUS 的水蚀模块中的坡度、陆地流量和植被驱动因子都使用默认值（Schoorl et al., 2002），因为研究者只关注 DEM 不确定性对该应用中模型性能的影响。

  初步来看，该结果比较有说服力，因为针对谷地上部发生的侵蚀和平坦区域发生的沉积来说，未填充 DEM 和填充 DEM 的一般侵蚀模式和沉积模式基本相似。然而，对于平均土壤再分布的 100 次仿真，未填充 DEM 比填充 DEM 的沉积更多而侵蚀更少（部分原因是对于填充 DEM，在模型运行之前就填充了洼地），而且两组模型运行的结果对 DEM 误差都非常敏感（未填充 DEM 的土壤再分布平均变异系数为 4600%，而填充 DEM 的平均变异系数为 1000%）。因此，土壤再分布的变异系数比 TWI 和坡度的变异系数更大，且空间变化也更大，因为 LAPSUS 模型结果对输入 DEM 中的 3 种误差较为敏感：与源 DEM

误差相关的误差、通过相同源误差引入的坡度误差，以及 TWI 项的误差。

整体来看，第 2 个示例的研究结果表明，对于所有 3 个变量，确定性结果和模拟结果之间的差异在模式和价值方面是如何发生变化的。研究结果还表明，DEM 填充对 TWI 和土壤再分布的影响较大。上坡汇水面积是计算这两个输出的重要变量，并在很大程度上取决于排水模式的连续性，而增加误差会使排水模式受到扰动，而且在所有填充洼地的模拟中不会以相同的方式得到恢复。最后，当研究者注意到与使用平滑 DEM 或填充 DEM，以及通常用于计算 DEM 误差的假设（包括本研究中所使用的二阶平稳性假设）相关的各种问题之后，他呼吁采用更好的方法来模拟 DEM 的不确定性，以便更好地表达真实世界的情况。

还有两种情况值得注意：①与各种来源误差相关的不确定性可能是累积而非抵消的（有时可能相互抵消）；②除了那些与 DEM 误差相关的误差，在复杂的建模应用程序中，还会有很多潜在的误差源。Temme 等（2011）最近的一项研究证明了第 2 种情况。该研究使用相同的 DEM 和误差来评估 DEM 不确定性对描述克罗地亚 Baranja 山区地形演变的水蚀和沉积、蠕变和溶质过程相关不确定性的影响。该研究展示了：①MCS 类型分析如何用于不确定性评估中过程描述的每个输入（不限于 DEM）；②对该研究所包含的过程进行后评估，有助于评估与添加或删除不同景观过程相关的不确定性。

▶ 5.2.3　景观开发的数值模拟

在第 3 个示例中，Shelef 和 Hilley（2013）研究了流径对流域面积计算、坡度估算和景观开发的数值模拟的影响。本研究共有 3 个组成部分：①使用 5 种流向算法和一系列标准几何形状，来评估排水面积计算的准确性；②使用不同的流向和坡度计算规则，来预测高分辨率机载激光条带测绘（Airborne Laser Swath Mapping, ALSM）地形中地貌过渡和边坡失稳发生的位置；③使用相同的流向计算规则和坡度计算规则来预测景观演化模型的计算结果。下面介绍本研究所用的方法及主要结果。

针对 3 种标准几何形状（向外锥体、向内锥体和倾斜平面），本研究使用 D4、D8（O'Callaghan and Mark, 1984）、D∞（Tarboton, 1997）等单流向算法和 FMFD（Freeman, 1991）、Dtrig（Shelef and Hilley, 2013）等多流向算法，

来评估第 1 部分中排水面积计算的准确性。对所有情况都使用恒定流宽（h），并结合每个流向算法产生的 SCA 与离散化景观中每个点理论期望值之间的 RMSE 的差异，来比较这些流向算法的性能。结果显示：①上述的前两个单流向算法的性能普遍低于 D∞算法和两个多流向算法的效果（正如许多早期研究所示）；②不同表面方向相对 RMSE 值的差异表明，最佳的流向算法的选择可能取决于表面的方向；③当源区域的范围增加时，流向算法的相对性能会发生变化（因为在多流向算法中，对于单个生成的流分布误差会相互抵消）。D∞流向算法有时被归类为多流向算法，因为它计算的虽然是 0°～360°的单个流向，但可以根据网格方向将流量分配到 1 个或 2 个下坡网格单元。

本示例的第 2 部分使用了与第 1 部分相同的流向算法，并利用来自加利福尼亚州北部沿海地区 Eel 河流域的 100×100、分辨率为 2m 的 ALSM DEM 上的单个网格单元，通过计算流动路径直观地比较了自然表面上的流量分配模式。研究者首先计算了 Eel 河流域中一个小区域上的 1 个和 5 个网格单元的影响区。接下来规定了对所有网格单元的面积贡献相等，并计算每个网格单元的佩克莱特数（Péclet 数，Pe；Perron, Dietrich and Kirchner, 2008；Perron, Kirchner and Dietrich, 2009；Perron et al., 2012），以探讨流向算法的选择对从平流（通道形成）到扩散（土体蠕变）为主的景观空间过渡的影响。佩克莱特数计算如式（5.1）所示。

$$\text{Pe} = \frac{K(3A)^{m+1/2}}{D} \qquad (5.1)$$

其中，K 是基岩可蚀性系数，A 是排水面积，m 是剥离限蚀规律的面积比例分量，D 是土壤扩散系数。

最后，研究者使用 Dietrich 等（1992）与 Montgomery 和 Dietrich（1994）的稳态水文模型，研究了不同流向算法对坡度和排水面积计算过程中阈值的影响。利用上述模型研究了由陆地流动过程主导的网格单元（当所有单元的面积贡献相同时）的空间分布。

$$\frac{A}{h} \geqslant \frac{T}{q} \sin \beta \qquad (5.2)$$

其中，h 是流域排水所穿过等高线的单位长度（$h = \Delta x$），T 是土壤渗透率，q 是降水率，β 是与每个网格单元相关的坡度角。在这部分研究中，D8 算法和

FMFD 算法与式（5.2）和 3 个 T/q 值（60m、240m 和 540 m）一起使用。

结果显示，Pe>1 的区域是如何跟踪用 5 种流向算法计算的收敛区域的，并表明：①由 D4 算法产生的流量收敛是如何减少，并将 Pe>1 限制在较大的山谷的；②相对于 D4 算法，D8 算法允许平流过程在更远的上坡汇水区域中占主导地位；③与 FMFD 算法相关的散布使得该算法未能预测较小上坡支流中的平流过程；④D∞算法和 D_{trig} 多流向算法散布的降低，预测了景观中 Pe>1 的上坡汇聚部分；⑤3 种多流方向算法（本组包括 D∞算法）预测了 Pe>1 的孤立区域，因为这些算法可以根据局部地形使水流分散，并再向下坡收敛。使用 D8 流向算法和稳态水文模型（Dietrich et al., 1992, 1993）预测的 SOF 范围能扩展到更高的景观区域，因为流量都集中在各个流动路径上，而 FMFD 算法预测的区域更广、更分散。由于式（5.2）中包含了坡度，且低坡度和高排水区域元素有产生陆面流的趋势，因此用两种流向算法（通常在不同位置）对陆面流的孤立元素进行预测。Shelef 和 Hilley（2013）指出，景观内的滑坡程度对流向规则和坡度规则具有类似的敏感性，因为局部坡度和地下饱和度对许多景观中滑坡的存在具有重要的控制作用（Dietrich et al., 1992；Montgomery and Dietrich, 1994）。

本示例的最后一部分使用了多种形式的相关性分析，来检验 D4、D8、FMFD 和 D_{trig} 等流向算法对景观的非时变形态的影响，该景观使用了基于 GTL 的景观开发模型和 100×100、分辨率为 5m 的 DEM 进行模拟。GTL 模型域以恒定速率提升，并通过脱离限制流切口（Howard and Kerby, 1983；Seidl and Dietrich, 1992；Howard, 1994；Whipple and Tucker,1999）和土壤扩散（Culling, 1960, 1963, 1965；Howard, 1994）而降低。由于模型包含了排水区域（上坡汇水面积）和河道坡度（在下坡流动方向上计算得到），流向规则和坡度规则以两种方式进行组合。其中一种方式意味着，针对 D4 算法和 D8 算法，使用每个单元的高程及流入单元的高程来计算河道坡度，而针对 FMFD 算法和 D_{trig} 多流向算法，则使用所有下坡面的加权平均坡度计算河道坡度。

结果表明，在初始条件和边界条件相同的情况下，在采用不同流向和坡度计算规则生成的模拟景观中，地形起伏和河道模式存在差异。方差分析结果表明：①河道长度变量受流向规则影响较大；②河段方向变量受流向和坡度计算规则的影响较大，且坡度计算规则的影响大于流向规则的影响。事实上，Shelef 和 Hilley（2013）研究的每一个指标在模拟数值之间都有统计上的不同，表明流向和坡度计算规则产生的假象可能会反映在数值模拟上，而那些试图比较模拟世界和真实世界景观属性的研究，也将受益于对流向和坡度计算规则影响的系统性研究。

Shelef 和 Hilley（2013）的研究结果整体表明，在某些情况下，流向算法不仅可能影响地形建模计算的结果，而且可能影响景观演变的数值模拟。

▶ 5.2.4　土壤—水—植被相互作用的模拟

在第 4 个示例中，Tang 等（2014）利用 LPJ-GUESS 动态生态系统模型，研究了两种不同流向算法对北亚北极泥炭地流域中土壤—水—植被相互作用的影响。需要准确的水文估算来获取此类环境中的植被动态和碳通量，并预测如果北纬高纬度地区的温度在下个世纪如预期那样迅速升高所带来的后果。

LPJ-GUESS 是一个动态生态系统模型，它模拟了植被动态变化和土壤的生物地球化学过程（Smith, Prentice and Sykes, 2001；Sitch et al., 2003）。原始 LPJ-GUESS 模型中模拟的水平衡，也像其他生态系统模型那样关注大气、植物和土壤之间的水运动，但不包括横向水之间（网格单元之间）的相互作用，这将对流域规模的研究造成困难。在过去 10 年中，已经开发了支持网格单元之间水流通的多种方法（Rost et al., 2008；Wolf, 2011；Tang et al., 2014）。Tang 等（2014）提出的分布式方案从方格 DEM 中计算排水面积、流向和坡度，并在 LPJ-GUESS 模型中增加横向水流动的有效汇水面积。这种新模型［以下称为 LPJ 分布式水文（LPJ-distributed hydrology, LPJ-DH）模型］和原始 LPJ-GUESS 模型都没有包括土壤冻结过程或泥炭地过程，这可能会给北方流域的水文估算和碳平衡估算带来额外的不确定性。大约在同一时期，开发了一个新版本的 LPJ-GUESS 模型，它包括土壤温度剖面和泥炭地水文的力学描述（LPJ-GUESS-WHyMe；Wania, Ross and Prentice, 2009a, b, 2010；McGuire et al., 2012；W. Zhang et al., 2013），在本文中用作研究平台。

对于当前工作，将描述横向流动的 D8（O'Callaghan and Mark, 1984）单流向算法和 TFM（Pilesjö and Hasan, 2014）多流向算法集成到 LPJ-GUESS-WHyMe 中，用来研究流向算法对研究流域内水文和生态过程的影响。包含分布式水文的两个新模型分别更名为 LPJ-GUESS-WHyMe-SF 和 LPJ-GUESS-

WHyMe-TFM，并与分辨率为 50m 的 DEM 一起使用，以匹配气候数据的可用分辨率。研究中使用 4 组观测值进行评估：①Olefeldt 等（2013）提供的 2007—2009 年的 6 个采样点的每日径流量，用于验证模拟的月度径流；②2003—2021 年 Stordalen Mire 夏季的每日地下水位测量值（Petrescu et al., 2008）；③3 年（2006—2008 年）的净生态系统交换（Net Ecosystem Exchange, NEE）测量数据，由 Stordalen Mire 西部的涡旋协方差塔连续测量（Christensen et al., 2012）；④2004 年、2005 年、2007 年和 2008 年夏季的土壤呼吸数据，通过暗室测量估算（Bäckstrand et al., 2008）。这些数据与相对 RMSE（RRMSE）一起用于评估模型的输出。RRMSE 的值越接近零，模型性能就越好（Stehr et al., 2008）。

$$\text{RRMSE} = \sqrt{\frac{\sum_{i=1}^{n}(S_i - O_i)^2}{n}} * \frac{1}{\bar{O}} \qquad (5.3)$$

其中，$\bar{O}$ 是观测到的径流平均值，O_i 是观测径流，S_i 是模拟径流，n 是观测数。

与 D8 算法相比，TFM 算法提取的排水累积的空间模式更平滑、更连续（如预期）。将 2007—2009 年的每日径流观测值相加得到月径流量，用于比较由 LPJ-GUESS-WHyMe-SF 模型和 LPI-GUESS-WHyMe-TFM 模型模拟的径流，RRMSE 值会随地点和月份的不同而变化，但一般来说，LPJ-GUESS-WHyMe-TFM 模型的观测值一致性比 LPJ-GUESS-WHyMe-SF 模型的观测值一致性更好。对研究区域半湿润条件和湿润条件的区域进行识别，用于评价两种模型预测地下水位置的性能，结果表明，在某些年份和某些条件下两种模型中的一种会比另一种能更好地预测地下水位。接下来描述碳库和通量，LPJ-GUESS-WHyMe-TFM 模型的结果与观察到的 NEE 高度相关，其输出的结果（RRMSE 为 1.571）比 LPJ-GUESS-WHyMe-SF 输出的结果更准确（RRMSE 为 3.353）。与暗室测量结果类似，LPJ-GUESS-WHyMe-TFM 模型输出的结果（RRMSE 为 0.792）比 LPJ-GUESS-WHyMe-SF 模型输出的结果（RRMSE 为 0.930）更准确，更接近测量平均值。

Tang 等（2014）的结果表明，尽管使用了相同的气候输入和模型设置，与 LPJ-GUESS-WHyMe-SF 模型相比，LPJ-GUESS-WHyMe-TFM 模型在描述多种观测数据方面的性能更好。在 3 年观测期内，TFM 算法与测量的月径流量的对应关系更好,与观察到的二氧化碳通量在大部分月份都有较好的一致性,这表明单流向算法或多流向算法的选择对中尺度水文应用和生态应用具有重要意义。

▶ 5.2.5 全球湿地建模

在第 5 个示例中,Zhang 等(2016)证明了使用 TOPMODEL 以及在该模型中嵌入的 CTI 可以描述大规模泛滥的空间异质性,以修正最大湿地范围对改善湿地面积年际变化的模拟。该项目的总体目标是:①描述对 TOPMODEL 实现的改进;②使用 LPI-WSL(Lund-Potsdam-Jena Wald Schneeund Landschaff 版本)全球植被动态模型估算全球湿地动态变化; ③通过比较 3 种不同空间分辨率和精度的 DEM,对淹没动态模拟的不确定性进行量化。

该项研究对 TOPMODEL 的作用和新的 TOPMODEL 子网格参数化方案进行了总结。TOPMODEL 已成为全球湿地建模的普遍选择(Ducharne et al., 1999;Kleinen, Brovkin and Schuldt, 2012;Ringeval et al., 2012;Zhu et al., 2014),它假设由地形驱动的横向土壤水分输运与流域土壤剖面中垂直导水率下降具有相同的下降指数(Beven and Kirkby, 1979;Sivapalan et al., 1987)。这些基于 TOPMODEL 的实现,成功地描述了湿地的广泛地理分布及其季节性变化(Gedney and Cox, 2003;Ringeval et al., 2012;Stocker, Spahni and Joos, 2014;Zhu et al., 2014),但与现有的遥感和地面调查相比,该研究还是高估了区域和全球尺度的湿地范围和淹没持续时间(Junk et al., 2011;Prigent et al., 2007;Quiquet et al., 2015)。

第 3 章首次描述的 CTI 确定了基于地形的水文应用中的淹没区域,并在 TOPMODEL 中发挥了关键作用。它判定了土壤饱和的趋势(Beven and Cloke, 2013),因此保证了湿地面积向更大网格单元扩展时的准确性(Ducharne, 2009;Mulligan and Wainwright, 2013)。USGS 于 2000 年发布了第 1 个全球 CTI 产品,该产品以 1km 的分辨率从 HYDRO1k 全球数据集中开发,但有几项研究(Sorensen and Seibert, 2007;Grabs et al., 2009;Lin, Zhang and Chen, 2010;S. Lin et al., 2013)显示:由于底层 DEM 质量欠佳,该数据集倾向于高估淹没程度。因此,Zhang 等(2016)的主要目标是改进湿地范围动态变化的建模，所用方法包括：①匹配综合卫星和已有观测数据的参数约束；②使用新的地形数据源、网格与汇流方案来确定湿地季节周期，从而更好地对 CTI 值进行参数化。

先前在式（3.46）中定义的 CTI 值，取决于单位等高线的汇水面积和局部地表坡度，局部地表坡度近似于局部水力梯度。根据 TOPMODEL 的核心方程，局部地下水位 z_1 与平均水位 z_m 之间的关系如式（5.4）所示。

$$\lambda_1 - \lambda_m \lambda_1 = f(z_1 - z_m) \tag{5.4}$$

其中 λ_m 是网格集上的平均 CTI，f 是每种土壤类型的饱和水力传导率衰减因子。该方程对于当前的研究很有价值，因为它将局部土壤湿度与基于子网格地形变化的网格集平均温度相关联，CTI 值高于平均值，表示该区域高于平均地下水位，反之亦然。

Zhang 等（2016）使用这些关系计算了水位深度为 $z_1 \geqslant 0$ 的网格单元内所有子网格点的淹没区域（F_{wet}）。

$$F_{wet} = \int_{z_1}^{z_{max}} \mathrm{pdf}(\lambda) d_\lambda \tag{5.5}$$

他们没有使用 CTI 值，而是使用了与三参数伽马分布吻合较好的指数函数，如在最近的湿地范围建模中就用它来近似网格单元内 CTI 值的分布，以便减少计算成本。这种方法意味着湿地面积分量（F_{wet}）可表示为式（5.6）。

$$F_{wet} = F_{max} e^{-C_s f(\lambda_1 - \lambda_m)} \tag{5.6}$$

其中 C_s 表示将指数函数拟合到 CTI 离散累积分布函数而生成的地形信息的系数，而 F_{max} 是网格单元的最大湿地面积分量。研究者还解释了在某些情况下 F_{wet} 值是如何在后续步骤中修改的，用以解释永久冻土对土壤水分特性的影响。

Zhang 等（2016）随后指出，根据离散累积分布函数计算的最大土壤饱和分数容易产生不确定性（因为难以确定地下水位、水力系数 f 和对粗分辨率 DEM 的依赖度），并提出以下方法计算每个 0.5°网格集（i）内典型的长期最大湿地面积分量 F_{max}。

$$F_{max_i} = \max(A_{GLWD_i}, A_{(SWAMPS-GLWD_i)}) \tag{5.7}$$

A_{GLWD} 代表全球湖泊与湿地数据库（Global Lake and Wetland Database, GLWD；Lehner and Döll, 2004）的湿地估算值，而 $A_{\text{(SWAMPS-GLWD)}}$ 代表基于卫星观测的地表水微波系列产品（Surface Water Microwave Product Series, SWAMPS；Schroeder et al., 2015）和 GLWD（SWAMPS-GLWD）的长期湿地估算值。该校准用于约束式（5.5）中最大湿地面积分量。

表 5.2 描述了 Zhang 等（2016）使用的实验设计，主要包括两个部分。实验设计的第 1 部分是使用 3 个不同空间分辨率的 DEM。

表 5.2　Zhang 等（2016）对不同参数化方案和相应的 DEM 产品进行的模型实验

模型试验	DEM	DEM源数据	分辨率	覆盖范围	流域	聚合类型	水文校正
HYDRO1k_BASIN	HYDRO1k	GTOPO30	30″	全球	HYDRO1k	流域	是
HYDRO1k_GRID	HYDRO1k	GTOPO30	30″	全球	HYDRO1k	网格	是
GMTED_BASIN	GMTED	SRTM+其他	15″	全球	HYDRO1k	流域	否
GMTED_GRID	GMTED	SRTM+其他	15″	全球	HYDRO1k	网格	否
SHEDS_BASIN	HydroSHEDS	SRTM	15″	<60°N	HydroSHEDS	流域	是
SHEDS_GRID	HydroSHEDS	SRTM	15″	<60°N	HydroSHEDS	网格	是

来源：Zhang 等（2016）。

（1）30″的 HYDRO1k 数据集（US Geological Survey, 2000）是由 USGS 的全球 30″DEM（GTOPO30）开发而成的，是第 1 个支持大规模应用中空间显性水文程序的产品。该 DEM 之前已经过处理，消除了可能导致当地水文"下沉"的高程洼地。

（2）2010 年 15″的 GMTED（Danielson and Gesch, 2011）涵盖了几乎所有的全球地形，由 SRTM、全球 DTED、加拿大高程数据、SPOT 5 Reference3D 数据，以及冰、云和陆地高程卫星（Ice, Cloud, and Land Elevation Satellite, ICESat）数据等 7 个数据源生成。该 DEM 在应用时未进行水文校正。

（3）15″的 HydroSHEDS 数据集（Lehner, Verdin and Jarvis, 2008），由

SRTM 数据集开发而成，为 60°N～60°S（SRTM 的极限）的区域提供了更多可用的高分辨率 DEM。此 DEM 之前也已经过处理，消除了可能导致当地水文"下沉"的高程洼地。

为避免使用多个流向算法，Zhang 等（2016）使用了来自 R library Topmodel（Buytaert, 2011）的 QMFM2（Quinn et al., 1995）算法，为上述每个数据源计算全球 CTI 图，这意味着他们并没有使用 Marthews 等（2015）描述的新的 CTI 数据层。他们选择 QMFD2 算法进行运算，因为多流向算法（正如此处所选的）能比单流向算法更准确地计算平坦区域的 CTI（Pan et al., 2004；Kopecký and Čižková, 2010）。同样值得注意的是，上述 3 个 DEM 的使用意味着该实验提供了校正 DEM 和未校正 DEM 的比较。

实验设计的第 2 部分如表 5.2 所示，采用两种方案计算 CTI 参数。

（1）常规的"基于网格"或网格化的方法，将子网格 CTI 值在 0.5°网格集上进行平均。

（2）非常规的"基于流域"的方法，是在相应网格单元所处的整个流域内计算平均 CTI 值，并且在多个流域与网格单元重叠（避免特定流域的孤立网格单元）的情况下，使用多数算法以 0.5°的分辨率生成全球流域地图。

Zhang 等（2016）将结果描述为一系列地图和表格。

（1）基于 3 种 DEM 产品（HYDRO1k、GMTED 和 HydroSHEDS）的 TOPMODEL 参数化表明，HydroSHEDS 在描述淹没区域的空间异质性和年际变化方面表现最佳，这为 Wood 等（2011）的观点提供了支持，即：尽管升级参数化的限制可能会潜在地减少最终增益，但较高分辨率的建模可以更好地表示饱和区域与非饱和区域。

（2）HydroSHEDS 和 GMTED 的对比表明，对于以相同空间分辨率描述的淹没区域，无修正 DEM（GMTED）得到的参数图比修正后的参数图（HydroSHEDS）精度更低。因为如果没有这些修正，一些山谷将会被解释为封闭的洼地，从而导致淹没地区被低估。（Marthews et al., 2015）。

（3）基于流域的参数化方案性能略有改善，但效果显著，因此提供了更好的湿地面积估计。

（4）湿地范围模拟的年平均最小值、年平均最大值和年平均幅度与观测数据集的对比表明，1980—2010 年的模拟湿地面积为 4.37±0.99 Mkm^2（Mkm^2 = 10^{6}km^2），与其他公布的估算值非常接近。

Zhang 等（2016）的研究结果整体上证明了使用 TOPMODEL 描述大规模泛滥空间异质性的可行性，并强调了使用遥感影像和国家调查数据纠正最大湿地范围，以改善湿地面积年际变化模型的基础的重要性，在预测全球尺度上甲烷排放变化方面很有潜力。研究还指出与 TOPMODEL 参数化相关的两个未来需求：第 1 个需求涉及流向算法的选择［以及 QFMD2（Quinn et al., 1995）能否提供对上坡汇水面积的最佳估算］；第 2 个需求涉及在将 15″网格单元或 30″网格单元的 CTI 值转换为 0.5°网格单元的淹没估算值时，需要评估将子网格单元聚合所带来的不确定性。

本节回顾的 5 个适用性研究作为一个整体，不仅说明了在未来工作中使用本书描述的地形建模输出所需的预处理的类型，还说明了在 5 项研究重点关注的环境应用中进行多尺度分析和跨尺度推理的重要性和紧迫性。5.3 节对这两个挑战（多尺度分析和跨尺度推理）进行了更详细的阐述。

5.3　多尺度分析和跨尺度推理

在 5.1 节和 5.2 节的描述中看到，在讨论数字地形建模中的误差和不确定性时，尺度问题尤为突出，与尺度相关的问题以各种形式出现。5.1 节中许多论文描述了与空间离散化、高程源数据的获取方式，以及构建 DEM 的插值和滤波技术等相关的误差，1.2 节和 2.4 节在此基础上指出，应该以选定过程和选定模式的空间分辨率，以及可用高程源数据来指导 DEM 分辨率的选择。此外，5.2 节使用几个例子描述了如何实现适用性的概念，并将其用于解释地形建模应用结果的重要性（这些结果结合了多种类型的数据），还阐述了为什么多尺度分析和跨尺度推理在未来会变得越来越重要。

推动多尺度分析和跨尺度推理日益普及的一个因素是，各种尺度上 DEM 的可用性越来越高（Drăguţ and Eisank, 2011）。第 2 章中记录的高程源数量和高程源数据类型的增长,激发了大量的论文开始研究尺度效应对地表参数计算值的影响,以及这些差异是如何传播到各种模型输出中的。然而,对于如何为特定分析和景观选择合适尺度,尺度效应建模本身能提供的线索很少(Drăguț and Eisank, 2011; Goodchild, 2011)。这是一个严重的问题,它引起了人们对当前和过去许多地形分析建模应用程序价值的质疑。

问题的关键在于,局部地形形状通常被认为是地表上点到点高程值的连续变化,对局部地表参数和区域地表参数有很大影响,但其作用也受尺度及其他数据和计算因素的影响。Florinsky(1998)之前曾指出,坡度、坡向和曲率等局部参数是数学变量,而不是现实世界的数值。这种解释可以扩展到所有局部地表参数主要有两点原因:一是局部地形可能依赖不同的数学描述,因此计算出的局部地表参数取决于算法的选择,如过去 30 年中出现和应用的 20 多个单流向算法和多流向算法;二是 DEM 所描绘的地形是尺度的函数,它结合了地形本身的复杂性、数据的尺度或分辨率,以及对地表进行观测的空间尺度(Deng et al., 2008)。这导致的一个后果是,可以使用相同的局部地表参数来描述不同尺度(分辨率)的地形,这可能会影响读者对不同过程的理解,正如 Goodchild 假设(2011)的那样:确实存在一个"最佳"尺度来表征地表发生的每个过程。

然而,这些知识不太可能解决所有的问题,因为非局部主要地表参数的特殊性,使得这些知识依赖较大的非相邻区域的地形形状,并需要参考其他非局部点来定义。因此,计算非局部属性更加困难,因为构建景观中点与点之间的联系需要额外的工作,并涉及更复杂的算法和尺度(Desmet and Govers, 1996b; Gallant and Wilson, 2000)。此外,可能有很多驱动因素帮助塑造地表运行过程,这些因素自身就在各种尺度或范围内运行。最后一个论点意味着,研究者们应该接受多尺度分析,并关注跨尺度推理方法在不同尺度下收集源数据时的开发和应用。

事实上,对于尺度的研究近年来也取得了一些进展。例如,Deng(2007)认为,尺度已成为近年来地形建模应用工作流程中不可或缺的一部分。Li(2008)回顾了用于检验地形建模工作流程中尺度依赖性的方法,并概述了其分析的一般策略。Drăguț 和 Eisank(2011)描述了最近的几项研究,这些研究都提出了新的尺度检测策略和尺度优化方法。这里的例子说明了这些进展，展示了一些研究方法：①寻找适当的尺度来开展研究；②检验平稳性假设（其中一项研究发现的关系在任何地方都适用）是否合理；③使用在不同尺度收集到的各种源数据；④探索进行多尺度分析的新方法，特别是从一般地貌计量（第 3 章讨论的地表参数）过渡到特定地貌计量（第 4 章重点讨论的地貌和其他地表对象）。

使用两个例子来说明在环境研究中寻找最佳尺度时必须克服的复杂性。在第 1 个例子中，Dingman 等（2013）描述了一种用于山地景观中地表温度检测和树苗种植的跨尺度建模方法。气候模型预测的是地面上方 2m 处的温度，且会经常略过影响植物幼苗存活和生长的过程，因为这些过程通常发生在几厘米的高度。因此，Dingman 等（2013）将气候模型与从现场温度传感器得到的温度下降率相结合，并且使用分辨率为 30m 的 DEM 覆盖了整个景观。该方法描述了太阳辐射和冷逆流的差异，成功估算了山脊线及朝北斜坡和朝南斜坡的最小地表温度和最大地表温度，然后使用准泊松回归模型通过温度变量预测黑橡树幼苗的生长。结果显示，与在 2m 高度模拟的空气温度相比，使用这些地表温度估计值的预测结果得到了显著改善。这一结果凸显了图 1.1 中设想的各种嵌套的多尺度关系，并说明了跨多个尺度运行的生物物理过程是如何帮助塑造特定地区的环境景观的。

Jencso 等（2009）的第 2 项研究评估了浅层土壤的陡源汇水区中常见假设的有效性，即将上坡汇水面积作为土壤水和地下水分布的一级控制。山坡—河岸水位连通性连接了主要流域的景观要素（山坡和河岸带）和河道网络，但这种连通性在空间上往往是异质的，在时间上是短暂的。Jencso 等（2009）进行了两个实验：①他们先使用基于 84 口记录井的量化地下水位连通性，测试了汇水面积与山坡—河岸—河流的（Hillslope-Riparian-Stream, HRS）浅层地下水连接的存在及持久性之间的关系，这些记录井分布在蒙大拿州 Tenderfoot Creek 实验林内的 24 个 HRS 横断面上；②他们将这种关系应用于整个河流网络中，以量化随时间变化的景观尺度连通性，并确定其与流域尺度径流动态的关系。结果表明：HRS 水位连通性的持久性与各断面上坡汇水面积的大小相关；而估算的年度景观连通性历时曲线的形状与流域流量历时曲线的高度相关，表明内部流域景观结构（地形和拓扑结构）确实是这些类型景区中径流源区和流域响应的一级控制。

上述两项研究都将基于地形的建模结果与现场测量结果进行了比较，并通过统计分析证明了该方法的有效性。他们没有确定一个"最佳"分辨率（这超出了两项研究的范围），所发现的关系可能会随着气候、地质等因素的变化而变化。这些局限性带来了更广泛和更普遍的关注，"最佳"网格尺寸可能会因目标变量的不同而不同（Drăguț and Eisank，2011），这引发了对平稳性假设的质疑，而该假设通常被很多地形建模应用所接受。这可以用数字土壤制图来说明，最近的几项研究都试图优化用于预测土壤类别的网格间距和邻域大小（Smith et al.，2006；Zhu et al.，2008；Behrens et al.，2010；Cavazzi et al.，2013）。接下来对其中一个示例进行详细讨论。

Cavazzi 等（2013）研究了爱尔兰 3 个地貌和土壤类型的区域中网格单元尺寸的影响，并分析了窗口和网格单元尺寸之间的相互作用。本研究的主要目的是利用人工神经网络和随机森林（两种常用于数字土壤制图的机器学习技术），来研究景观尺度上土壤分类的尺度依赖性。为此，研究者使用不同的分析窗口和网格单元尺寸进行平滑和重新采样，创建了一系列与原始分辨率为 20m 的 DEM 尺度不同的 DEM，共生成了 143 种组合，包括：①原始数据；②10 次平滑但未重采样的数据；③12 次重采样但未平滑的数据；④120 次平滑并重采样的数据。然后使用这些数据集生成 11 个地形参数，在每平方千米内随机抽取 4 个点用于预测土壤类别。3 个研究区域的整体预测准确度范围为 35%~60%。网格单元间距（尺寸）的影响在所有区域都表现显著，分析窗口和网格单元大小之间的相互作用在形态各异的（粗糙的）区域中表现显著，而分析窗口大小仅在较粗分辨率的平坦均匀区域中表现显著（在本研究中>140m）。Cavazzi 等（2013）提出了一般性结论：在形态变化的区域中，在非常精细和非常粗糙的尺度上，以及平坦均匀区域中的粗糙尺度和混合区域中相对尺度不变的情况下，预测性能是最佳的。这表明在景观的不同部分可能需要应用不同的尺度组合，以获得更高的土壤类型预测的准确性。这里的主要经验是，对于特定地形建模应用的"最佳"尺度，可能会因研究区域（景观）的不同而不同。

截至目前，介绍的示例都假设是从等间距的网格变量开始研究的。然而，情况并非总是如此，研究如何处理其他情况也十分重要。Grohmann、Smith 和 Riccomini（2011）的一项研究旨在展示地表粗糙度如何随尺度变化，这让读者了解了目前在多种尺度上工作的难度。

Grohmann 等（2011）使用地表粗糙度作为给定尺度地表的可变性表达，其中分析尺度是由地貌大小和选定的地貌特征确定的，之前并没有一个唯一的定义。在苏格兰米德兰山谷，研究者选择了计算地表粗糙度的 6 种方法，通过 12 种不同空间尺度（分析窗口）和 5 种网格分辨率来评估参数的性能。面积比是通过计算这些值的比值，来评估表面积与正方形格元平面面积或三角形单元平面面积的相似性的，它独立于尺度进行操作，在不同空间分辨率上产生了一致的结果。矢量散布（或方向）产生的结果是，在分辨率较粗、窗口尺寸较大的情况下，地形的粗糙度和同质性增加。地形的标准差突显了局部特征，没有检测到区域起伏。高程标准差正确识别了边坡断距，并能很好地检测区域起伏。坡度标准差也正确识别了破碎斜坡和平滑斜坡，为地貌分析提供了最佳结果。剖面曲率标准差还确定了边坡的断裂，尽管没有坡度标准差效果那么好，但这种方法对噪声和假数据较为敏感（正如许多其他研究已经证明的那样）。

这些结果提出了两个挑战：一是该研究使用的 6 种方法产生的结果略有不同，二是这些结果的可扩展性目前尚不清楚。此外，还有一些其他方法来定义和衡量地表粗糙度，如 Trevisani 和 Cavalli（2016）提出的方法说明了在计算粗糙度指数时应考虑方向性的潜在影响，并认为使用水流—方向粗糙度可以改善对地形建模（如沉积物连通性和地表结构建模）和景观形态的解释。

在多个尺度上更稳妥且更受欢迎的方法是回归到选定变量的最粗糙分辨率，并使用泛化技术来确定该特定尺度的变量值。这种方法建立在地图学和地理信息科学对泛化方法长期关注和研究的基础上（Buttenfield and McMaster，1991；Weibel，1992；Mackaness，Ruas and Sarjakoski，2007；Palomar-Vázquez and Pardo-Pascual，2008）。例如，Stanislawski 等发表了多篇论文，来支持美国国家地图（US National Map）和 USGS 其他地理空间数据在多个尺度上的显示和传输。因此，Stanislawski（2009），Buttenfield、Stanislawski 和 Brewer（2011），以及 Stanislawski 和 Buttenfield（2011）开发了一些方法，从多尺度高分辨率 NHD 层中选择和删除特征，从而自动生成多重表达数据库（Multiple Representation DataBase，MRDB），并简化和进一步概括地图显示的其余特征，同时保持水文网络的连通性和代表地形或气候变化的局部密度变化。

其中一些思路也适用于 DEM。在一项研究中，Chen 和 Zhou（2013）提出了一种用于多尺度地形分析的尺度自适应 DEM，其目标是开发一种可以自适应给定应用尺度的 DEM，而不是强制应用适应当前尺度的 DEM。该方法使用自适应复合点提取（Compound Point Extraction, CPE）方法，根据高分辨率 DEM 对应用的尺度重要程度（Degree Of Importance, DOI）提取地表的"重要点"，生成 TIN 模型，以支持所需尺度下的地形分析。图 5.2 和图 5.3 显示了尺度自适应 DEM 算法的规则集和数据结构，一系列测试表明，所提出的方法比普遍使用的双线性栅格重采样方法具有更好的性能（Albani et al., 2004；Kienzle, 2004；Deng et al., 2007）和最大 z 容差（Heller, 1990；Chang, 2007），保留了基本河流线，并针对不断变化的尺度提供了更好的一致性。

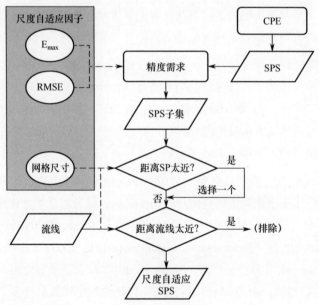

图 5.2　尺度自适应 DEM（Scale adaptive Digital Elevation Model, S-DEM）算法规则集的组成

来源：Chen 和 Zhou（2013, p. 1335）。经《国际地理信息科学期刊》许可转载。

最后，将讨论从一般地貌到特定地貌计量的过渡，因为这里的大多数方法会使用多种形式的多尺度分析和跨尺度推理。Drăguţ 和 Eisank（2011）清楚地描述了 3 种观察结果，意味着读者要能从第 3 章的连续地表过渡到第 4 章的离散实体模型，这 3 种观察结果分别为：①大多数空间建模是在栅格数据结构上进行的；②地貌和地貌要素是持久的研究热点（Smith and Mark, 2003）；③网格单元仅用于表达（Fisher, 1997；Cova and Goodchild, 2002；Goodchild et al., 2007）。这些模型的开发和应用极具挑战性，因为这些研究对象在形状、大小等方面存在巨大差异。因此，不管采用分类方法直接将单元格分配到地貌分类（Dikau, 1989），还是利用数据驱动方法将 DEM 划分为 Drăguţ 和 Eisank（2011）所推荐的、离散的、空间完整的地表对象，这项任务都会借助和利用多尺度分析。接下来将回顾 4 个例子，展示在这些工作中如何使用多尺度分析和跨尺度推理。

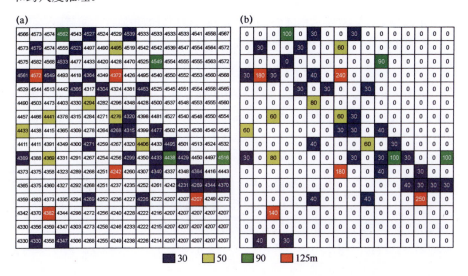

图 5.3　S-DEM 的数据结构：(a) 原始 DEM（单元格中的数字代表高程）；(b) 使用 DOI 的索引数组（单元格中的数字代表以米为单位的最大自适应单元格的尺寸）

来源：Chen and Zhou（2013, p.1335）。经《国际地理信息科学期刊》许可转载。

在第 1 个例子中，Gallant 和 Dowling（2003）描述了一种使用 DEM 并根据地形特征将谷底识别为平坦区域的低洼区域的算法。由于谷底是水文缓冲带，对径流行为有显著影响，因此十分重要，但它们的空间范围从几米到数百千米不等。Gallant 和 Dowling（2003）的算法可在一系列尺度上运行，并能将不同尺度的结果组合成单一的多分辨率指数，该指数能对谷底平坦度进行分类，以适应这种多样性。

第 2 个例子和第 3 个例子主要研究山峰，Fisher 等（2004）及 Deng 和 Wilson（2008）把山峰描述为不精确和不可重复定义的模糊现象（见 4.3 节）。因此，这两项研究都将山峰建模为空间模糊集。Fisher 等（2004）在英国湖区山峰和山口模糊集成员的定义中采用了多尺度方法，并展示了在分析中确定的景观要素如何与该地区地名数据库中的著名地标相对应，尽管分析中发现的要素数量远多于现有数据库中的数量。另外，Deng 和 Wilson（2008）将山峰描述为具有可修改边界和可变内容的多尺度实体，引入和量化了 4 种语义，以表征一系列空间尺度的峰值，并且在每个尺度上评估多标准峰值（定义为可识别顶点的原型性）和每个点（单元格）与顶点的相似性。随后，将考虑空间尺度的单个尺度峰值概括为单变量隶属面，并将模糊的峰值实体映射为非均匀的山峰区域，其边界取决于用户指定的峰值阈值。

在第 4 个例子中，Lindsay 等（2015）推导出了地形粗糙度和相对地形位置的测量值，这些值常用于土壤、植被和栖息地制图。这两个地表参数本质上是由尺度决定的，因为它们是在局部邻域中定义的。采用基于图像的积分方法来计算覆盖北美东部广阔异质区的 DEM 平均高程偏差 [Dev；式（3.35）]。积分图像（有时称为求和面积表）是一种简单的变换，用于计算栅格矩形子集内所有值的总和（Chow, 1984）。这些图像使高程残差的计算变得很简单，因为用单个图像就可以计算整个尺度范围内（多个窗口尺寸）的高程残差。与传统的图像滤波技术相比，这一特性意味着积分图像方法非常有效，它可以轻松完成大面积高程残差的高分辨率多尺度分析。Lindsay 等（2015）还描述了他们开发的 3 个插件和 1 种新方法，这 3 个插件用在 Whitebox Geospatial Analysis Tool 的 3.2 版本（见 6.4.9 节）中来计算 Dev，而新方法可以利用多尺度地形位置彩色合成图像，对地形位置的尺度特征进行可视化，其中合成图像是通过将来自 3 个尺度范围的 Dev_{max} 光栅组合至 24 比特彩色图像的红、绿、蓝通道而得到的。

这 4 个例子展示了在工作流程中进行多尺度分析的一些方法，该流程旨在从一般地貌计量过渡到特定地貌计量。Drăguţ 和 Eisank（2011）指出，迄今为止，这种过渡在地貌计量中尚未得到很好的概念化，并提出将离散地貌计量法作为一般地貌计量过渡到特定地貌计量的方法。

Drăguţ 和 Eisank（2011）提出的方法结合了多尺度模式分析和对象描述。离散地貌计量法与特定地貌测量法一样，更侧重于对象，将对象定义为由地表参数的不连续点描绘的均匀区域，在单层次或组合层次上揭示了特定尺度或跨尺度的地表模式（见 4.5 节）。Drăguţ 和 Eisank（2011）认为分割是进行离散地貌计量的一个好方法，并且优于属性空间聚类方法和格元分类方法。他们提出了两种主要的分割策略（一种基于预定义类型和同质性程度，另一种使用数据驱动方法），并指出了在这些方法充分发挥作用之前需要完成的工作。这两种方法得出的对象将作为从网格单元到地形划分过渡的中间产品，一旦这些对象被赋予了基本地貌分类，或者被赋予了诸如"山""台地"或"谷底"等分类，那么就完成了从一般地貌计量到特定地貌计量的过渡。

本节描述的概念和示例表明，多尺度分析和跨尺度推理随着时间的推移变得越来越重要，并且它们在未来的地形建模工作流程中可能发挥更重要的作用。

5.4 美国国家水模型

本节简要介绍 2016 年 6 月发布的美国国家水模型（US National Water Model, NWM），旨在描述如何将前面介绍的地表参数和对象，纳入并用于能在很长时间内提供多种社会效益的大型科学项目。

NWM 模拟了美国大陆 4 种时间间隔（1 小时、18 小时、10 天和 30 天）的观测水流和预测水流。NWM 依赖降水、融雪、渗透和地表径流等物理过程的复杂表示，这些过程在短距离和短时间内随着海拔、时间、土壤和植被的变化而显著变化，进而导致河流的响应变化非常快。NWM 补充了美国大陆约 4000 个地点多年的水文模拟，为这些地点及缺乏传统河流预报的绝大多数当地溪流提供了非常精细的时空信息。

每小时的输出旨在模拟当前条件，每小时都要执行未来 18 小时的短期预测。中等预测为 10 天，每天进行长达 30 天的整体预报。这 4 种时间间隔的模拟均提供了 270 万条河段的流量，并提供了覆盖美国大陆和加拿大部分地区及墨西哥的 1km 方格网和 250m 方格网的相关水文信息。

这个新系统的核心是由美国国家大气研究中心（National Center for Atmospheric Research, NCAR）所支持的中尺度天气预报—水文耦合模型（Weather and Forecasting Hydrologic Model, WRF-Hydro）。该模型旨在将大气和陆面水文的多尺度过程模型联系起来，并在高性能集群计算系统上完全并行化运行。

受 NWM 模型所限，WRF-Hydro 模型必须使用多种来源的各种形式的气象数据。例如，分析和同化模型每小时循环一次，并生成全国当前水流和一般水文条件的实时快照。该模型还会生成单个模型重启文件，用于初始化 18 小时、10 天和 30 天的预测模拟。气象数据来自多雷达/多传感器系统（Multi-Radar/Multi-Sensor System, MRMS）经过仪器调整的数据产品、仅雷达观测的降水产品，以及在 MRMS 覆盖区域之外的短期快速刷新（Short-Range Rapid Refresh, RAP）预报和高分辨率快速刷新（High Resolution Rapid Refresh, HRRR）预报。短期预报也被迫使用来自 RAP 模型和 HRRR 模型的气象数据，每小时进行一次周期预报，以生成流量和水文状态的每小时确定性预报，持续时间为 18 小时。中期预报配置每天执行一次，强制使用全球预报系统（Global Forecasting System, GFS）的输出。该模型可生成以 3 小时为单位的确定性输出，并延长至 10 天。长期预报每天循环 4 次（每 6 小时一次），每天生成 16 组、总长 30 天的河流流量、蒸腾和其他水文状态的集合预报。长期预报模型在每个周期中包含 4 组集合预报，强制它们使用不同的气候预报系统（Climate Forecast System, CFS），并生成 6 小时间隔的流量和每日的地表输出。

在 NWM 中配置了 WRF-Hydro，以使用 Noah-MP 陆面模型（Land Surface Model, LSM）来模拟地面过程。在 250m 网格上，独立的流径模块执行散布面流径和饱和地下流径，并且沿着 NHD（NHDPlus，版本 2）到达 Muskingum-Cunge 河道。河流分析和预报的范围包含美国大陆和水文汇集区，而陆面输出的范围更大，从美国大陆延伸到加拿大和墨西哥（纬度大致为 19°N～58°N）。该系统的地理支持包括 NED（见 2.5 节）、NLCD 和

NHDPlus 数据集。

NHDPlus 数据集提供了一套地理空间产品，以 NHD、NED 和流域边界数据集（Watershed Boundary Dataset, WBD）为基础并加以扩展。NHDPlus 集成了矢量 NHD 河流网络和 WBD 水文单元边界与 NED 网格化地表。这种经过水文处理的地表对于当前工作至关重要，因为它可以为 270 万条唯一标记的 NHD 河段的每一段划分流域。这些河段的平均长度为 3km，流域平均面积约为 3km^2，可将降水、温度和径流数据与每个河段相关联来估算河水流量。USGS 流量观测也被纳入 NWM 分析和同化模型中，模型中都包含位于美国大陆的 1260 个水库，这些水库使用水平池方案进行参数化。

上述模型和地理空间基础设施是使用前几章的 3 个地形建模任务的结果进行连接的。这些任务将降落在地表上的降水输送到 NWM 中的溪流、湖泊和水库中，具体包括：①消除分辨率为 10m 的 NED DEM 中的局部洼地，从而将大约 1790 亿个网格单元中每个单元的水流，输送到最近的溪流、湖泊或水库中；②为分辨率为 10m 的 NED DEM 准备流向网格；③确定和规范平坦区域的流向，并修改步骤②中的流向网格，以纳入这些变化。

NWM 项目的这些任务是使用 TauDEM（Tarboton, 2016）完成的，最新版 TauDEM 提供了一套提取和分析水文信息的高性能 DEM 工具。这些工具在 6.4.8 节中有更详细的描述，这里重点描述最新版本 TauDEM 的以下内容：①如何利用消息解析接口（Message Parsing Interface, MPI）进行并行处理；②如何通过批量作业及 Open Topography 和 CyberGIS 等网络信息结构来使用高性能计算环境。下面依次介绍上述 3 个地形建模任务的计算改进。

Yildirim 等（2016）最近描述了如何修改 TauDEM，以加速消除 DEM 中的洼地（凹坑）。TauDEM 使用 Planchon 和 Darboux（2001）的方法来填补 DEM 的洼地，Tarboton 等之前的工作表明，他们已经能够在 Stampede 超级计算机系统（由德克萨斯大学奥斯汀分校的德克萨斯高级计算中心主办）上使用 4096 个处理器，在 2 天内填充整个分辨率为 10m 的 NED DEM 中的洼地。Yildirim 等（2016）描述了最近的 3 项改进：①用分块数据分解方案代替用于传统地形分析工作流及其首次并行化工作的行式数据分解；②利用非阻塞 MPI 例程改进通信模式；③采用 VRT 虚拟栅格格式将 TauDEM 输出存储为虚拟栅格数据集（该数据集由分别存储在磁盘上的多个文件组成，以最大限度提高磁盘并行性），并记录了新版本 TauDEM 在 116 分钟内使用 ROGER 超级计算机系统上的 400 个处理器，填充以 VRT 格式存储的分辨率为 10m 的 NED DEM（637212 列× 280812 行；> 667GB）。该计算机系统由位于伊利诺伊大学香槟分校的高级数字和空间研究中心托管。

Survila 等（2016）最近描述了一种更有效的 TauDEM 并行流向算法，该算法能识别平坦地形，减少了计算最终流向网格所需的并行迭代次数。TauDEM 还使用了 Garbrecht 和 Martz（1997）首次提出的顺序算法，来解决平坦区域中 DEM 单元的流向问题，而这加上包含在 TauDEM 中的 D8（O'Callaghan and Mark, 1984）算法和 D∞（Tarboton, 1997）算法，是该软件中约 30 个函数中计算量最大的函数。Survila 等（2016）描述了最近的两个改进：首先采用连接组件标记法优先识别平坦区域，其次对其进行分类，以区分存储在单个处理器上的平坦区域与跨越多个处理器的分区区域，因为在共享平坦区域之间交换数据需要进程间通信，而局部平坦区域则可以并行处理，且不需要额外的进程间通信（这是他们最初并行实现 D8 算法时的一个重要瓶颈）。一旦解决了局部平坦共享区域和共享平坦区域的问题，就可以使用同样的 D8 流向算法计算最终的流向网格。在 Roger 和 Stampede 超级计算机系统上进行的数值实验结果显示，性能有了显著提高：第 1 项实验在 Stampede 上使用单处理器解析大小为 429MB 的 DEM 上的 9098177 个平面区域所需的计算时间，从先前版本（TauDEM，版本 5.3.4）的 4105.27s 减少到新版本的 8.85s；第 2 项实验使用多达 128 个处理器，计算时间从 59.9s 减少到 0.23s。Survila 等（2016）注意到新算法能在不到 2min 的时间内处理 67GB 的压缩 DEM，而之前版本的 D8（O'Callaghan and Mark, 1984）算法处理 36GB DEM 则需要 2 天，性能的显著提高归功于连续平坦分辨率算法效率的提高和并行处理器之间通信的减少。

通过国家水资源中心网站上的交互式地图查看器可以访问各种 NWM 输出，并可从 NOAA 运行模型存档及分发系统（NOAA Operational Model Archive and Distribution System, NOMADS）和美国国家环境预报中心（National Centers for Environmental Prediction, NCEP）的 FTP 服务器中检索整套 NWM 输出文件和配置文件。

该项目不仅可以了解未来几年占主导地位的地形建模应用，还可以了解高性能计算和传感器系统带来的一些机遇，以重新思考地表参数和对象的概念化与计算方式。

第 6 章将介绍用于生成地形建模产品和服务的 10 个最健壮和最受欢迎的地形建模软件，其中就包括 TauDEM。

6
地形建模软件与服务

摘要

  Wood（2009a）在 8 年前的地貌测量软件综述中，将计算地形参数和地貌对象的基本方法区分为两种。第 1 种方法依赖专门针对地表模型分析的特定应用软件，第 2 种方法则依赖通用地理信息系统。

  专业软件的范围很广，有免费和完全开源的软件产品（如 ILWIS 和 SAGA），也有免费但不开放源代码的软件产品（如 LandSerf 和 MicroDEM），还有商业软件包（如 RiverTools；Wood，2009a），这些软件可通过各种方法计算大量地表参数。Wood（2009a）区分了水文分析软件与一般地貌测量软件，并提供了一个三元图（Ternary Diagram），以显示使用这两个标准软件解决方案的可变性，以及提供特定软件解决方案的 GIS 工具的数量和种类。这里没有复述该方法，但人们也可以轻松地使用专业软件进行生态分析。

  从本书重点介绍的工作中可以了解到如何使用专业的独立软件程序开展大部分早期的 DEM 分析工作。其中一些程序不断改进和更新，至今仍在使用（如 ILWIS、RiverTools、TauDEM），而有些程序已停用（如 LandSerf、MicroDEM），其他一些程序则重新使用（如 TAPES-C、TAPES-G、TAS），同时还出现了一些新的程序（如 SAGA、Whitebox GAT）。

  另外，通用地理信息系统提供了更广泛的功能，更大、更活跃的用户社区，以及在支持文档和帮助等方面提供更实质性的支持，但代价是软件许可的费用更高，特别是对于那些刚接触该领域的人来说，学习曲线更加陡峭（在寻找合适工具、制作解决方案等方面；Wood，2009a）。最著名的通用地理信息系统有 ArcGIS（由加利福尼亚州雷德兰兹的 Esri 生产的商业软件生态系统）、GRASS、QGIS 和 TerrSet。

  事实上，历史悠久的 GIS（如 ArcGIS、GRASS、QGIS、TerrSet）和相关软件（如 MATLAB 和 R）在过去 20 年中不断普及，再加上所包含的地形建模功能更强大，越来越多的地形建模工作都使用这些系统完成。在 ArcGIS（ArcGIS Geomorphometry Toolbox；ArcGIS Toolbox for Surface Gradient；Geomorphometric Analysis；Arc-Geomorphometry）和其他 GIS 平台的基础上，构建了一些专门的软件程序。

在此期间，各种计算平台（服务器、台式机、平板电脑和移动设备）的计算能力大幅提升，但软件的发展和应用却停滞不前。之所以会发生这种情况，主要是由于此间计算机硬件和相关计算机操作系统模块和语言不断变化，缺乏足够的资源来更新软件。今天领先的商业 GIS 平台在过去 25 年中发展迅猛，如 ArcGIS。基于原始命令行的 ArcInfo 工作站旗舰产品的功能和"外观"最早与基于 Windows 的 ArcView 产品搭配使用，然后并入 1999 年推出的基于 Windows 的 ArcGIS 平台，并在新的平台中进行了整合与重构。多年来，软件平台支持多种编程语言和相关开发工具，从早期 ARC 宏语言（Arc Macro Language, AML）及 ArcInfo 和 ArcView 的 Avenue 语言，到 C++、Visual Basic，以及最近的 Python 语言（见 Zandbergen, 2012）。软件平台还提供桥接功能，支持与多种互补产品协同工作，如 Land Modeler 和 R。10～15 年前，ArcInfo coverage 还被奉为最主流的文件格式，现在它首先被 Shapefile 所替代，Shapefile 很快成为存储和支持地理信息的事实标准；其次又被地理数据库取代，地理数据库使用对象关系数据库方法管理和存储空间数据；最后，由于信息技术变化的速度和幅度没有放缓的迹象，地形建模软件在未来几年还会出现更多变化。

有鉴于此，本章其余内容分为 5 个部分。第 1 部分描述了数据采集和处理系统正在发生的变化，以及这些变化对科学家和从业者的数字地形建模工作方式可能产生的影响。第 2 部分描述了当前 ArcGIS 生态系统中的各种地形建模工具。第 3 部分描述了为扩展 ArcGIS 生态系统自身功能开发的一系列第三方插件的作用和特点。第 4 部分回顾了一些专有、免费、开源的地形分析产品和建模产品的作用和特点（其中一些产品还在不断发展），所有这些产品仍拥有大量的用户群体。第 5 部分和第 6 部分对大多数人在未来 10～20 年里，如何从事地形分析和建模工作提供了一些结论性的观点。

6.1　数据获取与处理系统的演变

自 Evans（1972）在近 50 年前发表的标志性论文中首次描述了一般和特定的地表参数以来，可支持地形分析和建模的计算机软硬件得到了飞速发展。这种变化表现在很多方面，如计算速度的大幅提高，二维、三维彩色可视化效果的增强，可用数据集大小的增加，人机交互类型的增多（如从用于修改或扩展功能的基于命令行和基于脚本的语言，到图形用户界面，以及利用如 C++、Java 和 Python 语言编制的应用程序接口），软件能够运行的高性能计算框架越来越多，现在支持的操作系统和文件格式的不断增多。

为了理解灵活快速的计算平台和计算资源的必要性和重要性，需要了解第 1 章和第 2 章中提到的一些基本概念。用于获取部分地区或全球重复的、高分辨率高程数据的主动遥感平台，促使计算平台开始改变。例如，SRTM、ASTER GDEM 和 World DEM 产品为科学家提供了地球上大部分陆地表面相对精细分辨率（3～30m）的网格高程数据，同时他们已经开始着手解决人类所面临的巨大且（在某些情况下）不可逆转的变化，即人口增长、发展和现代化给支撑人们生活的物理系统和生态系统带来的影响。

例如，地表模型已用于各种应用中，来帮助解释和预测全球气候变化，并花费了大量的努力来更好地描述全球气候变化过程中水循环控制的物理过程。近些年的案例可参考 Coe（1998），Gedney 和 Cox（2003），Coe、Costa 和 Soares-Filho（2009），Dadson 和 Bell（2010），Dadson 等（2010），Dadson、Bell 和 Jones（2011），以及 Zulkafli 等（2013）的工作。其中许多应用都使用了流行的水文模型 TOPMODEL（Beven and Kirkby, 1979），稳态 TWI 在其中发挥关键作用。

在其中一项研究中，Marthews 等（2015）最近利用这些新的全球高程数据集，为全球所有无冰陆地区域生成 1 个高分辨率、空间一致的、新的稳态 TWI 值数据层。该数据层是基于水文条件的 HydroSHEDS 数据层（Lehner et al., 2008），利用多个水文调节步骤（Lehner, 2013），从 3″分辨率（赤道约 90m）的原始 SRTM 数据推导而来。作者获取并使用了 HydroSHEDS DEM 和预先计算的 15″像素上游汇水面积，然后将这些数据放大到 15″分辨率（赤道约 450m）来计算新的 TWI 层。接下来，使用 ArcGIS 10.1 将这两层的瓦片拼接成一张全球图层，然后使用地理空间数据抽象库（Geospatial Data Abstraction Library, GDAL；OSGF-Open Source Geospatial Foundation, 2011）将其转换为 NetCDF 格式。

Marthews 等（2015）使用 GA2 算法计算了每个像素的 TWI 值，GA2 算法是 GRIDATB 算法的改良版本。GRIDATB 算法最早由 Beven 在 1983 年提出，Quinn 等（1991，1995）加以修改，该算法是根据 Buytaert（2011）在 R 中实施的基本循环结构专门为当前工作编写的，并进行了 4 次修改以支持使用 HydroSHEDS 数据。Marthews 等（2015）实施的修改如下：①根据 Ducharne（2009）的建议修正 DEM 分辨率，以支持在大陆尺度上进行计算；②使用最大坡降（D8；O'Callaghan and Mark，1984）流向算法代替 Quinn 等（1991，1995）的多流方向算法，因为 D8 算法在 HydroSHEDS 数据库中就用于推导 UPLAND 层；③使用 Oki 在 1996 年编写的例程（Dadson and Bell, 2010）来估算平均单元尺寸，因为 HydroSHEDS DEM 使用了原生地理投影（Native Geographic Projection），其中像素尺寸随纬度变化（距离地球两极越近，像素的实际宽度越小）；④沿用美国地质调查局（2000）和 Evans（2003）的做法，在没有流入或流出的平坦区域增加了 1 个小的斜坡梯度增量。Florinsky（2017）最近描述了一系列方程，可用于计算使用原生地理投影的 TWI，就可以省略步骤 3，从而避免了这种近似产生的各种问题。

目前，按照 Marthews 等（2015）提出的思路，GA2 算法在 ARCUS 服务器上运行，该服务器部署在英国牛津研究中心，拥有 1344 个计算核心集群，因为这个算法具有较大规模的数据层，并且需要在由完整流域组成的区域上进行计算。该算法使用掩码来识别并删除地表上各类水体覆盖区域的值，使用 ArcGIS 10.1 绘制区域直方图，并使用 R 语言计算后续统计数据。该示例和第 5 章中介绍的 US NWM 及随后的讨论，都说明这种在高性能计算之上组合多种软件工具的方法，正在变得越来越普遍。该示例中值得关注的是，15″分辨率是先前 HYDRO1k TWI 数据层（USGS, 2000）最佳分辨率的 4 倍，在计算 TWI 值之前，源高程数据的质量和用于准备数据的预处理步骤意味着，这个新的数据层代表了迄今为止 TWI 值最精确的全球尺度估值（尽管 Florinsky 于 2017 年提出了潜在缺点）。

与第 2 章中关于高程数据源另一个发展趋势的评论相一致，快速发展的 LiDAR 数据成为地区数据集和国家数据集的首选来源。通过 3DEP 计划可以说明这一点，该计划旨在未来 10 年内利用 LiDAR 数据开发并共享美国周边地区的 1m 数字高程模型。其他国家的此类举措，对处理这些数据所需的各种计算平台产生了重要影响。以下对比突出地反映了采集和使用基于 LiDAR 的高分辨率数据集带来的影响。

（1）在相同的地理范围内，网格间距从 1km 减小到 30m 时，栅格数量会增加 1111 倍。

（2）在相同的地理范围内，网格间距从 1km 减小到 1m 时，栅格数量会增加 1000000 倍。

（3）在相同的地理范围内，网格间距从 100m 减小到 1m 时，栅格数量会增加 10000 倍。

（4）在相同的地理范围内，网格间距从 30m 减小到 1m 时，栅格数量会增加 900 倍。

（5）在相同的地理范围内，网格间距从 10m 减小到 1m 时，栅格数量会增加 100 倍。

上述影响只是所面临的一部分挑战，这些基于 LiDAR 的高分辨率数据产品意味着，研究者们可能第一次拥有了比准确描述选定的地表过程所需分辨率更高的数据（Leempoel et.al, 2015）。最新的结果也强化了多尺度分析的理论基础和必要性。事实上，人们感兴趣的许多地表过程都是在不同尺度下运行的，而且人们往往不能预先知道这些尺度，这一事实在第 1 章已经提到。另外，现在 DEM 有着截然不同的分辨率，意味着研究者们经常需要调整数据或分析方法。在不同分辨率的高程数据上利用 3×3 移动窗口计算得到的坡度和其他地形参数往往差异很大，如利用 1m 分辨率的数据和利用 10m 分辨率或 30m 分辨率的数据所计算的结果完全不同。但这些新的高程数据源为寻找可用的操作尺度提供了新的机遇，除非地形建模软件和服务支持跨尺度推理、多尺度分析和可视化，否则无法做到这一点。

Gessler 等（2009）提出的关于地貌测量的一些预测已经实现。例如，LiDAR 已成为在区域尺度和国家尺度（范围）大规模生产 DEM 的首选来源，科学家们迅速采用了越来越复杂和多样化的应用，这些应用使用了更多的数据类型和数据量，以及更先进的空间和地理统计分析技术（Marthews et al., 2015; National Water Center, 2016）。Gessler 等（2009）也预测了计算平台的存储容量和处理速度会不断提高，但认为这些进步可能无法跟上新挑战和新目标提出的需求。最后，Gessler 等（2009）设想了 1 个世界地貌图集，可以在线分发全球任何区域的地表参数和对象，与 USGS 的全球 1km HYDRO1k 高程衍生数据库类似，但它在一系列尺度范围内有更多的栅格和矢量图层。这种地图集的构建将支持机械化过程的尺度缩放，以及更广泛的物理模式和生物模式的关联，如第 5 章中描述的 US NWM 应用所示。

最近，Guth（2013）提出，新的数据集、桌面计算机的 64 位操作系统和大容量 RAM，以及大带宽数据下载，将改变地貌测量工作。例如，他展示了具有 64 位操作系统、64GB RAM 和智能索引的台式 PC 是如何将整个 SRTM DEM 数据加载到内存中，并能够进行快速随机访问的，进而将此数据集与自动算法结合使用，来查找沙丘间距（波峰间距）、沙丘高度和山脊方向。然而，许多学者并不赞同 Guth 的想法。Ortega 和 Rueda（2010），Tesfa 等（2011），Qin 和 Zhan（2012），Wang 等（2012），Qin、Zhan 和 Zhu（2014a），Qin 等（2014b），以及 Yildirim 等（2015）都提出了规避计算效率和内存容量瓶颈的并行化方法。例如，Yildirim 等（2015）提出了 1 种在并行化水文地形分析流程中内存管理的新方法，该方法使用用户级虚拟内存系统来管理共享内存和多线程系统。他们的方法包括为大于可用内存的数据集定制基于栅格计算的专用内存管理方法，以及用于并行化水文地形建模工作流程的新的计算顺序方法。他们使用 Planchon 和 Darboux（2001）提出的 DEM 凹坑改进填充方法，来演示他们的方法如何能够在内存有限的单机上，使用非常大的 DEM 数据集来支持基于栅格的运算，该方法也曾经在 TauDEM（Tarboton et al., 2015a）中使用过。

一种更有前途和雄心的方法是利用基于网络的赛博基础设施，将工作从台式机或笔记本电脑转移到基于云的数据服务器和处理服务器上（Wang, 2010；Wright and Wang, 2011；Wang et al., 2013）。作为预测未来几年发展趋势的先驱，Tarboton 等（2015a）已经演示并验证了运用基于网页和基于客户端的数据服务来支持 TauDEM 工具，从而划分流域和生成基于水文的地形信息，如地形湿度和径流网络。同样，Tarboton 等（2015b）最近还描述了 HydroShare 协作环境和基于网络的服务（Horsburgh et al., 2016），这些服务正在开发中，能够支持水文数据和水文模型的共享和处理。

接下来的 3 个部分将回顾在过去 10 年或更长时间内，广泛使用的地形分析和建模软件及服务，首先介绍 Esri 的 ArcGIS 生态系统（见 6.2 节），其次描述第三方附加组件（见 6.3 节），最后梳理其他地形分析和建模软件及服务（见 6.4 节）。

6.2　Esri 的 ArcGIS 生态系统

Esri 产品线目前提供的地形建模工具与 Reuter 和 Nelson（2009）记录的地形建模工具之间的对比表明，计算平台和工具在过去 10 年已发生了快速的变化。

Reuter 和 Nelson（2009）描述了 8 年前 ArcView 3 和 ArcGIS 套件提供的地貌测量工具。ArcView 被描述为 1 个易于使用的系统，用于导入、创建和分析 DEM。空间分析模块和 3D 分析扩展模块提供了用于处理栅格和 TIN 的特殊工具，Avenue 脚本语言在 1996 年和 2002 年得到了支持，许多人使用该语言来构建和共享自定义地形建模工具。ArcGIS 套件最初于 1999 年 12 月发布，它将 ArcView 的易用性与 ArcInfo 的功能性和灵活性相结合。最后一个产品于 1982 年发布，并在几个专用的 UNIX 工作站平台上得到支持，该命令行软件包括 GRID 栅格建模环境、用于分析网格和 TIN 的命令，以及 AML 脚本语言。

1999 年推出的 ArcGIS Desktop 产品可以在 Windows 上运行，包含基于 COM 对象的 GUI。该产品包括支持网格和 TIN 分析的空间分析和 3D 分析扩展模块，并支持用户利用多种语言（C++、Visual Basic、Java、Python 等）编写和/或改编和执行程序或脚本以添加新功能。只需快速浏览 ArcInfo、ArcView、ArcGIS，以及现在的 ArcGIS Professional（Pro）软件产品的功能、组织和用户体验，就可以理解这对于地形分析和地形建模的意义。

Reuter 和 Nelson（2009）描述了利用前 3 个平台进行地貌测量的工作示例。这些工作流程提供了多种功能，包括导入 DEM 及其他高程数据、使用多种方法和选项（IDW、TOPOGRID、填充水槽等）来创建 DEM、使用标准工具和从各种网站下载的预定义脚本来计算地表参数，以及将数据转换成其他格式或导入软件中。他们展示了如何使用标准栅格（网格）工具来计算坡度、坡向、平面曲率、剖面曲率、流向、流量积累，以及如何将这些参数组合起来计算次生地表参数，如 SPI 和 TWI。

Reuter 和 Nelson（2009）还展示了如何通过点击专门的地形分析工具箱来执行一系列脚本，从而计算 28 种不同的地表参数。他们描述了如何使用 ArcGIS 中的通用分区和焦点栅格工具来查询栅格高程数据集，并发布流域中的最高高程及流域或其他用户定义窗口中最高高程和最低高程之差。最后，他们还指出 TIN 分析工具仅限于计算坡度和坡向，并建议将 TIN 转换为栅格并据此对 TIN 表面模型进行分析。

2017 年第一季度发布的 ArcGIS 10.5 和 ArcGIS Pro 1.4 生态系统显示了过去 10 年中的变化。最新版本围绕 1 个 64 位桌面应用程序 ArcGIS Pro 进行组织，该程序带有 1 个新的图形引擎，支持多视图、地图布局、多线程处理，以及通过 ArcGIS Online 或 Portal for ArcGIS 发布和共享 Web 地图。当前用于地形建模工作的生态系统的主要特征包括工具的数量和种类及其组织方式、支持的高程数据集、工具和数据的组合方式、用于计算地表参数和地表对象的方法，以及 ArcGIS Pro 和/或 ArcGIS Online 在支持地形分析和建模工作流程中的作用。

ArcGIS Pro 的工具参考分为工具部分和环境部分。这些能够浏览和搜索的两个部分相互补充，其中工具被分组到工具集中，然后集中到工具箱中，而环境设置被应用到工具中，并将影响使用多个工具进行某些地形分析和/或建模流程的部分结果。

工具本身可以通过地理处理窗格、ModelBuilder 或 Python 执行。要在地理处理窗格中运行工具，用户必须选择该工具，设置输入和输出及任何必要的参数，然后单击运行。环境设置是可选的，如果设置环境，它们将仅在该工具执行的时候起作用。选项参数可以被设置或置空以使用默认值。ModelBuilder 提供了 1 个可视化编程环境，允许用户以图形方式将地理处理工具链接到称为模型的新工具和工作流程中。这些工具可以在 ModelBuilder 中直接验证和执行（在设置了类似于地理处理窗格中的参数之后）或导出为脚本语言，然后可以以批处理模式执行。最后，用户还可以打开 Python 窗口，将他们希望使用的工具选择并添加到代码中，输入有效的参数值，然后在此界面运行该工具。

ArcGIS 生态系统是围绕地理数据库构建的。地理数据库用于存储链接空间要素和属性的各种不同类型的数据集，这些可能包括存储有关空间数据拓扑信息的覆盖范围，但在如何处理某些类型的特征方面受到限制，每个文件只能处理 1 种类型的数据。另外，地理数据库可以在 1 个文件中存储多个要素分类（要素类型），还可以利用要素的关联规则对要素行为进行建模。稍后描述的地形分析和建模工具依赖 1 套简单的栅格数据（排列成行和列的大小相等的单元阵列，其中每个单元包含属性值和位置坐标）和几个自定义数据集（如地形、TIN 和 LAS），将高程数据存储到地理数据库中。

地形数据集是 3 个自定义数据集中第 1 个也是最复杂的。该地形数据集是 1 种基于 TIN 的多分辨率表面，由存储在地理数据库中的要素测量数据构建而成。地形数据集实际上并不将地表数据存储为栅格或 TIN，而是将数据组织起来进行快速检索，并动态地导出 TIN 曲面。这种数据组织方式涉及地形金字塔的创建，该金字塔主要用于在选定区域（Area Of Interest, AOI）中，快速从数据库检索出所需的 LoD 数据。此地形数据集及其支持工具集提供了在各种工作流程中探索和使用地形表面的方法。

第 2 个自定义数据集是 TIN。该数据集存储了单分辨率 TIN，包括高程点及连接相邻点和邻域三角形的拓扑关系。这些数据集都可以加载到地形数据集中，并且可以基于某些用户定义的 AOI 和 LoD 从地形数据集中提取栅格和 TIN 数据集。

第 3 个 LAS 数据集使用公开文件格式，以支持用户之间的三维点云数据共享。该文件格式是为机载 LiDAR 点云数据的存储和交换而开发的。Esri LAS 数据集在磁盘上存储对多个 LAS 文件的引用及其他地表特征，并允许用户使用各种统计分析工具和显示工具以本地格式检查 LAS 文件。LAS 数据集只存储对源 LAS 文件和地表约束的引用，并且可以使用这些引用及 LAS 文件头信息快速地构建 LAS 数据集。这意味着 LAS 数据集可用于对 LiDAR 数据进行初始质量保证/质量控制检查，并在将数据导入地形数据集之前确定 LiDAR 数据是否符合所需的质量标准。

可以利用 ArcGIS Online 或 Portal for ArcGIS 中的工具直接访问和使用这些类型的数据集。ArcGIS Online 是 1 个存储和共享地理信息的 Web 应用程序，这些信息包括 Esri、ArcGIS 用户和其他官方数据提供者发布的内容。

最后，值得注意的是，此处提到的许多地形分析和建模工具只能通过空间分析和 3D 分析扩展套件（ArcGIS Desktop 10.5 中的工具箱，在 ArcGIS Pro 1.4 核心平台上单独出售和许可）中的一个来访问。在此背景下，人们可以探寻可用的工具，并解释如何在 ArcGIS 生态系统中利用这些工具获取和使用各种高程数据集。

空间分析模块工具箱在 23 个工具集中提供了 170 多个工具，用于执行空间分析和建模（见表 6.1）。特别是插值、地表、水文和太阳辐射工具集中包含的工具，为地表参数的计算提供了许多支持。

表 6.1 空间分析工具集和工具

工具集	工具
条件	条件；点击；置空
密度	核密度；线密度；点密度
距离	走廊；成本分配；成本回链；成本距离；成本路径；欧几里德分配；欧几里德方向；欧几里德距离；路径距离；路径距离分配；路径距离回链
提取	按特征提取；按圆圈提取；按掩码提取；按点提取；按多边形提取；按矩形提取；将多值提取到点；将值提取到点；采样
泛化	聚合；边缘清洁；扩展；多数滤波器；侵蚀；区域组；收缩；稀疏
地下水	Darcy 流；Darcy 速度；粒子轨迹；多孔膨胀
水文	盆地；填充；流量累积；流向；流长；洼地；捕获倾泻点；流链接；流序；流特征；流域
插值	反距离加权法；克里金法；自然邻点插值法；样条法；拓扑到栅格法；按文件拓扑到栅格法；趋势法
局部	格元统计；组合；等于频率；大于频率；最高位置；小于频率；最低位置；流行度；排序
地图代数	栅格算子
数学（通用）	绝对值；除；Exp；Exp10；Exp2；Float；Int；Ln；Log10；Log2；减；余；取反；加；幂；向下舍入；向上舍入；平方；平方根；倍
数学按位运算	按位与；向左位移；按位取反；按位或；向右位移；按位异或
数学逻辑	布尔与；布尔取反；布尔或；布尔异或；组合与；组合或；组合异或；不等于；等于；大于；大于或等于；在列表中；为空；小于；小于或等于；不等于；超过；测试
数学三角函数	ACos；ACosH；ASin；ASinH；ATan；ATan2；ATanH；Cos；CosH；Sin；SinH；Tan；TanH
多元	波段采集统计；类概率；创建标识；树状图；编辑标识；Iso 聚类；Iso 聚类无监督分类；最大似然分类；主成分
邻域	块统计；滤波；焦点流；焦点统计；线统计；点统计

(续表)

工具集	工具
覆盖	模糊隶属度；模糊叠加；加权叠加；加权和
栅格创建	创建常量栅格；创建普通栅格；创建随机栅格
重分类	查找；按ASCII文件重分类；按表格重分类；重新分类；按功能重缩放；切片
分割与分类	栅格分类；计算混合矩阵；计算段属性；创建准确度评估点；段平均位移；训练Iso聚类分类器；训练最大似然分类器；训练支持向量机分类器；更新准确度评估点
太阳辐射	区域太阳辐射；点太阳辐射；太阳辐射图
地表	坡向；等高线；等高线列表；带障碍的等高线；曲率；挖填；山体阴影；观察点；坡度；视域；视域2；能见度
分区	面积制表；区域填充；分区几何统计；以表格显示分区几何统计；区域直方图；分区统计；以表格显示分区几何统计

例如，插值工具集包括4种确定性方法（反距离加权法、自然邻点插值法、样条法和趋势法）、克里金法、拓扑到栅格法和按文件拓扑到栅格法，用于从支持水文分析和建模的等高线和/或点数据来创建连续曲面（见2.3节，表6.2）。

表6.2 插值工具列表

工具	描述
反距离加权法	利用反距离加权技术从点内插到栅格表面
克里金法	利用克里金法从点内插到栅格表面
自然邻点插值法	利用自然邻点技术从点内插到栅格表面
样条法	利用二维最小曲率样条技术从点内插到栅格表面，得到的表面正好通过输入点
拓扑到栅格法	从点、线和多边形数据内插到水文"正确"的栅格表面
按文件拓扑到栅格法	使用文件中指定的参数，从点、线和多边形数据中内插到水文"正确"的栅格表面
趋势法	使用趋势技术从点内插到栅格表面

地表工具集提供了12个工具，用于量化和可视化DEM表示的地表。以栅格（网格）高程地表数据作为输入，用户可以使用这些工具（见表6.3）计算等高线、坡度、坡向、地形阴影和可见地表。这些新地表可以作为最终成果（见图2.1），也可以作为其他地形分析和建模工作流程的输入。

表 6.3 地表工具列表

工具	描述
坡向	从栅格表面导出坡向。坡向标识了从每个单元格到相邻单元格的高程值变化率的最大下坡方向
等高线	从栅格表面创建等高线（等值线）的线状要素类
等高线列表	从栅格表面创建选定高程值的要素类
带障碍的等高线	从栅格表面创建等高线。包含的障碍特征允许用户在障碍两侧独立生成等高线
曲率	计算栅格表面的曲率，可选项包括剖面曲率和平面曲率
挖填	计算两个曲面之间的体积变化，通常用于切割和填充操作
地形阴影	通过考虑光源角度和阴影，从地表栅格创建地形阴影
观察点	标识从每个栅格表面位置可以看到哪些观察点
坡度	标识栅格表面每个格元的坡度（梯度，或 z 值的最大变化率）
视域	确定对一组观察要素可见的栅格表面位置
视域 2	使用测地线法确定对一组观察点可见的栅格表面位置
能见度	确定对一组观察要素可见的栅格表面位置，或标识每个栅格表面位置可见的观察点

水文工具集提供了 11 个工具，用于模拟地表的水流（见表 6.4）。可以单独使用这些工具识别和/或填充水槽，计算流向、上游流长和下游流长及流量累积，也可以按顺序使用来创建河流网络和/或划分流域。

表 6.4 水文工具列表

工具	描述
盆地	创建一个栅格，描绘所有流域盆地
填充	填充地表栅格中的洼地，以消除数据中小的缺陷
流量累积	创建累积流入每个格元的栅格。可以选择应用权重因子
流向	创建从每个格元到其最陡下坡邻居的流向栅格
流长	计算每个格元流径上的上坡距离、下坡距离或加权距离
洼地	创建一个标识所有洼地或内部排水区域的栅格
捕获倾泻点	在指定距离内，将倾泻点锁定在流量累积最高的格元
流链接	为交叉点之间栅格线性网络的各个部分指定唯一值
流序	为表示线性网络分支的栅格段指定数值顺序
流特征	将表示线性网络的栅格转换为表示线性网络的要素
流域	确定栅格中一组格元上方的汇流区域

太阳辐射工具集包括 3 个工具，可用于计算用户指定区域内的光照（见表 6.5）。这些工具用于计算天空可见度，跟踪太阳在天空中位置随时间的变化，并利用地形阴影和反射修改光照估算值。此工具集附带的文档不仅解释了如何使用每个工具，还解释了如何解读结果（例如，该工具的当前版本假定天空是晴朗的，因此无法模拟云对太阳辐射的影响）。

表 6.5 太阳辐射工具列表

工具	描述
区域太阳辐射	从栅格表面获得入射的太阳辐射
点太阳辐射	从点特征类或位置表中特定位置获得入射的太阳辐射
太阳辐射图	获得半球视域、太阳图和天空图的栅格描述，用于计算直接辐射、散射辐射和全局辐射

3D 分析工具集包括 11 个工具集，提供了 100 多个工具，能够支持以栅格、地形、TIN 和 LAS 数据集格式表示的地面数据的创建和分析（见表 6.6）。其中包括用于创建和管理不同类型数据集的工具，能将一种数据集格式转换到另一种格式的工具，能从给定的一组采样点生成连续栅格地面数据的插值工具（这些采样点包括水文"正确"的地面模型），以及计算 TIN、地形和 LAS 数据集的坡度、坡向及其他属性的工具。

表 6.6 3D 分析工具集列表

工具集	描述
3D 特征	提供用于评估几何属性和三维特征之间关系的工具
城市引擎	包含公开 CityEngine 某些功能的工具而无需安装 ESRI CityEngine
转换	包含将要素类、文件、LAS 数据集、栅格、TIN 和地形转换为其他数据格式的工具。根据要转换的数据类型，将工具组织为工具集
数据管理—地形数据集	提供用于创建和管理地形数据集的工具
数据管理—TIN 数据集	提供用于创建和管理 TIN 数据集的工具
数据管理—LAS 数据集	提供用于创建和管理 LAS 数据集的工具
功能表面	提供分析工具，用于评估栅格、地形和 TIN 表面的高程信息
栅格插值	提供多种插值工具，可以从 1 组给定的采样点生成连续的栅格表面，包括水文"正确"的表面模型
栅格数学	对栅格数据集进行数学运算的工具
栅格重分类	包含可对栅格数据进行重分类的工具

(续表)

工 具 集	描 述
栅格表面	提供分析工具，可用于确定栅格表面属性，如等高线、坡度、山体阴影和差异计算
三角化表面	提供分析工具，用于确定 TIN、地形和 LAS 数据集的表面属性，如等高线、坡度、坡向、山体阴影、差异计算、体积计算和异常值检测
能见度	使用各种类型的观察要素和障碍物源（包括用于表示建筑物和三维要素的曲面和多面体）进行能见度分析的特征工具

数据管理工具集提供了对地形、TIN 和 LAS 数据集进行操作的 3 个处理工具库。地形数据集工具库提供了创建和分析地形数据集的工具，该数据集是 1 个多分辨率三角面，由存储在要素数据集中基于特征的测量数据组成（见表 6.7）。TIN 数据集工具库提供了用于创建和编辑 TIN 数据集的工具，该数据集是 1 个由基于特征的测量数据组成的单一分辨率地表数据（见表 6.8）。LAS 数据集工具库提供了 LAS 数据集引用的 LiDAR 数据分类的分析和管理工具（见表 6.9）。

表 6.7 数据管理—地形数据集工具列表

工 具	描 述
向地形中添加特征	将 1 个或多个特征类添加到地形数据集
添加地形金字塔层次	将 1 个或多个金字塔层次添加到现有地形数据集
追加地形点数	将点追加到地形数据集引用的点特征
构建地形	执行分析和显示地形数据集所需的任务
更改地形参考比例尺	更改与地形金字塔层级相关联的参考比例尺
更改地形分辨率边界值	更改将对给定数据集执行强制操作的特征类的金字塔层级
创建地形	创建新的地形数据集
删除地形点	从地形数据集的 1 个或多个要素中删除指定区域内选定的点
从地形中移除要素类	删除对地形数据集特征类的引用
移除地形金字塔层级	从地形数据集中移除金字塔的层级
替换地形点	用指定特征类的点替换地形数据集引用的点

表 6.8 数据管理—TIN 数据集工具列表

工具	描述
复制 TIN	创建 TIN 数据集的副本
创建 TIN	创建 TIN 数据集
划定 TIN 数据区	根据 TIN 的三角形边长,重新定义 TIN 的数据区或插值区
编辑 TIN	从 1 个或多个输入特征加载数据来修改现有 TIN 表面

表 6.9 数据管理—LAS 数据集工具列表

工具	描述
更改 LAS 类代码	修改 LAS 数据集引用的 LAS 文件的类代码值
按高度分类 LAS	根据 LiDAR 点离地面的高度对其进行重新分类
按区域进行 LAS 点统计	评估由多边形特征定义区域的 LAS 点统计信息
按接近度定位 LAS 点	在基于 z 要素的三维邻域范围内识别 LiDAR 点,同时提供对这些点进行重新分类并将其导出到输出要素类的选项
利用特征设置 LAS 类代码	使用点、线和面状特征对 LAS 数据集引用的 LAS 文件中的数据点进行分类

栅格插值工具集可用于从采样点创建连续地表,并提供与空间分析模块工具箱(在单机版空间分析模块许可下提供)中插值工具集完全相同的功能。这意味着可以从空间分析和 3D 分析工具箱访问 4 个确定性工具(反距离加权法、自然邻点插值法、样条法和趋势法)、1 个地统计工具(克里金法)和 2 个专门设计的水文插值工具(拓扑到栅格法、按文件拓扑到栅格法)。

栅格表面工具集提供了空间分析模块中地表工具集 12 种工具中的 8 种。虽然该工具集不包括 3 个能见度工具(观察点、视域 2、能见度),但其余工具能够支持等高线、坡度和坡向及地形阴影的计算。

三角化表面工具集提供了 9 种工具,可在地形数据集、TIN 数据集和 LAS 数据集上运行(见表 6.10)。这些工具可用于提取地表属性(如坡度、坡向、等高线)、识别数据点异常值、计算体积和面积,以及创建地表模型的三维特征类。其中一些工具复制了空间分析模块地表工具集中的工具,但该工具集中的工具可以使用前述的 3 个自定义数据集。

表 6.10 三角化表面工具列表

工 具	描 述
分解 TIN 节点	使用源 TIN 中的节点子集创建 TIN 数据集
挤出	通过挤压两个 TIN 数据集之间的每个输入特征来创建三维特征
将多边形插值到多面体	在表面上覆盖面状特征来创建与表面相一致的多面体特征
定位异常值	从地形数据集、TIN 数据集或 LAS 数据集中识别异常高程值,这些数据超出了定义的高程值范围或具有与周围表面不一致的坡度特征
多边形体积	计算多边形与地形或三角网表面之间的体积和表面积
地表坡向	创建多边形特征用于描述从地形、TIN 或 LAS 数据集表面派生的坡向值
地表等高线	创建从地形数据集、TIN 数据集或 LAS 数据集表面派生的等高线
地表差异	计算存储为 TIN 数据集或地形数据集的两个地表模型之间的体积差
地表坡度	创建多边形要素用于描述三角化表面的坡度值范围

最后,三角化表面工具集的文档列出了在 ArcGIS Desktop Version 10.0 之前可用的 4 种 TIN 工具,并推荐了当前用于执行相同任务的工具。

新的高程和水文分析地理处理服务使用了 ArcGIS Online 的数据和分析功能,这大大增强了上述功能(工具)的价值。用户可以指定一些输入要素,分析所需的其他所有数据及计算资源都由 ArcGIS Online 托管。大多数分析中需要传递到服务和从服务传递出的数据都相对较少,因此处理速度很快。例如,用户可以在不到 5 秒的时间内计算出世界上任何地方的视域。

要访问这些即用型服务,用户可以打开 ArcGIS Pro 1.4 或 ArcGIS Desktop 10.5,登录 ArcGIS Online 组织帐户。然后,双击"Contents"窗口底部附近列出的某个服务(见图 6.1),并像运行其他任何地理处理工具一样运行它。截至 2016 年 12 月,可用的高程工具允许用户绘制某个位置的视域或高程剖面,计算道路或河道的坡度,以及森林地块(或其他一些选定的区域)的主要坡向。水文工具包括划分流域及追踪水流的流入位置或流出位置的服务。还有其他工具可供使用,例如,美国土壤有效贮水量(The US Soils Available Water Storage)层可用于计算划定这些单元后每个流域或子流域的平均土壤水储存量。Esri 用户可以像使用其他工具一样，直接在 ModelBuilder 模型中使用这些工具，开发人员也可以通过表述性状态转移（Representational State Transfer, REST）Web 服务体系结构在他们的应用程序中使用这些服务。

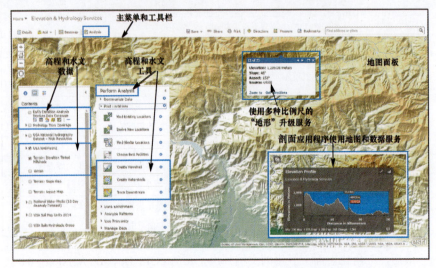

图 6.1 该图展示了如何通过 Esri 的 ArcGIS Online 平台访问高程和水文工具的一些功能（截至 2017 年 2 月）

高程服务能够提供分辨率约为 1km 和 90m 的全球数据，分辨率为 30m 的加拿大、墨西哥及美国的数据，以及分辨率为 10m 的美国大陆的数据。美国的水文服务是基于 NHDPIus Version 2.1 发布的（Moore and Dewald, 2016），该版本已针对快速 Web 服务性能进行了优化，并基于 HydroSHEDS 项目在全球范围内对 90m 分辨率数据进行了优化（Lehner, 2013）。利用 Esri 的社区地图项目（Esri's Community Maps program），ArcGIS Online 的高程内容数据和水文内容数据不断增加，随着这些内容数据不断向新的区域和分辨率迈进，它们将包含在这些分析服务中。还有许多其他工具和数据也可能对特定项目有用，例如，最近规划和评估工具及附带的数据集作为 Esri 国家绿色基础设施倡议（Esri's National Green Infrastructure Initiative）的一部分被发布。

因此，Esri 用户可以预见，这些即用型 Web 服务及附带在线数据的数量和复杂性将随着时间的推移而稳步增长。

6.3 第三方 Esri 附加组件

目前已有多个团队开始在当前 ArcGIS 平台或其之前版本上，开发附加的地形分析与建模功能。然而，Esri 平台的快速发展意味着这些附加组件需要持续发展才能实现长远目标。本节描述了 3 个这样的附加组件。

▶ 6.3.1 ArcGIS Geomorphometry 工具箱

ArcGIS Geomorphometry 工具箱说明了上述发展面临巨大挑战，该工具箱的目的是为需要快速计算地表参数的人员提供简化的地形分析和建模功能（Reuter, 2009）。其中包含的工具是用 Esri 的 AML 编写的，主要用于辅助数据准备、大量地表参数计算和地形分类。在 ArcGIS 中，大多数地表参数是通过移动 DEM 上 3×3 单元格窗口来计算的，但有一些次生地表参数，如 TWI、地形位置指数（Topographic Position Index, TPI）、质量平衡指数和高程残差，可以使用一系列窗口范围（使用 ArcGIS 焦点函数）来计算，而开放地表参数则可用最大为 9×9 的不同范围窗口来计算（Reuter, 2009）。该附加组件的成本很低（至少在获取并用于研究时），但 AML 脚本只能与 ArcInfo 工作站的装置一起使用，该工作站必须拥有完整的、但现在很少使用的 ArcGIS 许可证。地貌测量功能位于 Terrain Parameters 和 Landforms 两个菜单下。Terrain Parameters 菜单包括主要地表参数和次要地表参数中最独特的部分，因此，今天获取和使用该附加组件最令人信服的原因是 Pennock、Anderson 和 de Jong（1994）、MacMillan 和 Pettapiece（1997）、MacMillan 等（2000）、Meybeck、Green 和 Vorosmarty（2001）、Park、McSweeney 和 Lowery（2001）、Weiss（2001）、Reuter（2004）、Dobos 等（2005），以及 Iwahashi 和 Pike（2007）提出的 11 种地表分类算法，这些算法都在 Landforms 菜单下编码和配置。该附加组件需要空间分析模块许可和 ArcGIS 的基础版本许可（以及与 ArcGIS 标准版本许可一起免费配发的 ArcInfo 工作站软件产品）。

6.3.2 ArcGIS Geomorphometry and Gradient Metrics 工具箱

第 2 个工具箱由 Evans 等编写，是一套更大的空间生态定量方法工具集的一部分（Evans et al., 2014）。最新版本（2.0）于 2014 年发布，研究者计划发布模拟 R 包，将利用 GRASS 和 QGIS 把这项工作转移到开源社区。当前版本的 ArcGIS Geomorphometry and Gradient Metrics 工具箱可与 ArcGIS Desktop 10.2 及更高版本兼容。

用于计算地表参数的功能分组在 Directionality、Statistics、Texture and Configuration 及 Temperature and Moisture 的菜单下。Directionality 和 Statistics 两个菜单包括通用工具和统计功能。Texture and Configuration 菜单包括计算地形属性的功能，如剖面（Evans, 1972）、分层坡位（Murphy, Evans and Storfer, 2010）、地表曲率（Bolstad and Lillesand, 1992）、粗糙度、坡位（Gallant and Wilson, 2000）和地表起伏率（Pike and Wilson, 1971）。Temperature and Moisture 菜单包括计算次生地形参数的功能，如 TWI（Moore et al., 1991）、热负荷指数（McCune and Keon, 2002）、IMI（Iverson et al., 1997）及场地暴露指数（Balice et al., 2000）。用于计算坡度、坡向和曲率的脚本依赖 ArcGIS 的基本功能和 3×3 移动单元窗口，其他脚本则使用在一系列窗口范围内运行的 ArcGIS 焦点函数。除了 ArcGIS Desktop 标准许可，该附加组件还需要空间分析模块许可，这些指标已广泛应用于景观生态学、物种分布、植被预测和遥感应用中。

6.3.3 ArcGeomorphometry 工具箱

第 3 个工具箱是由 Rigol-Sanchez 等（2015）编写的，它提供了一系列 Python/NumPy 处理功能，并通过 ArcGIS 图形菜单呈现。该工具箱支持 GIS 用户灵活应用多尺度分析方法，通过改变源 DEM 的范围、分辨率和/或分析窗口大小，将 DEM 参数化并分类为离散地表单元。该附加组件需要空间分析模块及 ArcGIS Desktop 标准许可，与前两个附加组件类似。

研究者利用 Python 和用于科学计算的数值 Python（Numerical Python, NumPy）库编写了地貌测量功能（见表 6.11），其中 NumPy 支持 N 维数组对象。可以通过可被安装、共享和修改的 Python 工具箱的方式来访问此新功能。加载后，ArcGeomorphometry 菜单和帮助页面将在 ArcGIS 中无缝显示，这意味着，除其他功能外，这些新功能可以通过地理处理面板、ModelBuilder 或 Python 窗口调用并以独立模式运行。

ArcGeomorphometry 工具箱可在任何能够运行 ArcGIS 和空间分析模块的桌面上运行。这些工具假定输入的 DEM 具有投影坐标系，并使用线性地图单位，如米。目前，该工具箱根据 Evans（1972, 1979, 1980）、Shary（1995）、Wood（1996a, 1996b）、Blaszczynski（1997）、Shary 等（2002），以及 Yokoyama 等（2002）提出的方法，提供了真正的多尺度地表分析功能和分类功能。这些功能按方法分为 4 种，分别为平均起伏功能、开放度功能、Evans-Wood 法功能和 Shary 法功能（见表 6.11）。平均起伏功能和开放度功能菜单下的计算使用 NumPy 数组索引函数，而 Evans-Wood 法功能和 Shary 法功能菜单主要基于最小二乘法运用 NumPy 函数，将每个 DEM 单元的二元二次多项式拟合到用户指定内核的高程值上，然后使用多项式参数来获得地貌变量。

表 6.11　ArcGeomorphometry 中的地形分析与建模功能

功　能	描　述
平均起伏功能	
平均坡度	计算平均坡度百分比
平均起伏分类	使用用户定义的坡度和标示的平均局部起伏限值，对已标示的平均局部起伏网格进行重分类
平均起伏标示	计算标示的平均局部起伏
开放度功能	
负开放度	计算地表下方 8 方向平均最小高度角
正开放度	计算地表上方 8 方向平均最小高度角
Evans-Wood 法功能	
坡向	计算斜坡方向或坡向
高程平滑处理	利用二次函数对高程进行平滑处理
横向曲率	计算横截面曲率
要素	使用用户定义的坡度和曲率阈值，将 DEM 划分为特定于地表的元素（凹坑、山峰、山脊、河道、通道、平原）
纵向曲率	计算纵向曲率

（续表）

功　能	描　述
最大剖面曲率	计算最大剖面曲率
最小剖面曲率	计算最小剖面曲率
改进 Evans-Young	改进 Evans-Young（预置滤波）算法
平面曲率	计算平面曲率
剖面曲率	计算剖面曲率
坡度	计算斜坡陡度
Shary 法功能	
坡向	计算斜坡方向或坡向
横向曲率	计算横截面曲率
纵向曲率	计算纵向曲率
最大剖面曲率	计算最大剖面曲率
平均曲率	计算平均曲率
最小剖面曲率	计算最小剖面曲率
平面曲率	计算平面曲率
剖面曲率	计算剖面曲率
转向曲率	计算转向曲率
切向曲率	计算切向曲率
全曲率	计算全曲率
全高斯曲率	计算全高斯曲率
全环向曲率	计算全环向曲率
坡度	计算斜坡陡度
非球形曲率	计算非球形曲率

来源：Rigol-Sanchez 等（2015, pp.159）。经 Elsevier 许可复制。

3 种多尺度组件也以独特的方式处理。在选择高程源数据集时，需要确定初始地理范围和网格分辨率，但用户也可以使用标准 ArcGIS 函数来裁切此数据集和/或修改使用的网格分辨率。处理大范围地理区域时，网格分辨率通常比较粗［参阅 Marthews 等（2015）执行此策略的项目］。在实现其中一个 ArcGeomorphometry 功能时，可以设置可变的第 3 个元素，即分析窗口的大小。用户接下来要先选择输入的 DEM 数据，然后通过键入所需的方形尺寸（或开放度的圆形直径）来指定用于地表分析的处理内核（分析窗口）的大小。允许内核大小设置成任何正奇数，这意味着分析窗口的最大尺寸仅受输入 DEM 的地理范围或可用系统资源的限制。

该工具箱利用 ArcGIS Desktop 的强大功能处理大型 DEM 数据集，同时通过自定义界面轻松导航到更加复杂的地形分析集和建模功能集，包括支持 DEM 多尺度分析。每个功能的运行结果可以在 Esri 的 ArcMap 2D 或 ArcScene 3D 显示环境中以图形方式显示，并与其他栅格数据集或矢量数据集结合使用，从而进一步评估方法的有效性和结果的显著性。

6.4 其他软件选项

Wood（2009a）对地貌测量软件的综述，以及本书末尾参考文献所列的工作软件，表明现在有很多类型的地形分析软件和建模软件可供用户选择。本节描述了 Hengl 和 Reuter（2009）评论的 7 个软件包和另外两个（在过去 10 年中提供新颖和独特功能并吸引大量用户）软件包的现状。这些细节进一步表明，专有、免费和开源软件之间的差异随着时间推移变得越来越小。类似于 Esri 生态系统和附加组件，本节提到的几个软件平台都以各种方式结合了专有、免费和开源软件。

▶ 6.4.1 GRASS

地理资源分析支持系统（Geographic Resources Analysis Suport System, GRASS）是一种通用 GIS，主要用于管理、分析、建模和可视化多种类型的地理信息，它也是一个开源产品，提供了对用 ANSI C 编程语言编写的源代码的完全访问权限（Hofierka, Mitášová and Neteler, 2009）。GRASS 包含 350 多个模块（工具和工作流），Neteler 和 Mitášová（2008）对 GRASS 的架构、功能和用途进行了详细描述，包括支持地表分析和建模的相关功能。GRASS 是一个命令行软件，使用一系列简单直观的命名约定（见 Hofierka et al., 2009, p. 388，表 1）。

GRASS 提供了从各种高程数据源导入、显示和计算 DEM 的多种功能。网格 DEM 可以显示为二维栅格地图和三维视图，可以使用多个外部程序查看 GRASS 数据。例如，QGIS 可以用来查看二维地图，6.4.5 节对 QGIS 有更详细的讨论。QGIS 还可以直接读取 GRASS 栅格数据和矢量数据，其 GRASS 插件提供了一个工具箱，为用于数据分析的 GRASS 命令提供了图形化用户界面。

GRASS 软件还包括几个插值函数，能够根据等高线或点数据构建 DEM，包括规则张力样条函数（Regularized Spline with Tension, RST；Mitas and Mitášová, 1999; Neteler and Mitášová, 2008），该函数使用一系列与张力、平滑、各向异性，以及各点之间最小距离和最大距离相关的参数，来定义结果曲面的行为。下面描述的 5 个局部地表参数可以与 RST 插值工具同时计算，因为该插值函数可对所有阶数进行微分（Mitášová et al., 1995）。

GRASS 提供了第 3 章中许多地表参数的计算功能。局部参数包括坡度和坡向，以及剖面曲率、正切曲率和平均曲率。平面曲率也可以从正切曲率和坡度角的正弦推导而来（Mitášová and Hofierka, 1993）。GRASS 还提供了几个用于计算区域地表参数的模块，这些参数经常用于分析陆地表面的质量流量。基本流量参数（包括流量累积、上坡汇水面积、河网、流域边界和流径长度）可使用单流向算法和多流向算法来计算，并利用多种函数来处理平坦区域的洼地或径流。此外，根据水蚀预报模型（Water Erosion Prediction Project, WEPP）理论，还提供了模拟地表径流、泥沙输送和侵蚀/沉积的模块（Mitas and Mitášová, 1998）。Hofierka 等（2009）展示了如何在 GRASS 内部利用面向 USLE 的改进 LS 因子，将 shell 脚本、地图代数和各种地表参数用于计算土壤侵蚀和沉积的地形指数。最后，GRASS 提供了与太阳辐射有关的几个模块，其中一个模块用于计算晴空和阴天条件下太阳辐照/辐射的 3 个分量（直接辐射、散射辐射和反射辐射；Šúri and Hofierka, 2004）。r.sun 函数需要一些强制输入参数，如高程、坡度和坡向、天数及最佳当地太阳日。其余的输入参数是内部计算的（太阳赤纬），或是可以通过设置来重新赋值以满足特定的用户需求的（大气浊度、地面反照率、晴空指数的直接辐射和漫射分量，以及用于计算从日出到日落的日辐射的时间步长等参数）。晴空指数用于确定云层衰减参数，并根据晴空栅格地图计算多云条件下的辐照度/辐射。

GRASS 是一个成熟、通用的开源 GIS，为地表参数和地貌对象的分析、建模和可视化提供了许多功能。该软件拥有众多用户，由 Hofierka、Mitas 和 Mitášová 等领导的一个专业团队长期主导新功能的开发，有力地推动了地形分析工具和建模工具的基础科学和应用。

▶ 6.4.2　ILWIS

陆地水体信息集成系统（Integrated Land and Water Information System, ILWIS）是一个基于 Windows 的 GIS 和遥感软件平台。该软件由 ITC 在 2005 年升级至 3.3 版，但从 2007 年 7 月开始，在 52°N 倡议下它已作为免费开源软件向公众开放（ILWIS Open，包括二进制文件和源代码）。后续版本整合了新功能并修复了错误，最新版本（3.8 及更高版本）已装配了新的 Web 服务器系统，因此 ILWIS 现在可用作 Web 处理服务器。

Hengl、Maathuis 和 Wang（2009）详细描述了 DEM、水文模拟和地表能量平衡的功能。该软件包括导入 DEM、从高程采样数据中导出 DEM，以及使用 Gorte 和 Koolhoven（1990）、Pilouk 和 Tempfli（1992）、Hengl 等（2004）、Reuter 等（2009）提出的方法从 DEM 中识别和消除伪影等功能。

该软件还包含一个内置水文处理模块，可为水文应用准备 DEM 数据。该模块中的功能可用于以下场景：①移除或填充洼地；②将排水特征融合到 DEM 中；③计算湖泊、水库和其他具有不确定流向的平坦区域的流径（基于 Garbrecht 和 Martz 于 1997 年提出的方法）。该模块还包含利用 Maathuis 和 Wang（2006）的方法来计算排水网络、伴随的流域边界，以及一系列与水文相关的地表参数的功能。D8（O'Callaghan and Mark，1984）算法主要用于以下场景：①计算流向；②计算流量累积并提取基本排水网络；③计算各种流长；④计算 3 个次生地表参数（TWI、SPI、STI）和一系列水文系统特征图。

还可以使用 ILWIS 脚本扩展基本功能。例如，Hengl 等（2009，pp.323～329）共享了 3 个脚本，可以基于 Quinn 等（1991）提出的多流方向算法，来推导局部地表参数（坡度、坡向、剖面曲率、平面曲率、平均曲率、自适应北向坡度，以及给定角度的太阳辐射）、次生地表参数（TPI、SPI、STI 和形状复杂度指数），以及一系列通用的地形形态（河道、山脊、梯田、斜坡和凹坑）。

Hengl 等（2009）总结了他们对该软件的评论，指出它提供了一些新的计算能力和挑战。这些挑战包括支持的数据格式比较少、缺少用户交换脚本和自建模块的网站、依赖相对不友好的命令行界面和相对较差的三维查看器，以及由前 ITC 学生和合作者主导的用户社区较小。

▶ 6.4.3 LandSerf

1996 年，Joseph Wood 编写了第 1 个版本的 LandSerf 平台，用于对 DEM 进行基于尺度的分析，以便可以在一系列尺度上计算和显示地表参数，如坡度、坡向和曲率（Wood, 1996a, 1996b, 2009b）。LandSerf 平台专注于可视化，从一开始就为探索尺度对地表变量参数化的影响提供了丰富的交互界面。

该软件是用 Java 编写的，包含一个基于文本的编辑器、脚本语言，以及二维查看器和三维查看器。支持文档包含用户手册和面向 Java 程序员的 API。该软件支持等高线、网格和 TIN 地表模型，所有数据操作都在内存中进行，以提高可视化交互的速度。这种方法意味着该软件最适用于不超过 6000×6000 单元的网格 DEM。LandSerf 使用常见的一阶导数和二阶偏导数的方法来计算坡度、坡向和曲率（Evans, 1980），并提供了一种新方法，可在用户指定的任意大小的窗口中，使用 Wood（1996b, pp.92～97）记载的方法估算多项表达式中的 6 个系数。该软件能够在支持 OpenGL 的平台上实现交互式三维显示和地表"漫游"。交互式可视化技术包含各种光影模型和多种图像混合、LoD 渲染和动态图形查询功能。

该软件适用于强调视觉交互和缩放效果的场景（Wood, 2009b）。该软件是免费但不开源的，选择 Java 来编写意味着它可以在 Windows、Linux、UNIX 和 MacOSX 平台上运行。自 1996 年首次发布以来，该软件已有 11 个更新版本，其中一些增加了新的功能（如 1998 年的矢量处理、2003 年的属性表，以及 2004 年的栅格叠加和矢量叠加）。然而，自最新版本（2.3）于 2007 年 9 月发布后，LandSerf 网站上的 LandSerfing 论坛却于 2010 年 4 月关闭了。

最后，该平台支持的多尺度地表特征现在可以在两个通用 GIS 中执行：ArcGIS 使用由 Rigol-Sanchez 等（2015）编写的第三方 ArcGeomorphometry 扩展插件来执行；GRASS 使用 r.param.scale 模块来执行。

6.4.4 MicroDEM

MicroDEM 软件的第 1 个版本由 Peter Guth 编写，并于 1985 年发布。该软件专注于处理由美国国家图像和测绘局（US National Imagery and Maping Agency, NIMA）维护的 DTED 数据，且一开始就试图支持以原始格式［水平间距以弧秒（″）为单位］分析 DEM，现在 NIMA 已被 NGA 取代。这意味着本书中许多面向平面网格的地形分析和建模算法都已被修改为使用原始格式。随着时间的推移，软件的功能不断增强，现在可以读取地理网格和方形网格（Guth, 2009）。当前版本是基于 64 位体系架构用 Delphi（Object Pascal）编写的，并作为无源码的免费软件发布。该软件已被下载了 1000 多次，网站中包含一个活跃的研讨论坛。用户可以创建自己的脚本来实现其他功能。

该软件提供了多种方法来计算和可视化 30 多个主要地表参数和次生地表参数（坡度、坡向、曲率、开放度等），还提供了一种新的特征向量技术来量化地形结构（山脊和山谷的对齐程度、它们的主要走向等）。早期版本的 MicroDEM 专注于坡度图、三维斜视图、视线剖面和视域。它已成为一种通用 GIS，将图像和 shapefiles 与 DEM 相结合，但仍坚持专注于地质和地貌领域。例如，Guth（2009）描述了如何使用 MicroDEM 生成面向 SRTM 数据集的地形参数图集，最近他展示了在 64 位 Windows 操作系统上运行的新版本软件，是如何在主内存中进行全球尺度的地形分析工作的（Guth, 2013）。

该软件的主要优点是持续支持地理单位。全球高程数据集从十进制转换为米时所产生的误差，将随着地理区域的扩大而增大，对于跨大区域和全球性的工作而言，支持地理单位是必不可少的（Guth, 2009；Florinsky, 2017）。

6.4.5 QGIS

QGIS（以前称为 Quantum GIS）是另一个通用、免费和开源的地理信息管理、分析与建模软件。Gary Sherman 于 2002 年开始了 Quantum GIS 的开发，并于 2007 年成为开源地理空间基金会的孵化项目。该软件的第 1 个版本于 2009 年 1 月发布，最新版本（2.18）于 2016 年 10 月发布。软件是用 C++

编写的，包含了各种其他开源软件，包括 GDAL、Geometry Engine 开源软件套件（GEOS）、MySQL、PostgreSQL/PostGIS，以及 SQLite 数据库引擎。迄今为止，QGIS 已被翻译成 50 多种语言，可在多种操作系统上运行，包括 MacOSX、Linux、UNIX 和 Microsoft Windows。QGIS 的核心软件由志愿者开发人员维护，他们定期发布更新和修复错误，并通过各种用 Python 或 C++编写的插件扩展了其核心功能，如 GRASS 和 SAGA GIS 插件。在过去几年中，各种网络资源（用户指南、教程和视频）得到了一系列印刷资源的补充（Bruy, 2015；Lawhead, 2015；Menke et al., 2015；Graser, 2016）。

QGIS 中的地形建模工具分两种类型。第 1 种类型使用 QGIS 提供的基于栅格的地形分析插件，它可以使用在 3×3 移动窗口上计算的一阶导数和二阶导数来计算坡度、坡向、粗糙度指数和全曲率。坡度以倾斜度计算，坡向按逆时针方向从北（0°）开始计算，表示坡面朝向的方向，因此西和东分别代表 90°和 270°，由此替代了通常的惯例（分别为 270°和 90°）。Riley 等（1999）提出的粗糙度指数，通过计算每个 3×3 移动窗口内的起伏度来描述地形异质性，并使用表 6.12 中总结的分类阈值来表示地形粗糙度（见 3.1.9 节）。全曲率的计算依赖二阶导数，使用正值和负值来分别描述凸起和凹陷的地表，值为 0 则表示地表是平坦区域（并且不存在曲率）。

表 6.12　QGIS 的分类阈值将粗糙度指数值分成不同类别，用以描述不同的地形类型

粗糙度类型	粗糙度指数类型限值
平坦	0～80m
将近平坦	81～116m
轻度起伏	117～161m
中等起伏	162～239m
中度起伏	240～497m
高度起伏	498～958m
剧烈起伏	>959m

第 2 种类型的工具使用第三方插件，在使用 QGIS 之前必须先选择、添加并安装这些插件。例如，Shaded Relief 插件是一个相对简单的工具，可以利用

固定的太阳位置，并根据 QGIS 中三维 DEM 计算出的地平线，精确地显示阳光照射区和低阴影区域（黑暗区域）。这种第三方插件功能非常重要，同样的方法也可用于添加、安装和运行 GRASS、SAGA 和 TauDEM 软件平台中提供的大多数地形建模工具。

GRASS 插件支持对 400 多个 GRASS 模块（工具或工作流）的访问，用于管理、分析和可视化各种形式的地理信息。QGIS 用户必须创建一个通常称为"grassdata"的 GRASS 数据目录，其中数据由子目录中称为"locations"的项目进行组织，必须定义坐标系、地图投影和地理边界。反过来，这些位置可以对应多个地图集，可用于将项目和附带的"locations"细分为不同的主题或子区域和/或支持单个团队成员的工作空间（Neteler and Mitášová，2008）。

SAGA 插件同样可以访问 34 个模块库中的 200 多个工具。该插件提供了 6～8 个模块库中的 40 多个工具，用于计算第 3 章和第 4 章的许多地表参数和对象（见表 6.13 和 6.4.7 节）。

最后，TauDEM 工具专注于从 DEM 中推导水文信息。这些工具也可以在 QGIS 中安装和使用，如 6.4.8 节中所述。

▶ 6.4.6　RiverTools

RiverTools 是一个专用的、用户友好的 GIS 应用程序，用于分析和可视化由 Rivix、LLC（Peckham，2009）发布的数字地形、流域和河网数据。最新的 64 位版本（4.0）在 MS Windows、MacOSX 和 Linux 操作系统上运行。

RiverTools 计算的许多网格都需要作为分布式水文模型的输入，而相对较新的水文模型 TopoFlow 可用作 RiverTools 的插件，以创建一个顶层的水文建模和可视化环境。RiverTools 和 TopoFlow 都是用交互式数据语言（Interactive Data Language，IDL；Exelis Visual Information Systems, Inc., Broomfield, CO）编写的。RiverTools 中包含的拼接、可视化和分析例程可以使用直观的 GUI 进行访问，IDL 为扩展 RiverTools 提供了快速而强大的脚本语言。

RiverTools 提供了导入多种 DEM 文件格式的功能，并可以使用多种地球椭球模型进行计算。用户可以使用地理坐标或平面坐标，并通过地理坐标在 DEM 上进行的面积、长度和坡度计算证明了纬度依赖性。流向、总汇水面积和单位汇水面积、河网和河道坡度可以通过 D8（O'Callaghan and Mark, 1984）、D∞（Tarboton, 1997）和 Mass Flux（Gruber and Peckham, 2009）流向算法计算得到，针对平坦区域中洼地和流向问题，软件还提供了多种功能。网格也可用于计算流动距离、最长河道长度、平面曲率、剖面曲率、正切曲率、流线曲率、平均曲率、高斯曲率、TWI、流域起伏度、Horton-Strahler 水道序列和 Pfafstetter 流域编码。最后，可以利用各种工具来遮蔽湖泊和水库等特定特征，并对流域进行描绘和表征。

最新版本的 RiverTools 添加了 TopoFlow，这是一种开源的、基于 D8 的空间分布式水文模型，具有用户友好的点击式界面。其主要目的是模拟流域内的各种物理过程，准确预测各种水文变量如何随着气候演变而变化。输出包括单个像素（如水文图）、用户所选的像素集合或整个栅格（作为动画）的时间演化。RiverTools 4.0 中包含新的图形系统，使用户能够在 Direct Graphics（速度更快）和 Object Graphics（图像质量更好）之间切换。

▶ 6.4.7　SAGA

地球科学自动分析系统（System for Automated Geoscientific Analyses, SAGA）软件最初是在德国哥廷根大学开发的，大部分源代码于 2004 年在一系列开源软件许可下发布（Olaya and Conrad, 2009）。该软件由 4 个部分构成：①提供地理分析所有基本功能的 API；②代表地学功能的 42 个模块库，包含 234 个模块；③提供软件前端的的 GUI，用户通过该 GUI 管理数据并执行功能（模块）；④1 个命令行解释器，不仅可用于执行现有模块，还可用于编写脚本，将复杂的工作流程自动化（Böhner, McCloy and Strobl, 2006；Olaya and Conrad, 2009；Cimmery, 2010a, b；Conrad et al., 2015）。

表 6.13　SAGA 模块库和模块列表，侧重于计算地形参数和对象

模　块　库	模块（工具和工作流）
网格化	反距离加权法；核密度估计法；改进谢别德法；自然邻点插值法；形状到网格法；三角网法

(续表)

模块库	模块（工具和工作流）
网格样条	B 样条逼近；三次样条逼近；多级 B 样条逼近；多级 B 样条插值；薄板样条（全局）；薄板样条（局部）；薄板样条（TIN）
模拟水文	陆上水流—运动波 D8；保水能力
地形渠道	河道网络和流域盆地；河道网络；与河网的陆上水流距离；Strahler 分级；与河网的垂直距离；流域盆地
地形水文	将水流网络烧录到 DEM；汇水区（流量追踪）；汇水区（递归）；汇水区；格元平衡；边缘污染；填充洼地；填充洼地（Wang and Liu）；填充洼地 XXL（Wang and Liu）；平面方向；流径长度；流宽和单位汇水面积；湖泊洪水；坡长坡度因子；SAGA 湿度因子；洼地排水路径检测；洼地移除；坡长；水流强度指数；地形湿度因子；上坡面积
地形光照	分析山体阴影；天空可见因子；地形修正
地形形态测量	收敛指数；收敛指数（搜索半径）；曲率分类；昼夜各向异性加热；下坡距离梯度；有效气流高度；测高；地表温度；质量平衡指数；形态保护指数；多分辨率谷底平坦度指数；实际面积计算；相对高度和坡位；坡度、坡向和曲率；地表特定点；地形粗糙度指数；地形位置指数；基于地形位置指数的地形分类；矢量粗糙度测量；风效应
地形剖面	横剖面；点表剖面；线剖面

当前的 SAGA 软件套件是一个完全成熟的 GIS，专注于空间分析和可视化。它为 DEM 分析提供了强大的工具，可用于计算第 3 章和第 4 章（见表6.13）中许多地表参数和对象。该软件提供了多种格式 DEM 的导入功能（包括 GDAL 支持的所有格式），还提供了从采样点创建网格 DEMs 的 5 种功能（最邻近法、三角网法、反距离加权法、改进谢别德法和普通克里金法），以及平滑或锐化高程表面等附加功能。后者包括多个滤波算法和两个用于消除洼地的模块，其中 1 个模块实现了 Planchon 和 Darboux（2001）提出的方法。

可以使用多种方法和收敛指数来计算坡度、坡向和各种曲率（Köthe and Lehmeier, 1993），该指数使用相邻单元的坡向值来表征水流的汇集与发散。发散指数类似于平面曲率，但不依赖绝对高差（Olaya and Conrad, 2009）。此外还提供了基于 Dikau（1989）提出的平面曲率和剖面曲率计算真实地表面积（与投影面积相对）和地形分类的模块。太阳辐射函数通过考虑地形阴影、周围斜坡的反射和大气效应（根据 SRAD 计划中使用的方法，该方法是现已失效的 TAPES-G 套件的一部分；Wilson and Gallant, 2000b），对用户定义时间段内的入射能量进行求和。

此外，还提供了大量不同的模块，用于计算水文相关的地表参数。D8（O'Callaghan and Mark, 1984）算法、D∞（Tarboton, 1997）算法和 FMFD（Freeman, 1991）算法用于计算汇水面积，并提供了 ADK（Lea, 1992）算法和 DEMON（Costa-Cabral and Burges, 1994）算法来计算流向。其他与水文相关的大多数模块，都使用 D8 算法或 FMFD 算法来计算其他地表参数。该列表涵盖了各种主要地表参数（上坡面积和下坡面积、流长和流深）、高程残差（Wilson and Gallant, 2000b）和次生地表参数，即两种形式的 TWI、SPI 和 USLE 的 LS 因子（Wischmeier and Smith, 1978; Renard et al., 1991）。基于改进的上坡汇水面积计算 SAGA 湿度指数，而且计算时不将水流视为非常薄的覆膜（Böhner et al., 2002）。Olaya 和 Conrad（2009, pp.304, 图 9）展示了与标准 TWI 计算相比，该指数如何预测位于山谷底部，并与河道垂直距离较小的谷底单元具有更高的潜在土壤湿度。

▶ 6.4.8　TauDEM

TauDEM（Terrain Analysis Using Digital Elevations Model，地形分析用数字高程模型）是一套工具集，用于从 DEM 表示的地形中提取和分析水文信息（Tarboton, 2016）。该软件在 MS Windows 个人计算机和 UNIX 集群上运行，并以地理和平面（投影）坐标进行计算。最新版本（5.3.1 版）包括 32 位和 64 位的预编译版本，软件可以将区域划分为条带，从而利用 MPI 进行并行处理。

该软件为水文应用提供了一整套地形分析工具，包括：①使用泄洪法创建水文相关 DEM；②使用单流向算法和多流向算法计算流向、坡度和汇水面积；③使用多种方法划分河网，包括对空间可变排水密度敏感的基于地形形态的方法；④研究流域及子流域的划分，以及流域与河段属性之间的联系，用以构建水文模型；⑤一系列专门功能，如计算坡—面比率和 TWI，以各种方式计算山脊到河道的距离，以及估算可能会衰减的上坡汇水面积。

该软件还包括 1 组独立的命令行可执行程序和 1 个用 Python 编写的 ArcGIS 工具箱，GUI。该 GUI 系统调用命令行可执行文件，以支持 ArcGIS

用户使用标准 ArcGIS 工具访问这些工具。TauDEM 命令行工具也可以在 QGIS 中访问和使用，但用户需要先安装 SEXTANTE 插件，然后从 QGIS 官方存储库下载 TauDEM 插件。MS Windows 用户可以使用 TauDEM 网站上的预编译二进制文件和安装说明，QGIS 本身也为 Linux 用户提供了一些额外的说明和解决方法。

该软件的特点和价值一方面与其水文关注点有关，另一方面与使用 D8（O'Callaghan and Mark, 1984）算法和 D∞（Tarboton, 1997）算法有关。这两种算法都可以计算流向和汇水面积，软件功能包括：计算雪崩传播面积；计算受限浓度、衰变、逆转和受限输运量累积；计算上、下坡距；利用 D∞流向算法求解上坡相关问题。其中一些 TauDEM 输出用于创建地理空间基础设施，以支持 2016 年 6 月启动的美国 NWM（见 5.4 节）。

▶ 6.4.9 Whitebox 地理空间分析工具

Whitebox 地理空间分析工具（Whitebox Geospatial Analysis Tools, Whitebox GAT）项目始于 2009 年，被认为是地形分析系统（Terrain Analysis System, TAS）的替代品（Lindsay, 2005, 2009）。TAS 在 Windows 上运行，经过多年开发能够支持 42 个主要地表参数和次生地表参数的计算［参见 Lindsa（2009, pp.384～386），查看由 TAS 得出的地表参数列表］，并能够根据 DEM 提取的河流和流域计算河网和流域的参数（Lindsa, 2009）。

Whitebox GAT 比其前身更受关注，因为它被定位为开源桌面 GIS 和遥感软件包，用于地理空间数据分析和可视化的一般应用（Lindsay, 2014, 2016c）。到目前为止，已有 3 个主要版本。2.0 版本是用以 Java 运行环境为基础的编程语言组合开发的，包括 Java、Groovy 和 Python。切换到 Java 意味着该软件现在能够在 MS Windows、MacOSX 和 Linux，以及具有 Java 运行时间的其他操作系统上运行。当前版本的 Whitebox GAT 包含 360 多个用于分析地理空间数据的插件工具，包括用于进行地形分析、空间水文处理（如流域和河网提取），以及处理和插入 LAS 文件的功能。

在 Whitebox 的软件网站中，可以发现这个新项目采用了独特的开放式访问开发理念，例如，该理念允许用户通过单击 View Code 按钮，直接从工具对话框中查看与每个工具关联的源代码。该软件鼓励快速开发，因为只需修改现有代码即可创建新功能。对于基于脚本的插件工具，用户可以打开并修改工具的源代码，并将修改后的代码保存为新的插件工具。用户可以在不破坏现有功能的情况下进行实验，因为每个基于脚本的工具都可以从中央代码库更新来自动恢复。

当前版本的 Whitebox GAT 在 Java 虚拟机上运行，并且在很大程度上依赖本地栅格数据格式，本地栅格数据格式难以将 Whitebox 栅格导出到其他用户、软件和格式中。Lindsay（2014）最近描述了软件设计和理念，并报告了对使用该软件的用户和出版物的调查结果。对出版物的调查结果表明，"在这些研究中，经常使用 Whitebox GAT 进行基于 DEM 的分析，这反映出一个事实，即由于该项目起源于地形分析系统（Terrain Analysis System），因此用其进行基于 DEM 的分析特别出色"（Lindsay, 2014, pp.6）。

此外，调查数据显示，这一新软件在短短 6 年时间内吸引了大量用户，最近人们将用户界面上出现的大部分文本翻译成 11 种语言，这些努力可能会进一步推动该软件的应用。

Lindsay 等展示了该软件执行地形分析和建模的潜力，他们利用该软件完成了以下工作：①度量局部排水模式划分的重要性（Lindsay and Seibert, 2013）；②使用 LiDAR 模拟了改变景观的地表排水模式（Lindsay and Dhun, 2015）；③提出了进行多尺度地形位置分析的完整的图像方法（Lindsay et al., 2015）；④提出了有效的混合切割—填充的洼地消除方法，用于强化数字高程模型中的流径（Lindsa, 2016a）；⑤重新审视 DEM 河道烧录算法（Lindsay, 2016b）。

6.5　未来趋势

本章对当前地形建模软件平台的回顾强调了 3 个主要趋势。第一，云计算平台、网络基础协议和工具，以及第 2 章中描述的 LiDAR、SAR 和其他新的数字数据源的出现及日益普及，意味着大多数科学家和从业者在未来的几年里，将使用一系列即用型软件服务和在线数据集来开展地形建模工作。这些发展将为从小型流域到全球的地理范围内在更精细尺度工作，提供新的机会，几乎可以肯定的是，这项工作将在未来几年内从各种软件供应商和平台中获取工具和服务。

第 2 个趋势支持第 1 个趋势，因为本章对 10 个软件平台的分析表明：①第 3 章和第 4 章中描述的许多地表参数和地貌对象都可以用各种软件产品来计算（如 ArcGIS、QGIS、SAGA、TauDEM 和 Whitebox GAT）；②有些地表参数和地形分类只能用这些软件平台中的 1 个或两个产品来计算。其中一些平台在首次发布时就提供了比较有特色的解决方案，并为其他平台中所采用，另外一些平台则专注于迄今尚未广泛应用的、新颖而独特的地表参数。这意味着，针对特定项目的软件平台应仔细选择，着眼于软件的各种功能及项目的目标或需求。

第 3 个趋势是，在未来几年里，本章回顾的 10 个软件平台中可能会有赢家，也会有输家。鉴于 ArcGIS 和 QGIS 的发展轨迹，以及他们与其他地形建模平台（ArcGIS 中的第三方扩展和 TauDEM，以及 QGIS 中的 GRASS、SAGA 和 TauDEM 扩展）和相关软件桥接的记录，它们看起来更像是赢家。另外，由于 ILWIS、LandSerf 和 MicroDEM 拥有的用户规模较少且开发能力相对薄弱，而 RiverTools 产品具有专有性质且缺乏对其自身特色的科学测试和验证，因此这 4 个软件平台可能会逐渐消亡。然而，GRASS、SAGA、TauDEM 和 Whitebox GAT 可能会继续发展用户，原因如下：①GRASS 和 SAGA 都提供了一些独特的地形建模功能，并可以从 QGIS 访问；②TauDEM 的发展路线与云计算平台及过去十年中出现的网络基础设施协议和工具都非常契合，并可从 ArcGIS 和 QGIS 来访问；③Whitebox GAT 平台能为从业者和学生提供特殊的途径，让他们更多地了解各种地表参数和地貌对象的计算方法。

7
结论

摘要

在过去的 40~50 年中，数字地形分析和建模蓬勃发展，这得益于诸多因素，如新的数字高程数据来源、越来越多使用理论来指导的数字地形分析和建模工作流程、许多新地表参数的规范和计算、地貌和其他地物的识别和提取、误差和不确定性的优化表征，以及计算机代码的开发和共享。前 6 章和本章后附的参考资料显示，由于中尺度和地形尺度（见图 1.1）上大量环境问题和挑战的影响，同时随着可支持数字地形分析和建模应用的计算资源的快速发展，在过去的 10~15 年中，这项工作取得了巨大的进展且不断加速。表 7.1 列举了 25 篇有影响力的数字地形分析和建模论文，它们有助于本书的撰写工作，但其中有 21 篇论文都是在过去 15 年中发表的。存在例外的是由 Evans (1972)、Hutchinson (1989)、Moore I.D.等 (1991) 和 Tarboton (1997) 早期撰写的论文，它们帮助开创并塑造了人们今天所了解的地貌计量学领域。

接下来，本章将分为 3 个部分。第 1 部分总结了过去 10~15 年的主要成就和当前的技术发展水平（见 7.1 节），第 2 部分描述了当下的创新类型，这些创新将在未来几年内把数字地形分析和建模推向新的高度（见 7.2 节）。第 3 部分（见 7.3 节）作为行动号召，简要描述了在近期取得进展所需的各种合作。

表 7.1　25 篇有影响力的数字地形分析和建模论文列表

Buchanan, B.P., Fleming, M., Schneider, R.L., Richards, B.K., Archibald, J., Qiu, Z. and Walter, M.T. (2014) Evaluating topographic wetness indices across central New York agricultural landscapes. Hydrology and Earth Systems Science, 18, 3279-3299.

Clarke, K.C. and Romero, B.E. (2016) On the topology of topography: A review. Cartography and Geographic Information Science, 44, 271-282.

Drăguț, L. and Eisank, C. (2011) Object representations at multiple scales from digital elevation models. Geomorphology, 129, 183-189.

Evans, I.S. (1972) General geomorphometry, derivatives of altitude, and descriptive statistics. In: R.J. Chorley (ed.) Spatial Analysis in Geomorphology, pp. 17-90. London, UK: Harper and Row.

Fisher P.F., Wood, J. and Cheng, T. (2004) Where is Helvellyn? Fuzziness of multi-scale landscape morphometry. Transactions of the institute of British Geographers NS, 29, 106-128.

Florinsky, I. (2017) Spheroidal equal angular DEMs: The specificity of morphometric treatment. Transactions in GIS, 21 (in press).

Gallant, J.C. and Hutchinson, M.F. (2011) A differential equation for specific catchment area. Water

（续表）

Resources Research, 47, W05535.

Hebeler, F. and Purves, R.S. (2009) The influence of elevation uncertainty on derivation of topographic indices. Geomorphology, 111, 4-16.

Hutchinson, M.F. (1989) A new procedure for gridding elevation and stream line data with automatic removal of spurious pits. Journal of Hydrology, 106, 211-232.

Lane, S.N., Brookes, C.J., Kirkby, M.J. and Holden, J. (2004) A network-index-based version of TOPMODEL for use with high-resolution digital topographic data. Hydrological Processes, 18, 191-201.

Leempoel, K., Parisod, C., Geiser, C., Daprà, L., Vittoz, P. and Joost, S. (2015) Very high-resolution digital elevation models: Are multi-Scale derived variables ecologically relevant? Methods in Ecology and Evolution, 6, 1373-1383.

Lindsay, J.B. (2016) Whitebox GAT: A case study in geomorphometric analysis. Computers and Geosciences, 95, 75-84.

Marthews, T.R., Dadson, S.J., Lehner, B., Abele, S. and Gedney, N. (2015) High-resolution global topographic index values for use in large-scale hydrological modeling. Hydrology and Earth System Sciences, 19, 91-104.

Minár, J. and Evans, L.S. (2008) Elementary forms for land surface segmentation: The theoretical basis of terrain analysis and geomorphological mapping. Geomorphology, 95, 236-259.

Moore, I.D., Grayson, R.B. and Ladson, A.R. (1991) Digital terrain modeling: A review of hydrological, geomorphological, and biological applications. Hydrological Processes, 5, 3-30.

Qin, C.-Z., Ai, B.-B., Zhu, A.-Z. and Liu, J.-Z. (2017) An efficient method for applying a differential equation to deriving the spatial distribution of specific catchment area from gridded digital elevation models. Computers and Geosciences, 100, 94-102.

Reuter H.I., Nelson, A. and Jarvis, A. (2007) An evaluation of void-filling interpolation methods for SRTM data. International Journal of Geographical information Science, 21, 983-1008.

Rexer, M. and Hirt, C. (2014) Comparison of free high resolution digital elevation data sets (ASTER GDEM2, SRTM v2.1/v4.1) and the validation against accurate heights from the Australian National Gravity Database. Australian Journal of Earth Sciences, 61, 213-222.

Shelef, E. and Hilley, G.E. (2013) Impact of flow routing on catchment area calculations, slope estimates, and numerical simulations of landscape development. Journal of Geophysical Research: Earth Science, 118, 2105-2123.

Tang, J., Miller, L.A., Crill, P.M., Olin, S. and Pilesjö, P. (2015) Investigating the influence of two different flow routing algorithms on soil-water-vegetation interactions using the dynamic ecosystem model LPJ-GUESS. Ecohydrology, 8, 570-583.

Tarboton, D. (1997) A new method for the determination of flow directions and upslope areas in grid digital elevation models. Water Resources Research, 33, 309-319.

Temme, A.J.A.M., Heuvelink, G.B.M., Schoorl, J.M. and Claessens, L. (2009) Geostatistical simulation and error propagation in geomorphometry. In: T. Hengl and H.I. Reuter (eds) Geomorphometry: Concepts, Software, Applications, pp. 121-140. Amsterdam, Netherlands: Elsevier.

Van Niel, K.P. and Austin, M.P. (2007) Predictive vegetation modeling for conservation: Impact of

(续表)

error propagation from digital elevation data. Ecological Applications,17, 266-280.

Winchell, M.F., Jackson, S.H., Wadley, A.M. and Srinivasan, R. (2008) Extension and validation of a geographic information system-based method for calculating the Revised Universal Soil Loss Equation length-slope factor for erosion risk assessments in large watersheds. Journal of Soil and Water Conservation, 63, 105-111.

Zhang, Z., Zimmermann, N.E., Kaplan, J.O. and Poulter, B. (2016) Modeling spatiotemporal dynamics of global wetlands: Comprehensive evaluation of a new sub-grid TOPMODEL parameterization and uncertainties. Biogeosciences, 13, 1387-1408.

7.1 当前技术水平

Wilson 和 Gallant（2000a），Li 等（2005），Zhou 等（2008），以及 Hengl 和 Reuter（2009）对本书和早期书籍的内容进行了比较，发现在过去 10 年中地貌计量学领域发生了巨大变化。本书的前 6 章描述了推动地貌计量学发展和演变的主要创新和成就，本节主要描述当前的技术水平。对发展现状的描述以线性方式展开，从第 1 章开始层层递进。

第 1 章通过调查地形分析和建模产品迄今为止的应用方式，描述了 DEM 和尺度在地貌计量学中的作用，为本书奠定了基础。对应用的调查有两个目的，第 1 个目的是记录过去 70 年中，多个环境领域采纳和使用地形分析和建模的方法，这些领域包括生物地理学、气候学、生态学、地质学、地貌学、水文学、土壤学和自然灾害学。第 2 个目的是提醒读者思考数据源和计算方法在同一时期发生了多大变化，以及为什么在使用早期地形分析出版物和建模出版物的一些结论来指导和理解当前或未来工作时，人们需要特别谨慎。

第 1 章介绍了 DEM，因为几乎每个包含数字地形分析和建模的项目都始于 DEM 的获取和/或构建，而挑战在于要构建能够解释地表的已知属性和/或推测属性的 DEM。大多数人认为，地表形状和排水结构是最重要的属性，这些属性将对构建、评估和使用各种高程数据源产生重要影响（Hutchinson，

1989；Hutchinson et al., 2013；Liu et al., 2015）。鉴于早期评估侧重于水平分辨率和垂直精度，需要对新的机载遥感高程数据源和星载遥感高程数据源的优缺点进行比早期地图数据集更复杂的评估。

由于几乎所有涉及数字地形分析和建模的工作都与尺度相关，所以第1章还介绍了尺度或细节程度的重要性。例如，Goodchild（2011）指出，较大的网格单元通常会产生较小的坡度估值，Fisher等（2004）展示了某一点的形态类别如何随着测量尺度的变化而变化（见图4.7）。这些问题至少部分归因于缺乏尺度理论，因此很难将其形式化，这就将科学家置于两难的境地：他们无法确定模型完美匹配的失败是由于模型本身的问题，还是由于高程数据相对"粗糙"的分辨率，抑或两者兼有。早期的论文试图通过记录所选地表参数对数据源、数据结构和/或网格分辨率的选择的敏感度来解决这个问题，但最近的几篇论文采用了更好的方法，试图确定使用地表参数支持特定景观中关键过程描述所需的细节层次。在其中一篇论文中，Pain（2005）展示了在澳大利亚新南威尔士州Picton附近的一个小流域中，需要分辨率5m的网格来描述河床演变的尺度，以及相关现象（如土壤属性）的可能变化。

Clarke和Romero（2016）最近在地形拓扑综述中也考虑了尺度的作用与已知和/或推断的地表属性的重要性。他们按时间顺序回顾了表面网络和临界点理论的发展、地形的研究，以及地形分析的进展，特别关注了表面网络理论在地形拓扑学中的应用。他们还指出了地表形状和排水结构的重要性，以及从这些逻辑结构和支撑理论跳转到测量地形拓扑的工具和映射产品的开发的难度。最后，他们注意到，人们对地形特征之间拓扑关系的关注相对较少，这种情况有助于解释为什么所有计算的表面网络都是尺度相关、模糊且不明确的，以及为什么仍然难以实现无可争议的计算。

第2章论述了DEM的构建，回顾了日益丰富的高程数据源和需要对这些数据源执行的预处理任务，从而生成能够描述地形表面已知属性和/或推断属性的DEM。从地图到遥感数据源的转变，以及随之而来的后果（这些新的DEM提供了许多大范围和高分辨率的数据），为典型的数字地形建模工作流程带来了许多变化（见图2.1）。这将带来巨大的潜在益处，例如，SRTM和ASTER DEM以30～100m分辨率的数据覆盖了全球大部分地区，直到最近才能用于中小型流域，而LiDAR则提供了大量的稠密点数据，如果处理得当，可以生成 1~3m 分辨率、具有较高垂直精度并保留地形结构（形状）的裸地 DEM。这些新的数据源通常需要更多的工作，其中预处理任务通常更多且更加繁重，因为需要过滤这些遥感数据源中的噪声、识别和移除不需要的洼地、处理平坦地形上未解决的流向，以及协调从其他数据源获得的排水线与使用 DEM 计算得到的排水线。

在第 2 章末尾强调了 USGS NED，用以说明网络在存储和分发这些 DEM 时的作用，以及首次收集的这些遥感数据的任务规模和复杂程度。最后的结论意味着，大多数地学科学家和从业者不会亲自收集源数据，也不会准备自己的 DEM 数据。这将更加强调原始数据的来源、应用于这些数据的方法，以及 DEM 提供者的专业知识。这种对出处的关注，不仅可以强化问责制（本例中的再现性），还可以让科学家和从业者围绕可信度（可用性）来思考问题（McKenzie et al., 2016）。这些考虑可能会提高未来几年内 NED 等数据源的重要性。

第 3 章的内容最为丰富，它描述了最常用的 100 多个主要地表参数和次生地表参数。对两者进行区分十分重要，由于主要地表参数直接从 DEM 导出而无需额外输入，而次生地表参数则利用 2 个或多个主要地表参数从 DEM 导出，在某些情况下还需要额外的输入。然而，这两组参数通常都是根据 DEM 计算的，它记录了地表或地表附近的特定场地、局部和区域（远距离）的相互作用。例如，表 3.1 列出了 2 个特定场地、46 个局部和 20 个区域的主要地表参数，表 3.2 列出了 9 个单流向算法和 15 个多流向算法；表 3.4 列出了 15 个区域次生地表参数，这些参数关注于地表或近地表的水流和土壤再分布（11 个）或能量和热状态（4 个）。

在过去 35 年中提出了 24 种流向算法，这一事实指出了能够吸引大量关注的领域。一些较新的流向算法结合了规则格网和 TIN，以克服 DEM 的一些缺点，并利用 TIN 的离散化特性。然而，这些算法的有效性，以及对包含这些流向的流量累积和次生地表参数的影响却难以评估，主要有以下原因：①现实世界的大多数地表都可能包含跨越多个尺度的地形形态的复杂组合；②多流向算法在径流分散的峰和鞍附近的高地区域的效果更好，而单流方向算法在径流汇聚的低地谷区域和洼地区域的效果更好；③由于流向算法选择产生的误差，可能与 DEM 本身的误差难以分离，且有时完全被 DEM 本身的误差所掩盖。这些观察结果表明,尽管在开发和测试新的流向算法方面取得了进展,但流向算法的最终选择往往是一个折中方案。

次生地表参数比主要地表参数更加复杂,这一点在第 3 章末尾有详细的描述。鉴于 TWI 的普及程度,以及表 3.4 中 15 个次生地表参数中有 6 个都以某种方式与 TWI 相关联,本章重点讨论了 TWI。事实上,由于 TWI 的计算需要坡度和上游汇水面积估值,而这两个参数都可以用几种不同算法来计算,因此还存在更多选项。对于不同的选项,需要了解它们在 TWI 值的可用性方面的意义,而这往往是一项繁重的任务。例如,Buchanan 等(2014)使用 400 多种独特的方法来计算 TWI,这些方法考虑了不同的 DEM 分辨率、垂直精度、流向算法与坡度算法、平滑性与低通滤波,以及相关土壤属性等,并将得到的地形湿度图与纽约州许多农田中观测到的土壤湿度进行了比较。一些评论员可能会说,在使用之前,应使用类似的方法计算本章所述的每个主要地表参数和次生地表参数的有效性。

尽管第 3 章是最后一个挑战,但其重要性不可低估,因为本章所述的多个地表参数都被第 1 章大量特定领域的应用所采用,毫无疑问,这些地表参数构成了我们今天所熟知的地貌计量学的核心。

第 4 章重点介绍了地貌分类和地表对象提取。一些应用可用于描述特定的地貌要素,而另一些则利用径流变量来描述排水网络和流域边界。由于许多选定的地物和地貌的边界模糊,因此模糊分类方法引起了广泛关注,例如,Fisher 等(2004)、Deng 和 Wilson(2008)使用了这些模糊分类方法将山脉描绘成特定(模糊)地貌。最后,一些应用程序试图自动化并扩展 Hammond(1964)的地图,以便将美国本土的重复地貌模式拓展到全球(Sayre et al.,2014;Karagulle et al.,2017)。

第 4 章所述的应用有 3 个方面特别值得注意。①他们使用可变的邻域分析窗口,这些窗口与地表参数和/或景观表面结构相匹配。②认识到新的高程数据源提供分辨率为 1~3m 的 DEM,这在某些情况提供了重新开始的机会。例如,流量网络的描绘需要渠首位置,最近的几项研究提出了新的基于理论的数据驱动方法,用以标记当沿着剖面向下移动时景观从山坡变为河道的位置(Clubb et al.,2014)。③这些应用借鉴并使用遥感和数据科学的概念,首先细分 DEM，然后对地物进行分类（Drăguţ and Eisank, 2011），从而避免了直接使用 DEM 网格单元（像素）进行地貌分类和地表对象提取时所出现的问题。

第 5 章讨论了几个方面的问题，包括误差来源、在地形分析和建模工作流程中评估和处理不确定性的各种方法、如何利用这些知识来帮助评估特定应用的适用性，以及随着多尺度 DEM 可用性的提高而出现的多尺度分析和跨尺度推理的新机遇。本章还介绍了美国 NWM，用以说明如何将第 3 章和第 4 章中描述的地表参数和对象纳入并应用到大型科学项目中，这些项目有可能在长时间内带来巨大的社会效益。

误差来源分为 5 类：①与数据模型选择有关的误差；②与空间离散化、高程数据源选择，以及所用插值和/或滤波方法有关的误差；③与源数据预处理有关的误差，这些预处理用以移除不需要的洼地，解决平坦地形中的流向，并将 DEM 与某些矢量水文数据源中的流线融合；④与主要地表参数和次生地表参数计算方法有关的误差；⑤与基于径流的参数有关的误差，必须按正确顺序处理。这些误差来源为那些对最佳实践感兴趣的人提供了各种路线图，也为避免或最小化特定错误提供了机遇。

随后，将注意力转移到地形分析和建模结果中对不确定性的描述方法上。使用一系列早期研究说明了误差的空间结构的知识水平是如何有助于确定方法的选择和使用的，详细描述了 Hebeler 和 Purves（2009）的研究案例，以说明统计建模是如何传播 MCS 误差的。然而，这项特殊的研究并没有阐明 MCS 结果是如何与更复杂的过程模型一起，用于指导生态学、地貌计量学或水文学等其他领域的知识发现的。

第 5 章重新讨论了适用性的概念，并使用几个典型案例研究说明了以下问题：如何度量地形分析和建模工作流程的误差和不确定性，来提高人们对预测性植被建模（Van Niel and Austin, 2007）和水蚀造成的土壤再分布（Temme et al., 2009）的理解；汇水面积计算、坡度估算、景观演变的数值模拟（Shelef and Hilley, 2013）和 LPI-GUESS 动态生态系统模型中的土壤—水—植被的相互作用（Tang et al., 2014）如何受流向算法选择的影响；新的子网格 TOPMODEL 参数化和相关的不确定性如何影响全球湿地动态时空建模（Zhang et al., 2016）。其中每一个案例都各自代表了当今最前沿的数字地形分析和建模工作。

接下来，第 5 章使用了一系列案例研究来说明为什么人们应该接受多尺度分析，以及在不同尺度上收集源数据和/或分析跨多个区域的特定特征或结果而需要改变尺度时，为什么应该关注跨尺度推理方法的发展与应用。案例研究展示了研究人员开展下述工作的几种方法，包括寻找适当尺度来开展工作、检查平稳性假设（这意味着在 1 项研究中发现的关系在任何地方都适用）是否成立、处理不同尺度上收集的各种源数据，以及探索多尺度分析的新方法。

对第 3 章和/或第 4 章主题感兴趣的读者在继续自己的数字地形建模项目之前，应将第 3 章、第 4 章和第 5 章作为一个整体来阅读。

第 6 章介绍了 10 个软件平台，它们常用于计算地表参数和/或第 3 章、第 4 章、第 5 章中地貌分类和其他地表对象提取。不同软件包的功能有所不同，对于那些乐于使用这些软件平台的人而言，就要为当前工作选择最好的平台。虽然这 10 个平台都吸引了相当多的用户，但其中只有 6 个平台脱颖而出，包括 ArcGIS（特别是与 3 个第三方扩展模块相结合时）、GRASS、QGIS、SAGA、TauDEM 和 Whitebox GAT，这是因为它们包含大量地形工具和/或其他值得关注的功能（如 GIS 功能的可用性、支持的数据格式数量和互操作水平）。例如，ArcGIS 平台具备许多优势，包括 3 个第三方地貌计量扩展模块、1 个在线存档的即用型地理空间数据集和 1 个 TauDEM 插件。QGIS 提供了与 ArcGIS 类似的用户体验，并且也能够通过插件访问 GRASS、SAGA 和 TauDEM 中的地形分析工具。SAGA 是 1 个全方位服务的地理信息系统，地形分析工具包括几个首次使用 TAPES-G 和 SRAD 软件平台共享的工具。由于许多工具都进行了重构，以便能够利用云计算、网络信息结构和软件即服务模型等提供的计算资源，因此，TauDEM 也是值得关注的，而 Whitebox GAT 支持用户编写新的代码和/或修改现有代码，以尝试新的地形分析和建模工具。这些平台通常适用于中小型规模的流域及平面坐标，但为了能在更大的地理范围内使用地理坐标，在过去的 10 年已经重构了一些独立的工具，正如 Florinsky (2017) 所指出的那样，这些领域的工作人员应找到并使用这些工具。

这篇综述表明，在过去的几十年里已经取得了许多成就，接下来将重点阐述 7.2 节中未来的需求和机遇。

7.2 未来的需求和机遇

▶ 7.2.1 寻找使用来源、可信度和数字地形建模应用情景知识的方法

网络的快速崛起和所有需求（如用于共享地理空间数据集的门户网站、提供软件即服务），加上人们对误差和不确定性，以及如何使用这些概念来确保数字地形建模工具和数据对特定应用的适用性等问题的理解不断深入，都说明了来源和可信度的重要性。这些要素传统上是由空间科学领域的元数据（FGDC，2017）来处理的，对地貌计量学领域来说，使用元数据描述地形软件工具和未来的数字高程数据集非常重要。然而，还有其他方法可以收集这些信息，Qin 等（2016）提出的"应用情景"知识，就是采用基于案例的形式化方法和推理方法得到的。

Qin 等（2016）的工作可以说明这些方法。他们首先观察到，典型的数字地形建模工作流程（见图 2.1）严重依赖算法（及其特定设置）与应用情景之间匹配的知识，其中应用情景包括 DEM 分辨率、目标任务及研究区域地形。但是，前面章节介绍的大多数数字地形建模工具都不能使用应用情景知识，因为在使用这些工具时，这种类型的知识尚未形式化且不可用于推理。Qin 等（2016）接下来指出，这种情况使得用户，尤其是新用户或非专业用户难以完成数字地形分析工作。当然，如第 5 章所述，将处理误差和不确定性的程序纳入其中，在大多数情况下都将增加挑战的难度。

为了应对这些挑战，Qin 等（2016）提出了 1 种基于案例的数字地形建模应用情景知识的形式化方法和基于案例的推理方法。该方法中的实例包含一系列形式化数字地形建模应用情景知识的索引，以及一套支持基于案例推理的相似性计算方法。从同行评议的期刊文章中选择 124 个排水网络提取案例（50 例用于评估，74 例用于推理），并利用这些案例确定提取排水网络的汇水面积阈值，证明了该方法的可行性。实验结果表明，文中提出的基于实例的方法在减少用户建模负担的同时，也为获取和利用相关的数字地形建模应用情景知识

提供了一种有效的解决途径。

7.2.2 重新发现和使用已知方法

开发 SRTM 和 ASTER 高程数据集是一个重要的里程碑，因为这两个项目提供了近全球覆盖的分辨率为 30m 的 DEM，这反过来又激发了研究者在大陆和全球范围内计算地表参数和地貌分类的新兴趣（Sayre et al., 2008, 2009, 2013, 2014；Karagulle et al., 2017）。因此，研究者需要慎重地选择地图投影和坐标系，以适应选定区域的地理范围。

一般策略应该是在大型研究区域（全球、大陆和许多标志性河流的流域）选择球面等角 DEM，而在中小型流域选择平面 DEM。尽管 Guth（2009, 2010）和其他人提出了计算球面等角 DEM 的一些地表参数的算法，但本书中介绍的大多数方法都是针对平面 DEM 开发的。这种区别使得那些在大陆和全球范围内工作的人员需要寻找并利用适当的工具。最近的两篇论文对此进行了讨论。

Florinsky（2017）的第 1 篇论文论述了平面 DEM 的方法及算法为何不能直接应用于球面等角 DEM。该研究使用了两个 DEM 来证明从球形等角 DEM 直接计算局部（斜坡梯度）地表参数、非局部（流域面积）地表参数和综合地表参数（地形湿度）的可能性，并展示了平面 DEM 的算法不合理地应用于球面等角 DEM 时产生的计算误差。第 1 个 DEM 是从 SRTM1 DEM 中提取的范围相对较小、位于高山区（厄尔布鲁士山）的中等分辨率 DEM，第 2 个 DEM 是从 SRTM30_PLUS DEM 中提取的具有不同地形的、位于广阔地区（肯尼亚中西部地区）的低分辨率 DEM。没有必要将 DEM 算法应用于球面等角 DEM，如果坚持这样做的话只会带来不必要的误差。

Netzel、Jasiewicz 和 Stepinski（2016）撰写的第 2 篇论文指出，在其他与地形相关的设置中可能也要选择合适的地图投影和坐标系。他们最近开发了一个 GeoWeb 程序，TerraEx，用以支持全球基于内容的高程数据和地形数据的搜索与分发。该系统使用全球 3″DEM 的高程数据（SRTM DEM 与其他来源 DEM 的汇编，用于 SRTM 未覆盖的区域；de Ferranti, 2014），并使用 Geomorphon 法（Jasiewicz and Stepinski, 2013）在 10 类地形要素（平地、麓坡、洼坑、山峰、深坑、山脊、山肩、坡地、尖坡和山谷）的 DEM 上执行搜索。该系统根据两个直方图的 Ruzicka 相似性度量（Deza and Deza, 2014；总结了 10 种地貌要素的局部模式）进行用户自定义查询，识别出世界上与查询景观相似的地方（局部区域，也被称为基序）。每次查询在大约 10s 内返回 1 个相似性映射，查询本身使用 GeoPAT 2.0 计算引擎执行基于模式的地理处理（Jasiewicz, Netzel and Stepinski, 2015），该引擎用 C 语言编写，并使用基于 Open-Multi-Processing （OpenMP）库的并行处理。

TerraEx 系统的工作原理如下。从 3″全球高程网格开始搜索，但高纬度地区的地形变形严重，搜索需要对未变形的景观进行比较。因此，TerraEx 系统通过以下 5 个步骤将网格与地理坐标和平面坐标相结合来解决这个问题，步骤如下：

（1）3″地貌数据集被划分为包含 160 个单元（约 14km）的基序，并组织成尺寸为 10800×5400，且具有明显重叠的全球网格。

（2）为每个基序确定适当的 UTM 坐标系区域，并选择 1 个足够大的 Geomorphon 图区域，以覆盖转换到该 UTM 区域的基序。

（3）接下来将该地区转换到局部 UTM。

（4）根据变换后的地图来计算共现（Co-Occurrence）直方图。

（5）将直方图保存到 3″网格上的对应位置。

这些任务是离线执行的，生成的直方图网格已保存在服务器内存中，用以支持快速和高效的查询。这是一种巧妙的方法，能够很容易地移植到其他数字地形建模应用程序中，这些应用程序对局部（小区域）地理范围和全球（大区域）地理范围都适用。

对于那些可能感兴趣的人来说，TerraEx 系统也可兼作全球地理参考高程数据的便捷来源，因为用户可以导航到选定位置（无论是否事先使用搜索进行了探索），并下载 3″DEM、Geomorphon 图和 GeoTIFF 格式的地形起伏图。

7.2.3 开发数字地形新方法

本书的主题之一就是数字地形新方法的持续发展，人们完全有理由期待这一趋势将继续产生重大效益。这里着重介绍最近的 3 个例子，以说明什么是可能的创新及为什么要鼓励这种创新。

Krebs 等（2015）的第 1 项研究提出了一种评估垂直曲率和剖面曲率的新方法，该方法结合了实际尺度可视化和在大范围尺度上测量这两个地表参数的可能性。这一新方法可以与第 3 章中介绍的传统方法形成对比，传统方法计算 DEM 每个单元格的平面曲率和剖面曲率，从而实现了高度简化，因为它们很可能忽略了表面曲率本身的复杂性和多尺度特征。这种新方法提供了以下功能：①测量和可视化曲率的形状和大小；②获得不同空间点子集平均曲率的真实表示；③控制曲率计算的条件。

Byun 和 Seong（2015）在第 2 项研究中提出了 1 种新的算法，他们称之为最大深度追踪算法（Maximum Depth Tracing Algorithm, MDTA），使用未填洼 DEM 提取更精确的河流纵剖面（Stream Longitudinal Profile, SLP）。第 2 章描述的传统的 DEM 预处理方法在计算与流量相关的地表参数之前，先对洼地进行填充，以确保通过 DEM 的径流的连续性。Byun 和 Seong（2015）指出，这不可避免地会给 SLP 带来变形，如阶梯式台阶、高程值偏差和流径不准确。因此，新的 MDTA 方法首先假设：DEM 中的洼地不一定是要消除的部分，其中的高程值也许可以更准确地表示现实世界的景观，他们提出了 1 个新的两步程序来计算 SLP，并确保流经未填洼 DEM 的连续性。将 MDTA 方法与 ArcGIS 中水文分析模块进行比较，结果表明，MDTA 方法在洼地区域提供了更精确的流径，从而减少了源自这些流径的 SLP 变形。

Buttenfield 等（2016）的第 3 项研究是在北卡罗莱纳州皮斯加国家森林的部分区域进行的，使用 5 个长度为 40~108 km 的横断面和 6 个分辨率分别为 3m、10m、30m、100m、1000m 和 5000m 的正方形网格 DEM，测试了"乌鸦飞"到"马儿跑"的距离，对平面距离与地表修正距离的 8 种测量值进行了比较，测试的所有 8 种方法都包含高程，但所包含的周围像素的情景信息不同，获得了如下的表面调整序列。

（1）像素—像素距离法。沿每个横断面顺序遍历采样点，通过三维欧几里德计算每个横断面上采样点之间的距离并求和。

（2）最近质心距离法。将像素中心处的高程指定给选定路径中位于像素内的任何点，并将其用于测量 3m LiDAR 基准上的长度，以验证较粗分辨率下的横断面距离。

（3）TIN 距离法。对 DEM 进行划分，并从 3 个局部顶点对每个三角面内的点进行高程插值。

（4）利用自然邻域划分 Thiessen 邻域。用横断面上的采样点作为第 2 层 Thiessen 多边形的种子，根据两层之间的重叠比例对所有 Thiessen 多边形的高程插值进行加权。

（5）加权平均距离法。计算周围 8 个像素点的平均高程，并用对应像素中心之间的长度进行加权。

（6）双线性插值距离法。将一次多项式拟合到包含采样点和 4 个相邻像素点的像素集。

（7）双二次插值距离法。在 3×3 的移动窗口中，对 9 个像素进行二次多项式拟合。

（8）双三次插值距离法。利用三次多项式拟合周围 17 个像素。

结果表明，这 8 种方法都偏离了基准，加权平均距离法和双三次插值距离法表现最佳（RMSE 最小），像素—像素距离法和最近质心距离法的误差最大，对所有横断面都估计过高。对第 3 章中几个地表参数的计算包含了距离度量，该探索性研究的结果整体上说明了误差大小如何随像素大小和地表修正方法的变化而变化。这表明，对于特定的地形分析和建模应用，需要进行一些额外的工作来检查共同的假设（距离估计的改进很少，没有必要进行表面调整）是否正确。

▶ 7.2.4 澄清并强化理论的作用

最近引入高分辨率高程数据（如 LiDAR）最令人振奋的结果是，人们有机会重新评估地貌计量学及其他领域中地貌形态及其演变的基本问题（Clubb et al.，2014）。这里至少有两种方法可以使用，第 1 种方法使用理论来指导所选择的工作流程，第 2 种方法利用实验来检验现有的多种理论。

第 1 种方法旨在利用现有的流程运作知识。例如，Austin 等（2013）以 1″分辨率模拟了澳大利亚的月平均辐射面，并对 SRAD 模型进行了少量修改，该模型使用植被覆盖分量、云层分量和地面反射率作为每月平均辐射面的参数，它还用上午和下午的光照分量代替一整天的单一数值。另外，Clubb 等（2014）提出了用于预测渠首位置的新算法，在该算法中水流功率方程（理论）决定了部分渠首位置，这是 1 个有分离限制的模型，它提出流水下切速率与水流能量成比例，而水流能量则表征了水流的能量消耗（Howard，1994；Sklar and Dietrich，1998）。

第 2 种方法试图检验现有理论。该方法可以通过 Jencso 等（2009）的工作加以说明，该工作以蒙大拿州 Tenderfoot 国家森林的一系列横断面和河网为研究对象，测试了 HRS 浅层地下水连通性的存在及使用时间与上游汇水面积之间的关系。结果表明，在这些类型的景观中，内部流域景观结构是径流源区和流域响应的一级控制（见 5.3 节）。

尽管计算能力在不断增强，高分辨率高程数据的可用性也在不断提高，但澄清和强化理论在地貌计量中的作用仍然很困难。Gallant、Hutchinson 和 Wilson（2000）指出，人们需要更好地理解不同时空特征的地形和地表过程之间的联系。他们也指出，统计得出的许多关系看似有用，但都很难按过程来解释，因为许多环境参数是共同演化的，或者至少是一起变化的。例如，植被、土壤特性和水的可用性通常沿山坡系统性地发生变化，这可以用地表参数（如坡度和汇流面积）很好地描述，但这种关系的存在可能无助于厘清该景观系统的不同组成部分之间的因果关系。

基于理论的地表参数和地貌分类方法的开发和利用，为克服这些障碍提供了最好的机会。

▶ 7.2.5 开发高精度、多分辨率数字高程模型

随着时间的推移，多尺度分析和跨尺度推理（见 5.3 节）的重要性将不断增加。这些类型的分析越来越依赖高精度、多分辨率 DEM 的可用性及这些

DEM 的构建方法。虽然已经取得了一些进展，但大多数工作的动机是需要或希望在较小的地理尺度范围内准确地描述地形（Stanislawski，2009；Buttenfield et a1.，2011；Stanislawski and Buttenfield，2011；Stanislawski，Buttenfield and Doumbouya，2015a；Stanislawski，Falgout and Buttenfield，2015b）。

此外，全球环境模拟（通常采用子网格方案来表示地形异质性）也需要高精度、多分辨率 DEM（Wilby and Wigley，1997；Kumar et a1.，2012；Fiddes and Gruber，2014）。这些子网格方案通常用于经验参数化，而不是精确地表示地形，如果只关注后者，可能会导致更大的不确定性和偏差。Duan 等（2017）最近提出了 1 种高精度、多分辨率 DEM，能够确保地球系统网格的质量。这种新方法从 TIN 数据入手，使用能量最小化的重心 Voronoi 图（Centroidal Voronoi Tessellation，CVT）进行优化，并使用平均曲率作为密度函数（cCVT）进一步细分，因为曲率在描述形状特征和形状演变方面具有较好的灵活性（Kennelly，2008）。Duan 等（2017）对比了 cCVT 模型与经典启发式模型的性能，说明新模型在地表近似的精度和地表形态保持方面优于经典启发式 DEM 泛化方法。此外，由于当前模型使用的是平面坐标基准（全球应用需要地理坐标基准），并且需要在更广泛的领域和尺度上测试这种方法的有效性，因此还有许多工作要做。

▶ 7.2.6 开发并拥抱新的可视化机会

数字地形建模结果可视化的工具和方法，已经跟不上计算资源的快速发展和大范围高分辨率 DEM 的高效应用。美国 NED 研究资助的地图综合项目（Stanislawski，2009；Buttenfield et al.，2011；Stanislawski and Buttenfield，2011；Stanislawski et a1.，2015a），以及 Petrasova 等（2015）提出的新的可感知的地理空间建模系统或许有助于填补这一空白。这一系统由 GRASS GIS 提供支持，它能够生成景观的物理模型和虚拟模型，可用于景观管理、道路规划、野外火灾管理和其他应用中。

数字地形建模的关键挑战在于能够与不同的受众分享和交流数字地形分析和建模结果，从而积累和塑造经济发展与环境的可持续性。

7.2.7　采纳和运用新的信息技术和工作流程

计算能力的快速提升及各种计算模式（云计算、网络基础设施、互操作性、软件即服务）的不断变化，不仅为开发新的分析工具提供了巨大机遇，而且扩展了数字地形的地理范围和影响力。这样的机遇可以使用过去 10 年里推出的 3 个项目来诠释，这 3 个项目分别是由 Netzel 等（2016）、Survila 等（2016）和 Qin 等（2017）完成的。他们以不同的方式展示了采纳和运用这些计算平台，如何促生了修改数字地形建模工作流程的需求，而在过去几十年中，许多人都是使用个人计算机依据这些流程来开展工作的。

第 1 个例子是由 Netzel 等（2016）开发的 TerraEx 应用程序，如 7.2.2 节所述。这个免费提供全方位服务的地理网络应用程序，提供了第 1 个全球系统来定位与用户查询相似的景观。同时，它还提供了一个便利的门户网站，可以分发 3″DEM 数据、全球地貌图及全球地形起伏图。

第 2 个例子是由 Survila 等（2016）开发的可扩展的高性能地形流向算法，5.4 节对该算法进行了描述。流向是目前 TauDEM 中计算量最大的功能之一（Tarboton, 2016），主要由于局部操作基本上会被转换成全球操作，以便计算平坦区域的流向。Survila 等（2016）提出的新算法消除了这一瓶颈，它首先识别出平坦区域，其次利用该信息减少计算流向所需的串行迭代次数和并行迭代次数。在 TauDEM 中，该算法的性能比现有的并行 D8 算法（O'Callaghan and Mark, 1984）提高了两个数量级。

第 3 个例子是由 Qin 等（2017）提出的，它为利用格网 DEM 计算 Gallant 和 Hutchinson（2011）提出的 SCA 微分方程提供了 1 个有效的解决方案。Gallant 和 Hutchinson（2011）主张使用他们的新方程来测算 24 种 SCA 计算方法的性能（假设 3.1.3 节中每种单流向算法或多流向算法会得到不同的上游汇水面积和/或流宽估值），由于从数值上解算这个新方程过于繁琐，因此无法得出中小型流域中 SCA 的整体空间分布。Qin 等（2017）利用 OpenMP 编程模型开发了一种并行算法，该模型广泛应用于标准个人计算机中常见的对称多处理器并行计算设备，他们的算法如下。

（1）使用 Gallant 和 Hutchinson（2011）提供的数值 SCA 解决方案，从大

范围网格 DEM 中得到 SCA 的空间分布。

（2）在两个具有理论推导 SCA 值的人工地表及中国东北地区更复杂的真实地表上，本算法产生的误差远低于 MFD-md 多流向算法，而 MFD-md 多流向算法被视为传统基于方格网络的流向算法的代表。

Qin 等（2017）梳理了 Gallant 和 Hutchinson（2011）提出的 SCA 数值解决方案，发现为 1 个单元计算 SCA 的方法可能独立于其他单元，因此能够支持高并行计算。并行算法是用基于并行栅格的地理计算算子（Parallel Raster-Based Geocomputation Operator, PaRGO；Qin et al., 2014b）的 OpenMP 版本来实现的，并通过一系列实验来记录 DEM 网格大小和积分步长对 SCA 数值解的影响。该实验采用 6 种 DEM 分辨率（0.5m、1m、2.5m、5m、10m 和 20m）和 6 种步长比（0.1、0.3、0.5、0.7、0.9 和 1.0）的数据，以及 1 个、2 个、4 个、8 个、12 个、16 个和 32 个线程。这些实验中最大加速比达到 8.46（32 个线程），所提出的算法在使用分辨率为 5m 的 DEM 和积分步长比为 0.5（DEM 网格间距的一半）时加速性能最佳。基于两个人工地表的实验结果也表明，在不同分辨率的测试中，所提出的并行算法的误差总体上比典型的基于网格的多流向算法（MFD-md；Qin et al., 2007）要小得多，并且该算法对积分步长的选择不太敏感。

▶ 7.2.8 解决不同程度的"危险"问题

最后，鼓励所有参与者采纳和运用最佳的数字地形建模方法，以帮助解决威胁全球人类福祉和环境可持续性的多个"危险"问题。其中很多问题是多尺度的，在局部、区域甚至全球范围内都有表现。可以用类似的方式构思解决方案、搜集资源来解决各种尺度的问题。下面通过两个例子来说明这些思路的可能性，并鼓励其他人参与到数字地形分析和建模项目中，从而产生可行的知识和成果。

在第 1 个例子中，Woodrow、Lindsay 和 Berg（2016）以加拿大安大略省西南部 1 个 120km^2 的农业流域为样本，研究了 DEM 网格分辨率、高程源数据和调节技术对流域尺度水文属性的空间分布和统计分布的影响。结果表明，如何决定使用 1 种 DEM 调节技术而非使用另一种技术，以及对可用 DEM 数据分辨率和来源的限制可以极大地影响各个流域尺度的模拟表面排水模式。这些结果非常重要，因为它们有助于指导优化管理工作，以减少农业流域的土壤侵蚀和径流污染，进而有助于管理源头上的非点源污染。希望这个团队或其他团队能够重用这些结果，以减轻这些景观及类似景观中的非点源污染负荷。

第 2 个例子是美国的 NWM 项目。这个大型、跨学科合作项目模拟并预测了时间间隔为 1 小时、18 小时、10 天和 30 天，流经整个美国大陆的 270 万条河流水流量。NWM 项目使用 WFS-Hydro 和 Noah-MP 地表模型来模拟气象条件和陆地水文。TauDEM（Tarboton, 2016）中的几个地形建模功能提供了必要的"黏合剂"，并作为该建模框架的一部分，用于计算水流穿过地表到达最近河道的路径。人们可以通过国家水资源中心（National Water Center）网站上的一系列交互式地图来访问 NWM 输出，这些成果一旦纳入到相关机构（公共安全、水资源等）的日常工作中，NWM 将从根本上改变地方、州和联邦政府应对和预测食品及相关水资源挑战的方式。

7.3　行动呼吁

在过去 10 年里能取得如此进步，部分归因于地貌计量学和地理信息科学加强了合作。它们的指导原则和核心概念分散在全书中，现代数字地形分析和建模工作流程与之更加契合。未来的进步需要这些团队、计算机科学家和各领域专家之间的持续合作，以便产生高效、灵活的解决方案和切实可行的科学成果，这些成果都是解决威胁人类福祉和环境可持续性问题所急需的。

专业名词中英文对照

缩　　写	英　文　全　称	中　文　含　义
3DEP	(USGS) 3D Elevation Program	（美国地质勘探局）3D 高程项目
ADK	Aspect-Driven Kinematic Single-Flow Direction Algorithm	流向驱动单流向算法
AGNPS	Agricultural Non-Point Source Pollution Model	农业非点源污染模型
AIC	Akaike's Information Criterion	赤池信息量准则
ALOS	Advanced Land Observing Satellite	先进陆地观测卫星
ALSM	Airborne Laser Swath Mapping	机载激光条带测绘
AML	Arc Macro Language	ARC 宏语言
ANGD	Australian National Gravity Database	澳大利亚国家重力数据库
ANI	Anisotropy Index	各向异性指数
ANUDEM	Australian National University Digital Elevation Model Spline Interpolation Method	澳大利亚国立大学数字高程模型样条插值法
AOI	Area of Interest	选定区域
API	Application Program Interface	应用程序编程接口
ASTER	Advanced Spaceborne Thermal Emission and Reflection Radiometer	高级星载热辐射热反射探测仪
BR	Braunschweiger Relief Model	Braunschweiger 地貌模型
cCVT	Curvature-Based Centroidal Voronoi Tessellation	基于曲率的质心 Voronoi 结构
CFS	Climate Forecast System	气候预报系统
CGIAR	(CIAT) Consultative Group for International Agricultural Research	（CIAT）国际农业研究磋商组织
CIAT	International Center for Tropical Agriculture	国际热带农业中心
CIT	Channel Initiation Threshold	河道起始临界值
CPE	Compound Point Extraction	复合点提取
CSI	(CGIAR) Consortium for Spatial Information	（CGIAR）空间信息联盟

（续表）

缩　写	英　文　全　称	中　文　含　义
CTI	Compound Topographic Index (same as TWI)	复合地形指数（同 TWI）
CVT	Centroidal Voronoi Tessellation	质心 Voronoi 结构
D4	Deterministic Four-Node Single-Flow Direction Algorithm	4 方向最大坡降算法
D6	Deterministic Six-Node Single-Flow Direction Algorithm	6 方向最大坡降算法
D8	Deterministic Eight-Node Single-Flow Direction Algorithm	8 方向最大坡降算法
D8-LAD	Deterministic Eight-Node Least Angular Deviation Single-Flow Direction Algorithm	最大坡降最小偏差角算法
D8-LTD	Deterministic Eight-Node Least Transversal Deviation Single-Flow Direction Algorithm	最大坡降最小横向偏差算法
D∞	Infinity Single-Flow Direction Algorithm	无穷方向单流向算法
D∞-LAD	Deterministic Infinite Least Angular Deviation Single-Flow Direction Algorithm	无穷方向最小偏差角算法
D∞-LTD	Deterministic Infinite Least Transversal Deviation Single-Flow Direction Algorithm	无穷方向最小横向偏差算法
DCW	Digital Chart of the World	世界数字海图
DEM	Digital Elevation Model	数字高程模型
DEMON	Digital Elevation Model Network Extraction	数字高程网络提取
Dev	Deviation from Mean Elevation	高程偏差
Diff	Difference Between Elevation at the Center of A Local Neighborhood and the Mean Elevation in This Neighborhood	局部区域中心的高程与该窗口平均高程之差
DGPS	Differential Global Positioning System	差分 GPS
DLG	Digital Line Graph	数字线划图
DOI	Degree of Importance	重要程度
DrEICH	Drainage Extraction by Identifying Channel Heads Channel Initiation Method	识别河道源头的排水提取方法
DSM	Digital Surface Model	数字表面模型
DTED	(US NGA) Digital Terrain Elevation Data	（美国地理空间情报局）数字地形高程数据

（续表）

缩写	英文全称	中文含义
DTM	Digital Terrain Model	数字地形模型
D_{trig}	Shelef and Hilley Multiple-Flow Direction Algorithm	Shelef 和 Hilley 多流向算法
ECIT	Expanded Channel Initiation Threshold	扩展河道起始临界值
EDM	Electronic Distance Measurement Unit	电子测距装置
ESA	European Space Agency	欧洲航天局
EVAAL	Erosion Vulnerability Assessment for Agricultural Land	农业土地侵蚀脆弱性评价
FCM	Fuzzy C-Means Clustering Method	模糊 C—均值聚类法
FMFD	Freeman Multiple-Flow Direction Algorithm	Freeman 多流向算法
FGDC	(US) Federal Geographic Data Committee	（美国）联邦地理数据委员会
GAM	General Additive Model	通用加法模型
GAT	(Whitebox) Geospatial Analysis Tools	（Whitebox）地理空间分析工具
GCP	Ground Control Point	地面控制点
GDAL	Geospatial Data Abstraction Library	地理空间数据抽象库
GDEM	(ASTER) Global Digital Elevation Model	全球数字高程模型
GEOS	Geometry Engine-Open Source Software Suite	空间分析开源库 GEOS
GFS	Global Forecasting System	全球预报系统
GIS	Geographic Information System	地理信息系统
GLM	Generalized Linear Model	广义线性模型
GLMM	Generalized Linear Mixed Model	广义线性混合模型
GLOBE	Global Land One-kilometer Base Elevation Data	全球陆地 1km 基准标高数据
GLWD	Global Lake And Wetland Dataset	全球湖泊与湿地数据集
GMTED	Global Multi-Resolution Terrain Elevation Dataset (with a Horizontal Spacing of 15 Arcseconds)	全球多分辨率地形高程数据集（水平分辨率 15″）
GPS	Global Positioning System	全球定位系统
GRASS	Geographic Resources Analysis Support System	地理资源分析支持系统
GTL	Geomorphic Transport Law (Based Landscape Development Models)	地貌输运规律（基于景观演化模型）

(续表)

缩　写	英　文　全　称	中　文　含　义
GTOPO30	Global Digital Elevation Model (with a Horizontal Spacing of 30 Arcseconds)	全球数字高程模型（水平分辨率30″）
GUI	Graphical User Interface	图形用户界面
HBV	Hydrologiska Byrans Vattenbalansavdelning Model	水文局水平衡部门（HBV）模型
HHSM	Hierarchical Hexagonal Surface Model	分层六边形表面模型
HIP	Hexagonal Imaging Processing	六边形图像处理
HLI	Heat Load Index	热负荷指数
HRRR	High Resolution Rapid Refresh Weather Forecasting System	高分辨率快速刷新天气预报系统
HRS	Hillslope-Riparian-Stream	山坡—河岸—河流
HydroSHEDS	Hydrologic Data and Maps Based on Shuttle Elevation Derivatives at Multiple Scales	基于航天飞机高程派生数据的多尺度水文数据和地图
ICESat	Ice, Cloud, and Land Elevation Satellite	冰、云和陆地高程卫星
IDL	Interactive Data Language	交互式数据语言
IDW	Inverse Distance Weighted Interpolation Method	反距离加权插值法
ILWIS	Integrated Land and Water Information System	陆地水体信息集成系统
IfSAR	Interferometric Synthetic Aperture Radar	干涉合成孔径雷达
IMI	Integrated Moisture Index	综合水分指数
InSAR	Interferometric Synthetic Aperture Radar	干涉合成孔径雷达
JAXA	Japan Aerospace Exploration Agency	日本宇宙航空研究开发机构
LAPSUS	Landscape Process Modeling at Multi-dimensions and Scales	多维多尺度景观过程模型
LAS	Laser Scanning Standard Data Exchange File Format	激光扫描标准数据交换文件格式
LiDAR	Light Detection and Ranging Point Cloud (i.e. data)	激光探测与测量点云（如数据）
LoD	Level of Detail	细节层次
LOS	Large-Over-Small Ratio	大超小比率
LPJ-DH	Lund-Potsdam-Jena-Distributed Hydrology	LPJ分布式水文模型
LPJ-GUESS	Lund-Potsdam-Jena General Ecosystem Simulator	LPJ通用生态系统模拟器

（续表）

缩　写	英文全称	中文含义
LPJ-WSL	Lund-Potsdam-Jena Wald Schnee and Landschaft Version	LPJ 的 Wald Schnee 和 Landschaft 版本
LS	Length-Slope (or Topographic) Factor in USLE and RUSLE	USLE 和 RUSLE 中的坡长坡度（或地形）因子
LSM	Land Surface Model	陆面模型
LV	Local Variance Method	局部方差法
MCS	Monte Carlo Simulation	蒙特卡罗模拟
MDEMON	Moore Digital Elevation Model Network Extraction Multiple-Flow Direction Algorithm	Moore DEMON 流管法
MD∞	Triangular Multiple-Flow Direction Algorithm	三角形多流向算法
MDTA	Maximum Depth Tracing Algorithm	最大深度追踪算法
METI	(Japanese) Ministry of Economy, Trade, and Industry	（日本）经济产业省
MF	Mass Flux Multiple-Flow Direction Algorithm	质量流量算法
MFD	Multiple-Flow Direction Algorithm	多流向算法
MFD-md	Multiple-Flow Direction Local Maximum Downslope Gradient Algorithm	局部地形自适应多流向算法
MMFD1	Moore Multiple-Flow Direction Algorithm (Variant 1)	Moore 多流向算法（变形 1）
MMFD2	Moore Multiple-Flow Direction Algorithm (Variant 2)	Moore 多流向算法（变形 2）
MoRAP	Missouri Resource Assessment Partnership	密苏里州资源评估伙伴关系
MPI	Message Parsing Interface	消息解析接口
MRDB	Multiple Representation Database	多重表达数据库
MRMS	MULTI-Radar/Multi-Sensor System	多雷达/多传感器系统
MRRTF	Multi-Resolution Ridgetop Flatness Index	多分辨率脊顶平坦度指数
MRS	Multi-Resolution Segmentation Algorithm	多分辨率分割算法
MRVBF	Multi-Resolution Valley Bottom Flatness Index	多分辨率山脊平坦度指数
MTD	Mass Transport and Deposition Index	质量输运与沉积指数
NAD83	North American Datum 1983	1983 年北美大地基准
NAIP	(US) National Agriculture Imagery Program	（美国）国家农业影像项目
NASA	(US) National Aeronautics and Space Administration	（美国）国家航空航天局
NAW	Neighborhood Analysis Window	邻域分析窗口
NCAR	National Center for Atmospheric Research	美国国家大气研究中心

（续表）

缩　写	英　文　全　称	中　文　含　义
NCEP	National Centers for Environmental Prediction	美国国家环境预报中心
NED	(US) National Elevation Dataset	（美国）国家高程数据集
NEE	Net Ecosystem Exchange	净生态系统交换
NetCDF	Network Common Data Form	网络通用数据格式
NGA	(US) National Geospatial-Intelligence Agency	（美国）国家地理空间情报局
NHD	(US) National Hydrography Dataset	（美国）国家水文数据集
NHDPlus	(US) National Hydrography Dataset (Enhanced)	（美国）国家水文数据集（增强版）
NIMA	(US) National Imagery and Mapping Agency (which has been subsumed in the NGA)	（美国）国家图像与测绘局（已纳入 NGA）
NLCD	(US) National Land Cover Database	（美国）国家土地覆盖数据库
NMAS	(US) National Map Accuracy Standards	（美国）国家地图精度标准
NOAA	(US) National Oceanic and Atmospheric Administration	（美国）国家海洋和大气管理局
NOMADS	NOAA Operational Model Archive and Distribution System	NOAA 运行模型存档及分发系统
NRCS	(USDA) Natural Resources Conservation Service	（美国农业部）自然资源保护服务处
NumPy	Numerical Python Library for Scientific Computing	用于科学计算的数值 Python 库
NWM	(US) National Water Model	（美国）国家水模型
ORI	Ortho-Rectified Image	正射校正影像
OpenMP	Open-Multi-Processing Programming Model	开放式多进程编程模型
PaRGO	Parallel Raster-based Geocomputation Operators	栅格地理计算并行算子
PCTG	Measures the Elevation of the Point in the Center of a Local Neighborhood as a Percentage of the Elevation Range	测量局部邻域的中心点高程，以高程变幅的百分比表示
PCTL	The Percentile	高程百分位
PDF	Probability Distribution Function	概率分布函数
Pe	Péclet Number	佩克莱特数

（续表）

缩　写	英　文　全　称	中　文　含　义
PMFD	Pilesjö Form-Based Multiple-Flow Direction Algorithm	Pilesjö 基于形态的多流向算法
PRISM	Panchromatic Remote-sensing Instrument for Stereo Mapping	全色遥感立体测绘仪
PROMETHEE	Preference Ranking Organization Method for Enrichment Evaluations	偏好顺序结构评估法
QGIS	Quantum GIS	Quantum GIS
QMFD1	Quinn Multiple-Flow Direction Algorithm (Variant 1)	Quinn 多流向算法（变形 1）
QMFD2	Quinn Multiple-Flow Direction Algorithm (Variant 2)	Quinn 多流向算法（变形 2）
Range	Full Range of Elevations Reported in a Local Neighborhood	局部邻域内的全部高程范围
RAP	(Short-Range) Rapid Refresh	（短期）快速刷新
REST	Representational State Transfer	表述性状态转移
Rho8	Randomized Eight-Node Single-Flow Direction Algorithm	随机 8 方向法
RMSE	Root Mean Square Error	均方根误差
RoC-LV	Rate of Change of Local Variance	局部方差变化率
Rotor	Third Measure of Curvature Describing the Curvature of Flow Lines	描述流线曲率的第三种曲率度量
RRMSE	Relative Root Mean Square Error	相对均方根误差
RST	Regularized Spline with Tension	张力样条函数
RUGN	Ruggedness Index	粗糙度指数
RUSLE	Revised Universal Soil Loss Equation	改良通用土壤流失方程
SAGA	System for Automated Geoscientific Analyses	地球科学自动分析系统
SAR	Synthetic Aperture Radar	合成孔径雷达
SCA	Specific Catchment Area	单位汇水面积
SCI	Shape Complexity Index	形状复杂度指数
SD	Standard Deviation of Elevation within a User-Defined Local Neighborhood	用户定义的局部邻域内的高程标准偏差
SDFAA	Spatially Distributed Flow-Apportioning Algorithm	空间分布式水流分配算法

（续表）

缩　写	英文全称	中文含义
SEI	Site Exposure Index	场地暴露指数
SFD	Single-Flow Direction Algorithm	单流向算法
SI	Semantic Import Model	语义导入模型
SLP	Stream Longitudinal Profile	河流纵剖面
SOF	Saturation Overland Flow	饱和地面流
SPI	Stream Power Index	水流强度指数
SPOT	Satellite Pour l'Observation de la Terre	地球观测卫星
SQL	Structured Query Language	结构化查询语言
SR	Similarity Relation Model	相似性关系模型
SRAD	Solar Radiation Program Included in TAPES Suite	TAPES 中的太阳辐射计划
SRF	Surface Roughness Factor	地表粗糙度因子
SRI	Surface Roughness Index	地表粗糙度指数
SRTM	Shuttle Radar Topographic Mission	航天飞机雷达地形测绘任务
SSURGO	(US State) Soil Survey Geographic Database	（美国）土壤调查地理数据库
STI	Sediment Transport Index	输沙指数
SWAMPS	Surface Water Microwave Product Series (Satellite-Based)	地表水微波产品系列（星基）
SWAT-VSA	Soil and Water Assessment Tool, Variable Source Area Model	土壤和水分评价工具，可变源区模型
SWBD	SRTM Water Body Data	SRTM 水体数据
TAPES	Terrain Analysis Programs for the Environmental Sciences	环境科学地形分析计划
TAS	Terrain Analysis System	地形分析系统
TauDEM	Terrain Analysis Using Digital Elevation Models	地形分析用数字高程模型
TDR	Time-Domain Reflectometry	时域反射计
TFM	Triangular Form-based Multiple-flow Direction Algorithm	基于三角面形态的多流向算法
TFN	Triangular Facet Network	三角形面网
TI	Topographic Index (same as TWI)	地形指数
TIN	Triangulated Irregular Network	不规则三角网
TOPOGRID	Variant of Topo-To-Raster Interpolation Algorithm that was Part of the ArcGIS Platform	拓扑—光栅插值算法的变体，是 ArcGIS 平台的一部分

（续表）

缩　写	英　文　全　称	中　文　含　义
TOPMODEL	Topography-Based Hydrology Model	基于地形的水文模型
TPI	Topographic Position Index	地形位置指数
TUCL	Total UpStream Channel Length	上游河道总长度
TWHC	Total Water-Holding Capacity	总持水能力
TWI	Topographic Wetness Index (same as CTI)	地形湿度指数（同 CTI）
UK	United Kingdom	英国
USA	United States of America	美利坚合众国
USDA	US Department of Agriculture	美国农业部
USGS	US Geological Survey	美国地质调查局
USLE	Universal Soil Loss Equation	通用土壤流失方程
UTM	Universal Transverse Mercator Coordinate System	通用横轴墨卡托坐标系
VBF	Valley Bottom Flatness (Score)	谷底平坦度（分数）
VNIR	Visible and Near-Infrared Portion of Electromagnetic Spectrum	电磁波谱的可见光和近红外光
VR	Valley Recognition	山谷识别法
VRT	Virtual Raster Format	虚拟栅格格式
VSLF	Variable Source Loading Function Model	变源加载函数模型
WBD	Watershed Boundary Dataset	流域边界数据集
WEPP	Water Erosion Prediction Project	水蚀预报模型
WGS	World Geodetic System	世界大地测量系统
WRF-Hydro	Weather Research and Forecasting Hydrologic Model	中尺度天气预报—水文耦合模式

参考文献

Abd Aziz, S. (2008) Development of digital elevation models (DEMs) for agricultural applications. Unpublished PhD dissertation, Iowa State University, Iowa City, IA.

Abd Aziz, S., Steward, B.L., Tang, L. & Karkee, M. (2009) Utilizing repeated GPS surveys from field operation for development of agricultural field DEMs. Transactions of the American Society of Agricultural and Biological Engineers, 52,1057–1067.

Abdulla, F.A. & Lettenmier, D.P. (1997) Development of regional parameter estimation equations for a macroscale hydrologic model. Journal of Hydrology,197, 230–257.

Abrams, M., Bailey, B., Tsu, H. & Hato, M. (2010) The ASTER global DEM. Photogrammetric Engineering and Remote Sensing, 76, 344–348.

Agnew, L.J., Lyon, S., Gerard-Marchant, P., Collins, V.B., Lembo, A.J., Steenhuis, T.S. & Walter, M.T. (2006) Identifying hydrologically sensitive areas: Bridging the gaps between science and application. Journal of Environmental Management, 78, 63–76.

Aguilar, F.J. & Mills, J.P. (2008) Accuracy assessment of LiDAR-derived digital elevation models. Photogrammetric Record, 23, 148–169.

Aguilar, F.J., Aguera, F., Aguilar, M.A. & Carvajal, F. (2005) Effects of terrain morphology, sampling density, and interpolation methods on grid DEM accuracy. Photogrammetric Engineering and Remote Sensing, 71, 805–816.

Aguilar, F.J., Mills, J.P., Delgado, J., Aguilar, M.A., Negreiros, J.G. & Perez, J.L. (2010) Modelling vertical error in LiDAR-derived digital elevation models. ISPRS Journal of Photogrammetry and Remote Sensing, 65, 103–110.

Ahn, C.W., Baumgartner, M.F. & Biehl, I.I. (1999) Delineation of soil variability using geostatistics and fuzzy clustering analysis of hyperspectral data. Soil Science Society of America Journal, 63, 142–150.

Ahokas, E., Kaartinen, H. & Hyyppa, J. (2003) A quality assessment of airborne laser scanner data. International Archives of Photogrammetry, Remote Sensing, and Spatial Information Sciences, 34(3/W/W13), 6.

Akpa, S.I.C., Ugbaje, S.U., Bishop, T.F.A. & Odeh, I.O.A. (2016) Enhancing pedotransfer functions with environmental data for estimating bulk density and effective cation exchange capacity in a data-sparse situation. Soil Use and Management, 32, 644–658.

Albani, M., Klinkenberg, B., Andison, D.W. & Kimmins, J.P. (2004) The choice of window size in approximating topographic surfaces from digital elevation models. International Journal of Geographical Information Science, 18, 557–593.

Allord, G.J., Walter, J.L., Fishburn, K.A. & Shea, G.A. (2014) Specification for the U.S. Geological Survey Historical Topographic Map Collection. Reston, VA: US Geological Survey.

Anders, N., Seijmonsbergen, A. & Bouten, W. (2009) Multi-scale and object-oriented image analysis of high-res LiDAR data for geomorphological mapping in Alpine mountains. In: R. Purves, S. Gruber, R. Straumann & T. Hengl (eds) Proceedings of Geomorphometry 2009, pp. 61–65. Zurich, Switzerland: University of Zurich.

Antonić, O., Pernar, N. & Jelaska, S.D. (2003) Spatial distribution of main forest soil groups in Croatia as a function of basic pedogenetic factors. Ecological Modeling, 170, 363–371.

Ardizzone, F., Cardinali, M., Galli, M., Guzzetti, F. & Reichenbach, P. (2007) Identification and mapping of recent rainfall-induced landslides using elevation data collected by airborne LiDAR. Natural Hazards and Earth System Science, 7, 637–650.

Ariza-Villaverde, A.B., Jimenez-Hornero, F.J. & Gutierrez de Rave, E. (2013) Influence of DEM resolution on drainage network extraction: A multifractal analysis. Geomorphology, 241, 243–254.

Ariza-Villaverde, A.B., Jimenez-Hornero, F.J. & Gutierrez de Rave, E. (2015) Multifractal analysis applied to the study of the accuracy of DEM-based stream derivation. Geomorphology, 243, 85–95.

Arnold, N. (2010) A new approach for dealing with depressions in digital elevation models when calculating flow accumulation values. Progress in Physical Geography, 34, 781–809.

Arrell, K.E., Fisher, P.F., Tate, N.J. & Bastin, L. (2007) A fuzzy c-means classification of elevation derivatives to extract the morphometric classification of landforms in Snowdonia, Wales. Computers and Geosciences, 33, 1366–1381.

Arun, P.V. (2013) A comparative analysis of different DEM interpolation methods. Egyptian Journal of Remote Sensing and Space Science, 16, 133–139.

Aryal, S.K. & Bates, B.C. (2008) Effects of catchment discretization on topographic index distributions. Journal of Hydrology, 359, 150–163.

Aspie, J. (1989) Influence of groundwater on streambank soil moisture content, stream runoff production, and sediment transport in a semi-arid watershed. Unpublished MS thesis, Montana State University, Bozeman, MT.

Austin, J.M., Gallant, J.C. & Van Niel, T. (2013) Mean monthly radiation surfaces for Australia at 1 arc-second resolution. In: Proceedings of the 20th International Congress on Modeling and Simulation, pp. 1589–1595. Adelaide, Australia: MSSANZ.

Austin, M.P. & Meyers, J.A. (1996) Current approaches to modelling the environmental niche of eucalypts: Implications for management of forest biodiversity. Forest Ecology and Management, 85, 95–106.

Austin, M.P. & Smith, T.M. (1989) A new model for the continuum concept. Vegetation, 83, 35–47.

Austin, M.P., Cunningham, R.B. & Fleming, P.M. (1984) New approaches to direct gradient analysis using environmental scalars and statistical curve-fitting procedures. Vegetatio, 55, 11–27.

Baatz, M. & Schape, A. (2000) Multiresolution segmentation: An optimization approach for high quality multi-scale image segmentation. In: J. Strobl, T. Blaschke & G. Griesebner (eds), Angewandte Geographische Informationsverarbeitung, pp. 12–23. Heidelberg, Germany: Wichmann-Verlag.

Backstrand, K., Crill, P.M., Mastepanov, M., Christensen, T.R. & Bastviken, D. (2008) Non-methane volatile organic compound flux from a subarctic mire in northern Sweden. Biogeosciences, 5, 111–121.

Bader, M.Y. & Ruijten, J.J.A. (2008) A topography-based model of forest cover at the alpine tree line in the tropical Andes. Journal of Biogeography, 35, 711–723.

Bailly, J.S., Lagacherie, P., Millier, C., Puech, C. & Kosuth, P. (2008) Agrarian landscapes linear features detection from LiDAR: Application to artificial drainage networks. International Journal of Remote Sensing, 29, 3489–3508.

Baker, M.E., Weller, D.E. & Jordan, T.E. (2006a) Improved methods for quantifying potential nutrient interception by riparian buffers. Landscape Ecology, 21, 1327–1345.

Baker, M.E., Weller, D.E. & Jordan, T.E. (2006b) Comparison of automated watershed delineations: Effects on land cover areas, percentages, and relationships to nutrient discharge. Photogrammetric Engineering and Remote Sensing, 72, 159–168.

Baker, M.E., Weller, D.E. & Jordan, T.E. (2007) Effects of stream map resolution and measures of riparian buffer distribution and nutrient retention potential. Landscape Ecology, 22, 973–992.

Baldi, P., Bonvalot, S., Biole, P. & Marsella, M. (2000) Digital photogrammetry and kinematic GPS applied to the monitoring of Vulcano Island. Geophysical Journal International, 142, 801–811.

Baldi, P., Bonvalot, S., Biole, P., Coltelli, M., Gwinner, K., Marsella, M., Puglisi, G. & Remy, D. (2002) Validation and comparison of different techniques for the derivation of digital elevation models and volcanic monitoring (Vulcano

Island, Italy). International Journal of Remote Sensing, 23, 4783–4800.

Balice, R.G., Miller, J.D., Oswald, B.P., Edminister, C. & Yool, S.R. (2000) Forest Surveys and Wildfire Assessment in the Los Alamos, 1998–1999. Los Alamos, NM: Los Alamos National Laboratory.

Band, L.E. (1986) Topographic partition of watersheds with digital elevation models. Water Resources Research, 22, 15–24.

Band, L.E. (1989) A terrain based, watershed information system. Hydrological Processes, 3, 151–162.

Band, L.E. (1993) Effect of land surface representation on forest water and carbon budgets. Journal of Hydrology, 150, 749–772.

Band, L.E., Vertessey, R. & Lammers, R.B. (1995) The effect of different terrain representation schemes and resolution on simulated watershed processes. Zeitschrift fur Geomorphologie, Suppl-Bd, 101, 187–199.

Band, L.E., Hwang, T., Hales, T.C., Vose, J. & Ford, C. (2012) Ecosystem processes at the watershed scale: Mapping and modeling ecohydrological controls of landslides. Geomorphology, 137, 159–167.

Barling, R.D. (1992) Saturation zones and ephemeral gullies on arable land in southeastern Australia. Unpublished PhD dissertation, University of Melbourne, Melbourne, Australia.

Barling, R.D., Moore, I.D. & Grayson, R.B. (1994) A quasi-dynamic wetness index for characterizing the spatial distribution of zones of surface saturation and soil water content. Water Resources Research, 30, 1029–1044.

Bater, C.W. & Coops, N.C. (2009) Evaluating error associated with LiDAR-derived DEM interpolation. Computers and Geosciences, 35, 289–300.

Bates, P.D., Anderson, M.G. & Horrit, M. (1998) Terrain information in geomorphological models: Stability, resolution, and sensitivity. In: S.N. Lane, K.S. Richards & J.H. Chandler (eds) Landform Monitoring, Modeling, and Analysis, pp. 279–310. New York, NY: John Wiley & Sons, Inc.

Bauer, J., Rohdenburg, H. & Bork, H.R. (1985) Ein Digitales ReliefModell als Voraussetzung fuer ein deterministisches Modell der Wasser-und Stoff-Fluesse. In: H.R. Bork & H. Rohdenburg (eds) Parameteraufbereitung fuer Deterministische Gebiets-Wassermodelle, Grundlagenarbeiten zu Analyse von Agrar-Oekosystemen, pp. 1–15. Braunschweig, Germany: Technische Universitat Braunschweig.

Bayramin (2000) Using geographic information system and remote sensing techniques in making pre-soil surveys. In: Proceedings of the International Symposium on Desertification, pp. 27–33. Ankara, Turkey.

Beattie, C. (2014) 3D visualization models as a tool for reconstructing the historical landscape of the Ballona watershed. Unpublished MS thesis, University of Southern California, Los Angeles, CA.

Begg, J.G. & Mouslopoulou, V. (2010) Analysis of late Holocene faulting within an active rift using LiDAR, Taupo Rift, New Zealand. Journal of Volcanology and Geothermal Research, 190, 152–167.

Behrens, T., Zhu, A.X., Schmidt, K. & Scholten, K. (2010) Multi-scale digital terrain analysis and feature selection for digital soil mapping. Geoderma, 155, 175–185.

Bell, J.C., Grigal, D.F. & Bates, P.C. (2000) A soil-terrain model for estimating spatial patterns of soil organic carbon. In: J.P. Wilson & J.C. Gallant (eds), Terrain Analysis: Principles and Applications, pp. 295–310. New York, NY: John Wiley & Sons, Inc.

Bergestrom, S. (1976) Development and Application of a Conceptual Runoff Model for Scandinavian Catchments. Lund, Sweden: University of Lund, Department of Water Resources Engineering, Lund Institute of Technology Bulletin Series A, No. 52.

Bergestrom, S. (1992) The HBV Model: Its Structure and Applications. Norrkoping, Sweden: Swedish Meteorological and Hydrological Institute.

Bergestrom, S. (1995) The HBV model. In: V.P. Singh (ed.) Computer Models of Watershed Hydrology, pp. 443–476. Highlands Ranch, CO: Water Resources.

Berry, P.A.M., Garlick, J.D. & Smith, R.G. (2007) Near-global validation of the SRTM DEM using satellite radar altimetry.

Remote Sensing of Environment, 106, 17–27.

Beven, K.J. & Cloke, H.L. (2013) Comment on "Hyperresolution global land surface modeling: Meeting a grand challenge for monitoring Earth's terrestrial water" by Eric F. Wood et al. Water Resources Research, 48, WR010982.

Beven, K.J. & Kirkby, M.J. (1979) A physically-based, variable contributing area model of basin hydrology. Hydrological Sciences Bulletin, 24, 43–69.

Bezdek, J.C., Ehrlich, R. & Full, W. (1984) FCM: The fuzzy c-means clustering algorithm. Computers and Geosciences, 10, 191–203.

Bhang, K.J., Schwartz F.W. & Braun, A. (2007) Verification of the vertical error in C-Band SRTM DEM using ICESat and Landsat-7, Otter Tail County, MN. IEEE Transactions on Geoscience and Remote Sensing, 45, 36–44.

Bishop, M.P. & Shroder, J.F. (2000) Remote sensing and geomorphometric assessment of topographic complexity and erosion dynamics in the Nanga Parbat massif. In: M.A. Khan, P.J. Treloar, M.P. Searle & M.Q. Jan (eds) Tectonics of the Nanga Parbat Syntaxis and the Western Himalaya, pp. 181–200. London, UK: Geological Society.

Bishop, M.P. & Shroder, J.F. (eds) (2004) Geographic Information Science and Mountain Geomorphology. Chichester, UK: Springer-Praxis.

Bishop, M.P., Shroder, J.F. & Colby, J.D. (2003) Remote sensing and geomorphometry for studying relief production in high mountains. Geomorphology, 55, 345–361.

Bishop, M.P., Bush, A.B.G., Copland, L., Kamp, U., Owen, L.A., Seong, Y.B. & Shroder, J.F. (2010) Climate change and mountain topographic evolution in the Central Karakoram, Pakistan. Annals of the Association of American Geographers, 100, 772–793.

Bishop, M.P., Bonk, R., Kamp, U. Jr & Shroder, J.F. (2012a) Terrain analysis and data modeling for alpine glacier modeling. Polar Geography, 24, 257–276.

Bishop, M.P., James, L.A., Shroder, J.F. & Walsh, S.J. (2012b) Geospatial technologies and digital geomorphological mapping: Concepts, issues, and research. Geomorphology, 137, 5–26.

Bishop, T.F.A. & Minasny, B. (2005) Environmental soil-terrain modeling: The predictive potential and uncertainty. In: S. Grunwald (ed.) Environmental Soil-Landscape Modeling: Geographic Information Technologies and Pedometrics, pp. 185–213. Boca Raton, FL: CRC Press.

Blaszczynski, J.S. (1997) Landform characterization with geographic information systems. Photogrammetric Engineering and Remote Sensing, 63, 183–191.

Boast, R.R. & Shelito, R.G. (1989) Soil Survey of Madison County Area, Montana. Washington, DC: Soil Conservation Service, US Department of Agriculture.

Bogaart, P.W. & Troch, P.A. (2006) Curvature distribution within hillslopes and catchments and its effect on the hydrologic response. Hydrology and Earth System Sciences, 10, 925–936.

Bohner, J. & Antonić, O. (2009) Land-surface parameters specific to topo-climatology. In: T. Hengl & H.I. Reuter (eds) Geomorphometry: Concepts, Software, Applications, pp. 195–226. Amsterdam, Netherlands: Elsevier.

Bohner, J., Kothe, R., Conrad, O., Gross, J., Ringeler, A. & Selige, T. (2002) Soil regionalization by means of terrain analysis and process parameterization. In: E. Micheli, E. Nachtergaele & L. Montanarella (eds) Soil Classification 2001, EUR 20398 EN, pp. 213–222. Ispra, Italy: European Soil Bureau, Joint Research Centre.

Bohner, J., McCloy, K.R. & Strobl, J. (eds) (2006) SAGA: Analysis and Modeling Applications. Gottingen, Germany: Gottinger Geographische Abhandlungen.

Bolstad, P.V. & Lillesand, T.M. (1992) Improved classification of forest vegetation in northern Wisconsin through a rule-based combination of soils, terrain, and Landsat TM data. Forest Science, 38, 5–20.

Bolstad, P.V. & Stowe, T. (1994) An evaluation of DEM accuracy: Elevation, slope and aspect. Photogrammetric Engineering and Remote Sensing, 60, 1327–1332.

Bontemps, S., Defourny, P., Van Bogaert, E., Arino, E., Kalogirou, V. & Perez, J.(2011) GLOBCOVER 2009: Products Description and Validation Report. Brussels, Belgium: European Space Agency and University College London.

Borga, M., Dalla Fontana, C. & Cazorzi, F. (2002) Analysis of topographic and climatic control on rainfall-triggered shallow landsliding using a quasi-dynamic wetness index. Journal of Hydrology, 268, 56–71.

Brabyn, L.W. (1997) Classification of macro landforms using GIS. ITC Journal,1, 26–40.

Brabyn, L.W. (1998) GIS analysis of macro landforms. In: Proceedings of the 10th Colloquium of the Spatial Information Research Centre, University of Otago, pp. 35–48. Dunedin, New Zealand.

Bradley, A.P. (1997) The use of the area under the TOC curve in the evaluation of machine learning algorithms. Pattern Recognition, 30, 1145–1159.

Brandli, M. (1996) Hierarchical models for the definition and extraction of terrain features. In: P.A. Burrough & A.W. Frank (eds) Geographic Objects with Indeterminate Boundaries, pp. 257–270. London, UK: Taylor & Francis.

Brooks, R.T. & Colburn, E.A. (2011) Extent and channel morphology of unmapped headwater stream segments of the Quabbin watershed, Massachusetts. Journal of the American Water Resources Association, 47, 158–168.

Brown, D.G. (1998) Classification and boundary vagueness in mapping presettlement forest types. International Journal of Geographical Information Science, 12, 105–129.

Brown, D.G. & Bara, T.J. (1994) Recognition and reduction of systematic error in elevation and derivative surfaces from 7.5-minute DEMs. Photogrammetric Engineering and Remote Sensing, 60, 189–194.

Bruy, A. (2015) QGIS by Example. Birmingham, UK: Packt Publishing. Buchanan, B.P., Easton, Z.M., Schneider, R. & Walter, M.T. (2012) Incorporating variable source area hydrology into a spatially distributed direct runoff model. Journal of the American Water Resources Association, 48, 43–60.

Buchanan, B.P., Archibald, J.A., Easton, Z.M., Shaw, S.B., Schneider, R.L. & Walter, M.T. (2013) A phosphorous index that combines critical source areas and transport pathways using a travel time approach. Journal of Hydrology, 486, 123–135.

Buchanan, B.P., Fleming, M., Schneider, R.L., Richards, B.K., Archibald, J., Qiu, Z. & Walter, M.T. (2014) Evaluating topographic wetness indices across central New York agricultural landscapes. Hydrology and Earth Systems Science, 18, 3279–3299.

Bunn, A.G., Waggoner, L.A. & Graumlich, L.J. (2005) Topographic mediation of growth in high elevation foxtail pine (Pinus balfournia Grev. et Balf.) forests in the Sierra Nevada, USA. Global Ecology and Biogeography, 14, 103–114.

Burbank, D., Leland, J., Fielding, E., Anderson, R.S., Brozovik, N., Reid, M.R. & Duncan, C. (1996) Bedrock incision, rock uplift and threshold hillslopes in the northwestern Himalaya. Nature, 379, 505–510.

Burns, W.J., Coe, J.A., Kay, B.S. & Ma, L. (2010) Analysis of elevation changes detected from multi-temporal LiDAR surveys in forested landslide terrain in western Oregon. Environmental and Engineering Geoscience, 16, 315–341.

Burrough, P.A. (1996) Natural objects with indeterminate boundaries. In: P.A. Burrough & A.U. Frank (eds) Geographic Objects with Indeterminate Boundaries, pp. 3–28. London, UK: Taylor & Francis.

Burrough, P.A. & McDonnell, R. (1998) Principles of Geographical Information Science. New York, NY: Oxford University Press.

Burrough, P.A., van Gaans, P.F.M. & MacMillan, R.A. (2000) High-resolution landform classification using fuzzy k-means. Fuzzy Sets and Systems, 113, 37–52.

Burrough, P.A., Wilson, J.P., van Gaans, P.F.M. & Hansen, A.J. (2001) Fuzzy k-means classification of topo-climatic data as an aid to forest mapping in the Greater Yellowstone Area, USA. Landscape Ecology, 16, 523–546.

Burt, T.P. & Butcher D.P. (1985) Topographic controls of soil moisture distribution. Journal of Soil Science, 36, 469–486.

Buttenfield, B.P. & McMaster, R.B. (eds) (1991) Map Generalization: Making Rules for Knowledge Representation. New York, NY: John Wiley & Sons, Inc.

Buttenfield, B.P., Stanislawaski, L.V. & Brewer, C.A. (2011) Adapting generalization tools to physiographic diversity for the USGS National Hydrography Dataset. Cartography and Geographic Information Science, 38, 289–301.

Buttenfield, B.P., Ghandehari, M., Leyk, S., Stanislawski, L.V. & Brantley, M.E. (2016) Measuring distance "as the horse runs": Cross-scale comparison of terrain-based metrics. In: Proceedings of the 9th International Conference on Geographic Information Science, Montreal, Quebec.

Buytaert, W. (2011) Topmodel: Implementation of the Hydrological Model TOPMODEL in R, Version 0.7.2–2.

Byun, J. & Seong, Y.B. (2015) An algorithm to extract more accurate stream longitudinal profiles from unfilled DEMs. Geomorphology, 242, 38–48.

Carabajal, C. & Harding, D. (2006) SRTM C-Band and ICESat laser altimetry elevation comparisons as a function of tree cover and relief. Photogrammetric Engineering and Remote Sensing, 72, 287–298.

Carara, A., Bitelli, G. & Carla, R. (1997) Comparison of techniques for generating digital terrain models from contour lines. International Journal of Geographical Information Science, 11, 451–473.

Carlisle, B.H. (2000) The highs and lows of DEM error: Developing a spatially distributed DEM error model. In: Proceedings of the 5th International Conference on Geocomputation, pp. 23–25. Greenwich, UK.

Cavalli, M., Tarolli, P., Marchi, L. & Dalla Fontana, G. (2008) The effectiveness of airborne LiDAR data in the recognition of channel bed morphology. Catena, 73, 249–260.

Cavazzi, S., Corstanje, R., Mayr, T., Hannam, J. & Fealy, R. (2013) Are fine resolution digital elevation models always the best choice in digital soil mapping? Geoderma, 195–196, 111–121.

Chairat, S. & Delleur, J.W. (1993) Effects of topographic index distribution on predicted runoff using GRASS. Water Resources Bulletin, 29, 1029–1034.

Chan, Y.C., Chen, Y.G., Shih, T.Y. & Huang, C. (2007) Characterizing the Hsincheng active fault in northern Taiwan using airborne LiDAR data: Detailed geomorphic features and their structural implications. Journal of Asian Earth Sciences, 31, 303–316.

Chang, K. (2007) Introduction to Geographic Information Systems, 4th edn. New York, NY: McGraw-Hill.

Charnpratheep, K., Zhou, Q. & Garner, B. (1997) Preliminary landfill site screening using fuzzy geographical information systems. Waste Management and Research, 15, 197–215.

Chen, J., Chen, J., Liao, A., Cao, X., Chen, L., Chen, X., He, C., Han, G., Peng, S., Lu, M., Zhang, W., Tong, X. & Mills, J. (2015) Global land cover mapping at 30 m resolution: A POK-based operational approach. ISPRS Journal of Photogrammetry and Remote Sensing, 103, 7–27.

Chen, Y. & Zhou, Q. (2013) A scale-adaptive DEM for multi-scale terrain analysis. International Journal of Geographical Information Science, 27, 1329–1348.

Chen, Z. & Guevara, J. (1987) Systematic selection of very important points (VIP) from digital terrain model for constructing triangular irregular networks. In: Proceedings of the Auto Carto XIII Conference, pp. 50–56. Baltimore, MD.

Cheng, T. & Molenaar, M. (1999a) Objects with fuzzy spatial extent. Photogrammetric Engineering and Remote Sensing, 63, 403–414.

Cheng, T. & Molenaar, M. (1999b) Diachronic analysis of fuzzy objects. GeoInformatica, 3, 337–356.

Chinh, L., Iseri, H., Hiramatsu, K., Harada, M. & Mori, M. (2013) Simulation of rainfall runoff and pollution load for Chikugo River basin in Japan using a GIS-based distributed parameter model. Paddy and Water Environment, 11, 97–112.

Chirico, G.B., Western, A.W., Grayson, R.B. & Gunter, B. (2005) On the definition of the flow width for calculating specific catchment area patterns from gridded elevation data. Hydrological Processes, 19, 2539–2556.

Chorowicz, J., Ichoku, C., Riazanoff, S. & Kim, Y.-J. (1992) A combined algorithm for automated drainage network extraction. Water Resources Research, 28, 1293–1302.

Chow, F.C. (1984) Summed-area tables for texture mapping. Computer Graphics, 18, 207–212.

Chow, T.E. & Hodgson, M.E. (2009) Effects of LiDAR post-spacing and DEM resolution to mean slope estimation. International Journal of Geographic Information Science, 23, 1277–1295.

Chow, T.-Y., Lin, W.-T., Lin, C.-Y., Chow, W.-C. & Huang, P.-H. (2004) Application of the PROMETHEE technique to determine depression outlet locations and flow directions in DEMs. Journal of Hydrology, 287, 49–61.

Christensen, T.R., Jackowicz-Korczyński, M., Aurela, M., Crill, P., Heliasz, M., Mastepanov, M. & Friborg, T. (2012) Monitoring the multi-year carbon balance of a subarctic Palsa Mire with micrometeorological techniques. Ambio, 41, 207–217.

Cimmery, V. (2010a) SAGA User Guide, Updated for SAGA Version 2.0.5: Volume 1, An Introduction to the Graphical User Interface.

Cimmery, V. (2010b) SAGA User Guide, Updated for SAGA Version 2.0.5: Volume 2, "How To" Information on Many SAGA Modules, Functions, and GIS Applications.

Claessens, L., Heuvelink, G.B.M., Schoorl, J.M. & Veldkamp, A. (2005) DEM resolution effects on shallow landslide hazard and soil redistribution modeling. Earth Surface Processes and Landforms, 30, 461–477.

Claessens, L., Lowe, D.J., Hayward, B.W., Schaap, B.F., Schoorl, J.M. & Veldkamp, A.(2006) Reconstructing high-magnitude/low-frequency landslide events on soil redistribution modeling and a Late Holocene sediment record from New Zealand. Geomorphology, 74, 29–49.

Clarke, K.C. (1988) Scale-based simulation of topographic relief. American Cartographer, 15, 173–181.

Clarke, K.C. & Lee, S.J. (2007) Spatial resolution and algorithm choice as modifiers of downslope flow computed from digital elevation models. Cartography and Geographic Information Science, 34, 215–230.

Clarke, K.C. & Romero, B.E. (2016) On the topology of topography: A review. Cartography and Geographic Information Science, 44, 271–282.

Clarke, K.C. & Schweizer, D.M. (1991) Measuring the fractal dimension of natural surfaces using a robust fractal estimator. Cartography and Geographic Information Systems, 18, 37–47.

Clubb, F.J., Mudd, S.M., Milodowski, D.T., Hurst, M.D. & Slater, L.J. (2014) Objective extraction of channel heads from high-resolution topographic data. Water Resources Research, 50, 4283–4304.

Cobby, D.M., Mason, D.C. & Davenport, I.J. (2001) Image processing of airborne scanning laser altimetry data for improved river flood modeling. ISPRS Journal of Photogrammetry and Remote Sensing, 56, 121–138.

Coe, M.T. (1998) A linked global model of terrestrial hydrologic processes: Simulation of modern rivers, lakes, and wetlands. Journal of Geophysical Research: Atmospheres, 103, 8885–8899.

Coe, M.T., Costa, M.H. & Soares-Filho, B.S. (2009) The influence of historical and potential future deforestation on the stream flow of the Amazon River: Land surface processes and atmospheric feedbacks. Journal of Hydrology, 369, 165–174.

Collins, S.H. & Moon, G.C. (1981) Algorithms for dense digital terrain models. Photogrammetric Engineering and Remote Sensing, 47, 71–76.

Conacher, A.J. & Dalrymple, J.B. (1977) The nine-unit land surface model: An approach to pedogeomorphic research. Geoderma, 18, 1–154.

Conrad, O., Bechtel, B., Bock, M., Dietrich, H., Fischer, E., Gerlitz, L., Wehberg, J., Wichmann, V. & Bohner, J. (2015) System for automated geoscientific analyses(SAGA) v. 2.1.4. Geoscientific Model Development, 8, 1991–2007.

Corbett, J.D. & Carter, S.E. (1996) Using GIS to enhance agricultural planning: The example of inter-seasonal rainfall variability in Zimbabwe. Transactions in GIS, 1, 207–218.

Costa-Cabral, M. & Burges, S.J. (1994) Digital Elevation Model Networks (DEMON), a model of flow over hillslopes for computation of contributing and dispersal areas. Water Resources Research, 30, 1681–1692.

Coughlan, J.C. & Running, S.W. (1996) Biophysical aggregations of a forested landscape using an ecological diagnostic system. Transactions in GIS, 1, 25–39.

Cova, T.J. & Goodchild, M.F. (2002) Extending geographical representation to include fields of spatial objects. International Journal of Geographical Information Science, 16, 509–532.

Csatho, B., Schenk, T., Kyle, P., Wilson, T. & Krabill, W.B. (2008) Airborne laser swath mapping of the summit of Erebus volcano, Antarctica: Applications to geological mapping of a volcano. Journal of Volcanology and Geothermal Research, 177, 531–548.

Culling, W. (1960) Analytical theory of erosion. Journal of Geology, 68, 336–344.

Culling, W. (1963) Soil creep and the development of hillside slopes. Journal of Geology, 71, 127–161.

Culling, W. (1965) Theory of erosion on soil-covered slopes. Journal of Geology, 73, 230–254.

Dadson, S.J. & Bell, V.A. (2010) Comparison of Grid-2-Grid and TRIP Runoff Routing Schemes. Wallingford, UK: Centre for Ecology and Hydrology Report.

Dadson, S.J., Ashpole, I., Harris, P., Davies, H.N., Clark, D.B., Blyth, E. & Taylor, C.M.(2010) Wetland inundation dynamics in a model of land surface climate: Evaluation in the Niger inland delta region. Journal of Geophysical Research: Atmospheres, 115, D23114.

Dadson, S.J., Bell, V.A. & Jones, R.G. (2011) Evaluation of a grid-based river flow model configured for use in a regional climate model. Journal of Hydrology, 411, 238–250.

Daly, C., Gibson, W.P., Taylor, G.H., Johnson, G.L. & Pasteris, P. (2002) A knowledgebased approach to the statistical mapping of climate. Climatic Research, 22, 99–113.

Danielson, J.J. & Gesch, D.B. (2011) Global Multi-resolution Terrain Elevation Data 2010 (GMTED2010). Washington, DC: US Geological Survey Open-File Report 2011–1073.

Darnell, A.R., Tate, N.J. & Brunsdon, C. (2008) Improving user assessment of error implications in digital elevation models. Computers, Environment and Urban Systems, 32, 268–277.

Davies, K.W., Bates, J.D. & Miller, R.F. (2007) Environmental and vegetation characteristics of the Artemisia tridentata spp. wyomingensis alliance. Journal of Arid Environments, 70, 478–494.

Davies, K.W., Petersen, S.L., Johnson, D.D., Davis, D.B., Madsen, M.D., Zvirzdin, D.L. & Bates, J.D. (2010) Estimating juniper cover from National Agriculture Imagery Program (NAIP) imagery and evaluating relationships between potential cover and environmental variables. Rangeland Ecology and Management, 63, 630–637.

Day, T. & Miller, J.-P. (1988) Quality assessment of digital elevation models produced by automatic stereo matches from SPOT image pairs. International Archives of Photogrammetry and Remote Sensing, 27, 148–159.

DeBruin, S. (2000) Querying probabilistic land cover data using fuzzy set theory. International Journal of Geographical Information Science, 14, 359–372.

de Ferranti, J. (2014) Digital Elevation Data.

de Floriani, L., Falcidieno, B. & Penovi, C. (1984) A hierarchical structure for surface approximation. Computers and Graphics, 8, 183–193.

DeHaemer, M. Jr & Zyda, M.J. (1991) Simplification of objects rendered by polygonal approximations. Computers and Graphics, 15, 175–184.

Dehn, M., Gartner, H. & Dikau, R. (2001) Principles of semantic modeling of landform structures. Computers and Geosciences, 27, 1005–1010.

Deng, Y.X. (2007) New trends in digital terrain analysis: Landform definition, representation, and classification. Progress in Physical Geography, 31, 405–419.

Deng, Y.X. & Wilson, J.P. (2006) The role of attribute selection in GIS representations of the biophysical environment. Annals of the Association of American Geographers, 96, 47–63.

Deng, Y.X. & Wilson, J.P. (2008) Multi-scale and multi-criteria mapping of mountain peaks as fuzzy entities. International Journal of Geographical Information Science, 22, 205–218.

Deng, Y.X., Wilson, J.P. & Sheng, J. (2006) The sensitivity of fuzzy landform classification to variable attribute weights. Earth Surface Processes and Landforms, 31, 1452–1462.

Deng, Y.X., Wilson, J.P. & Bauer, B.O. (2007) DEM resolution dependencies of terrain attributes across a landscape. International Journal of Geographical Information Science, 21, 187–213.

Deng, Y.X., Wilson, J.P. & Gallant, J.C. (2008) Terrain analysis. In: J.P. Wilson & A.S. Fotheringham (eds) The Handbook of Geographic Information Science, pp. 417–435. Oxford, UK: Blackwell.

De Rose, R.C. & Basher, L.R. (2011) Measurement of river bank and cliff erosion from sequential LiDAR and historical aerial photography. Geomorphology, 126,132–147.

Desmet, P.J.J. (1997) Effects of interpolation errors on the analysis of DEMs. Earth Surface Processes and Landforms, 22, 563–580.

Desmet, P.J.J. & Govers, G. (1996a) A GIS procedure for the automated calculation of the USLE LS factor on topographically complex landscape units. Journal of Soil and Water Conservation, 51, 427–433.

Desmet, P.J.J. & Govers, G. (1996b) Comparison of routing algorithms for digital elevation models and their implications for predicting ephemeral gullies. International Journal of Geographical Information Systems, 10, 311–331.

Deza, M.M. & Deza, E. (2014) Encylcopedia of Distances, 3rd edn. Berlin, Germany: Springer.

Dietrich, W., Wilson, C., Montgomery, D., McKean, J. & Bauer, R. (1992) Erosion thresholds and land surface morphology. Geology, 20, 675–679.

Dietrich, W., Wilson, C., Montgomery, D. & McKean, J. (1993) Analysis of erosion thresholds, channel networks, and landscape morphology using a digital terrain model. Journal of Geology, 101, 259–278.

Dikau, R. (1989) The application of a digital relief model to landform analysis. In: J.Raper (ed.) Three-dimensional Applications of Geographical Information Systems, pp. 77–90. London, UK: Taylor & Francis.

Dikau, R., Brabb, E.E. & Mark, R.M. (1991) Landform Classification of New Mexico by Computer. Washington, DC: US Geological Survey Open File Report No. 91–364.

Dikau, R., Brabb, E.E., Mark, R.M. & Pike, R.J. (1995) Morphometric landform analysis of New Mexico. Zeitschrift für Geomorphologie, Suppl-Bd, 101, 109–126.

Dingman, J.R., Sweet, L.C., McCullough, I., Davis, F.W., Flint, A., Franklin, J. & Flint, L.E.(2013) Cross-scale modeling of surface temperature and tree seedling establishment in mountain landscapes. Ecological Processes, 2, 30.

Dobos, E. & Hengl, T. (2009) Soil mapping applications. In: T. Hengl & H.I. Reuter(eds) Geomorphometry: Concepts, Software, Applications, pp. 461–480. Amsterdam, Netherlands: Elsevier.

Dobos, E., Daroussin, J. & Montanarella, L. (2005) An SRTM-based Procedure to Delineate SOTER Terrain Units on 1:1 and 1:5 Million Scales, EUR 21571 EN. Luxembourg: Office for Official Publications of the European Communities.

Dobrowski, S.Z., Safford, H.D., Cheng, Y.B. & Ustin, S.L. (2008) Mapping mountain vegetation using species distribution modeling, image-based texture analysis, and object-based classification. Applied Vegetation Science, 11, 499–508.

D'Oleire-Oltmanns, S., Eisank, C., Drăguţ, L. & Blaschke, T. (2013) An object-based workflow to extract landforms at multiple scales from two distinct data types. IEEE Geoscience and Remote Sensing Letters, 10, 947–951.

Douglas, D.H. (1986) Experiments to locate ridges and channels and create a new type of digital elevation model. Cartographica, 23, 29–61.

Douglas, D.H. & Peucker, T.K. (1973) Algorithms for the reduction in the number of points required to represent a digitized line or its caricature. Canadian Cartographer, 10, 112–122.

Dozier, J., Bruno, J. & Downey, P. (1981) A faster solution to the horizon problem. Computers and Geosciences, 7, 145–151.

Drăguţ, L. & Blaschke, T. (2006) Automated classification of landform elements using object-based image analysis. Geomorphology, 81, 330–344.

Drăguţ, L. & Blaschke, T. (2008) Terrain segmentation and classification using SRTM data. In: Q. Zhou, B. Lees & G.-A. Tang (eds) Advances in Digital Terrain Analysis, pp. 141–158. Berlin, Germany: Springer.

Drăguţ, L. & Eisank, C. (2011) Object representations at multiple scales from digital elevation models. Geomorphology, 129, 183–189.

Drăguţ, L. & Eisank, C. (2012) Automated object-based classification of topography from SRTM data. Geomorphology, 141, 21–33.

Drăguţ, L., Eisank, C., Strasser, T. & Blaschke, T. (2009) A comparison of methods to incorporate scale in geomorphometry. In: R. Purves, S. Gruber, R. Straumann& T. Hengl (eds) Proceedings of Geomorphometry 2009, pp. 133–139. Zurich, Switzerland: University of Zurich.

Drăguţ, L., Tiede, D. & Levick, S.R. (2010) ESP: A tool to estimate scale parameter for multiresolution image segmentation of remotely sensed data. International Journal of Geographical Information Science, 24, 859–871.

Drăguţ, L., Eisank, C. & Strasser, T. (2011) Local variance for multi-scale analysis in geomorphometry. Geomorphology, 130, 162–172.

Duan, J. & Grant, G.E. (2000) Shallow landslide delineation for steep forest watersheds based on topographic attributes and probability analysis. In: J.P. Wilson & J.C. Gallant (eds) Terrain Analysis: Principles and Applications, pp. 311–330. New York, NY: John Wiley & Sons, Inc.

Duan, X., Li, L., Zhu, H. & Ying, S. (2017) A high-fidelity multiresolution digital elevation model for Earth systems. Geoscientific Model Development, 10, 239–253.

Dubayah, R. (1992) Estimating net solar radiation using Landsat Thematic Mapper and digital elevation data. Water Resources Research, 28, 2469–2484.

Dubayah, R. & Loechel, S. (1997) Modeling topographic solar radiation using GOES data. Journal of Applied Meteorology, 36, 141–154.

Dubayah, R. & Rich, P.M. (1995) Topographic solar radiation models for GIS. International Journal of Geographical Information Systems, 9, 405–419.

Dubayah, R. & van Katwijk, V. (1992) The topographic distribution of annual incoming solar radiation in the Rio Grande river basin. Geophysical Research Letters, 19, 2231–2234.

Ducharne, A. (2009) Reducing scale dependence in TOPMODEL using a dimensionless topographic index. Hydrology and Earth System Science, 13, 2399–2412.

Ducharne, A., Koster, R.D., Suarez, M.J. & Kumar, P. (1999) A catchment-based land surface model for GCMs and the framework for its evaluation. Physics and Chemistry of the Earth, 24, 769–773.

Dunn, M. & Hickey, R. (1998) The effect of slope algorithms on slope estimates within a GIS. Cartography, 27, 9–15.

Dymond, J.R., Derose, R.C. & Harmsworth, G.R. (1995) Automated mapping of land components from digital elevation data. Earth Surface Processes and Landforms, 20, 131–137.

Easton, Z.M., Fuka, D.R., Walter, M.T., Cowan, D.M., Scheidermann, E.M. & Steenhuis, T.S. (2008) Re-conceptualizing the soil and water assessment tool(SWAT) model to predict runoff from variable source areas. Journal of Hydrology, 348, 279–291.

Eckert, S., Kellenberger, T. & Itten, K. (2005) Accuracy assessment of automatically derived digital elevation models from

ASTER data in mountainous terrain. International Journal of Remote Sensing, 26, 1943–1957.

Endreny, T.A. & Wood E.F. (2001) Representing elevation uncertainty in runoff modeling and flowpath mapping. Hydrological Processes, 15, 2223–2236.

Endreny, T.A. & Wood, E.F. (2003) Maximizing spatial congruence of observed and DEM-delineated overland flow networks. International Journal of Geographical Information Science, 17, 699–713.

Erbs, D.G., Klein, S.A. & Duffie, J.A. (1982) Estimation of the diffuse radiation fraction for hourly, daily and monthly average global radiation. Solar Energy, 28, 293–302.

Erskine, R.H., Green, T.R., Ramirez, J.A. & MacDonald, L.H. (2006) Comparison of grid-based algorithms for computing upslope contributing area. Water Resources Research, 42, W09416.

Estomell, J., Ruiz, L.A., Velzquez-Mart, B. & Hemosilla, T. (2011) Analysis of the factors affecting LiDAR DTM accuracy in a steep shrub area. International Journal of Digital Earth, 4, 521–538.

Evans, I.S. (1972) General geomorphometry, derivatives of altitude, and descriptive statistics. In: R.J. Chorley (ed.) Spatial Analysis in Geomorphology, pp. 17–90. London, UK: Harper & Row.

Evans, I.S. (1979) An Integrated System of Terrain Analysis and Slope Mapping. Durham, UK: University of Durham, Final report on Grant DA-ERO-591-73-G0040.

Evans, I.S. (1980) An integrated system of terrain analysis and slope mapping. Zeitschrift für Geomorphologie NF, Suppl-Bd, 36, 274–295.

Evans, I.S. (1987) The morphometry of specific landforms. In: V. Gardiner (ed.) International Geomorphology 1986, Vol. 2, pp. 105–124. Chichester, UK: John Wiley & Sons Ltd.

Evans, I.S. (2012) Geomorphology and landform mapping: What is a landform? Geomorphology, 137, 94–106.

Evans, I.S. (2013) Land surface derivatives: History, calculation, and further development. In: Proceedings of the 3rd International Conference on Geomorphometry, Nanjing, China.

Evans, I.S., Hengl, T. & Gorsevski, P. (2009) Applications in geomorphology. In: T. Hengl & H.I. Reuter (eds) Geomorphometry: Concepts, Software, Applications, pp. 497–525. Amsterdam, Netherlands: Elsevier.

Evans, J.S. (2003) CTI.aml Compound Topographic Index AML script. Unpublished report.

Evans, J.S. & Cushman, S.A. (2009) Gradient modeling of conifer species using random forests. Landscape Ecology, 24, 673–683.

Evans, J.S., Oakleaf, J., Cushman, S.A. & Theobald, D. (2014) An ArcGIS Toolbox for Surface Gradient and Geomorphometric Modeling (Version 2.0–0).

Fairfield, J. & Leymarie, P. (1991) Drainage networks from grid digital elevation models. Water Resources Research, 27, 709–717.

Farr, T.G. & Kobrick, M. (2000) Shuttle radar topography mission produces a wealth of data. EOS, Transactions of the American Geophysical Union, 81, 83–85.

Farr, T.G., Rosen, P.A., Caro, E., Crippen, R., Duren, R., Hensley, S. et al. (2007) The Shuttle Radar Topography Mission. Reviews of Geophysics, 45, RG2004/2007.

Fei, L. & He, J. (2009) A three-dimensional Douglas-Peucker algorithm and its application to automated generalization of DEMs. International Journal of Geographical Information Science, 23, 703–718.

Fenneman, N.M. (1938) Physiography of the Eastern United States. New York, NY: McGraw-Hill.

FGDC (1998) Geospatial Positional Accuracy Standards, Part 3: National Standard for Spatial Data Accuracy.

FGDC (2017) ISO Geospatial Metadata Standards.

Fiddes, J. & Gruber, S. (2014) TopoSCALE v. 1.0: Downscaling gridded climate data in complex terrain. Geoscientific

Model Development, 7, 387–405.

Filin, S. (2003) Recovery of systematic biases in laser altimetry data using natural surfaces. Photogrammetric Engineering and Remote Sensing, 69, 1235–1242.

Fisher, P.F. (1991) First experiments in viewshed uncertainty: The accuracy of the viewshed area. Photogrammetric Engineering and Remote Sensing, 57, 1321–1327.

Fisher, P.F. (1992) First experiments in viewshed uncertainty: Simulating fuzzy viewsheds. Photogrammetric Engineering and Remote Sensing, 58, 345–352.

Fisher, P.F. (1993) Algorithm and implementation uncertainty in viewshed analysis. International Journal of Geographical Information Systems, 7, 331–347.

Fisher, P.F. (1995) An exploration of probable viewsheds in landscape planning. Environment and Planning B, 22, 527–546.

Fisher, P.F. (1996) Reconsideration of the viewshed function in terrain modeling. Geographical Systems, 3, 33–58.

Fisher, P.F. (1997) The pixel: A snare and a delusion. International Journal of Remote Sensing, 18, 679–685.

Fisher, P.F. (1998) Improved modeling of elevation error with geostatistics. Geoinformatica, 2, 215–233.

Fisher, P.F. (2000a) Fuzzy modeling. In: S. Openshaw, R. Abrahart & T. Harris (eds) Geocomputing, pp. 161–186. London, UK: Taylor & Francis.

Fisher, P.F. (2000b) Sorties paradox and vague geographies. Fuzzy Sets and Systems, 113, 7–18.

Fisher, P.F. & Pathriana, S. (1994) The evaluation of fuzzy membership of land cover classes in the suburban zone. Remote Sensing of Environment, 34, 121–132.

Fisher, P.F. & Tate, N.J. (2006) Causes and consequences of error in digital elevation models. Progress in Physical Geography, 30, 467–489.

Fisher, P.F. & Wood, J. (1998) What is a mountain? Or the Englishman who went up a Boolean geographical concept and realized it was fuzzy. Geography, 83, 247–256.

Fisher, P.F., Wood, J. & Cheng, T. (2004) Where is Helvellyn? Fuzziness of multi-scale landscape morphometry. Transactions of the Institute of British Geographers NS, 29, 106–128.

Fisher, S.G. & Welter, J.R. (2005) Flowpaths as integrators of heterogeneity in streams and landscapes. In: G.M. Lovett, C.G. Jones, M.G. Turner & K.C. Weathers (eds) Ecosystem Function in Heterogeneous Landscapes, pp. 311–321. New York, NY: Springer.

Fitzgerald, R.W. & Lees, B.G. (1992) The application of neural networks to the floristic classification of remote sensing and GIS data in complex terrain. In: Proceedings of the 17th International Society of Photogrammetry and Remote Sensing Congress. Washington, DC: ASPRS.

Fitzgerald, R.W. & Lees, B.G. (1994) Spatial context and scale relationships in raster data for thematic mapping in natural systems. In: T. Waugh & R. Hedley (eds) Advances in GIS Research, pp. 462–476. London, UK: Taylor & Francis.

Fleming, P.M. (1987) Notes on a Radiation Index for Use in Studies of Aspect Effects on Radiation Climate. Canberra, Australia: Commonwealth Scientific and Industrial Research Organization, Division of Water Resources Research, Institute of Biological Resources Technical Memorandum.

Florinsky, I.V. (1998) Accuracy of local topographic variables derived from digital elevation models. International Journal of Geographical Information Science, 12, 47–62.

Florinsky, I.V. (2002) Errors of signal processing in digital terrain modeling. International Journal of Geographical Information Science, 16, 475–501.

Florinsky, I.V. (2012) Digital Terrain Analysis in Soil Science and Geology. Oxford, UK: Elsevier.

Florinsky, I.V. (2017) Spheroidal equal angular DEMs: The specificity of morphometric treatment. Transactions in GIS, 21 (in press).

Florinsky, I.V. & Kuryakova, G.A. (2000) Determination of grid size for digital terrain modeling in landscape investigations:

Exemplified by soil moisture distribution at a micro-scale. International Journal of Geographical Information Science, 14, 815–832.

Foody, G.M. (1996) Fuzzy modeling of vegetation from remotely sensed imagery. Ecological Modeling, 85, 3–12.

Fornaciai, A., Behncke, B., Favalli, M., Neri, M., Tarquini, S. & Boschi, E. (2010) Detecting short-term evolution of Etnean scoria cones: A LiDAR-based approach. Bulletin of Volcanology, 72, 1209–1222.

Foster, G.R. & Wischmeier, W.H. (1974) Evaluating irregular slopes for soil loss prediction. Transactions of the American Society of Agricultural Engineers, 17, 305–309.

Fowler, R.J. & Little, J.J. (1979) Automatic extraction of irregular network digital terrain models. Computer Graphics, 13, 199–207.

Franklin, J. (1995) Predictive vegetation mapping: Geospatial mapping of biospatial patterns in relation to environmental gradients. Progress in Physical Geography, 19, 474–499.

Franklin, J. (1998) Predicting the distribution of shrub species in southern California from climate and terrain-derived variables. Journal of Vegetation Science, 9, 733–748.

Franklin, W.R. & Ray, C. (1994) Higher isn't necessarily better: Visibility algorithms and experiments. In: R.G. Healey & T.C. Waugh (eds) Advances in GIS: Proceedings of the 6th Symposium on Spatial Data Handling, pp. 751–770. London: Taylor & Francis.

Freeman, G.T. (1991) Calculating catchment area with divergent flow based on a regular grid. Computers and Geosciences, 17, 413–422.

Fried, J.S., Brown, D.G., Zweifler, M.O. & Gold, M.A. (2000) Mapping contributing areas for stormwater discharge to streams using terrain analysis. In: J.P. Wilson & J.C. Gallant (eds) Terrain Analysis: Principles and Applications, pp. 183–204. New York, NY: John Wiley & Sons, Inc.

Fu, P. & Rich, P.M. (2002) A geometric solar radiation model with applications in agriculture and forestry. Computers and Electronics in Agriculture, 37, 25–35.

Gallant, A.L., Douglas, D.B. & Hoffer, R.M. (2005) Automated mapping of Hammond's landforms. IEEE Geoscience and Remote Sensing Letters, 2, 384–388.

Gallant, J.C. (2011) Adaptive smoothing for noisy DEMs. In: Proceedings of the 2nd International Geomorphometry Conference, Redlands, CA.

Gallant, J.C. & Dowling, T.I. (2003) A multi-resolution index of valley bottom flatness for mapping depositional areas. Water Resources Research, 39, 1347–1360.

Gallant, J.C. & Hutchinson, M.F. (1997) Scale dependence in terrain analysis. Mathematics and Computers in Simulation, 43, 313–321.

Gallant, J.C. & Hutchinson, M.F. (2011) A differential equation for specific catchment area. Water Resources Research, 47, W05535.

Gallant, J.C. & Read, A.M. (2016) A near-global bare-earth DEM from SRTM. ISPRS International Archives of the Photogrammetry, Remote Sensing and Spatial Information Sciences, 41, 137–141.

Gallant, J.C. & Wilson, J.P. (1996) TAPES-G: A grid-based terrain analysis program for the environmental sciences. Computers and Geosciences, 22, 713–722.

Gallant, J.C. & Wilson, J.P. (2000) Primary topographic attributes. In: J.P. Wilson & J.C. Gallant (eds) Terrain Analysis: Principles and Applications, pp. 51–85. New York, NY: John Wiley & Sons, Inc.

Gallant, J.C., Hutchinson, M.F. & Wilson, J.P. (2000) Future directions for terrain analysis. In: J.P. Wilson & J.C. Gallant (eds) Terrain Analysis: Principles and Applications, pp. 423–427. New York, NY: John Wiley & Sons, Inc.

Gallant, J.C., Read, A.M. & Dowling, T.I. (2012) Removal of tree offsets from SRTM and other digital surface models. In: Proceedings of the 22nd Congress of the International Society for Photogrammetry and Remote Sensing, Melbourne,

Australia.

Garbrecht, J. & Martz, L.W. (1994) Grid size dependency of parameters extracted from digital elevation models. Computers and Geosciences, 20, 85–87.

Garbrecht, J. & Martz, L.W. (1997) The assignment of drainage direction over flat surfaces in raster digital elevation models. Journal of Hydrology, 193, 204–213.

Garbrecht, J. & Starks, P. (1995) Note on the use of USGS Level 1 7.5-minute DEM coverages for landscape drainage analyses. Photogrammetric Engineering and Remote Sensing, 61, 519–522.

Garland, M. & Heckbert, P.S. (1995) Fast Polygonal Approximation of Terrains and Height Fields. Pittsburgh, PA: Carnegie Mellon University Technical Report No. CMU-CS-95-181.

Gates, D.M. (1980) Biophysical Ecology. New York, NY: Springer.

Gedney, N. & Cox, P.M. (2003) The sensitivity of global climate model simulations to the representation of soil moisture heterogeneity. Journal of Hydrometeorology,4, 1265–1275.

Gercek, D., Toprak, V. & Strobl, J. (2011) Object-based classification of landforms based on their local geometry and geomorphometric context. International Journal of Geographical Information Science, 25, 1011–1023.

Gesch, D.B. (2007) The National Elevation Dataset. In: D. Maune (ed.) Digital Elevation Model Technologies and Applications: The DEM User's Manual, pp. 99–118. Bethesda, MD: American Society of Photogrammetry and Remote Sensing.

Gesch, D.B., Oimoen, M., Greenlee, S., Nelson, C., Steuck, M. & Tyler, D. (2002) The national elevation dataset. Photogrammetric Engineering and Remote Sensing,68, 5–11.

Gesch, D.B., Oimoen, M., Zhang, Z., Danielson, J. & Meyer, D. (2011) Validation of the ASTER Global Digital Elevation Model (GDEM) Version 2 over the Conterminous United States. Sioux Falls, SD: US Geological Survey, Earth Resources Science Center.

Gesch, D.B., Oimoen, M.J. & Evans, G.A. (2014) Accuracy Assessment of the U.S. Geological Survey National Elevation Dataset, and Comparison with Other Large-Area Elevation Datasets: SRTM and ASTER. Reston, VA: US Geological Survey Open-File Report 2014-1008.

Gessler, P.E., Moore, I.D., McKenzie, N.J. & Ryan, P.J. (1995) Soil-landscape modeling and spatial prediction of soil attributes. International Journal of Geographical Information Systems, 9, 421–432.

Gessler, P.E., McKenzie, N.J. & Hutchinson, M.F. (1996) Progress in soil-landscape modeling and spatial prediction of soil attributes for environmental models. In: Proceedings of the 3rd International Conference Integrating GIS and Environmental Modeling, Santa Fe, NM.

Gessler, P.E., Chadwick, O.A., Chamron, F., Holmes, K. & Althouse, L. (2000) Modeling soil-landscape and ecosystem properties using terrain attributes. Soil Science Society of America Journal, 64, 2046–2056.

Gessler, P., Pike, R., MacMillan, R.A., Hengl, T. & Reuter, H.I. (2009) The future of geomorphometry. In: T. Hengl & H.I. Reuter (eds) Geomorphometry: Concepts, Software, Applications, pp. 31–63. Amsterdam, Netherlands: Elsevier.

Gironas, J., Niemann, J.D., Roesner, L.A., Rodriguez, F. & Andrieu, H. (2010) Evaluation of methods for representing terrain in storm-water modeling. Journal of Hydraulic Engineering, 15, 1–14.

Glenn, N.F., Streutker, D.R., Chadwick, D.J., Thackray, G.D. & Dorsch, S.J. (2006) Analysis of LiDAR-derived topographic information for characterizing and differentiating landslide morphology and activity. Geomorphology, 73, 131–148.

Gold, A.J., Groffman, P.M., Addy, K., Kellogg, D.Q., Stolt, M. & Rosenblatt, A.E. (2001) Landscape attributes as controls on ground water nitrate removal capacity of riprarian zones. Journal of the American Water Resources Assoication, 37, 1457–1464.

Goldberg, D.E. (1989) Genetic Algorithms in Search, Optimization, and Machine Learning. Reading, MA: Addison-Wesley.

Gonga-Sahoiiariliva, N., Gunnell, Y., Petit, C. & Mering, C. (2011) Techniques for quantifying the accuracy of gridded models and for mapping uncertainty in digital terrain analysis. Progress in Physical Geography, 35, 739–764.

Goodchild, M.F. (1980) Fractals and the accuracy of geographical measures. Mathematical Geology, 12, 85–98.

Goodchild, M.F. (2001) Metrics of scale in remote sensing and GIS. International Journal of Applied Earth Observation and Geoinformation, 3, 114–120.

Goodchild, M.F. (2011) Scale in GIS: An overview. Geomorphology, 130, 5–9.

Goodchild, M.F. & Proctor, J. (1997) Scale in a digital geographic world. Geographical and Environmental Modeling, 1, 5–23.

Goodchild, M.F., Yuan, M. & Cova, T.J. (2007) Towards a general theory of geographic representation in GIS. International Journal of Geographical Information Science, 21, 239–260.

Goovaerts, P. (1997) Geostatistics for Natural Resources Evaluation. New York, NY:Oxford University Press.

Gorte, B.G.H. & Koolhoven, W. (1990) Interpolation between isolines based on the Borgefors distance trasnform. ITC Journal, 1, 245–247.

Grabs, T., Seibert, J., Bishop, K. & Laudon, H. (2009) Modeling spatial patterns of saturated areas: A comparison of the topographic wetness index and a dynamic distributed model. Journal of Hydrology, 373, 15–23.

Graham, L. (2005) The LAS 1.1 standard. Photogrammetric Engineering and Remote Sensing, 71, 777–781.

Graser, A. (2016) Learning QGIS, 3rd edn. Birmingham, UK: Packt Publishing.

Grayson, R.B., Bloschl, G., Barling, R.D. & Moore, I.D. (1993) Process, scale, and constraints to hydrological modeling in GIS. In: K. Kovar & H.P. Nachtnebel(eds) Application of Geographic Information Systems in Hydrology and Water Resources: Proceedings of the HydroGIS Conference Held in Vienna, April 1993,pp. 83–92. Wallingford, UK: International Association of Hydrological Sciences Publication No. 211.

Grimaldi, S., Nardi, F., Di Benedetto, F., Istanbulluoglu, E. & Bras, R.L. (2007) A physically-based method for removing pits in digital elevation models. Advances in Water Resources, 30, 2151–2158.

Grohmann, C.H., Smith, M.J. & Riccomini, C. (2011) Multiscale analysis of topographic surface roughness in the Midland Valley, Scotland. IEEE Transactions on Geoscience and Remote Sensing, 49, 1200–1213.

Gruber, A., Wessel, B., Huber, M. & Roth, A. (2013) Operational TanDEM-X DEM calibration and first validation results. ISPRS Journal of Photogrammetry and Remote Sensing, 73, 39–49.

Gruber, S. (2007) MTD: A mass-conserving algorithm to parameterize gravitational transport and deposition processes using digital elevation models. Water Resources Research, 43, W06412.

Gruber, S. & Peckham, S. (2009) Land-surface parameters and objects in hydrology. In: T. Hengl & H.I. Reuter (eds) Geomorphometry: Concepts, Software, Applications, pp. 171–194. Amsterdam, Netherlands: Elsevier.

Gruber, S., Huggel, C. & Pike, R. (2009) Modeling mass movements and landslide susceptibility. In: T. Hengl & H.I. Reuter (eds) Geomorphometry: Concepts,Software, Applications, pp. 527–549. Amsterdam, Netherlands: Elsevier.

Guisan, A., Theurillat, J. & Kienast, F. (1998) Predicting the potential distribution of plant species in an alpine environment. Journal of Vegetation Science, 9, 65–74.

Guntner, A., Seibert, J. & Uhlenbrook, S. (2004) Modeling spatial patterns of saturated areas: An evaluation of different terrain indices. Water Resources Research, 40, W05114.

Gupta, V.K., Waymire, E.C. & Wang, C.T. (1980) A representation of an instantaneous unit hydrograph from geomorphology. Water Resources Research,16, 855–862.

Gustavsson, M. & Kolstrup, E. (2009) New geomorphological mapping system used at different scales in a Swedish glaciated area. Geomorphology, 110, 37–44.

Guth, P.L. (1995) Slope and aspect calculations on DEMs. Zeitschrift für Geomorphologie NF, Suppl-Bd, 101, 31–52.

Guth, P.L. (2009) Geomorphometry in MicroDEM. In: T. Hengl & H.I. Reuter (eds) Geomorphometry: Concepts, Software,

Applications, pp. 351–366. Amsterdam, Netherlands: Elsevier.
Guth, P.L. (2010) Slope, reflectance, and viewshed algorithms for arc-second digital elevation models. In: Proceedings of the Annual American Society of Photogrammetry and Remote Sensing Conference, San Diego, CA.
Guth, P.L. (2013) The Giga revolution in geomorphometry: Gigabytes of RAM, gigabyte-sized data sets, and gigabit internet access. In: Proceedings of the 3rd International Conference on Geomorphometry, Nanjing, China.
Guzzetti, F. & Reichenbach, P. (1994) Toward the definition of topographic divisions for Italy. Geomorphology, 11, 57–75.
Guzzetti, F., Reichenbach, P., Cardinali, M., Galli, M. & Ardizzone, F. (2005) Probabilistic landslide hazard assessment at the basin scale. Geomorphology, 72, 272–299.
Gyasi-Agyai, Y.G., Wilgoose, G. & de Troch, F.P. (1995) Effects of vertical resolution and map scale of digital elevation models on geomorphological parameters used in hydrology. Hydrological Processes, 9, 363–382.
Hammond, E.H. (1954) Small-scale continental landform maps. Annals of the Association of American Geographers, 44, 33–42.
Hammond, E.H. (1964) Analysis of properties in land form geography: An application to broad-scale land form mapping. Annals of the Association of American Geographers, 54, 11–19.
Hammond, E.H. (1965) What is a landform? Some further comments. Professional Geographer, 17, 12–13.
Hancock, G.R. (2006) The impact of different gridding methods on catchment geomorphology and soil erosion over long timescales using a landscape evolution model. Earth Surface Processes and Landforms, 31, 10–35.
Hancock, G.R. (2008) The impact of depression removal on catchment geomorphology, soil erosion, and landscape evolution. Earth Surface Processes and Landforms, 33, 459–474.
Hancock, G.R. & Evans, K.G. (2006) Channel head location and characteristics using digital elevation models. Earth Surface Processes and Landforms, 31, 809–824.
Hansen, M.C., Potapov, P.V., Moore, R., Hancher, M., Turubanova, S.A., Tyukavina, A. et al. (2013) High-resolution global maps of 21st-century forest cover change. Science, 342, 850–853.
Harding, D.J., Bufton, J.L. & Frawley, J. (1994) Satellite laser altimetry of terrestrial topography: Vertical accuracy as a function of surface slope, roughness, and cloud cover. IEEE Transactions on Geoscience and Remote Sensing, 32, 329–339.
Hasan, A., Pilesjo, P. & Persson, A. (2013a) Drainage area estimate in practice: How to tackle artifacts in real world data. In: Proceedings of the GIS Ostrava 2012: Surface Models for Geosciences Conference. Ostrava, Czech Republic.
Hasan, A., Pilesjo, P. & Persson, A. (2013b) On generating digital elevation models from LiDAR data: Resolution versus accuracy and topographic wetness indices in northern peatlands. Geodesy and Cartography, 38, 57–69.
Hastings, D.A. & Dunbar, P.K. (1998) Development and assessment of the Global Land One-km Base Elevation digital elevation model (GLOBE). ISPRS Archives, 32, 218–221.
Hebeler, F. & Purves, R.S. (2009) The influence of elevation uncertainty on derivation of topographic indices. Geomorphology, 111, 4–16.
Heckbert, P.S. & Garland, M. (1997) Survey of Polygonal Surface Simplification Algorithms. Pittsburgh, PA: Carnegie Mellon University, School of Computer Science Technical Report.
Heller, M. (1990) Triangulation algorithms for adaptive terrain modeling. In: Proceedings of the 4th International Symposium on Spatial Data Handling, Vol. 1, pp. 163–174. Zurich, Switzerland.
Hengl, T. (2006) Finding the right pixel size. Computers and Geosciences, 32, 1283–1298.
Hengl, T. & Evans, I.S. (2009) Mathematical and digital models of the land surface. In: T. Hengl & H.I. Reuter (eds) Geomorphometry: Concepts, Software, Applications, pp. 31–63. Amsterdam, Netherlands: Elsevier.
Hengl, T. & MacMillan, R.A. (2009) Geomorphometry: A key to landscape mapping and modeling. In: T. Hengl & H.I. Reuter (eds) Geomorphometry: Concepts, Software, Applications, pp. 433–460. Amsterdam, Netherlands: Elsevier.

Hengl, T. & Reuter, H.I. (eds) (2009) Geomorphometry: Concepts, Software, Applications. Amsterdam, Netherlands: Elsevier.

Hengl, T., Gruber, S. & Shrestha, D.P. (2003) Digital terrain analysis in ILWIS. Unpublished lecture notes, International Institute for Geo-Information Science and Earth Observation (ITC), Enschede, Netherlands.

Hengl, T., Gruber, S. & Shrestha, D.P. (2004) Reduction of errors in digital terrain parameters used in soil–landscape modeling. International Journal of Applied Earth Observation and Geoinformation, 5, 97–112.

Hengl, T., Maathuis, B.H.P. & Wang, L. (2009) Geomorphometry in ILWIS. In: T. Hengl & H.I. Reuter (eds) Geomorphometry: Concepts, Software, Applications,pp. 309–331. Amsterdam, Netherlands: Elsevier.

Hengl, T., Heuvelink, G.B.M. & van Loon, E.E. (2010) On the uncertainty of stream networks derived from elevation data: The error propagation approach. Hydrology and Earth System Sciences, 14, 1153–1165.

Heritage, G.L. & Milan, D.J. (2009) Terrestrial laser scanning of grain roughness in a gravel bed river. Geomorphology, 113, 4–11.

Heritage G.L., Milan, D.J., Large, A.R.G. & Fuller, I.C. (2009) Influence of survey strategy and interpolation model on DEM quality. Geomorphology, 112, 334–344.

Hernandez Encinas, A., Hernandez Encinas, L., Hoya White, S., Martin del Rey, A. & Rodriquez Sanchez, G. (2007) Simulation of forest fire fronts using cellular automata. Advances in Engineering Software, 38, 372–378.

Hetrick, W.A., Rich, P.M., Barnes, F.J. & Weiss, S.B. (1993a) GIS-based solar radiation flux models. In: Proceedings of the ASPRS-ACSM Annual Convention, Vol. 3, pp. 132–143. New Orleans, LA: ACSM.

Hetrick, W.A., Rich, P.M. & Weiss, S.B. (1993b) Modeling insolation on complex surfaces. In: Proceedings of the 13th Esri International User Conference, Vol. 2, pp. 447–458. Palm Springs, CA: Esri.

Hickey, R. (2000) Slope angle and slope length solutions for GIS. Cartography, 29, 1–8.

Hirano, A., Welch, R. & Lang, H. (2003) Mapping from ASTER stereo image data: DEM validation and accuracy assessment. ISPRS Journal of Photogrammetry and Remote Sensing, 57, 356–370.

Hirt, C., Filmer, M.S. & Featherstone, W.E. (2010) Comparison and validation of the recent freely available ASTER GDEM ver1, SRTM ver4.1, and GEODATA DEM-9Sver3 digital elevation models over Australia. Australian Journal of Earth Sciences, 57, 337–347.

Hjerdt, K.N., McDonnell, J.J., Seibert, J. & Rodhe, A. (2004) A new topographic index to quantify downslope controls on local drainage. Water Resources Research, 40, W05602.

Hobson, R.D. (1972) Surface roughness in topography: A quantitative approach. In: R.J. Chorley (ed.) Spatial Analysis in Geomorphology, pp. 221–245. London, UK: Harper & Row.

Hodgson, M.E. (1995) What cell size does the computed slope/aspect angle represent? Photogrammetric Engineering and Remote Sensing, 61, 513–517.

Hodgson, M.E. & Alexander, B.E. (1990) Use of historic maps in GIS analyses. In: Proceedings of the ASPRS-ACSM Annual Convention, pp. 109–116. Denver, CO: ACSM.

Hodgson, M.E. & Bresnahan, P. (2004) Accuracy of airborne LiDAR-derived elevation: Empirical assessment and error budget. Photogrammetric Engineering and Remote Sensing, 70, 331–333.

Hodgson, M.E., Jensen, J.R., Schmidt, L., Schill, S. & Davis, B. (2003) An evaluation of LiDAR- and IFSAR-derived digital elevation models in leaf-on conditions with USGS Level 1 and Level 2 DEMs. Remote Sensing of Environment, 84, 295–308.

Hodgson, M.E., Jensen, J.R., Raber, G., Tullis, J., Davis, B., Schuckman, K. & Thompson, G. (2005) An evaluation of LiDAR-derived elevation and terrain slope in leaf-off conditions. Photogrammetric Engineering and Remote Sensing,71, 817–823.

Hoechstetter, S., Thinh, N.X. & Walz, U. (2006) 3D indices for the analysis of spatial patterns of landscape structure. In:

Proceedings of the 12th International Conference on GIS and Sustainable Development, pp. 108–118. Berlin, Germany.

Hoechstetter, S., Walz, U., Dang, L.H. & Thinh, N.X. (2008) Effects of topography and surface roughness in analyses of landscape structure: A proposal to modify the existing set of landscape metrics. Landscape Online, 1, 1–14.

Hofierka, J. (1997) Direct solar radiation within an open GIS environment. In:Proceedings of the 1997 Joint European GI Conference, pp. 575–584. Vienna, Austria.

Hofierka, J., Mitaašova, H. & Neteler, M. (2009) Geomorphometry in GRASS GIS.In: T. Hengl & H.I. Reuter (eds) Geomorphometry: Concepts, Software, Applications,pp. 387–410. Amsterdam, Netherlands: Elsevier.

Hofton, M., Dubayah, R., Blair, J.B. & Rabine, D. (2006) Validation of SRTM elevations over vegetated and non-vegetated terrain using medium footprinting LiDAR. Photogrammetric Engineering and Remote Sensing, 72, 279–285.

Hohle, J. & Hohle, M. (2009) Accuracy assessment of digital elevation models by means of robust statistical methods. ISPRS Journal of Photogrammetry and Remote Sensing, 64, 398–406.

Hollenhorst, T., Host, G. & Johnson, L. (2008) Scaling issues in mapping riparian zones with remote sensing data: Quantifying errors and sources of uncertainty. In: J. Wu, K.B. Jones, H. Li & O.J. Loucks (eds) Scaling and Uncertainty Issues in Ecology, pp. 275–295. Berlin, Germany: Springer.

Hollis, J.M., Hannam, J. & Bellamy, P.H. (2012) Empirically-derived pedotransfer functions for predicting bulk density in European soils. European Journal of Soil Science, 63, 96–109.

Holmes, K.W., Chadwick, O.A. & Kyriakidis, P.C. (2000) Error in a USGS 30 m digital elevation model and its impact on digital terrain modeling. Journal of Hydrology, 233, 154–173.

Holmgren, P. (1994) Multiple flow direction algorithms for runoff modeling in grid based elevation models: An empirical evaluation. Hydrological Processes, 8, 327–334.

Homer, C.G., Dewitz, J.A., Yang, L., Jin, S., Danielson, P., Xian, G., Coulston, J., Herold, N., Wickham, J. & Megown, K. (2015) Completion of the 2011 National Land Cover Database for the conterminous United States: Representing a decade of land cover change information. Photogrammetric Engineering and Remote Sensing, 81, 345–354.

Horn, B.K.P. (1981) Hill shading and the reflectance map. Proceedings of the Institute of Electrical and Electronic Engineers, 69, 14–47.

Horton, R.E. (1932) Drainage basin characteristics. Transactions of the American Geophysical Union, 14, 350–361.

Horsburgh, J.S., Morsy, M.M., Castronova, A.M., Goodall, J.L., Gan, T., Yi, H., Stealey, M.J. & Tarboton, D.G. (2016) Hydroshare: Sharing diverse environmental data types and models as social objects with application to the hydrology domain. Journal of the American Water Resources Association, 52, 873–889.

Howard, A.D. (1990) Role of hypsometry and planform in basin hydrologic response. Hydrological Processes, 4, 373–385.

Howard, A.D. (1994) A detachment-limited model of drainage basin evolution.Water Resources Research, 30, 2261–2286.

Howard, A. & Kerby, G. (1983) Channel changes in badlands. Geological Society of America Bulletin, 94, 739–752.

Hrvatin, M. & Perko, D. (2009) Suitability of Hammond's method for determining landform units in Slovenia. Acta Geographica Slovenica, 49, 343–366.

Hu, P., Liu, X. & Hu, H. (2009a) Isomorphism in digital elevation models and its implication to interpolation functions. Photogrammetric Engineering and Remote Sensing, 75, 713–721.

Hu, P., Liu, X. & Hu, H. (2009b) Accuracy assessment of digital elevation models based on approximation theory. Photogrammetric Engineering and Remote Sensing, 75, 49–56.

Huggett, R. (1975) Soil landscape systems: A model of soil genesis. Geoderma, 13,1–22.

Hughes, M., Lastra, A.A. & Saxe, E. (1996) Simplification of global-illumination meshes. Computer Graphics Forum, 15, 339–345.

Hungerford, R.D., Nemani, R.R., Running, S.W. & Coughlan, J.C. (1989) MTCLIM: A Mountain Microclimate Simulation Model. Ogden, UT: US Department of Agriculture, Forest Service, Intermountain Research Station Research Paper No.

INT-414.

Hunter, G.J. & Goodchild, M.F. (1997) Modeling the uncertainty of slope and aspect estimates derived from spatial databases. Geographical Analysis, 29, 35–49.

Hutchinson, M.F. (1988) Calculation of hydrologically sound digital elevation models. In: Proceedings of the 3rd International Symposium on Spatial Data Handling, pp. 117–133. Sydney, Australia.

Hutchinson, M.F. (1989) A new procedure for gridding elevation and stream line data with automatic removal of spurious pits. Journal of Hydrology, 106, 211–232.

Hutchinson, M.F. (1995) Interpolating mean rainfall using thin plate smoothing splines. International Journal of Geographical Information Science, 9, 385–403.

Hutchinson, M.F. (1996) A locally adaptive approach to the interpolation of digital elevation models. In: Proceedings of the 3rd International Conference on Integrating GIS and Environmental Modeling, Santa Fe, NM.

Hutchinson, M.F. (2000) Optimizing the degree of data smoothing for locally adaptive finite element bivariate smoothing splines. ANZIAM Journal, 42, C774–C796.

Hutchinson, M.F. (2008) Adding the Z-dimension. In: J.P. Wilson & A.S. Fotheringham (eds) The Handbook of Geographic Information Science, pp. 144–168. Oxford, UK: Blackwell.

Hutchinson, M.F. (2011) ANUDEM Version 5.3.

Hutchinson, M.F. & Gallant, J.C. (2000) Digital elevation models and representation of terrain shape. In: J.P. Wilson & J.C. Gallant (eds) Terrain Analysis: Principles and Applications, pp. 29–50. New York, NY: John Wiley & Sons, Inc.

Hutchinson, M.F., Stein J.A., Stein J.L. & Xu T. (2009) Locally adaptive gridding of noisy high resolution topographic data. In: R.S. Anderson, R.D. Braddock & L.T.H. Newham (eds) Eighteenth World IMACS Congress and MODSIM09. International Congress on Modeling and Simulation, pp. 2493–2499. Canberra, Australia: Modelling and Simulation Society of Australia and New Zealand and International Association for Mathematics and Computers in Simulation.

Hutchinson, M.F., Stein, J.L., Gallant, J.C. & Dowling, T.I. (2013) New methods for incorporating and analyzing drainage structure in digital elevation models. In: Proceedings of the 3rd International Conference on Geomorphometry. Nanjing, China.

Idso, S.B. (1969) Atmospheric attenuation of solar radiation. Journal of the Atmospheric Sciences, 26, 1088–1095.

Iqbal, J., Read, J.J., Thomasson, A.J. & Jenkins, J.N. (2005) Relationships between soil-landscape and dryland cotton lint yield. Soil Science Society of America Journal, 69, 872–882.

Irvin, B.J., Ventura, S.J. & Slater, B.K. (1997) Fuzzy and isodata classification of landform elements from digital terrain data in Pleasant Valley, Wisconsin. Geoderma, 77, 137–154.

Issacson, D.L. & Ripple, W.J. (1991) Comparison of 7.5 minute and 1 degree digital elevation models. Photogrammetric Engineering and Remote Sensing, 56, 1523–1527.

Istanbulluoghu, E., Tarboton, D.G., Pack, R.T. & Luce, C. (2002) A probabilistic approach to channel initiation. Water Resources Research, 38, WR000782.

Iverson, L.R., Scott, C.T., Dale, M. & Prasad, A.M. (1996) Develoment of an integrated moisture index for predicting species composition. In: M. Kohl & G.Z. Gertner(eds) Caring for the Forest: Research in a Changing World, Statistics, Mathematics,and Computers, pp. 101–116. Birmensdorf, Switzerland: Swiss Federal Institute for Forest, Snow and Landscape Research.

Iverson, L.R., Dale, M.E., Scott, C.T. & Prasad, A. (1997) A GIS-derived integrated moisture index to predict forest composition and productivity of Ohio forests(USA). Landscape Ecology, 12, 331–348.

Iverson, L.R., Prasad, A.M. & Rebbeck, J. (2004) A comparison of the integrated moisture index and the topographic wetness index as related to two years of soil moisture monitoring in Zaleski State Forest, Ohio. In: D.A. Yaussy, D.M.

Hix, R.P. Long & P.C. Goebel (eds) Proceedings of the 14th Central Hardwood Forest Conference, pp. 515–517. Newtown Square, PA: US Department of Agriculture, Forest Service, Northeastern Research Station General Technical Report No. NE-316.

Iverson, R.M., Schilling, S.P. & Vallance, J.W. (2003) Objective delineation of laharinundation hazard zones. Geological Society of America Bulletin, 110, 972–984.

Iwahashi, J. & Pike, R.J. (2007) Automated classifications of topography from DEMs by an unsupervised nested-means algorithm and a three-part geometric signature. Geomorphology, 86, 409–440.

Jaboyedoff, M., Oppikofer, T., Abellan, A., Derron, M.-H., Loye, A., Metzger, R. & Pedrazzini, A. (2012) Use of LiDAR in landslide investigations: A review. Natural Hazards, 61, 5–28.

Jacoby, B.S., Peterson, E.W. & Dogwiler, T. (2011) Identifying the stream erosion potential of cave levels in Carter Cave State Resort Park, Kentucky. Journal of Geographic Information Systems, 3, 323–333.

James, L.A., Watson, D.G. & Hansen, W.F. (2007) Using LiDAR to map gullies and headwater streams under forest canopy: South Carolina, USA. Catena, 71, 132–144.

James, L.A., Hodgson, M.E., Ghoshal, S. & Latiolais, M.M. (2012) Geomorphic change detection using historic maps and DEM differencing: The temporal dimension of geospatial analysis. Geomorphology, 137, 181–198.

Jana, R.B. & Mohanty, B.P. (2011) Enhancing PTFs with remotely sensed data for multi-scale soil water retention estimates. Journal of Hydrology, 399, 201–211.

Jarvis, A., Rubiano, J., Nelson, A., Farrow, A. & Mulligan, M. (2004) Practical Use of SRTM Data in the Tropics: Comparisons with Digital Elevation Models Generated from Cartographic Data. Cali, Colombia: International Centre for Tropical Agriculture Working Document No. 198.

Jarvis, A., Reuter, H., Nelson, A. & Guevara, E. (2006) Void-filled seamless SRTM data (Version 3). Washington, DC: CGIAR-CSI Consortium for Spatial Information.

Jarvis, C.H. & Stuart, N. (2001) A comparison among strategies for interpolating maximum and minimum daily air temperatures. Journal of Applied Meteorology, 40, 1075–1084.

Jasiewicz, J. & Stepinski, T.F. (2013) Geomorphons: A pattern recognition approach to classification and mapping of landforms. Geomorphology, 182, 147–156.

Jasiewicz, J., Netzel, P. & Stepinski, T.F. (2015) GeoPAT: A toolbox for pattern-based information retrieval from large geospatial databases. Computers and Geosciences, 80, 62–73.

Jefferson, A.J. & McGee, R.W. (2013) Channel network extent in the context of historical land use, flow generation processes, and landscape evoluition in the North Carolina Piedmont. Earth Surfaces Processes and Landforms, 38, 601–613.

Jellema, A., Stobbelaar, D.-J., Groot, J.C.J. & Rossing, W.A.H. (2009) Landscape character assessment using region growing techniques in geographical information systems. Journal of Environmental Management, 90, S161–S174.

Jencso, K.G. & McGlynn, B.L. (2011) Hierarchical controls on runoff generation: Topographically driven hydrologic connectivity, geology, and vegetation. Water Resources Research, 47, W11527.

Jencso, K.G., McGlynn, B.L., Gooseff, M.N., Wondzell, S.M., Bencala, K.E. & Marshall, L.A. (2009) Hydrologic connectivity between landscapes and streams: Transferring reach- and plot-scale understanding to the catchment scale. Water Resources Research, 45, W07225.

Jenness, J.S. (2004) Calculating landscape surface area from gridded elevation models. Wildlife Society Bulletin, 32, 829–839.

Jenson, S.K. & Domingue, J.O. (1988) Extracting topographic attributes from digital elevation data for geographical information system analysis. Photogrammetric Engineering and Remote Sensing, 54, 1593–1600.

Jersey, J.K. (1993) Assessing vegetation patterns and hydrologic characteristics in a semi-arid environment using a geographic information system and terrain-based models. Unpublished MS thesis, Montana State University, Bozeman, MT.

Jessop, D.E., Kelfoun, K., Labazuy, P., Mangeney, A., Roche, O., Tillier, J.-L., Trouillet, M. & Thibault, G. (2012) LiDAR derived morphology of the 1993 Lascar pyroclastic flow deposits, and implication for flow dynamics and rheology. Journal of Volcanology and Geothermal Research, 245–246, 81–97.

Jiang, H. & Eastman, J. R (1996) Application of fuzzy measures in multi-criteria evaluation in GIS. International Journal of Geographical Information Science, 14, 173–184.

Jiang, R.-Q. & Tang, G.-A. (2015) A method of depression filling with consideration of local micro-relief features. In: Proceedings of the 4th International Conference on Geomorphometry, Poznań, Poland.

Jobin, T., Prasannakumar, V. & Vineetha, P. (2015) Suitability of spaceborne digital elevation models of different scales in topographic analysis: An example from Kerala, India. Environmental Earth Sciences, 73, 1245–1263.

Jones, A.F., Brewer, P.A., Johnstone, E. & Macklin, M.G. (2007) High resolution interpretative geomorphological mapping of river valley environments using airborne LiDAR data. Earth Surface Processes and Landforms, 21, 1574–1592.

Jones, J.A. (1986) Some limitations to the a/s index for predicting basin-wide patterns of soil water drainage. Zeitschrift für Geomorphologie, 60, 7–20.

Jones, J.A. (1987) The initiation of natural drainage networks. Progress in Physical Geography, 11, 205–245.

Jones, K.H. (1998) A comparison of algorithms used to compute hill slope as a property of the DEM. Computers and Geosciences, 24, 315–323.

Jones, N.L., Wright, S.G. & Maidment, D.R. (1990) Watershed delineation with triangle-based terrain models. Journal of Hydraulic Engineering, 116, 1232–1251.

Junk, W., Piedade, M., Schongart, J., Cohn-Haft, M., Adeney, J.M. & Wittmann, F.(2011) A classification of major naturally-occurring Amazonian Lowland wetlands. Wetlands, 31, 623–640.

Kalbermatten, M., Van De Ville, D., Turberg, P., Tuia, D. & Joost, S. (2012) Multiscale analysis of geomorphological and geological features in high resolution digital elevation models using the wavelet transform. Geomorphology, 138, 352–363.

Karagulle, D., Frye, C., Sayre, R., Breyer, S., Aniello, P., Vaughan, R. & Wright, D.(2017) Modeling global Hammond landform regions from 250 m elevation data.Transactions in GIS, 21, 1040–1060.

Kasai, M., Ikeda, M., Asahina, T. & Fujisawa, K. (2009) LiDAR-derived DEM evaluation of deep-seated landslides in a steep and rocky region of Japan. Geomorphology,113, 57–69.

Katzenbeisser, R. (2003) On the calibration of LiDAR sensors. In: H.-G. Maas,G. Vosselman & A. Streilein (eds) 3-D Reconstruction from Airborne Laserscanner and InSAR Data, pp. 59–64. Enschede, Netherlands: Institute of Photogrammetry and Remote Sensing, Faculty of GeoInformation Science and Earth Observation, University of Twente.

Kelly, R.E., McConnell, P.R. & Mildenberger, S.J. (1978) The Gestalt photomapping system. Photogrammetric Engineering and Remote Sensing, 43, 1407–1417.

Kennelly, P.J. (2008) Terrain maps displaying hill-shading with curvature. Geomorphology, 102, 567–577.

Kenny, F. & Matthews, B. (2005) A methodology for aligning raster flow direction data with photogrammetrically mapped hydrology. Computers and Geosciences,31, 768–779.

Kenny, F., Matthews, B. & Todd, K. (2008) Routing overland flow through sinks and flats in interpolated raster terrain surfaces. Computers and Geosciences,34, 1417–1430.

Kereszturi, G., Procter, J., Cronin, S.J., Nemeth, K., Bebbington, M. & Lindsay, J.(2012) LiDAR-based quantification of lava flow susceptibility in the City of Auckland (New Zealand). Remote Sensing of Environment, 125, 198–213.

Kheir, R.B., Wilson, J.P. & Deng, Y.X. (2007) Use of terrain variables for mapping gully erosion susceptibility in Lebanon.

Earth Surface Processes and Landforms,32, 1770–1782.

Kidner, D.B. (2003) Higher-order interpolation of regular grid digital elevation models. International Journal of Remote Sensing, 24, 2981–2987.

Kienzle, S. (2004) The effect of DEM raster resolution on first order, second order, and compound terrain derivatives. Transactions in GIS, 8, 83–111.

Kim, S. & Lee, H. (2004) A digital elevation analysis: A spatially distributed flow apportioning algorithm. Hydrological Processes, 18, 1777–1794.

Kirby, M.J. (1976) Tests of the random network model, and its application to basin hydrology. Earth Surface Processes, 1, 197–212.

Kleinen, T., Brovkin, V. & Schuldt, R.J. (2012) A dynamic model of wetland extent and peat accumulation: Results for the Holocene. Biogeosciences, 9, 235–248.

Klinkenberg, B. (1994) A review of methods used to determine the fractal dimension of linear features. Mathematical Geology, 26, 23–46.

Klir, G.J. & Yuan, B. (1995) Fuzzy Sets and Fuzzy Logic: Theory and Applications. Upper Saddle Creek, NJ: Prentice-Hall.

Kondratyev, K.Y. (1969) Radiation Regime of Inclined Surfaces. Geneva, Switzerland: World Meterological Organization Technical Note No. 152.

Konecny, G., Lohmann, P., Engel, H. & Kruck, E. (1987) Evaluation of SPOT imagery on analytical instruments. Photogrammetric Engineering and Remote Sensing, 53, 1223–1230.

Koons, P., Upton, P. & Barker, A.D. (2012) The influence of mechanical properties on the link between tectonic and topographic evolution. Geomorphology, 137, 168–180.

Kopecky, M. & Čižkova, Š. (2010) Using topographic wetness index in vegetation ecology: Does the algorithm matter? Applied Vegetation Science, 13, 450–459.

Kopecky, M. & Vojta, J. (2009) Land use legacies in post-agricultural forests in the Doupovske Mountains, Czech Republic. Applied Vegetation Science, 12,251–260.

Kothe, R. & Lehmeier, F. (1993) SAGA: Ein Programmsystem zur Automatischen Relief-Analyse. Zeitschrift für Angewandte Geographie, 4, 11–21.

Krebs, P., Stocker, M., Pezzatti, G.B. & Conedera, M. (2015) An alternative approach to transverse and profile terrain curvature. International Journal of Geographical Information Science, 29, 643–656.

Kreznor, W.R., Olson, K.R., Banwart, W.L. & Johnson, D.L. (1989) Soil landscape and erosion relationships in a northwest Illinois watershed. Soil Science Society of America Journal, 53, 1763–1771.

Krieger, T., Curtis, W. & Haase, J. (2010) Global Validation of the ASTER Global Digital Elevation Model (GDEM) Version 2. Springfield, VA: National Geospatial-Intelligence Agency.

Kumar, L., Skidmore, A.K. & Knowles, E. (1997) Modelling topographic variation in solar radiation in a GIS environment. International Journal of Geographical Information Science, 11, 475–497.

Kumar, S.V., Peters-Lidard, C.D., Santanello, J., Harrison, K., Liu, Y. & Shaw, M.(2012) Land surface Verification Toolkit (LVT): A generalized framework for land surface model evaluation. Geoscientific Model Development, 5, 869–886.

Kumler, M.P. (1994) An intensive comparison of triangulated irregular networks and digital elevation models. Cartographica, 31, 2, 1–99.

Kyriakidis, P.C., Shortridge, A.M. & Goodchild, M.F. (1999) Geostatistics for conflation and accuracy assessment of digital elevation models. International Journal of Geographical Information Science, 13, 677–707.

La Barbera, P. & Rosso, R. (1989) On the fractal dimension of stream networks.Water Resources Research, 25, 735–741.

Lagacherie, P., Moussa, R., Cormary, D. & Molenat, J. (1993) Effects of DEM data source and sampling pattern on topographic parameters and on a topographybased hydrological model. In: K. Kovar & H.P. Nachtnebel (eds)

Application of Geographic Information Systems in Hydrology and Water Resources: Proceedings of the HydroGIS Conference held in Vienna, April 1993, pp. 191–199. Wallingford, UK: International Association of Hydrological Sciences Publication No. 211.

LaLonde, T., Shortridge, A. & Messina, J. (2010) The influence of land cover on Shuttle Radar Topography Mission (SRTM) elevations in low-relief areas.Transactions in GIS, 14, 461–479.

Lane, S.N., Brookes, C.J., Kirkby, M.J. & Holden, J. (2004) A network-index-based version of TOPMODEL for use with high-resolution digital topographic data. Hydrological Processes, 18, 191–201.

Lane, S.N., Westaway, R.M. & Hicks, D.M. (2003) Estimation of erosion and deposition volumes in a large gravel-bed, braided river using synoptic remote sensing. Earth Surface Processes and Landforms, 28, 249–271.

Lane, S.N., Reaney, S.M. & Heathwaite, A.L. (2009) Representation of landscape hydrological connectivity using a topographically-driven surface flow index. Water Resources Research, 45, W08423.

Lanni, C., McDonnell, J.J. & Rigon, R. (2011) On the relative role of upslope and downslope topography for describing water flow path and storage dynamics: A theoretical analysis. Hydrological Processes, 25, 3909–3923.

Lassueur, T., Joost, S. & Randin, C.F. (2006) Very high resolution digital elevation models: Do they improve models of plant species distribution? Ecological Modelling, 198, 139–153.

Lawhead, J. (2015) QGIS Python Programming Cookbook. Birmingham, UK: Packt Publishing.

Lea, N.L. (1992) An aspect driven kinematic routing algorithm. In: A.J. Parsons & A.D. Abrahams (eds) Overland Flow: Hydraulics and Erosion Mechanics, pp. 147–175. London, UK: Chapman & Hall.

Leathwick, J.R. (1995) Climatic relationships of some New Zealand forest tree species. Journal of Vegetation Science, 6, 237–248.

Lee, D.T. & Schachter, B.J. (1980) Two algorithms for constructing a Delaunay triangulation. International Journal of Parallel Programming, 9, 219–242.

Lee, I.-S., Chang, H.-C. & Ge, L. (2005) GPS campaigns for validation of InSAR derived DEMs. Journal of Global Positioning Systems, 4, 82–87.

Lee, J. (1991) Comparison of existing methods for building triangular irregular network models of terrain from grid digital elevation models. International Journal of Geographical Information Systems, 5, 267–285.

Lee, R. (1978) Forest Microclimatology. New York, NY: Columbia University Press.

Leempoel, K., Parisod, C., Geiser, C., Dapra, L., Vittoz, P. & Joost, S. (2015) Very high-resolution digital elevation models: Are multi-scale derived variables ecologically relevant? Methods in Ecology and Evolution, 6, 1373–1383.

Lees, B.G. (1999) The Kioloa GLCTS Pathfinder Site.

Lees, B.G. & Ritman, K. (1991) Decision-tree and rule induction approach to integration of remotely sensed and GIS data in mapping vegetation in disturbed or hilly environments. Environmental Management, 15, 823–831.

Legleiter, C.J. (2012) Remote measurement of river morphology via fusion of LiDAR topography and spectrally based bathymetry. Earth Surface Processes and Landforms, 37, 499–518.

Lehner, B. (2013) HydroSHEDS Technical Documentation (Version 1.2). Washington,DC: World Wildlife Fund.

Lehner, B. & Doll, P. (2004) Development and validation of a global database of lakes, reservoirs and wetlands. Journal of Hydrology, 296, 1–22.

Lehner, B., Verdin, K. & Jarvis, A. (2008) New global hydrography derived from spaceborne elevation data. Eos, Transactions of the American Geophysical Union, 89, 93–94.

Leij, F.J., Romano, N., Palladino, M. & Schaap, M.G. (2004) Topographical attributes to predict soil hydraulic properties along a hillslope terrace. Water Resources Research, 40, 1–15.

Leitao, J.P., Prodanović, D & Maksimović, Č. (2016) Improving merge methods for grid-based digital elevation models.

Computers and Geosciences, 88, 115–131.

Lemmens, M.J.P.M. (1978) A survey on stereo matching techniques. International Archives of Photogrammetry and Remote Sensing, 27, 11–23.

Lewis, G. & Holden, N.M. (2012) A comparison of grid-based computation methods of topographic wetness index derived from digital elevation model data. Biosystems Engineering Research Review, 17, 103.

Lewis, L.A., Verstraeten, G. & Zhu, H. (2005) RUSLE applied in a GIS framework: Calculating the LS factor and deriving homogeneous patches for estimating soil loss. International Journal of Geographical Information Science, 19, 809–829.

Li, J., Taylor, G. & Kidner, D.B. (2005) Accuracy and reliability of map-matched GPS coordinates: The dependence on terrain model resolution and interpolation algorithm. Computers and Geosciences, 31, 241–251.

Li, Z. (2008) Multi-scale digital terrain modeling and analysis. In: Q. Zhou, B. Lees & G. Tang (eds) Advances in Digital Terrain Analysis, pp. 59–83. Berlin, Germany: Springer.

Li, Z., Zhu, Q. & Gold, C. (2005) Digital Terrain Modeling: Principles and Methodology. Boca Raton, FL: CRC Press.

Liang, C. & Mackay D.S. (2000) A general model of watershed extraction and Representation using globally optimal flow paths and upslope contributing areas. International Journal of Geographical Information Science, 4, 337–358.

Likens, G.E., Bormann, F.H., Pierce, R.S., Eaton, J.S. & Johnson, N.M. (1977) Biogeochemistry of a Forested Ecosystem. New York, NY: Springer.

Lin, K., Zhang, Q. & Chen, X. (2010) An evaluation of impacts of DEM resolution and parameter correlation on TOPMODEL modeling uncertainty. Journal of Hydrology, 394, 370–383.

Lin, S., Jing, C., Coles, N., Chaplot, V., Moore, N. & Wu, J. (2013) Evaluating DEM source and resolution uncertainties in the Soil and Water Assessment Tool. Stochastic Environmental Research and Risk Assessment, 27, 209–221.

Lin, Z., Kaneda, H., Mukoyama, S., Asada, N. & Chiba, T. (2013) Detection of subtle tectonic–geomorphic features in densely forested mountains by very high-resolution airborne LiDAR survey. Geomorphology, 182, 104–115.

Linacre, E. (1992) Climate Data and Resources: A Reference and Guide. London, UK: Routledge.

Lindsay, J.B. (2005) The terrain analysis system: A tool for hydro-geomorphic applications. Hydrological Processes, 19, 1123–1130.

Lindsay, J.B. (2006) Sensitivity of channel mapping techniques to uncertainty in digital elevation data. International Journal of Geographical Information Science, 20, 669–692.

Lindsay, J.B. (2009) Geomorphometry in TAS GIS. In: T. Hengl & H.I. Reuter (eds)Geomorphometry: Concepts, Software, Applications, pp. 367–386. Amsterdam,Netherlands: Elsevier.

Lindsay, J.B. (2014) The Whitebox Geospatial Analysis Tools project and openaccess GIS. In: Proceedings of the GIS Research UK 22nd Annual Conference, Glasgow, UK.

Lindsay, J.B. (2016a) Efficient hybrid breaching-filling sink removal methods for flow path enforcement in digital elevation models. Hydrological Processes, 30, 846–857.

Lindsay, J.B. (2016b) The practice of DEM stream burning revisited. Earth Surface Processes and Landforms, 41, 658–668.

Lindsay, J.B. (2016c) Whitebox GAT: A case study in geomorphometric analysis.Computers and Geosciences, 95, 75–84.

Lindsay, J.B. & Creed, I.F. (2005a) Removal of artifact depressions from digital elevation models: Towards a minimum impact approach. Hydrological Processes, 19, 3113–3126.

Lindsay, J.B. & Creed, I.F. (2005b) Sensitivity of digital landscapes to artifact depressions in remotely-sensed DEMs. Photogrammetric Engineering and Remote Sensing, 71, 1029–1036.

Lindsay, J.B. & Creed, I.F. (2006) Distinguishing between artifact and real depressions in digital elevation data. Computers and Geosciences, 32, 1194–1204.

Lindsay, J.B. & Dhun, K. (2015) Modelling surface drainage patterns in altered landscapes using LiDAR. International Journal of Geographical Information Science, 29, 397–411.

Lindsay, J.B. & Evans, M.G. (2006) The influence of elevation error on the morphometrics of channel networks extracted from DEMs and the implications for hydrological modeling. Hydrological Processes, 22, 1588–1603.

Lindsay, J.B. & Seibert, J. (2013) Measuring the significance of a divide to local drainage patterns. International Journal of Geographical Information Science, 27, 1453–1468.

Lindsay, J.B., Rothwell, J.J. & Davies, H. (2008) Mapping outlet points used for watershed delineation onto DEM-derived stream networks. Water Resources Research, 44, W08442.

Lindsay, J.B., Cockburn, J. & Russell, H. (2015) An integral image approach to performing multi-scale topographic position analysis. Geomorphology, 245, 51–61.

List, R.J. (1968) Smithsonian Meteorological Tables. Washington, DC: Smithsonian Miscellaneous Collections No. 114.

Liu, B.Y.H. & Jordan, R.C. (1960) The interrelationship and characteristic distribution of direct, diffuse and total solar radiation. Solar Energy, 4, 1–19.

Liu, T. (1992) Fractal structure and properties of stream networks. Water Resources Research, 28, 2981–2988.

Liu, X. (2008) Airborne LiDAR for DEM generation: Some critical issues. Progress in Physical Geography, 32, 31–49.

Liu, X. & Bian, L. (2008) Accuracy assessment of DEM slope algorithms related to spatial autocorrelation of DEM errors. In: Q. Zhou, B. Lees & G.A. Tang (eds) Advances in Digital Terrain Analysis, pp. 307–322. Berlin, Germany: Springer Lecture Notes in Geoinformation and Cartography.

Liu, X.-H., Hu, P., Hu, H. & Sherba, J. (2012) Approximation theory applied to DEM vertical accuracy assessment. Transactions in GIS, 16, 393–410.

Liu, X.-H., Hu, H. & Hu, P. (2015) The "M" in digital elevation models. Cartography and Geographic Information Science, 29, 235–243.

Lloyd, C.D. (2005) Assessing the effect of integrating elevation data into the estimation of monthly precipitation in Great Britain. Journal of Hydrology, 308, 128–150.

Lloyd, C.D. & Atkinson, P.D. (2006) Deriving ground surface digital elevation models from LiDAR with geostatistics. International Journal of Geographical Information Science, 20, 535–563.

Lohani, B. & Mason, D.C. (2001) Application of airborne scanning laser altimetry to the study of tidal channel geomorphology. ISPRS Journal of Photogrammetry and Remote Sensing, 56, 100–120.

Lucieer, A. & Stein, A. (2005) Texture-based landform segmentation of LiDAR imagery. International Journal of Applied Earth Observation and Geoinformation, 6, 261–270.

Luo, W. (2000) Quantifying groundwater-sapping landforms with a hypsometric technique. Journal of Geophysical Research, 105, 1685–1694.

Lyon, S.W., Walter, M.T., Grard-Marchant, P. & Steenhuis, T.S. (2004) Using a topographic index to distribute variable source area runoff predicted with the SCS curve-number equation. Hydrological Processes, 18, 2757–2771.

Maathuis, B.H.P. & Wang, L. (2006) Digital elevation model based hydro-processing. Geocarto International, 21, 21–26.

McBratney, J.A.B. & Odeh, I.O.A. (1997) Application of fuzzy sets in soil science: Fuzzy logic, fuzzy measurement, and fuzzy decisions. Geoderma, 77, 85–113.

McCool, D.K., Brown, L.C., Foster, G.R., Mutchler, C.K. & Meyer, L.D. (1987) Revised slope steepness factor for the Universal Soil Loss Equation. Transactions of the American Society of Agricultural Engineers, 30, 1387–1396.

McCool, D.K., Foster, G.R., Mutchler, C.K. & Meyer, L.D. (1989) Revised slope length factor for the Universal Soil Loss Equation. Transactions of the American Society of Agricultural Engineers, 32, 1571–1576.

McCool, D.K., Foster, G.R. & Weesies, G.A. (1997) Slope-length and steepness factors (LS). In: K.G. Renard, G.R. Foster, G.A. Weeisies, D.K. McCool & D.C. Yoder (eds) Predicting Soil Erosion by Water: A Guide to Conservation Planning with the Revised Universal Soil Loss Equation (RUSLE), pp. 101–142.

Washington, DC: US Department of Agriculture, Agriculture Handbook No. 703. McCune, B. & Keon, D. (2002) Equations for potential annual direct incident radiation and heat load index. Journal of Vegetation Science, 13, 603–606.

MacDonald, R.I. & Urban, D.L. (2004) Forest edges and tree growth rates in the North Carolina Piedmont. Ecology, 85, 2258–2266.

McGlynn, B.L. & Seifert, J. (2003) Distributed assessment of contributing area and riparian buffering along stream networks. Water Resources Research, 39, W1082.

McGuire, A.D., Christensen, T.R., Hayes, D., Heroult, A., Euskirchen, E., Kimball, J.S. et al. (2012) An assessment of the carbon balance of Arctic tundra: Comparisons among observations, process models, and atmospheric inversions. Biogeosciences, 9, 3185–3204.

Machguth, H., Paul, F., Hoelzle, M. & Haeberli, W. (2006). Distributed glacier mass balance modeling as an important component of modern multi-level glacier monitoring. Annals of Glaciology, 43, 335–343.

Mackaness, W.A., Ruas, A. & Sarjakoski, L.T. (eds) (2007) Generalisation of Geographic Information: Cartographic Modelling and Applications. Oxford, UK: Elsevier.

Mackay, D.S. & Band, L.E. (1998) Extraction and representation of nested catchment areas from digital elevation models in lake-dominated topography. Water Resources Research, 34, 897–901.

Mackay, D.S., Samanta, S., Ahl, D.E., Ewers, B.E., Gower, S.T. & Burrows, S.N. (2003) Automated parameterization of land surface process models using fuzzy logic. Transactions in GIS, 7, 139–153.

McKean, J., Nagel, D., Tonina, D., Bailey, P., Wright, C.W., Bohn, C. & Nayegandhi, A. (2009) Remote sensing of channels and riparian zones with a narrow-beam aquatic-terrestrial LiDAR. Remote Sensing, 1, 1065–1096.

McKenzie, G., Raubal, M., Janowicz, K. & Flanagin, A. (2016) Provenance and credibility in spatial and platial data. Journal of Spatial Information Science, 13, 101–102.

McKenzie, N.J., Gessler, P.E., Ryan, P.J. & O'Connell, D. (2000) The role of terrain analysis in soil mapping. In: J.P. Wilson & J.C. Gallant (eds) Terrain Analysis: Principles and Applications, pp. 245–266. New York, NY: John Wiley & Sons, Inc.

Mackey, B.G. (1996) The role of GIS and environmental modeling in the conservation of biodiversity. In: Proceedings of the Third International Conference on Integrating GIS and Environmental Modeling, Santa Fe, NM.

Mackey, B.G., Mullen, I.C., Baldwin, K.A., Gallant, J.C., Sims, R.A. & McKenney, D.W. (2000) Towards a spatial model of boreal forest ecosystems: The role of digital terrain analysis. In: J.P. Wilson & J.C. Gallant (eds) Terrain Analysis: Principles and Applications, pp. 391–422. New York, NY: John Wiley & Sons, Inc.

MacMillan, R.A. & Pettapiece, W.W. (1997) Soil Landscape Models: Automated Landscape Characterization and Generation of Soil-landscape Models. Lethbridge, Canada: Agriculture and Agri-Food Canada Research Branch Research Report No. 1.

MacMillan, R.A. & Shary, P.A. (2009) Landforms and landform elements in geomorphometry. In: T. Hengl & H.I. Reuter (eds) Geomorphometry: Concepts, Software, Applications, pp. 227–254. Amsterdam, Netherlands: Elsevier.

MacMillan, R.A., Pettapiece, W.W., Nolan, S.C. & Goddard, T.W. (2000) A generic procedure for automatically segmenting landforms into landform elements using DEMs, heuristic rules and fuzzy logic. Fuzzy Sets and Systems, 113, 81–109.

Mandelbrot, B.B. (1977) Fractals: Form, Chance, and Dimension. San Francisco, CA: Freeman.

Marjerison, R.D., Dahlke, H., Easton, Z.M., Seifert, S. & Walter, M.T. (2011) A phosphorus index transport factor based on variable source area hydrology for New York State. Journal of Soil and Water Conservation, 66, 149–157.

Mark, D.M. (1975) Computer analysis of topography: A comparison of terrain storage methods. Geografiska Annaler, 57A, 179–188.

Mark, D.M. (1978) Concepts of "data structure" for digital terrain models. In: Proceedings of the Digital Terrain Models Symposium, pp. 24–31. St. Louis, MO.

Mark, D.M., Dozier, J. & Frew, J. (1984) Automated basin delineation from digital elevation data. Geoprocessing, 2, 299–311.

Marsden, L.E. (1960) How the national map accuracy standards were developed.Surveying and Mapping, 20, 427–439.

Marthews, T.R., Dadson, S.J., Lehner, B., Abele, S. & Gedney, N. (2015) High-resolution global topographic index values for use in large-scale hydrological modeling. Hydrology and Earth System Sciences, 19, 91–104.

Martinez, C., Hancock, G.R., Kalma, J.D., Wells, T. & Boland, L. (2010) An assessment of digital elevation models and their ability to capture geomorphic and hydrologic properties at the catchment scale. International Journal of Remote Sensing, 31, 6239–6257.

Martz, L.W. & de Jong, E. (1988) CATCH: A Fortran program for measuring catchment area from digital elevation models. Computers and Geosciences, 14, 627–640.

Martz, L.W. & Garbrecht, J. (1992) Numerical definition of drainage network and subcatchment areas from digital elevation models. Computers and Geosciences, 18, 747–761.

Martz, L.W. & Garbrecht, J. (1993) Automated extraction of drainage network and watershed data from digital elevation models. Journal of the American Water Resources Association, 29, 901–908.

Martz, L.W. & Garbrecht, J. (1999) An outlet breaching algorithm for the treatment of closed depressions in a raster DEM. Computers and Geosciences, 25, 835–844.

Melton, M.A. (1965) The geomorphic and paleoclimatic significance of alluvial deposits in southern Arizona. Journal of Geology, 73, 1–38.

Menke, K., Smith, R. Jr, Pirelli, L. & Van Hoesen, J. (2015) Mastering QGIS. Birmingham, UK: Packt Publishing.

Meybeck, M., Green, P. & Vorosmarty, C.J. (2001) A new typology for mountains and other relief classes: an application to global continental water resources and population distribution. Mountain Research and Development, 21, 34–45.

Meyer, T.H. (2004) The discontinuous nature of kriging interpolation for digital terrain modeling. Cartography and Geographic Information Science, 31, 209–216.

Miklanek, P. (1993) The estimation of energy income in grid points over the basin using a simple digital elevation model. Annales Geophysicae, 11, 296–312.

Milne, G. (1935) Some suggested units of classification and mapping particularly for East Africa soils. Soil Research, 4, 183–198.

Minar, J. & Evans, I.S. (2008) Elementary forms for land surface segmentation: The theoretical basis of terrain analysis and geomorphological mapping. Geomorphology, 95, 236–259.

Ming, D.-P., Li, J., Wang, J. & Zhang, M. (2015) Scale parameter selection by spatial statistics for GeOBIA: Using mean-shift based multi-scale segmentation as an example. ISPRS Journal of Photogrammetry and Remote Sensing, 106, 28–41.

Mitas, L. & Mitašova, H. (1998) Distributed soil erosion simulation for effective erosion prevention. Water Resources Research, 34, 505–516.

Mitas, L. & Mitašova, H. (1999) Spatial interpolation. In: P.A. Longley, M.F. Goodchild, D.J. Maguire & D.W. Rhind (eds) Geographical Information Systems: Principles, Techniques, Management and Applications, pp. 481–492. New York, NY:John Wiley & Sons, Inc.

Mitašova, H. & Hofierka, J. (1993) Interpolation by regularized spline with tension:II. Application to terrain modeling and surface geometry analysis. Mathematical Geology, 25, 657–669.

Mitašova, H. & Mitas, L. (1993) Interpolation by regularized spline with tension:I. Theory and implementation. Mathematical Geology, 25, 641–655.

Mitašova, H., Mitas, L., Brown, W.M., Gerdes, D.P., Kosinovsky, I. & Baker, T. (1995) Modeling spatially and temporally distributed phenomena: New methods and tools for GRASS GIS. International Journal of Geographical Information

Systems, 9, 433–446.

Mitašova, H., Hofierka, J., Zlocha, M. & Iverson, R.I. (1996) Modeling topographic potential for erosion and deposition using GIS. International Journal of Geographical Information Systems, 10, 629–641.

Moller, M., Volk, M., Friedrich, K. & Lymburner, L. (2008) Placing soil-genesis and transport processes into a landscape context: A multiscale terrain-analysis approach. Journal of Plant Nutrition and Soil Science, 171, 419–430.

Molnar, P. & England, P. (1990) Late Cenozoic uplift of mountain ranges and climate change: Chicken or egg? Nature, 346, 29–34.

Momm, H.G., Bingner, R.L., Wells, R.R., Rigby, J.R. Jr & Dabney, S.M. (2013) Effect of topographic characteristics on compound topographic index for identification of gully channel initiation locations. Transactions of the American Society of Agricultural and Biological Engineering, 56, 523–537.

Montgomery, D.R. & Dietrich, W.E. (1988) Where do channels begin? Nature, 336, 232–234.

Montgomery, D.R. & Dietrich, W.E. (1989) Source areas, drainage density, and channel initiation. Water Resources Research, 25, 1907–1918.

Montgomery, D.R. & Dietrich, W.E. (1992) Channel initiation and the problem of landscape scale. Science, 255, 826–830.

Montgomery, D.R. & Dietrich, W.E. (1994) A physically-based model for the topographic control on shallow landsliding. Water Resources Research, 30, 1153–1171.

Montgomery, D.R. & Foufoula-Georgiou, E. (1993) Channel network source Representation using digital elevation models. Water Resources Research, 29, 3925–3934.

Montgomery, D.R., Sullivan, K. & Greenberg, H.M. (1998) Regional test of a model for shallow landsliding. Hydrological Processes, 12, 943–955.

Moody, A. & Meentemeyer, R.K. (2001) Environmental factors influencing spatial patterns of woody plant diversity in chaparral, Santa Ynez Mountains, California. Journal of Vegetation Science, 12, 41–52.

Moore, D.M., Lees, B.G. & Davey, S.M. (1991) A new method for predicting vegetation distributions using decision tree analysis in a geographic information system. Environmental Management, 15, 59–71.

Moore, I.D. (1996) Hydrologic modeling and GIS. In: M.F. Goodchild, L.T. Steyaert, B.O. Parks, C. Johnston, D. Maidment, M. Crane & S. Glendinning (eds) GIS and Environmental Modeling: Progress and Research Issues, pp. 143–148. Fort Collins, CO: GIS World Books.

Moore, I.D. & Burch, G.J. (1986a) Sediment transport capacity of sheet and rill flow: Application of unit stream power theory. Water Resources Research, 22,1350–1360.

Moore, I.D. & Burch, G.J. (1986b) Physical basis of the length–slope factor in the Universal Soil Loss Equation. Soil Science Society of America, 50, 1294–1298.

Moore, I.D. & Burch, G.J. (1986c) Modeling erosion and deposition: Topographic effects. Transactions of the American Society of Agricultural Engineers, 29, 1624–1630, 1640.

Moore, I.D. & Grayson, R.B. (1991) Terrain-based catchment partitioning and runoff prediction using vector elevation data. Water Resources Research, 27, 1177–1191.

Moore, I.D. & Nieber, J.L. (1989) Landscape assessment of soil erosion and nonpoint source pollution. Journal of the Minnesota Academy of Science, 55, 18–25.

Moore, I.D. & Wilson, J.P. (1992) Length-slope factors for the Revised Universal Soil Loss Equation: Simplified method of estimation. Journal of Soil and Water Conservation, 47, 423–428.

Moore, I.D. & Wilson, J.P. (1994) Reply to "Comment on length-slope factors for the Revised Universal Soil Loss Equation: Simplified method of estimation" by G.R. Foster. Journal of Soil and Water Conservation, 49, 174–180.

Moore, I.D., Burch, G.J. & MacKenzie, D.H. (1988a) Topographic effects on the distribution of surface soil water and the location of ephemeral gullies. Transactions of the American Society of Agricultural Engineers, 31, 1098–1117.

Moore, I.D., O'Loughlin, E.M. & Burch, G.J. (1988b) A countour-based topographic model for hydrological and ecological applications. Earth Surface Processes and Landforms, 13, 305–320.

Moore, I.D., Grayson, R.B. & Ladson, A.R. (1991) Digital terrain modeling: A review of hydrological, geomorphological, and biological applications. Hydrological Processes, 5, 3–30.

Moore, I.D., Gessler, P.E., Nielsen, G.A. & Petersen, G.A. (1993a) Soil attribute prediction using terrain analysis. Soil Science Society of America Journal, 57, 443–452.

Moore, I.D., Gessler, P.E., Nielsen, G.A. & Peterson, G.A. (1993b) Terrain analysis for soil specific crop management. In: P.C. Robert, R.H. Rust & W.E. Larson (eds) Soil Specific Crop Management, pp. 27–55. Madison, WI: Soil Science Society of America.

Moore, I.D., Lewis, A. & Gallant, J.C. (1993c) Terrain attributes: Estimation methods and scale effects. In: A.J. Jakeman, M.B. Beck & M.J. McAleer (eds) Modeling Change in Environmental Systems, pp. 189–214. New York, NY: John Wiley & Sons, Inc.

Moore, I.D., Norton, T.W. & Williams, J.E. (1993d) Modeling environmental Heterogeneity in forested landscapes. Journal of Hydrology, 150, 717–747.

Moore, I.D., Turner, A.K., Wilson, J.P., Jensen, S.K. & Band, L.B. (1993e) GIS and land surface-subsurface modeling. In: M.F. Goodchild, B.O. Parks & L.T. Steyaert(eds) Geographic Information Systems and Environmental Modeling, pp. 196–230.Oxford, UK: Oxford University Press.

Moore, R.B. & Dewald, T.G. (2016) The road to NHDPlus: Advancements in digital stream networks and associated catchments. Journal of the American Water Resources Association, 52, 890–900.

Moretti, G. & Orlandini, S. (2008) Automatic delineation of drainage basins from contour elevation data using skeleton construction techniques. Water Resources Research, 44, W05403.

Morgan, J. & Lesh, A. (2005) Developing landform maps using Esri's Model Builder.In: Proceedings of the Esri International User Conference, San Diego, CA. Morris, D. & Heerdegen, R. (1988) Automatically derived catchment boundaries and channel networks and their hydrological applications. Geomorphology,1, 131–141.

Mukherjee, S., Mukherjee, S., Garg, R.D., Bhardwaj, A. & Raju, P.L.N. (2013) Evaluation of topographic index in relation to terrain roughness and DEM grid spacing. Journal of Earth System Science, 122, 869–886.

Mulligan, M. & Wainwright, J. (2013) Modelling and model building, In: J. Wainwright & M. Mulligan (eds) Environmental Modelling: Finding Simplicity in Complexity, 2nd edn, pp. 7–26. Chichester, UK: John Wiley & Sons Ltd.

Murphy, M.A., Evans, J.S. & Storfer, A. (2010) Quantifying Bufo boreas connectivity in Yellowstone National Park with landscape genetics. Ecology, 91, 252–261.

National Imagery and Mapping Agency (2000) Performance Specification Digital Terrain Elevation Dataset (DTED). Washington, DC: National Imagery and Mapping Agency Report No. MIL-PRF-89020B.

National Water Center (2016) National Water Model: Improving NOAA's Water Prediction Services.

Natural Resources Institute, University of Minnesota Duluth (2016) Critical Lands Project.

Nelson, A., Reuter, H.I. & Gessler, P. (2009) DEM production methods and sources. In: T. Hengl & H.I. Reuter (eds) Geomorphometry: Concepts, Software, Applications,pp. 65–85. Amsterdam, Netherlands: Elsevier.

Nelson, E.J., Jones, N.L. & Miller, A.W. (1994) Algorithm for precise drainage-basin delineation. Journal of Hydraulic Engineering, 120, 298–312.

Nelson, E.J., Jones, N.L. & Berrett, R.J. (1999) Adaptive tessellation method for creating TINs from GIS data. Journal of Hydraulic Engineering, 41, 2–9.

Neri, M., Mazzarini, F., Tarquini, S., Bisson, M., Isola, I., Behncke, B. & Pareschi, M.T. (2008) The changing face of Mount Etna's summit area documented with LiDAR technology. Geophysical Research Letters, 35, L09305.

Neteler, M. & Mitašova, H. (2008) Open Source GIS: A GRASS GIS Approach, 3rd edn. New York, NY: Springer.

Netzel, P., Jasiewicz, J. & Stepinski, T.F. (2016) TerraEx: A GeoWeb app for worldwide content-based search and distribution of elevation and landforms data. In: Proceedings of the 9th International Conference on Geographic Information Science, Montreal, Quebec.

Nguyen, T.M. & Wilson, J.P. (2010) Sensitivity of the quasi-dynamic topographic wetness index to choice of DEM resolution, flow routing algorithm and soil variability. In: Proceedings of the 9th International Symposium on Spatial Accuracy Assessment in Natural Resources and the Environmental Sciences, Leicester, UK.

Nico, G., Leva, D., Antonello, G. & Tarchi, D. (2004) Ground-based SAR interferometry for terrain mapping: Theory and sensitivity analysis. IEEE Transactions on Geoscience and Remote Sensing, 42, 1344–1350.

Nico, G., Leva, D., Fortuny, J., Antonello, G. & Tarchi, D. (2005a) Generating digital terrain models by a ground-based synthetic aperture radar interferometer. IEEE Transactions on Geoscience and Remote Sensing, 43, 45–49.

Nico, G., Rutigliano, P., Benedetto, C. & Vespe, F. (2005b) Terrain modeling by kinematical GPS survey. Natural Hazards and Earth System Sciences, 5, 293–299.

Nikora, V.I., Sapozhnikov, V.B. & Noever, D.A. (1993) Fractal geometry of individual river channels and its computer simulation. Water Resources Research, 29, 3561–3568.

Norouzi, M., Ayoubi, S., Jalalian, A., Khademi, H. & Dehghani, A.A. (2010) Predicting rainfed wheat quality and quantity by artificial neural network using terrain and soil characteristics. Acta Agriculturae Scandinavica, Section B, Soil and Plant Science, 60, 341–352.

Notebaert, B., Verstraeten, G., Govers, G. & Poesen, J. (2009) Qualitative and quantitative applications of LiDAR imagery in fluvial geomorphology. Earth Surface Processes and Landforms, 34, 217–231.

O'Callaghan, J.F. & Mark, D.M. (1984) The extraction of drainage networks from digital elevation data. Computer Vision, Graphics and Image Processing, 28, 323–344.

Oimoen, M.J. (2000) An effective filter for removal of artifacts in U.S. Geological Survey 7.5-minute digital elevation models. In: Proceedings of the 14th International Conference on Applied Geologic Remote Sensing, pp. 311–319. Las Vegas, NV.

Oksanen, J. & Sarjakoski, T. (2005) Error propagation analysis of DEM-based drainage basin delineation. International Journal of Remote Sensing, 26, 3085–3102.

Oksanen, J. & Sarjakoski, T. (2006) Uncovering the statistical and spatial scales of fine toposcale DEM error. International Journal of Geographical Information Science, 20, 345–369.

Olaya, V. (2009) Basic land-surface parameters. In: T. Hengl & H.I. Reuter (eds) Geomorphometry: Concepts, Software, Applications, pp. 141–169. Amsterdam, Netherlands: Elsevier.

Olaya, V. & Conrad, O. (2009) Geomorphometry in SAGA. In: T. Hengl & H.I. Reuter(eds) Geomorphometry: Concepts, Software, Applications, pp. 293–308. Amsterdam, Netherlands: Elsevier.

Olefeldt, D., Roulet, N., Giesler, R. & Persson, A. (2013) Total waterborne carbon export and DOC composition from ten nested subarctic peatland catchments: Importance of peat-land cover, groundwater influence, and inter-annual variability of precipitation patterns. Hydrological Processes, 27, 2280–2294.

O'Loughlin, E.M. (1986) Prediction of surface saturation zones in natural catchments by topographic analysis. Water Resources Research, 22, 794–804.

Olsson, L. & Pilesjo, P. (2002) Approaches to spatially distributed hydrological modeling in a GIS environment. In: A. Skidmore (ed.) Environmental Modeling with GIS and Remote Sensing, pp. 166–199. London, UK: Taylor & Francis.

O'Neil, G. & Shortridge, A. (2013) Quantifying local flow direction uncertainty. International Journal of Geographical

Information Science, 27, 1292–1311.

Onstad, C.A. & Brakensiek, D.L. (1968) Watershed simulation by stream path analogy. Water Resources Research, 4, 965–971.

Orlandini, S. & Moretti, G. (2009) Determination of surface flows from gridded elevation data. Water Resources Research, 45, W03417.

Orlandini, S., Moretti, G., Franchini, M., Aldighieri, B. & Testa, B. (2003) Path-based methods for the determination of non-dispersive drainage directions in gridbased elevation models. Water Resources Research, 39, W1144.

Orlandini, S., Moretti, G., Corticelli, M.A., Santangelo, P.E., Capra, A., Rivola, R. & Albertson, J.D. (2012) Evaluation of flow direction methods against field observations of overland flow dispersion. Water Resources Research, 48, W10523.

Ortega, L. & Rueda, A. (2010) Parallel drainage network computation on CUDA. Computers and Geosciences, 36, 171–178.

OSGF, Open Source Geospatial Foundation (2011) Geospatial Data Abstraction Library (Version 1.9.0), Translator Library.

Pain, C.F. (2005) Size does matter: Relationships between image pixel size and landscape process scales. In: A. Zerger & R.M. Argent (eds) Proceedings of the International Congress on Modeling and Simulation (MODSIM 2005), pp. 1430–1436. Melbourne, Australia: Modeling and Simulation Society of Australia and New Zealand.

Palomar-Vazquez, J. & Pardo-Pascual, J. (2008) Automated spot heights generalization in trail maps. International Journal of Geographical Information Science, 22, 91–110.

Pan, F., Peters-Lidard, C., Sale, M. & King, A. (2004) A comparison of geographical information system-based algorithms for computing the TOPMODEL topographic index. Water Resources Research, 40, W06303.

Panuska, J.C., Moore, I.D. & Kramer, L.A. (1991) Terrain analysis: Integration into the Agricultural Nonpoint Source Pollution Model. Journal of Soil and Water Conservation, 46, 59–64.

Park, S.J., McSweeney, K. & Lowery, B. (2001) Identification of the spatial distribution of soils using a process-based terrain characterization. Geoderma, 103, 249–272.

Passalacqua, P., Do Trung, T., Foufoula-Georgiou, E., Sapiro, G. & Dietrich, W.E. (2010) A geometric framework for channel network extraction from LiDAR: Nonlinear diffusion and geodesic paths. Journal of Geophysical Research, 115, F01002.

Peckham, R.J. & Jordan, G. (eds) (2007) Digital Terrain Modeling: Development and Applications in a Policy Support Environment. Berlin, Germany: Springer Lecture Notes in Geoinformation and Cartography.

Peckham, S.D. (1995) Self-similarity in the three-dimensional geometry and dynamics of large river basins. Unpublished PhD dissertation, University of Colorado at Boulder, Boulder, CO.

Peckham, S.D. (1998) Efficient extraction of river networks and hydrologic measurements from digital elevation data. In: O.E. Barndorff-Nielsen, V.K. Gupta, V. Perez-Abreu & E. Waymire (eds) Stochastic Methods in Hydrology: Rain, Landforms, and Floods, pp. 173–203. Singapore: World Scientific.

Peckham, S.D. (2009) Geomorphometry in RiverTools. In: T Hengl & H.I. Reuter (eds) Geomorphometry: Concepts, Software, Applications, pp. 411–430. Amsterdam, Netherlands: Elsevier.

Peckham, S.D. (2013) Mathematical surfaces for which specific and total contributing area can be computed: Testing contributing area algorithms. In: Proceedings of the 3rd International Conference on Geomorphometry, Nanjing, China.

Peckham, S.D. & Gupta, V.K. (1999) A reformulation of Horton's laws for large river networks in terms of statistical self-similarity. Water Resources Research, 35, 2763–2777.

Pei, T., Qin, C.-Z., Zhu, A.-X., Yang, L., Luo, M., Li, B. & Zhou, C. (2010) Mapping soil organic matter using the topographic wetness index: A comparative study based on different flow-direction algorithms and kriging methods. Ecological Indicators, 10, 610–619.

Pelletier, J.D. (2013) A robust, two-parameter method for the extraction of drainage networks from high-resolution digital elevation models (DEMs): Evaluation using synthetic and real-world DEMs. Water Resources Research, 49, 75–89.

Pennock, D.J., Zebarth, B.J. & de Jong, E. (1987) Landform classification and soil distribution in hummocky terrain, Saskatchewan, Canada. Geoderma, 40,297–315.

Pennock, D.J., Anderson, D.W. & de Jong, E. (1994) Landscape-scale changes in indicators of soil quality due to cultivation in Saskatchewan, Canada. Geoderma, 64, 1–19.

Perron, J.T. & Royden, L. (2013) An integral approach to bedrock river process analysis. Earth Surface Processes and Landforms, 38, 570–576.

Perron, J.T., Dietrich, W. & Kirchner, J. (2008) Controls on the spacing of first-order valleys. Journal of Geophysical Research, 113, F04016.

Perron, J.T., Kirchner, J. & Dietrich, W. (2009) Formation of evenly spaced ridges and valleys. Nature, 460, 502–505.

Perron, J.T., Richardson, P., Ferrier, K. & Lapotre, M. (2012) The root of branching river networks. Nature, 492, 100–103.

Persson, A., Pilesjo, P. & Eklundh, L. (2005) Spatial influence of topographical factors on yield. In: J. Stafford (ed.) Precision Agriculture, pp. 341–357. Berlin, Germany: Springer.

Persson, A., Hasan, A., Tang, J. & Pilesjo, P. (2012) Modeling flow routing in permafrost landscapes with TWI: An evaluation against site-specific wetness measurements. Transactions in GIS, 16, 703–713.

Petrasova, A., Harmon, B., Petras, V. & Mitašova, H. (2015) Tangible Modeling with Open Source GIS. Berlin, Germany: Springer.

Petrescu, A.M.R., van Huissteden, J., Jackowicz-Korczyński, M., Yurova, A., Christensen, T.R., Crill, P.M., Backstrand, K. & Maximov, T.C. (2008) Modeling CH_4 emissions from Arctic wetlands: Effects of hydrological parameterization. Biogeosciences, 5, 111–121.

Peucker, T.K. & Douglas, D.H. (1975) Detection of surface-specific points by local parallel processing of discrete terrain elevation data. Computer Graphics and Image Processing, 4, 375–387.

Peucker, T.K., Fowler, R.J., Little, J.J. & Mark, D.M. (1978) The triangulated irregular network. In: Proceedings of the Auto Carto III Conference, San Francisco, CA.

Phillips, J.D. (1990) A saturation-based model of relative wetness for wetland identification. Water Resources Bulletin, 26, 333–342.

Pike, R.J. (1988) The geometric signature: Quantifying landslide-terrain types from digital elevation models. Mathematical Geology, 20, 491–511.

Pike, R.J. (1995) Geomorphometry: Progress, practice, and prospect. Zeitschrift für Geomorphologie, 101, 221–238.

Pike, R.J. (2000) Geomorphometry: Diversity in quantitative surface analysis. Progress in Physical Geography, 24, 1–20.

Pike, R.J. & Wilson, S.E. (1971) Elevation relief ratio, hypsometric integral, and geomorphic area altitude analysis. Bulletin of the Geological Society of America, 82, 1079–1084.

Pike, R.J., Evans, I.S. & Hengl, T. (2009) Geomorphometry: A brief guide. In T. Hengl & H.I. Reuter (eds) Geomorphometry: Concepts, Software, Applications, pp. 3–30. Amsterdam, Netherlands: Elsevier.

Pilesjo, P. (2008) An integrated raster-TIN surface flow algorithm. In: Q. Zhou, B. Lees & G. Tang (eds) Advances in Digital Terrain Analysis, pp. 237–255. Berlin, Germany: Springer.

Pilesjo, P. & Hasan, A. (2014) A triangular form-based multiple flow algorithm to estimate overland flow distribution and accumulation on a digital elevation model. Transactions in GIS, 18, 108–124.

Pilesjo, P. & Zhou, Q. (1997) Theoretical estimation of flow accumulation from a grid-based digital elevation model. In: Proceedings of the GIS, AM/FM Asia and Geoinformatics Conference, pp. 447–456. Taipei, Taiwan.

Pilesjo, P., Zhou, Q. & Harrie, L. (1998) Estimating flow distribution over digital elevation models using a form-based algorithm. Annals of GIS, 4, 44–51.

Pilesjo, P., Persson, A. & Harrie, L. (2006) Digital elevation data for estimation of potential wetness in rugged fields:

Comparison of two different methods. Agricultural Water Management, 79, 225–247.

Pilouk, M. & Tempfli, K. (1992) A digital image processing approach to creating DTMs from digitized contours. International Archives of Photogrammetry and Remote Sensing, 29(B4), 956–961.

Pirotti, F. & Tarolli, P. (2010) Suitability of LiDAR point density and derived landform curvature maps for channel network extraction. Hydrological Processes, 24, 1187–1197.

Planchon, O. & Darboux, F. (2001) A fast, simple and versatile algorithm to fill the depressions of digital elevation models. Catena, 46, 159–176.

Podobnikar, T. (2005) Production of integrated digital terrain model from multiple datasets of different quality. International Journal of Geographical Information Science, 19, 69–89.

Pourali, S.H., Arrowsmith, C., Chrisman, N., Matkan, A.A. & Mitchell, D. (2016) Topography wetness index application to flood-risk-based land use planning. Applied Spatial Analysis and Policy, 9, 39–54.

Prigent, C., Papa, F., Aires, F., Rossow, W.B. & Matthews, E. (2007) Global inundation dynamics inferred from multiple satellite observations, 1993–2000. Journal of Geophysical Research: Atmosphere, 112, D12107.

Qi, F. (2004) Knowledge discovery from area-class resource maps: Data preprocessing for noise reduction. Transactions in GIS, 8, 297–308.

Qi, F. & Zhu, A.-X. (2003) Knowledge discovery from soil maps using inductive learning. International Journal of Geographical Information Science, 17, 771–785.

Qi, F., Zhu, A.-X., Harrower, M. & Burt, J.E. (2006) Fuzzy soil mapping based on prototype category theory. Geoderma, 136, 774–787.

Qin, C.-Z. & Zhan, L. (2012) Parallelizing flow-accumulation calculations on graphics processing units: From iterative DEM preprocessing algorithm to recursive multiple-flow-direction algorithm. Computers and Geosciences, 43, 7–16.

Qin, C., Zhu, A.-X., Pei, T., Li, B., Zhou, C. & Yang, L. (2007) An adaptive approach to selecting the flow partition exponent for multiple flow direction algorithms. International Journal of Geographical Information Science, 21, 443–458.

Qin, C.-Z., Zhu, A.-Z., Shi, X., Li, B.-L., Pei, T. & Zhou, C.-H. (2009) Quantification of spatial gradation of slope positions. Geomorphology, 110, 152–161.

Qin, C.-Z., Zhu, A.-X., Pei, T., Li, B.-L., Scholten, T., Behrens, T. & Zhou, C.-H.(2011) An approach to computing topographic wetness index based on maximum downslope gradient. Precision Agriculture, 12, 32–43.

Qin, C.-Z., Zhu, A.-X., Qiu, W.-L., Lu, Y.-J., Li, B.-L. & Pei, T. (2012) Mapping soil organic matter in small low-relief catchments using fuzzy slope position information. Geoderma, 171–172, 64–74.

Qin, C.-Z., Bao, L.-L., Zhu, A.-X., Hu, X.-M. & Qin B. (2013a) Artificial surfaces simulating complex terrain types for evaluating grid-based flow direction algorithms. International Journal of Geographical Information Science, 27, 1055–1072.

Qin, C.-Z., Bao, L.-L., Zhu, A.-X., Wang, R.-X. & Hu, X.-M. (2013b) Uncertainty due to DEM error in landslide susceptibility mapping. International Journal of Geographical Information Science, 27, 1364–1380.

Qin, C.-Z., Zhan, L.-J. & Zhu, A.-X. (2014a) How to apply the Geospatial Data Abstraction Library (GDAL) properly to parallel geospatial raster I/O? Transactions in GIS, 18, 950–957.

Qin, C.-Z., Zhan, L.-J., Zhu, A.-X. & Zhou, C.-H. (2014b) A strategy for raster-based geocomputation under different parallel computing platforms. International Journal of Geographical Information Science, 28, 2127–2144.

Qin, C.-Z., Wu, X.-W., Jiang, J.-C. & Zhu, A.-X. (2016) Case-based formalization and reasoning method for knowledge in digital terrain analysis: Application to extracting drainage networks. Hydrology and Earth System Sciences, 20, 3379–3392.

Qin, C.-Z., Ai, B.-B., Zhu, A.-Z. & Liu, J.-Z. (2017) An efficient method for applying a differential equation to deriving the spatial distribution of specific catchment area from gridded digital elevation models. Computers and Geosciences, 100, 94–102.

Quinn, P.F., Beven, K.J., Chevallier, P. & Planchon, O. (1991) The prediction of hillslope paths for distributed hydrological modeling using a digital terrain model. Hydrological Processes, 5, 59–79.

Quinn, P.F., Beven, K.J. & Lamb, R. (1995) The ln(a/tan b) index: How to calculate it and how to use it within the TOPMODEL framework. Hydrological Processes, 9, 161–182.

Quinn, T., Zhu, A.-X. & Burt, J.E. (2005) Effects of detailed soil spatial information on watershed modeling across different model scales. International Journal of Applied Earth Observation and Geoinformation, 7, 324–338.

Quiquet, A., Archibald, A.T., Friend, A.D., Chappellaz, J., Levine, J.G., Stone, E.J., Telford, P.J. & Pyle, J.A. (2015) The relative importance of methane sources and sinks over the Last Interglacial period and into the last glaciation. Quaternary Science Reviews, 112, 1–16.

Raaflaub, L.D. & Collins, M.J. (2006) The effect of error in gridded digital elevation models on the estimation of topographic parameters. Environmental Modeling and Software, 21, 710–732.

Raber, G.T., Jensen, J.R., Schill, S.R. & Schuckman, K. (2002) Creation of digital terrain models using an adaptive LiDAR vegetation point removal process. Photogrammetric Engineering and Remote Sensing, 68, 1307–1315.

Raber, G.T., Jensen, J.R., Hodgson, M.E., Tullis, J.A., Davis, B.A. & Berglund, J.(2007) Data impact of LiDAR nominal post-spacing on DEM accuracy and flood zone delineation. Photogrammetric Engineering and Remote Sensing, 73, 793–804.

Rabus, B., Eineder, M., Roth, A. & Bamler, R. (2003) The shuttle radar topography mission: A new class of digital elevation models acquired by spaceborne radar. ISPRS Journal of Photogrammetry and Remote Sensing, 57, 241–262.

Rawls, W.J. (1983) Estimating soil bulk density from particle size analysis and organic matter. Soil Science, 135, 123–125.

Reaney, S.M., Lane, S.N., Heathwaite, A.L. & Dugdale, L.J. (2011) Risk-based modeling of diffuse land use impacts from rural landscapes upon salmonid fry abundance. Ecological Modeling, 222, 1016–1029.

Regnauld, N. & Mackaness, W.A. (2006) Creating a hydrographic network from its cartographic representation: A case study using Ordnance Survey MasterMap data. International Journal of Geographical Information Science, 20, 611–631

Renard, K.G., Foster, G.R., Weesies, G.A. & Porter, J.P. (1991) Revised universal soil loss equation. Journal of Soil and Water Conservation, 46, 30–33.

Renslow, M. (2012) Manual of Airborne Topographic Lidar. Bethesda, MD: American Society of Photogrammetry and Remote Sensing.

Reuter, H.I. (2004) Spatial Crop and Soil Landscape Processes Under Special Consideration of Relief Information in a Loess Landscape. Osnabruck, Germany: Der Andere Verlag.

Reuter, H.I. (2009) ArcGIS Geomorphometry Toolbox.

Reuter, H.I. & Nelson, A. (2009) Geomorphometry in ESRI packages. In: T. Hengl & H.I. Reuter (eds) Geomorphometry: Concepts, Software, Applications, pp. 269–292. Amsterdam, Netherlands: Elsevier.

Reuter, H.I., Kersebaum, K.C. & Wendroth, O. (2005) Modeling of solar radiation influenced by topographic shading: Evaluation and application for precision farming. Physics and Chemistry of the Earth, 30, 139–149.

Reuter, H.I., Nelson, A. & Jarvis, A. (2007) An evaluation of void-filling interpolation methods for SRTM data. International Journal of Geographical Information Science, 21, 983–1008.

Reuter, H.I., Hengl, T., Gessler, P. & Soille, P. (2009) Preparation of DEMs for geomorphometric analysis. In: T. Hengl & H.I. Reuter (eds) Geomorphometry: Concepts, Software, Applications, pp. 87–120. Amsterdam, Netherlands: Elsevier.

Rexer, M. & Hirt, C. (2014) Comparison of free high resolution digital elevation data sets (ASTER GDEM2, SRTM v2.1/v4.1) and the validation against accurate heights from the Australian National Gravity Database. Australian

Journal of Earth Sciences, 61, 213–226.

Rieger, W. (1992) Automated river line and catchment area extraction from DEM data. International Archives of Photogrammetry and Remote Sensing, 29(B4), 642–649.

Rigol-Sanchez, J.P., Stuart, N. & Pulido-Bosch, A. (2015) ArcGeomorphometry: A toolbox for geomorphometric characterization of DEMs in the ArcGIS environment. Computers and Geosciences, 85, 155–163.

Rigon, R., Rinaldo, A., Rodriquez-Iturbe, I., Bras, R.L. & Ijjasz-Vasquez, E. (1993) Optimal channel networks: A framework for the study of river basin morphology. Water Resources Research, 29, 1635–1646.

Riley, S.J., DeGloria, S.D. & Elliot, R. (1999) A terrain ruggedness index that quantifies topographic heterogeneity. Intermountain Journal of Sciences, 5, 23–27.

Ringeval, B., Decharme, B., Piao, S.L., Ciais, P., Papa, F., de Noblet-Ducoudre, N., Prigent, C., Friedlingstein, P., Gouttevin, I., Koven, C. & Ducharne, A. (2012) Modelling sub-grid wetland in the ORCHIDEE global land surface model: Evaluation against river discharges and remotely sensed data. Geoscientific Model Development, 5, 941–962.

Robinson, N. (1966) Solar Radiation. Amsterdam, Netherlands: Elsevier.

Robinson, V.B. (2003) A perspective on the fundamentals of fuzzy sets and their use in geographic information systems. Transactions in GIS, 7, 3–30.

Rodriguez, E., Morris, C.S., Belz, J.E., Chapin, E.C., Martin, J.M., Daffer, W. & Hensley, S. (2005) An Assessment of the SRTM Topographic Products. Pasadena, CA: Jet Propulsion Laboratory.

Rodriguez, E., Morris, C.S. & Belz, J.E. (2006) A global assessment of the SRTM performance. Photogrammetric Engineering and Remote Sensing, 72, 249–260.

Romano, N. & Chirico, G.B. (2004) The role of terrain analysis in using and developing pedotransfer functions. Developments in Soil Science, 30, 273–294.

Romstad, B. & Etzelmuller, B. (2009) Structuring the digital elevation model into landform elements through watershed segmentation of curvature. In: R. Purves, S. Gruber, R. Straumann & T. Hengl (eds) Proceedings of Geomorphometry 2009, pp. 55–60. Zurich, Switzerland: University of Zurich.

Romstad, B. & Etzelmuller, B. (2012) Mean-curvature watersheds: A simple method for segmentation of a digital elevation model into terrain units. Geomorphology, 139–140, 293–302.

Rost, S., Gerten, D., Bondeau, A., Lucht, A., Rohwer, J. & Schaphoff, S. (2008) Agricultural green and blue water consumption and its influence on the global water system. Water Resources Research, 44, W09405.

Rowbotham, D.N. & Dudycha, D. (1998) GIS modelling of slope stability in Phewa Tal watershed, Nepal. Geomorphology, 26, 151–170.

Ruhl, R.V. (1960) Elements of the soil landscape. In: Proceedings of the 7th Congress of the International Society of Soil Science, pp. 32–40. Madison, WI.

Ruhl, R.V. & Walker, P.H. (1968) Hillslope models and soil formation II: Open systems. In: Proceedings of the 9th Congress of the International Soil Science Society, pp. 551–560. Adelaide, Australia.

Ruiz, M. (1997) A causal analysis of error in viewsheds from USGS digital elevation models. Transactions in GIS, 2, 85–94.

Running, S.W. (1991) Computer simulation of regional evapotranspiration by integrating landscape biophysical attributes with satellite data. In: T.J. Schmugge & J. Andre (eds), Land Surface Evaporation: Evaporation Measurement and Parameterization, pp. 359–369. London, UK: Springer.

Running, S.W. & Thornton, P.E. (1996) Generating daily surfaces of temperature and precipitation over complex topography. In: M.F. Goodchild, L.T. Steyaert, B.O. Parks, C. Johnston, D.R. Maidment, M. Crane & S. Glendinning (eds) GIS and Environmental Modeling: Progress and Research Issues, pp. 93–98. Fort Collins, CO: GIS World Books.

Running, S.W., Nemani, R.R. & Hungerford, R.D. (1987) Extrapolation of synoptic meteorological data in mountainous terrain and its use for simulating forest evapotranspiration and photosynthesis. Canadian Journal of Forest Research, 17, 472–483.

Saalfeld, A. (1999) Topologically consistent line simplification with the Delaunay-Peucker algorithm. Cartography and Geographic Information Science, 26, 7–18.

Saunders, W.K. & Maidment, D.R. (1996) A GIS Assessment of Nonpoint Source Pollution in the San Antonio-Nueces Coastal Basin. Austin, TX: University of Texas Center for Research in Water Resources Report No. 96–1.

Saxton, K.E. & Rawls, W.J. (2006) Soil water characteristic estimates by texture and organic matter for hydrologic solutions. Soil Science Society of America Agronomy Journal, 70, 1569–1578.

Sayre, R., Bow, J., Josse, C., Sotomayor, L. & Touval, J. (2008) Terrestrial ecosystems of South America. In: J.C. Campbell, K.B. Jones, J.H. Smith & M.T. Koeppe (eds) North America Land Cover Summit, pp. 131–152. Washington, DC: Association of American Geographers.

Sayre, R., Comer, P., Warner, H. & Cress, J. (2009) A New Map of Standardized Terrestrial Ecosystems of the Conterminous United States. Washington, DC: US Geological Survey Professional Paper No. 1768.

Sayre, R., Comer, P., Hak, J., Josse, C., Bow, J., Warner, H. et al. (2013) A New Map of Standardized Terrestrial Ecosystems of Africa. Washington, DC: Association of American Geographers.

Sayre, R., Dangermond, J., Frye, C., Vaughan, R., Aniello, P., Breyer, S. et al. (2014) A New Map of Global Ecological Land Units: An Ecophysiographic Stratification Approach. Washington, DC: Association of American Geographers.

Scarlatos, L. & Pavlidis, T. (1992) Hierarchical triangulation using cartographic coherence. Graphical Models and Image Processing, 54, 147–161.

Schmidt, J. & Andrew, R. (2005) Multi-scale landform characterization. Area, 37,341–350.

Schmidt, J. & Dikau, R. (1999) Extracting geomorphometric attributes and objects from digital elevation models: Semantics, methods, future needs. In: R. Dikau & H. Saurer (eds) GIS for Earth Surface Systems: Analysis and Modeling of the Natural Environment, pp. 153–173. Berlin, Germany: Schweizbart'sche Verlagbuchhandlung.

Schmidt, J. & Hewitt, A. (2004) Fuzzy land element classification from DTMs based on geometry and terrain position. Geoderma, 121, 243–256.

Schmidt, J., Merz, B. & Dikau, R. (1998) Morphological structure and hydrological process modelling. Zeitschrift für Geomorphologie NF, 112, 55–66.

Schmidt, J., Hennrich, K. & Dikau, R. (2000) Scales and similarities in runoff processes with respect to geomorphometry. Hydrological Processes, 20, 1963–1979.

Schmidt, J., Evans, I.S. & Brinkmann, J. (2003) Comparison of polynomial models for land surface curvature calculation. International Journal of Geographical Information Science, 17, 797–814.

Schneevoight, N.J., van der Linden, S., Thamm, H.-P. & Schrott, L. (2008) Detecting Alpine landforms from remotely sensed imagery. A pilot study in the Bavarian Alps. Geomorphology, 93, 104–119.

Schneiderman, E.M., Steenhuis, T.S., Thongs, D.J., Easton, Z.M., Zion, M.S., Neal, A.L., Mendoza, G.F. & Walter, M.T. (2007) Incorporating variable source area hydrology into a curve-number-based watershed model. Hydrological Processes, 21, 3420–3430.

Schoorl, J.M., Sonneveld, M.P.W. & Veldkamp, A. (2000) Three-dimensional landscape process modeling: The effect of DEM resolution. Earth Surface Processes and Landforms, 25, 1025–1034.

Schoorl, J.M., Veldkamp, A. & Bouma, J. (2002) Modeling soil and water redistribution in a dynamic landscape content. Soil Science Society of America Journal, 66, 1610–1619.

Schroeder, R., McDonald, K.C., Chapman, B.D., Jensen, K., Podest, E., Tessler, Z.D., Bohn, T.J. & Zimmermann, R. (2015) Development and evaluation of a multi-year fractional surface water data set derived from active/passive microwave remote sensing data. Remote Sensing, 7, 16688–16732.

Schroter, I., Paasche, H., Dietrich, P. & Wollschlager, U. (2015) Estimation of catchment-scale soil moisture patterns based on terrain data and sparse TDR measurements using a fuzzy c-means clustering approach. Vadose Zone Journal, 14, 11.

Seibert, J. & McGlynn, B.L. (2007) A new triangular flow direction algorithm for computing upslope areas from gridded digital elevation models. Water Resources Research, 43, W04501.

Seidl, M. & Dietrich, W. (1992) The problem of channel erosion into bedrock. Catena Supplement, 23, 101–124.

Selige, T., Bohner, J. & Ringeler, A. (2006) Processing of SRTM X-SAR data to correct interferometric elevation models for land surface process applications. In: J. Bohner, K.R. McCloy & J. Strobl (eds) SAGA: Analyses and Modelling Applications, pp. 97–104. Warsaw, Poland: Verlag Erich Goltze GmbH.

Seybold, C.A., Grossman, R.B. & Reinsch, T.G. (2005) Predicting cation exchange capacity for soil survey using linear models. Soil Science Society of America Journal, 69, 856–863.

Sharma, S.K., Mohanty, B.P. & Zhu, J. (2006) Including topography and vegetation attributes for developing pedotransfer functions. Soil Science Society of America Journal, 70, 1430–1440.

Shary, P.A. (1995) Land surface in gravity points classification by complete system of curvatures. Mathematical Geology, 27, 373–390.

Shary, P.A. & Stepanov, I.N. (1991) On the second derivative method in geology. Doklady Academii Nauk SSSR, 319, 456–460. (In Russian)

Shary, P.A., Sharaya, L.S. & Mitusov, A.V. (2002) Fundamental quantitative methods of land surface analysis. Geoderma, 107, 1–32.

Shary, P.A., Sharaya, L.S. & Mitusov, A.V. (2005) The problem of scale-specific scalefree approaches in geomorphometry. Geografia Fisica e Dimanica Quaternaria, 28, 81–101.

Shelef, E. & Hilley, G.E. (2013) Impact of flow routing on catchment area calculations, slope estimates, and numerical simulations of landscape development. Journal of Geophysical Research: Earth Science, 118, 2105–2123.

Sheng, J., Wilson, J.P., Chen, N., Devinny, J.S. & Sayre, J.M. (2007) Evaluating the quality of the National Hydrography Dataset for watershed assessments in metropolitan regions. GIScience and Remote Sensing, 44, 283–304.

Sheng, J., Wilson, J.P. & Lee, S. (2009) Comparison of land surface temperature (LST) modeled with a spatially distributed solar radiation model (SRAD) and remote sensing data. Environmental Modelling and Software, 24, 436–443.

Shi, W.Z. & Tian, Y. (2006) A hybrid interpolation method for the refinement of a regular grid digital elevation model. International Journal of Geographical Information Science, 20, 53–67.

Shi, W.Z., Li, Q. & Zhu C.Q. (2005) Estimating the propagation error of DEM from higher-order interpolation algorithms. International Journal of Remote Sensing, 26, 3069–3084.

Shi, W.Z., Wang, B. & Tian, Y. (2014) Accuracy analysis of digital elevation model relating to spatial resolution and terrain slope by bilinear interpolation. Mathematical Geosciences, 46, 445–481.

Shortridge, A.M. (2001) Characterizing uncertainty in digital elevation models. In: C.T. Hunsaker, M.F. Goodchild, M.A. Friedl & T.J. Case (eds) Spatial Uncertainty in Ecology: Implications for Remote Sensing and GIS Applications, pp. 238–257. New York, NY: Springer.

Shortridge, A.M. (2006) Shuttle Radar Topography Mission elevation data error and its relationship to land cover. Cartography and Geographic Information Science, 33, 65–75.

Sitch, S., Smith, B., Prentice, I.C., Arneth, A., Bondeau, A., Cramer, W., Kaplan, J.O., Levis, S., Lucht, W., Sykes, M.T., Thonicke, K. & Venevsky, S. (2003) Evaluation of ecosystem dynamics, plant geography and terrestrial carbon cycling in the LPJ dynamic global vegetation model. Global Change Biology, 9, 161–185.

Sithole, G. & Vosselman, G. (2004) Experimental comparison of filter algorithms for bare Earth extraction from airborne laser scanning point clouds. ISPRS Journal of Photogrammetry and Remote Sensing, 59, 85–101.

Sivapalan, M., Beven, K. & Wood, E.F. (1987) On hydrologic similarity: 2. A scaled model of storm runoff production. Water Resources Research, 23, 2266–2278.

Skidmore, A.K. (1989) A comparison of techniques for calculating gradient and aspect from a gridded digital elevation model. International Journal of Geographical Information Systems, 3, 323–334.

Skidmore, A.K., Ryan, P.J., Dawes, W., Short, D. & O'Loughlin, E. (1991) Use of an expert system to map forest soils from a geographical information system. International Journal of Geographical Information Systems, 5, 431–444.

Sklar, L. & Dietrich, W.E. (1998) River longitudinal profiles and bedrock incision models: Stream power and the influence of sediment supply. In: K.J. Tinkler & E.E. Wohl (eds) Rivers Over Rock: Fluvial Processes in Bedrock Channels, pp. 237–260. Washington, DC: American Geophysical Union.

Slater, J.A., Garvey, G., Johnston, C., Haase, J., Heady, B., Kroenung, G. & Little, J.(2006) The SRTM data "finishing" process and products. Photogrammetric Engineering and Remote Sensing, 72, 237–247.

Slater, J.A., Heady, B., Kroenung, G., Curtis, W., Haase, J., Hoegemann, D. et al.(2009) Evaluation of the New ASTER Global Digital Elevation Model. Springfield, VA: National Geospatial-Intelligence Agency.

Smith B. & Mark, D. (2003) Do mountains exist? Towards an ontology of landforms. Environment and Planning B, 30, 411–427.

Smith, B. & Varzi, A.C. (2000) Fiat and bona fide boundaries. Philosophy and Phenomenological Research, 60, 401–420.

Smith, B., Prentice, I.C. & Sykes, M.T. (2001) Representation of vegetation dynamics in the modelling of terrestrial ecosystems: Comparing two contrasting approaches within European climate space. Global Ecology and Biogeography, 10, 621–637.

Smith, M.P., Zhu, A.X., Burt, J.E. & Stiles, C. (2006) The effects of DEM resolution on and neighborhood size on digital soil survey. Geoderma, 137, 58–67.

Smith, T.R., Zhan, C. & Gao, P. (1990) A knowledge-based, two-step procedure for extracting channel networks from noisy DEM data. Computers and Geosciences,16, 777–786.

Snyder, G.I. (2012) The 3D Elevation Program: Summary of Program Direction. Reston, VA: US Geological Survey Fact Sheet No. 2012–3089.

Soille, P. (2004) Optimal removal of spurious pits in grid digital elevation models. Water Resources Research, 40, W12509.

Soille, P. & Gratin, C. (1994) An efficient algorithm for drainage networks Extraction on DEMs. Journal of Visual Communication and Image Representation, 5, 181–189.

Soille, P., Vogt, J. & Colombo, R. (2003) Carving and adaptive drainage enforcement of grid digital elevation models. Water Resources Research, 39, 1366–1378.

Sorensen, R. & Seibert, J. (2007) Effects of DEM resolution on the calculation of topographical indices: TWI and its components. Journal of Hydrology, 347,79–89.

Sorensen, R., Zinko, U. & Seibert, J. (2006) On the calculation of the topographic wetness index: Evaluation of different methods based on field observations. Hydrology and Earth System Sciences, 10, 101–112.

Southard, D.A. (1991) Piecewise planar surface models from sampled data. In: N.M. Patrikalakis (ed.) Scientific Visualization of Physical Phenomena, pp. 667–680. Tokyo, Japan: Springer-Verlag.

Speight, J.G. (1968) Parametric description of land form. In: G.A. Stewart (ed.) Land Evaluation: Papers of a CSIRO Symposium, pp. 239–250. Melbourne, Australia: MacMillan.

Speight, J.G. (1974) A parametric approach to landform regions. In: E.H. Brown & R.S. Waters (eds) Progress in Geomorphology, pp. 213–230. Oxford, UK: Alden Press.

Speight, J.G. (1980) The role of topography in controlling throughflow generation: A discussion. Earth Surface Processes, 5,

187–191.

Speight, J.G. (1990) Landforms. In: R.C. MacDonald, R.F. Isbell, J.G. Speight, J. Walker & M.S. Hop (eds) Australian Soil and Land Survey Field Handbook, pp. 9–57. Melbourne, Australia: Inkata Press.

Srivastava, K.P. & Moore, I.D. (1989) Application of terrain analysis to land resource investigations of small catchments in the Caribbean. In: Proceedings of the 20th International Conference of the Erosion Control Association, pp. 229–242. Streamboat Springs, CO.

Stanislawski, L.V. (2009) Feature pruning by upstream drainage area to support automated generalization of the United States National Hydrography Dataset. Computers, Environment and Urban Systems, 33, 325–333.

Stanislawski, L.V. & Buttenfield, B.P. (2011) Hydrographic generalization tailored to dry mountainous regions. Cartography and Geographic Information Science, 38, 117–125.

Stanislawski, L.V., Buttenfield, B.P. & Doumbouya, A. (2015a) A rapid approach for automated comparison of independently derived stream networks. Cartography and Geographic Information Science, 42, 435–448.

Stanislawski, L.V., Falgout, J. & Buttenfield, B.P. (2015b) Automated extraction of natural drainage density patterns for the U.S. through high performance computing. Cartographic Journal, 52, 185–192.

Stehr, A., Debels, P., Romero, F. & Alcayaga, H. (2008) Hydrological modeling with SWAT under conditions of limited data availability. Evaluation of results from a Chilean case study. Hydrological Sciences Journal, 53, 588–601.

Stein, E.D., Dark, S., Longcore, T., Hall, N., Beland, M., Grossinger, R., Casanova, J. & Sutula, M. (2007) Historical Ecology and Landscape Change of the San Gabriel River and Floodplain. Costa Mesa, CA: Southern California Coastal Water Research Project Technical Report No. 499.

Stepinski, T.F. & Bagaria, C. (2009) Segmentation-based unsupervised terrain classification for generation of physiographic maps. IEEE Geoscience and Remote Sensing Letters, 6, 733–737.

Stocker, B.D., Spahni, R. & Joos, F. (2014) DYPTOP: A cost-efficient TOPMODEL implementation to simulate sub-grid spatio-temporal dynamics of global wetlands and peatlands. Geoscientific Model Development, 7, 3089–3110.

Stoker, J., Harding, D. & Parrish, J. (2008) The need for a national LiDAR dataset. Photogrammetric Engineering and Remote Sensing, 74, 1066–1068.

Strahler, A.N. (1952) Hypsometric (area–altitude) analysis of erosional topography. Geological Society of America Bulletin, 63, 1117–1142.

Strahler, A.N. (1957) Quantitative analysis of watershed geomorphology. Transactions of the American Geophysical Union, 38, 912–920.

Su, J. & Bork, E. (2006) Influence of vegetation slope and LiDAR sampling angle on DEM accuracy. Photogrammetric Engineering and Remote Sensing, 72, 1265–1274.

Sugarbaker, L.J., Constance, E.W., Heidemann, H.K., Jason, A.L., Lukas, V., Saghy, D.L. & Stoker, J.M. (2014) The 3D Elevation Program Initiative: A Call for Action. Reston, VA: US Geological Survey Circular No. 1399.

Sulebak, J.R. & Hjelle, Ø. (2003) Multi-resolution spline models and their applications in geomorphology. In: I.S. Evans, R. Dikau, R. Tokunaga, H. Ohmori & M. Hirano (eds) Concepts and Modeling in Geomorphology: International Perspectives, pp. 221–237. Tokyo, Japan: Terra Publications.

Šuri, M. & Hofierka, J. (2004) A new GIS-based solar radiation model and its application for photovoltaic assessments. Transactions in GIS, 8, 175–190.

Survila, K., Yildirim, A.A., Li, T., Liu, Y.Y., Tarboton, D.G. & Wang, S. (2016) A scalable high-performance topographic flow direction algorithm for hydrological information analysis. In: Proceedings of the 5th Annual Extreme Science and Engineering Discovery Environment Conference, Miami, FL.

Svenning, J.-C., Kinner, D.A., Stallard, R.F., Engelbrecht, B.M.J. & Wright, S.J. (2004) Ecological determinism in plant community structure across a tropical forest landscape. Ecology, 85, 2526–2538.

Tachikawa, T., Hato, M., Kaku, M. & Iwasaki, A. (2011a) Characteristics of ASTER GDEM Version 2. In: Proceedings of the IEEE International Geoscience and Remote Sensing Symposium, pp. 3657–3660. Vancouver, BC: IEEE.

Tachikawa, T., Kaku, M., Iwasaki, A., Gesch, D., Oimoen, M., Zhang, Z., Danielson, J.J., Krieger, T., Curtis, B., Haase, J., Abrams, M. & Carabajal, C. (2011b) ASTER Global Digital Elevation Model Version 2: Summary of Validation Results. Pasadena, CA: Joint Japan–US ASTER Science Team.

Tachikawa, Y., Shiba, M. & Takasao, T. (1994) Development of a basin geomorphic information system using a TIN-DEM data structure. Water Resources Bulletin, 30, 9–17.

Tadono, T., Shimada, M., Murakami, H. & Takaku, J. (2009) Calibration of PRISM and AVNIR-2 onboard ALOS "Daichi". IEEE Transactions on Geoscience and Remote Sensing, 47, 4042–4050.

Tadono, T., Ishida, H., Oda, F., Naito, S., Minakawa, K. & Iwamoto, H. (2014) Precise global DEM generation by ALOS PRISM. ISPRS Annals of Photogrammetry, Remote Sensing and Spatial Information Sciences, II-4, 71–76.

Tajchman, S.J. & Lacey, C.J. (1986) Bioclimatic factors in forest site potential. Forest Ecology and Management, 14, 211–218.

Tang, G., Shi, W. & Zhao, M. (2002) Evaluation of the accuracy of hydrologic data derived from DEMs of different spatial resolution. In: G.J. Hunter & K. Lowell (eds) Proceedings of the 5th International Symposium on Spatial Accuracy Assessment in Natural Resources and Environmental Sciences, pp. 201–213. Melbourne, Australia: RMIT University.

Tang, J., Pilesjo, P. & Persson, A. (2013) Estimating slope from raster data: A test of eight algorithms at different resolutions in flat and steep terrain. Geodesy and Cartography, 39, 41–52.

Tang, J., Pilesjo, P., Miller, P.A., Persson, A., Yang, Z., Hanna, E. & Callaghan, T.V. (2014) Incorporating topographic indices into dynamic ecosystem modeling using LPJ-GUESS. Ecohydrology, 7, 1147–1162.

Tang, J., Miller, L.A., Crill, P.M., Olin, S., and Pilesjo, P. (2015) Investigating the influence of two different flow routing algorithms on soil-water-vegetation interactions using the dynamic ecosystem model LPJ-GUESS. Ecohydrology, 8, 570–583.

Tarboton, D.G. (1997) A new method for the determination of flow directions and upslope areas in grid digital elevation models. Water Resources Research, 33, 309–319.

Tarboton, D.G. (2016) Terrain Analysis Using Digital Elevation Models (TauDEM). Logan, UT: Utah Water Research Laboratory, Utah State University.

Tarboton, D.G., Bras, R.L. & Rodriguez-Iturbe, I. (1988) The fractal nature of river networks. Water Resources Research, 24, 1317–1322.

Tarboton, D.G., Bras, R.L. & Rodriguez-Iturbe, I. (1991) On the extraction of channel networks from digital elevation data. Water Resources Research, 33, 309–319.

Tarboton, D.G., Bras, R.L. & Rodriguez-Iturbe, I. (1992) A physical basis for drainage density. Geomorphology, 5, 59–76.

Tarboton, D.G., Idaszak, R., Horsburgh, J.S., Ames, D.P., Goodall, J.L., Band, L.E. et al. (2015a) Clearing your desk! Software and data services for collaborative webbased GIS analysis.

Tarboton, D.G., Idaszak, R., Horsburgh, J.S., Ames, D., Goodall, J.L., Band, L. et al.(2015b) HydroShare: Advancing hydrology through collaborative data and model sharing.

Tarolli, P. (2014) High-resolution topography for understanding Earth surface processes: Opportunities and challenges. Geomorphology, 216, 295–312.

Taverna, K., Urban, D.L. & MacDonald, R.I. (2005) Modeling landscape vegetation pattern in response to historic land-use:

A hypothesis-driven approach for the North Carolina Piedmont, USA. Landscape Ecology, 20, 689–702.

Temme, A.J.A.M. & Veldkamp, A. (2009) Multi-process Late Quaternary landscape evolution modeling reveals lags in climate response over small spatial scales. Earth Surface Processes and Landforms, 34, 573–589.

Temme, A.J.A.M., Schoorl, J.M. & Veldkamp, A. (2006) An algorithm for dealing with depressions in dynamic landscape evolution models. Computers and Geosciences, 32, 452–461.

Temme, A.J.A.M., Heuvelink, G.B.M., Schoorl, J.M. & Claessens, L. (2009) Geostatistical simulation and error propagation in geomorphometry. In: T. Hengl & H.I. Reuter (eds) Geomorphometry: Concepts, Software, Applications, pp. 121–140. Amsterdam, Netherlands: Elsevier.

Temme, A.J.A.M., Claessens, L., Veldkamp, A. & Schoorl, J.M. (2011) Evaluating choices in multi-process landscape evolution models. Geomorphology, 125, 271–281.

Tesfa, T.K., Tarboton, D.G., Watson, D.W., Schreuders, K.A., Baker, M.E. & Wallace, R.M. (2011) Extraction of hydrological proximity measures from DEMs using parallel processing. Environmental Modeling and Software, 26, 1696–1709.

Thoma, D.P., Gupta, S.C., Bauer, M.E. & Kirchoff, C.E. (2005) Airborne laser scanning for riverbank erosion assessment. Remote Sensing of Environment, 95, 493–501.

Thompson, J.A., Bell, J.C. & Butler, C.A. (2001) Digital elevation model resolution: Effects on terrain attribute calculation and quantitative soil-landscape modeling. Geoderma, 100, 67–89.

Thorne, C.R., Zevenbergen, L.W., Grissinger, F.H. & Murphey, J.B. (1986) Ephemeral gullies as sources of sediment. In: Proceedings of the 4th Federal Interagency Sedimentation Conference, Vol. 1, pp. 3.152–3.161. Las Vegas, NV.

Thornton, P.E. & Running, S.W. (1999) An improved algorithm for estimating Incident daily solar radiation from measurements of temperature, humidity, and precipitation. Agricultural and Forest Meteorology, 93, 211–228.

Thornton, P.E., Running, S.W. & White, M.A. (1997) Generating surfaces of daily meteorological variables over large regions of complex terrain. Journal of Hydrology, 190, 214–251.

Thornton, P.E., Hasenauer, H. & White, M.A. (2000) Simultaneous estimation of daily solar radiation and humidity from observed temperature and precipitation: An application over complex terrain in Austria. Agricultural and Forest Meteorology, 104, 255–271.

Tomer, M.D. & Anderson, J.L. (1995) Variation in soil water storage across a sand plain hillslope. Soil Science Society of America Proceedings, 54, 1091–1100.

Toutin, Th. & Cheng, P. (2000) Demystification of IKONOS. Earth Observation Magazine, 9, 17–21.

Trevisani, S. & Cavalli, M. (2016) Topography-based flow-directional roughness: potential and challenges. Earth Surface Dynamics, 4, 343–358.

Tribe, A. (1992) Automated recognition of valley lines and drainage networks from grid digital elevation models: A review and a new method. Journal of Hydrology, 139, 263–293.

Trimble, S.W. (1983) A sediment budget for Coon Creek basin in the Driftless Area, Wisconsin, 1853–1977. American Journal of Science, 283, 454–474.

Trimble, S.W. (1999) Decreased rates of alluvial sediment storage in the Coon Creek Basin, Wisconsin, 1975–93. Science, 285, 1244–1246.

Trimble, S.W. (2009) Fluvial processes, morphology and sediment budgets in the Coon Creek Basin, WI, USA, 1975–1993. Geomorphology, 108, 8–23.

Troeh, F.R. (1964) Landform paramters correlated to soil drainage. Soil Science Society of America Proceedings, 59, 808–812.

Troeh, F.R. (1965) Landform equations fitted to contour maps. American Journal of Science, 263, 616–627.

Troutman, B.M. & Karlinger, M.R. (1984) On the expected width function of topologically random channel networks. Journal of Applied Probability, 21, 836–849.

True, D. (2002) Landforms of the Lower Mid-West. Columbia, MO: University of Missouri MoRAP Map Series MS-2003-001.

Tseng, C.-M., Lin, C.-W., Stark, C.P., Liu, J.-K., Fei, L.-Y. & Hsieh, Y.-C. (2013) Application of a multi-temporal, LiDAR-derived, digital terrain model in a landslide-volume estimation. Earth Surface Processes and Landforms, 38, 1587–1601.

Tucker, G.E., Lancaster, S.T., Gasparini, N.M., Bras, R.L. & Rybarczyk, S.M. (2001) An object-oriented framework for distributed hydrologic and geomorphic modeling using triangulated irregular networks. Computers and Geosciences, 27, 959–973.

US Department of Agriculture, Natural Resources Conservation Service (2000) 1997 Natural Resources Inventory. Washington, DC: US Department of Agriculture, Natural Resources Conservation Service.

US Department of Agriculture, Natural Resources Conservation Service (2009) Soil Data Viewer.

US Department of Agriculture, Natural Resources Conservation Service (2016) Web Soil Survey.

Usery, E.L. (1996) A conceptual framework and fuzzy set implementation of geographic features. In: P.A. Burrough & A.U. Frank (eds) Geographic Objects with Indeterminate Boundaries, pp. 71–85. London, UK: Taylor & Francis.

US Geological Survey (1999) Map Accuracy Standards Fact Sheet FS-171-99.

US Geological Survey (2000) HYDRO1k elevation derivative database. Sioux Falls, SD: US Geological Survey Earth Resources Observation and Science (EROS) Center.

US Geological Survey (2015) About NED.

Van Engelen, V.W.P. & Ting-Tiang, W. (1995) Global and National Soils and Terrain Digital Databases Procedures Manual. Wageningen, Netherlands: United Nations Food and Agriculture Organization, Land and Water Division, World Soil Resources Report No. 74.

Van Niel, K.P. & Austin, M.P. (2007) Predictive vegetation modeling for conservation: Impact of error propagation from digital elevation data. Ecological Applications, 17, 266–280.

Van Niel, K.P., Laffan, S.W. & Lees, B.G. (2004) Effect of error in the DEM on environmental variables for predictive vegetation modeling. Journal of Vegetation Science, 15, 747–756.

Van Remortel, R.D., Hamilton, M.E. & Hickey, R.J. (2001) Estimating the LS factor for RUSLE through iterative slope length processing of digital elevation data. Cartography, 30, 27–35.

Van Remortel, R.D., Maichle, R.W. & Hickey, R.J. (2004) Computing the LS factor for the Revised Universal Soil Loss Equation through array-based slope processing of digital elevation data using a C++ executable. Computers and Geosciences, 30, 1043–1053.

Vayssieres, M.P., Plant, R.E. & Allen-Diaz, B.H. (2000) Classification trees: An alternative non-parametric approach for predicting species distributions. Journal of Vegetation Science, 11, 679–694.

Vaze, J., Teng, J. & Spencer, G. (2010) Impact of DEM accuracy and resolution on topographic indices. Environmental Modeling and Software, 25, 1086–1098.

Veatch, J.O. (1935) Graphic and quantitative comparisons of land types. Journal of the American Society of Agronomy, 27, 505–510.

Velleux, M.L., England, J.F. Jr & Julien, P.Y. (2008) TREX: Spatially distributed model to assess watershed contamination transport and fate. Science of the Total Environment, 404, 113–128.

Ventura, G., Vilardo, G., Terranova, C. & Sessa, E.B. (2011) Tracking and evolution of complex active landslides by multi-temporal airborne LiDAR data: The Montaguto landslide (Southern Italy). Remote Sensing of Environment, 115, 3237–3248.

Ventura, S.C. & Irvin, B.J. (2000) Automated landform classification for soillandscape studies. In: J.P. Wilson & J.C. Gallant (eds) Terrain Analysis: Principles and Applications, pp. 276–294. New York, NY: John Wiley & Sons, Inc.

Verdin, K.L., Godt, J.W., Funk, C., Pedreros, D., Worstell, D. & Verdin J. (2007) Development of a Global Slope Dataset for Estimation of Landslide Occurrence Resulting from Earthquakes. Reston, VA: US Geological Survey Open-File Report No. 2007–1188.

Vieux, B.E. (1993) DEM aggregation and smoothing effects on surface runoff modeling. Journal of Computing in Civil Engineering, 7, 310–338.

Vieux, B.E. & Needham, S. (1993) Non-point pollution model sensitivity to grid-cell size. Journal of Water Resources Planning and Management, 119, 141–157.

Vivoni, E.R., Ivanov, Y.Y., Bras, R.L. & Entekhabi, D. (2004) Generation of triangulated irregular networks based on hydrologic similarity. Journal of Hydraulic Engineering, 9, 288–302.

Vivoni, E.R., Teles, V., Ivanov, V.Y., Bras, R.L. & Entekhabi, D. (2005) Embedding landscape processes into triangulated terrain models. International Journal of Geographical Information Science, 19, 249–457.

Wack, R. & Wimmer, A. (2002) Digital terrain models from airborne laser scanner data: A grid-based approach. International Archives of Photogrammetry and Remote Sensing, 35, 293–296.

Walker, J.P. & Willgoose, G.R. (1999) On the effect of digital elevation model accuracy on hydrology and geomorphology. Water Resources Research, 35, 2259–2266.

Walsh, S.J. (1989) User considerations in landscape characterization. In: M.F. Goodchild & S. Gopal (eds) The Accuracy of Spatial Databases, pp. 35–43. London, UK: Taylor & Francis.

Walsh, S.J., Lightfoot, D.R. & Butler, D.R. (1987) Recognition and assessment of error in geographic information systems. Photogrammetric Engineering and Remote Sensing, 53, 1423–1430.

Wang, H., Zhou, Y., Fu, J., Gao, J. & Wang, G. (2012) Maximum speedup ratio curve(MSC) in parallel conputing of the binary-tree-based drainage network. Computers and Geosciences, 38, 127–135.

Wang, L. & Liu, H. (2006) An efficient method for identifying and filling surface depressions in digital elevation models for hydrologic analysis and modeling. International Journal of Geographical Information Science, 20, 193–213.

Wang, S. (2010) A CyberGIS framework for the synthesis of cyberinfrastructure, GIS, and spatial analysis. Annals of the Association of American Geographers, 100, 535–557.

Wang, S., Anselin, L., Bhaduri, B., Crosby, C., Goodchild, M.F., Liu, Y. & Nyerges, T.L. (2013) CyberGIS software: A synthetic review and integration roadmap. International Journal of Geographical Information Science, 27, 2122–2145.

Wania, R., Ross, I. & Prentice, I.C. (2009a) Integrating peatlands and permafrost into a dynamic global vegetation model: 1. Evaluation and sensitivity of physical land surface processes. Global Biogeochemical Cycles, 23, GB3014.

Wania, R., Ross, I. & Prentice, I.C. (2009b) Integrating peatlands and permafrost into a dynamic global vegetation model: 2. Evaluation and sensitivity of vegetation and carbon cycle processes. Global Biogeochemical Cycles, 23, GB3015.

Wania, R., Ross, I. & Prentice, I.C. (2010) Implementation and evaluation of a new methane model within a dynamic global vegetation model: LPJ-WHyMe v1.3.1. Geoscientific Model Development, 3, 565–584.

Warren, S.D., Hohmann, M.G., Auerswald, K. & Mitašova, H. (2004) An evaluation of methods to determine slope using digital elevation data. Catena, 58, 215–233.

Webster, T.L. & Dias, G. (2006) An automated GIS procedure for comparing GPS and proximal LiDAR elevations. Computers and Geosciences, 32, 713–726.

Wechsler, S.P. (2007) Uncertainities associated with digital elevation models for hydrologic models: A review. Hydrology and Earth Systems Science, 11, 1481–1500.

Wechsler, S.P. & Knoll, C.N. (2006) Quantifying DEM uncertainty and its effect on topographic parameters. Photogrammetric Engineering and Remote Sensing,72, 1081–1090.

Wehr, A. & Lohr, U. (1999) Airborne laser scanning: An introduction and overview. ISPRS Journal of Photogrammetry and Remote Sensing, 54, 68–82.

Weibel, R. (1992) Models and experiments for adaptive computer-assisted terrain generalization. Cartography and Geographic Information Science, 19, 133–153.

Weiss, A.D. (2001) Topographic position and landforms analysis. Poster presented at the Esri International Users Conference, San Diego, CA.

Weller, D.E., Jordan, R.E. & Correll, D.L. (1998) Heuristic models for material discharge from landscapes with riparian buffers. Ecological Applications, 8, 1159–1169.

Weller, D.E., Baker, M.E. & Jordan, R.E. (2011) Effects of riparian buffers on nitrateconcentrations in watershed discharges: New models and management applications. Ecological Applications, 21, 1679–1695.

Western, A.W., Grayson, R.B., Bloschl, G., Willgoose, G.R. & McMahon, T.R. (1999) Observed spatial organization of soil moisture and its relation to terrain indices. Water Resources Research, 35, 797–810.

Wheaton, J.M., Brasington, J., Darby, S.E. & Sear, D. (2010) Accounting for uncertainty in DEMs from repeat topographic surveys: Improved sediment budgets. Earth Surface Processes and Landforms, 35, 136–156.

Whipple, K. & Tucker, G. (1999) Dynamics of the stream-power river incision model: Implications for height limits of mountain ranges, landscape response timescales, and research needs. Journal of Geophysical Research, 104,17661–17674.

Wieczorek, G.F. & Snyder, J.B. (2009) Monitoring slope movements. In: R. Young & L. Norby (eds) Geological Monitoring, pp. 245–271. Boulder, CO: Geological Society of America.

Wilby, R.L. & Wigley, T.M. L. (1997) Downscaling general circulation model output: A review of methods and limitations. Progress in Physical Geography, 21,530–548.

Wilson, D.J., Western, A.M. & Grayson, R.B. (2005) A terrain and data-based method for generating the spatial distribution of soil moisture. Advances in Water Resources, 28, 43–54.

Wilson, J.P. (1986) Estimating the topographic factor in the universal soil loss equation for watersheds. Journal of Soil and Water Conservation, 41, 179–184.

Wilson, J.P. (2012) Digital terrain modeling. Geomorphology, 137, 107–121.

Wilson, J.P. & Bishop, M.P. (2013) Geomorphometry. In: J.F. Shroder (ed.) Treatise in Geomorphology. Volume 3, Remote Sensing and GIScience in Geomorphology, pp. 162–186. San Diego, CA: Academic Press.

Wilson, J.P. & Burrough, P.A. (1999) Dynamic modeling, geostatistics, and fuzzy classification: New sneakers for a new geography? Annals of the Association of American Geographers, 89, 736–746.

Wilson, J.P. & Gallant, J.C. (1996) EROS: A grid-based program for estimating spatially distributed erosion indices. Computers and Geosciences, 22, 707–712.

Wilson, J.P. & Gallant, J.C. (eds) (2000a) Terrain Analysis: Principles and Applications. New York, NY: John Wiley & Sons, Inc.

Wilson, J.P. & Gallant, J.C. (2000b) Digital terrain analysis. In: J.P. Wilson & J.C. Gallant (eds) Terrain Analysis: Principles and Applications, pp. 1–27. New York, NY: John Wiley & Sons, Inc.

Wilson, J.P. & Gallant, J.C. (2000c) Secondary topographic attributes. In: J.P. Wilson & J.C. Gallant (eds) Terrain Analysis: Principles and Applications, pp. 51–85. New York, NY: John Wiley & Sons, Inc.

Wilson, J.P. & Lorang, M.S. (1999) Spatial models of soil erosion and GIS. In: A.S. Fotheringham & M. Wegener (eds) Spatial Models and GIS: New Potential and New Models, pp. 83–108. London, UK: Taylor & Francis.

Wilson, J.P., Repetto, P.L. & Snyder, R.D. (2000) Effect of data source, grid resolution, and flow-routing method on computed topographic attributes. In: J.P. Wilson & J.C. Gallant (eds) Terrain Analysis: Principles and Applications, pp. 133–161. New York, NY: John Wiley & Sons, Inc.

Wilson, J.P., Lam, C.S. & Deng, Y.X. (2007) Comparison of performance of flow routing algorithms used in geographic information systems. Hydrological Processes, 21, 1026–1044.

Wilson, J.P., Aggett, G.R., Deng, Y.X. & Lam, C.S. (2008) Water in the landscape: A review of contemporary flow routing algorithms. In: Q. Zhou, B.G. Lees & G.-A. Tang (eds) Advances in Digital Terrain Analysis, pp. 213–236. Berlin, Germany: Springer Lecture Notes in Geoinformation and Cartography.

Winchell, M.F., Jackson, S.H., Wadley, A.M. & Srinivasan, R. (2008) Extension and validation of a geographic information system-based method for calculating the Revised Universal Soil Loss Equation length-slope factor for erosion risk assessments in large watersheds. Journal of Soil and Water Conservation, 63, 105–111.

Wischmeier, W.H. & Smith, D.D. (1978) Predicting Rainfall Erosion Losses. Agriculture Handbook No. 537. Washington, DC: US Department of Agriculture. Wisconsin Department of Natural Resources (2016) Erosion vulnerability assessment for agricultural lands.

Wise, S.M. (1998) The effect of GIS interpolation errors on the use of digital elevation models in geomorphology. In: S.N. Lane, K.S. Richards & J.H. Chandler (eds) Landform Monitoring, Modeling and Analysis, pp. 139–164. Chichester, UK: John Wiley & Sons Ltd.

Wise, S.M. (2000a) GIS data modeling: Lessons from the analysis of DTMs. International Journal of Geographical Information Science, 14, 313–318.

Wise, S.M. (2000b) Assessing the quality of hydrological applications of digital elevation models derived from contours. Hydrological Processes, 14, 1909–1929.

Wise, S.M. (2010) Assessing the spatial characteristics of DEM interpolation error. In: Proceedings of the 9th International Symposium on Spatial Data Assessment in Natural Resources and the Environmental Sciences, pp. 117–119. Leicester, UK.

Wolf, A. (2011) Estimating the potential impact of vegetation on the water cycle requires accurate soil water parameter estimation. Ecological Modeling, 222, 2595–2605.

Wolock, D.M. & McCabe, G.J. (1995) Comparison of single and multiple flow direction algorithms for computing topographic parameters in TOPMODEL. Water Resources Research, 31, 1315–1324.

Wolock, D.M. & Price, C.V. (1994) Effects of digital elevation model and map scale and data resolution on a topography-based watershed model. Water Resources Research, 30, 3041–3052.

Wood, E.F., Sivapalan, M. & Beven, K.J. (1990) Similarity and scale in catchment storm response. Reviews in Geophysics, 28, 1–18.

Wood, E.F., Roundy, J.K., Troy, T.J., van Beek, L.P.H., Bierkens, M.F.P., Blyth, E. et al.(2011) Hyperresolution global land surface modeling: Meeting a grand challenge for monitoring Earth's terrestrial water. Water Resources Research, 47, W05301.

Wood, J. (1996a) Scale-based characterization of digital elevation models. In: D. Parker (ed.) Innovations in GIS 3, pp. 163–175. London, UK: Taylor & Francis. Wood, J. (1996b) The geomorphological characterization of digital elevation models. Unpublished PhD dissertation, University of Leicester, Leicester, UK.

Wood, J. (1998) Modelling the continuity of surface form using digital elevation models. In: Proceedings of the 8th International Symposium on Spatial Data Handling, pp. 725–736. Burnaby, British Columbia.

Wood, J. (2009a) Overview of software packages used in geomorphometry. In: T. Hengl & H.I. Reuter (eds) Geomorphometry: Concepts, Software, Applications, pp.257–267. Amsterdam, Netherlands: Elsevier.

Wood, J. (2009b) Geomorphometry in LandSerf. In: T. Hengl & H.I. Reuter (eds) Geomorphometry: Concepts, Software, Applications, pp. 333–349. Amsterdam, Netherlands: Elsevier.

Wood, R., Sivapalan, M. & Robinson, J. (1997) Modeling the spatial variability of surface runoff using a topographic index. Water Resources Research, 33, 1061–1073.

Woodcock, C.E. & Strahler, A.H. (1987) The factor of scale in remote sensing. Remote Sensing of the Environment, 21, 311–332.

Woodrow, K., Lindsay, J.B. & Berg, A.A. (2016) Evaluating DEM conditioning techniques, elevation source data, and grid resolution for field-scale hydrological parameter extraction. Journal of Hydrology, 540, 1022–1029.

Wright, D.J. & Wang, S. (2011) The emergence of spatial cyberinfrastructure. Proceedings of the National Academy of Sciences USA, 108, 5488–5491.

Wright, J.W., Moore, A.B. & Leonard, G.H. (2014) Flow direction algorithms in a hierarchical hexagonal surface model. Journal of Spatial Science, 59, 333–346.

Wu, S., Li, J. & Huang, G.H. (2008) A study on DEM-derived primary topographic attributes for hydrological applications: Sensitivity to elevation data resolution. Applied Geography, 28, 210–223.

Yang, B., Shi, W. & Li, Q. (2005) An integrated TIN and grid method for constructing multi-resolution digital terrain models. International Journal of Geographical Information Science, 19, 1019–1038.

Yi, L., Zhang, W.-C. & Yan, C.-A. (2017) Modified topographic index that incorporates the hydraulic and physical properties of soil. Hydrology Research, 48 (in press).

Yildirim, A.A., Watson, D., Tarboton, D.G. & Wallace, R.M. (2015) A virtual tile approach to raster-based calculations of large digital elevation models in a shared memory system. Computers and Geosciences, 82, 78–88.

Yildirim, A.A., Tarboton, D.G., Liu, Y.Y., Sazib, N.S. & Wang, S. (2016) Accelerating TauDEM for extracting hydrology information from a national-scale high resolution topographic dataset. In: Proceedings of the 5th Annual Extreme Science and Engineering Discovery Environment Conference, Miami, FL.

Ying, L.-X., Shen, Z.-H., Piao, S.-L. & Malanson, G.P. (2014) Terrestrial surface area increment: The effects of topography, DEM resolution, and algorithm. Physical Geography, 35, 297–312.

Yitayew, M., Pokrzywka, S.J. & Renard, K.G. (1999) Using GIS for facilitating erosion estimation. Applied Engineering in Agriculture, 15, 295–301.

Yokoyama, R., Shirasawa, M. & Pike, R.J. (2002) Visualizing topography by openness: A new application of image processing to digital elevation models. Photogrammetric Engineering and Remote Sensing, 68, 257–265.

Yong, B., Ren, L.-L., Chen, X., Zhang, Y., Zhang, W.-C., Fu, C.-B. & Niu, G.-Y. (2009) Development of a large-scale hydrological model TOPX and its coupling with Regional Integrated Environment Modeling System RIEMS. Chinese Journal of Geophysics, 52, 762–771.

Young, M. (1978) Terrain Analysis: Program Documentation: Report No. 6 on Grant DA-ERO-591-73-G0040-Statistical Characterization of Altitude Matrices by Computer. Durham, UK: Department of Geography, University of Durham.

Yue, T.X., Du, Z.P., Song, D.J. & Gong, Y. (2007) A new method of surface modeling and its application to DEM construction. Geomorphology, 91, 161–172.

Zakerinejad, R. & Maerker, M. (2015) An integrated assessment of soil erosion dynamics with special emphasis on gully erosion in the Mazayjan basin, southwestern Iran. Natural Hazards, 79 (Suppl. 1), 25–50.

Zakšed, K. & Podobnikar, T. (2005) An effective DEM generalization with basic GIS operations. In: Proceedings of the 8th ICA Workshop on Generalization and Multiple Representations, A Coruña, Spain.

Zandbergen, P.A. (2008) Applications of Shuttle radar topography mission elevation data. Geography Compass, 2, 1404–1431.

Zandbergen, P.A. (2012) Python Scripting for ArcGIS. Redlands, CA: Esri Press. Zevenbergen, L.W. & Thorne, C.R. (1987) Quantitative analysis of land surface topography. Earth Surface Processes and Landforms, 12, 47–56.

Zhang, H., Han, W., Yang, Y., Yu, S., Li., S. & Zhao, X. (2013a) DEM-based extraction of LS factor: Integrate channel networks and convergence flow. In: Proceedings of the 3rd International Conference on Geomorphometry, Nanjing, China.

Zhang, H., Yang, Q., Li, R., Liu, Q., Moore, D., He, P., Ritsema, C.J. & Geissen, V. (2013b) Extension of a GIS procedure for calculating the RUSLE equation LS factor. Computers and Geosciences, 52, 177–188.

Zhang, K., Chen, S.-C., Whitman, D., Shyu, M.-L., Yan, J. & Zhang, C. (2003) A progressive morphological filter for removing non-ground measurements from airborne LiDAR data. IEEE Transactions on Geoscience and Remote Sensing, 41, 872–882.

Zhang, W., Miller, P.A., Smith, B., Wania, R., Koenigk, T. & Doscher, R. (2013) Tundra shrubification and tree-line advance amplify arctic climate warming: Results from an individual-based dynamic vegetation model. Environmental Research Letters, 8, 034023.

Zhang, W.H. & Montgomery, D.R. (1994) Digital elevation model grid size, landscape representation, and hydrological simulations. Water Resources Research, 30, 1019–1028.

Zhang, Z., Zimmermann, N.E., Kaplan, J.O. & Poulter, B. (2016) Modeling spatiotemporal dynamics of global wetlands: Comprehensive evaluation of a new sub-grid TOPMODEL parameterization and uncertainties. Biogeosciences, 13, 1387–1408.

Zhao, G.-J., Gao, J.-F., Tian, P. & Tian, K. (2009) Comparison of two different methods for determining flow direction in catchment hydrological modeling. Water Science and Engineering, 2(4), 1–15.

Zhao, J. (1995) Physical Geography of China. Beijing, China: Higher Education Press.(In Chinese)

Zhou, Q. & Chen, Y. (2011) Generalization of DEM for terrain analysis using a compound method. ISPRS Journal of Photogrammetry and Remote Sensing, 66, 38–45.

Zhou, Q. & Liu, X. (2002) Error assessment of grid-based flow routing algorithms used in hydrological models. International Journal of Geographical Information Science, 16, 819–842.

Zhou, Q. & Liu, X. (2004a) Analysis of errors of derived slope and aspect related to DEM data properties. Computers and Geosciences, 30, 369–378.

Zhou, Q. & Liu, X. (2004b) Error analysis on grid-based slope and aspect algorithms. Photogrammetric Engineering and Remote Sensing, 70, 957–962.

Zhou, Q., Liu, X. & Sun, Y. (2006) Terrain complexity and uncertainties in gridbased digital terrain analysis. International Journal of Geographical Information Science, 20, 1137–1147.

Zhou, Q., Lees, B.G. & Tang, G.-A. (eds) (2008) Advances in Digital Terrain Analysis. Berlin, Germany: Springer Lecture Notes in Geoinformation and Cartography.

Zhou, Q., Pilesjo, P. & Chen, Y. (2011) Estimating surface flow paths on a digital elevation model using a triangular facet network. Water Resources Research, 47, W07522.

Zhu, A.-X. (1997a) A similarity model for representing soil spatial information. Geoderma, 77, 217–242.

Zhu, A.X. (1997b) Measuring uncertainty in class assignment for natural resource maps under fuzzy logic. Photogrammetric Engineering and Remote Sensing, 63,1195–1202.

Zhu, A.X. (1999) A personal construct-based knowledge acquisition process for natural resource mapping. International Journal of Geographical Information Science, 13, 119–141.

Zhu, A.-X. & Mackay, D.S. (2001) Effects of spatial detail of soil information on watershed modeling. Journal of Hydrology, 248, 54–77.

Zhu, A.-X., Band, L.E., Vertessy, R. & Dutton, B. (1997) Derivation of soil properties using a soil land inference model (SoLIM). Soil Science Society of America Journal, 61, 523–533.

Zhu, A.-X., Hudson, B., Burt, J.E. & Lubich, K. (2001) Soil mapping using GIS, expert knowledge, and fuzzy logic. Soil Science Society of America Journal, 65, 1463–1472.

Zhu, A.-X., Burt, J.E., Smith, M., Wang, R.X. & Gao, J. (2008) The impact of neighborhood size on terrain derivatives and digital soil mapping. In: Q. Zhou, B. Lees & G. Tang (eds) Advances in Digital Terrain Analysis, pp. 333–348. New York, NY: Springer.

Zhu, X., Zhuang, Q., Lu, X. & Song, L. (2014) Spatial scale-dependent land-atmospheric methane exchanges in the northern high latitudes from 1993 to 2004. Biogeosciences, 11, 1693–1704.

Zinko, U., Seibert, J., Dynesius, M. & Nilsson, C. (2005) Plant species numbers predicted by a topography based groundwater-flow index. Ecosystems, 8, 430–441.

Zulkafli, Z., Buytaert, W., Onof, C., Lavado, W. & Guyot, J.L. (2013) A critical assessment of the JULES land surface model hydrology for humid tropical environments. Hydrology and Earth Systems Science, 17, 1113–1132.